畜牧兽医技能培训丛书

特种经济动物饲养与产品加工

熊家军　刘兴斌　编著

中国农业出版社

图书在版编目（CIP）数据

特种经济动物饲养与产品加工／熊家军，刘兴斌编著．北京：中国农业出版社，2008.10
（畜牧兽医技能培训丛书）
ISBN 978-7-109-13017-3

Ⅰ.特… Ⅱ.①熊…②刘… Ⅲ.①经济动物-饲养管理②经济动物-畜产品-加工 Ⅳ.S864.5

中国版本图书馆 CIP 数据核字（2008）第 154589 号

中国农业出版社出版
（北京市朝阳区农展馆北路 2 号）
（邮政编码 100125）
责任编辑　颜景辰

中国农业出版社印刷厂印刷　　新华书店北京发行所发行
2008 年 11 月第 1 版　　2008 年 11 月北京第 1 次印刷

开本：787mm×1092mm　1/16　　印张：25.25
字数：446 千字　　印数：1～6 000 册
定价：45.00 元

丛书编委会名单

序

当今中国经济飞速发展，人民生活正步入小康，对肉蛋奶等动物源性食品需求量越来越大，对品种和质量的要求日益增高。虽然畜牧业总产值的比例已超过农业总产值的三分之一，但畜牧业总体生产水平仍相对低下。主要表现在专业从业人员数量偏少，技能水平跟不上发展需要；畜禽传染病频发，防制十分困难；畜产品价格波动剧烈，行业抗风险体系不完善，供求矛盾仍较突出。

行业要发展，科技和人才是关键。针对上述问题，华中农业大学动物科技学院和动物医学院除了大力培养动物科学专业和动物医学专业本科、研究生人才，还举办了“畜禽规模场关键养殖技术培训班”、“猪病临床诊断实用技术培训班”、“人工授精实用技术培训班”、“饲料营养检验检测技术培训班”、“农村养殖能手培训班”等系列短期技术培训，实施了动物科学与动物医学行业高级人才培训计划（简称“MY计划”），面向养殖业传授畜牧兽医技术，以满足畜禽规模场和广大养殖户的需求。培训过程中，学员对专家的讲义十分喜爱，纷纷建议将讲义整理出版，以助大家更好地学习和掌握专业技术。因此，该院组织教师编写了《畜牧兽医技能培训丛书》。

该套丛书共7册，内容丰富，通俗易懂，理论阐述深入浅出，技术指导性强，实用性强，既可作为畜牧兽医行业技能培训专用教材，也可作为畜牧兽医基层工作者自学用书，是一套不可多得的好书。

我国畜牧业发展至今日，面临前所未有的机遇和挑战。如何抓住机遇，迎接挑战，使畜牧业更好更快发展，需要各界人士共同努力。华中农业大学具有110年办学历史，是我国著名的农业高等学府。动物科技学院和动物医学院是华中农业大学的优势学院，致力于畜牧兽医科学技术的创新与传播，为我国畜牧业健康发展提供智力支持。学院师资雄厚，科研实力强劲，学术水平高，已获得一批实用性强的高新技术成果。在长期的办学实践和社会服务中，该院教师开创和积累了丰富、实用、新颖的畜牧兽医专业技术。这些技术在丛书里有详细的阐述，我相信养殖业界的朋友们一定能从这套丛书中获得相应的帮助，我也相信该套丛书的出版发行能为社会主义新农村建设做出更大的贡献。

中国工程院院士
中国畜牧兽医学会理事长 陈焕春

2008年10月

前　言

近年来，随着人们生活水平的提高和物质文化生活的需求，传统的畜牧业所生产的传统畜产品已不能满足日益增长的物质文化需求，市场对动物产品的需求促使传统的畜牧业结构必须调整，使饲养的物种向更宽广的领域发展。特种经济动物的各种名优特产品极大地丰富了农产品市场，在对外贸易中也占有一席之地。特种经济动物生产与产品加工作为一项新兴的农业特产产业，具有投资少、见效快、附加值高的特点，符合效益农业和可持续农业发展战略，在21世纪农业和农村经济中占有重要地位。因此，使许多动物资源身价倍增，为繁荣农村经济，促进农业生产，带动农民脱贫致富都起到了积极的作用。

特种经济动物是一门新兴的学科，各高等院校目前也正努力把特种经济动物饲养专业纳入本校的学科改革和专业结构调整的内容中来，为了满足经济动物生产对人才的需求，笔者结合多年特种经济动物科研教学和生产实践，经过大家的努力工作，编著了这本《特种经济动物饲养与产品加工》。

本书首先介绍了特种经济动物饲养和产品加工的理论基础，然后根据我国南北方地域性的差别和不同种类的特种经济动物，选取具有种类和地域代表性的特种经济动物，详细介绍了特种经济动物生物学特性、动物的品种、营养与饲料、动物繁殖技术、饲养管理、产品初加工技术等方面的知识。

作为一部高级人才培训计划教材，本书注意选择了不同地区有代表性、经济效益较好的动物种类，因此，在进行人才培训或教学过程中可结合实际，选择适合当地饲养的特种经济动物种类重点讲授，酌情调整讲授内容和学时。

本书是作者和所有参编者集体智慧的结晶，在编写过程中坚持内容的科学性、先进性、针对性、灵活性，力争反映国内外经济动物生产的最新科研成果和生产实践技术，突出理论知识的应用和实践动手能力的培养。可作为特种经济动物饲养、畜牧兽医专业学生的基本教材，亦可作为广大经济动物养殖场和相关专业技术人员必备的参考书。

本书在编写过程中，得到了许多同仁的关心和支持，并且在书中引用了一些专家、学者的研究成果及相关的书刊资料，在此一并表示诚挚的感谢。

由于特种经济动物种类较多，涉及内容较广，编写时间仓促，加之作者水平有限，疏漏和不妥之处在所难免，恳请广大读者批评指正。

编　者

目　录

第一章 绪 论

特种经济动物生产也称非传统性养殖业或特种养殖业。随着我国改革开放的进一步深入，特别是从 20 世纪 90 年代以来，中国农业产业的多元化发展势头更是锐不可当，中国的农民、农村和农业与过去的几千年相比较，已经发生了翻天覆地的变化。特种经济动物生产具有投资少、见效快、附加值高的特点，符合效益农业和可持续农业发展战略，在我国农业产业化结构调整中具有重要地位，将为我国社会主义新农村建设发挥重要作用。但是，特种养殖本身由于具有饲养总量相对较少、动物品种比较特殊、饲料和饲养管理方法特殊、加工方法特殊以及用途特殊等多种原因，因此，在发展特种养殖的时候，我们要用冷静的头脑来考察和分析。

一、特种经济动物的概念和特点

（一）特种经济动物的概念

经济动物的概念来源于“人本主义”对动物的分类，此法将动物一般分为食用动物、役用动物、玩赏动物、医用动物、实验动物和经济动物 6 类。因此，经济动物不单指哪一种或哪一类动物。所谓经济动物，广义地说，经济动物指家畜、家禽等被人工驯养的动物。这些动物对人类均有一定的经济价值。从动物学的观点来说，它几乎包括了较高等的哺乳类、鸟类、爬行类动物及较低等的两栖类、鱼类、节肢类、软体类和多种昆虫类动物。

特种经济动物是指具有特定经济用途和经济价值的，能对人类提供特殊的产品，以满足人们不同需要的具有不同驯化程度的人工规模化饲养的动物。

在这里我们要区分一下家畜（禽）和野生动物、驯养动物以及特种经济动物概念的含义。凡是已被人类驯化的动物统称为家畜（禽），它是人类长期劳动的社会产物，具有独特的经济性状，能满足人类的需求，形成不同品种，在人工养育条件下能正常繁殖后代，并可随人工选择和生产方向的改变而改变，同时，其性状能稳定地遗传下来；野生动物是指自然环境里生长而不是由人工饲养的动物。野生动物只有种（亚种）与变种，没有品种，是自然选择的产物；驯养动物是以保护为目的，以利用某些特定经济价值为宗旨，从自然界猎捕回来加以驯服并人工驯养的动物，驯养动物多半很难繁殖，适应性较差，很难实现规模化生产。驯养就是捕捉野生动物后把它暂时留养起来，供以后继续利用。它们受到人类劳动的影响，只限于该动物的本身，不像家畜那样，经受了许多世代的长期影响而已改变了遗传性。在原则上，不管野生动物还是特种经济动物，如果尚未规模饲养或没形成产业化生产，就不属于特种经济动物养殖业范围。

（二）特种经济动物的特点

1. 人工养殖数量比传统家畜少 特种经济动物由于驯化及人工养殖的历史相对说来要短，所以每一种经济动物人工饲养总数量和规模要比家畜要少得多，而不同种的特种经济动物在不同区域养殖数量也有很大差异。

2. 分布区域的特殊性 特种经济动物特别是特种兽类，由于由野生到家养驯养时间不是很长，有很多种类只适应于在一些原产地驯养繁殖，而在其他地方的适应性就表现很差甚至出现不适应性。选择特种经济动物养殖的种类时要考虑其原产地的自然条件，如光周期和温湿度等是否与本地相符合。特种经济动物的种类繁多，因各自的生物学特性不同，而适合在不同的地区饲养。如鳄鱼、虎纹蛙等特别适合在气候温暖的海南饲养；水貂、银黑狐和蓝狐等高纬度地区分布的动物适合在北方饲养，在低纬度30°以南地区饲养时，其繁殖机能会发生紊乱，生产性能和毛皮质量也会下降。当然有一些动物的适应力很强，各地均可饲养，如杂交野猪和各种特禽等。

当然，随着人们在饲养过程中的不断驯化，一些特种经济动物的适应性也发生了很大的改变，适应的区域也在逐渐地扩大，从而养殖范围也在逐渐增加。

3. 不同动物驯化程度不一致 尽管特种经济动物的驯化历史长短不同，但与传统家畜、禽（猪、马、牛、羊、鸡）相比，其驯化历史普遍较短，有的动物甚至还处在野生状态。

4. 对人类能够提供特殊的产品 经济动物之所以具有较高的经济价值，其原因之一是与传统家畜相比具有特殊的观赏价值（如猫、狗等宠物）、药用价值（如鹿、麝、蝎子等药用动物）、肉用价值（如肉鸽、牛蛙等）和皮用价值（如水貂、狐狸等毛皮动物）。

5. 养殖技术有待进一步提高 目前，除了少数几种特种经济动物在驯养繁殖、饲料营养、饲养管理以及疾病防治上有较深入的研究，其他很多特种经济动物的养殖还处在一种经验的养殖水平，理论研究及养殖技术有待进一步的提高。

6. 特种经济动物的生长、繁殖和产品的生产有较强的季节性 特种经济动物在人工饲养时间不是很长，驯化程度还有待于更进一步的提高，其生长发育和繁殖大多保持着野生条件下的特点，他们在野生状态下生长、繁殖受食物季节性、生态环境的特殊性、甚至天敌的影响而呈现季节性变化，如哺乳动物的分娩总是在食物最丰富的时候、鸟类大多数在春季繁殖等。

二、特种经济动物生产学研究的内容

经济动物生产学是研究特种经济动物的生物学特性、繁殖、育种、饲料、饲养管理和产品初加工等理论和实践技能的一门应用学科。它是在生产实践中产生和发展起来的一门新兴学科。因此，必须结合生产实践学习本门课程，不断吸收和总结国内外的先进经验和最新科研成果，不断充实和完善本学科的内容体系。

三、发展特种经济动物生产的意义

（一）提供高档动物产品，满足人类物质和精神文化生活需要

特种经济动物能够提供足够数量和比野生动物质量更优的动物的毛皮、更多的野味佳肴、足量的动物药材、多样美观的玩赏动物，能满足人类物质和精神文化生活需要。

（二）发展城乡经济，增加饲养者的收入

经济动物产品经济价值高；可零星饲养，也可规模化经营；可在广大农村饲养，合理利用闲散劳动力和庭院场地，也可在城镇集约化饲养。

（三）增加出口创汇，发展国民经济

经济动物的许多产品都是我国传统的出口产品，其中不少种类是备受国外消费者青睐的名、优、特产品，出口创汇能力强。

（四）保护野生动物资源，维护生态平衡

人类经济的发展，对大自然的开发，造成动物生态环境的严重破坏。动物缺乏食物和生存的条件，时刻都有灭绝的可能。动物的灭绝不仅使地球上的物种减少，而且还会使原有的生态平衡遭受破坏。人工驯养野生经济动物，也在某种程度上保护了野生动物资源，对维护生态平衡起一定的作用。

目前，我国所饲养的特种经济动物种群大多处在野生和家养并存的状态，发展特种经济动物养殖业，可减少对野生经济动物的滥捕乱杀，有利于保护野生动物资源，实现动物资源利用和保护的有机结合。

总之，特种经济动物除上述几点发展意义外，其自身还具有耐粗饲、饲料利用率高、抗病力强、容易饲养、生长速度快、肉质好等有利条件，是一般家畜、家禽无法与之竞争和比拟的。因此，大力发展特种经济动物生产具有广阔的前景与效益。

四、特种经济动物的分类

我国丰富的自然地理环境孕育了无数的珍稀野生动物，使我国成为世界

上野生动物种类最为丰富的国家之一。据统计，我国约有脊椎动物 6 266 种，占世界种数的 10%以上。其中，兽类 500 种，鸟类 1 258 种，爬行类 412 种，两栖类 295 种，鱼类 3 862 种。其中有不少在毛皮、药用、观赏、肉用、甚至化工等方面有重要的经济价值。靠大量捕杀野生动物去满足市场需要，势必导致资源的枯竭，是不可取的。特种经济动物生产的兴起弥补了这些不足而受到各地广泛重视，正在成为我国农业中新兴的一支养殖大军。

特种经济动物的类群及范围很广。据不完全统计，目前，人工养殖的特种经济动物有 120 多种。为了便于生产、管理和研究，人们对特种经济动物采用了不同的分类原则和方法。

（一）按照用途分类

1. 毛皮动物　以毛皮为主要产品的动物。如水貂、貉、狐、麝鼠、海狸鼠、水獭、艾虎、獭兔等。

2. 药用动物　以提取或生产动物药物为主要目的而饲养的动物，如（茸）鹿、麝（香）、熊（胆）、蝎子、蜈蚣、土元等。

3. 食用动物　以提供特种经济动物食品为主要饲养目的，如肉狗、肉鸽、鹌鹑、鹧鸪、牛蛙、甲鱼、蜗牛等。

4. 玩赏动物　作为人的玩赏品或伴侣而饲养，如伴侣狗、猫、玩赏鸟、金鱼、热带鱼等。

（二）根据动物的类别分类

1. 特种哺乳动物　主要包括药用价值很高或毛皮价值很高的动物。

2. 特种禽类动物　主要包括肉用或蛋用价值很高的动物。

3. 特种水产动物　主要包括生活在水中的经济价值较高的一类动物。

4. 其他类　主要包括环节动物和节肢动物门经济价值较高的一类动物。

以上两种分类方式各有其优缺点，在经济动物实际生产过程中，人们综合不同的分类方式，按照习惯将经济动物分为毛皮动物、药用动物、特种禽类动物、特种水产动物、观赏动物等。

随着社会的发展，动物饲养技术日臻完善，特种经济动物驯化程度的不断提高，人们的消费观念也在发生改变，人们饲养特种经济动物的用途和方向也会发生改变，特种经济动物的分类方式也不是一成不变的，其类别还会不断变化，数量也会不断增加，如梅花鹿、马鹿已由传统的药用逐步向药肉兼用转化。

五、我国特种经济动物养殖现状及存在的问题

（一）我国特种经济动物养殖业的现状

目前，我国饲养的特种经济动物主要指国家林业局在 2003 年发布的，

可以从事商业性经营利用、驯养繁殖技术成熟的54种陆生野生动物，还包括一些畜禽的特殊品种（如乌骨鸡、肉鸽和观赏犬等）和因特殊需要驯养繁殖利用的陆生野生动物（如熊等）。

随着物质文化生活水平的不断提高，人们对新鲜时尚事物的追求逐渐体现到日常膳食和服装款式中，各种保健强身的膳食理念和时尚追求充斥着现代社会人们对于生活质量的要求，于是，特种经济动物养殖业成为近十多年来崛起的一个新兴产业，它的蓬勃发展为我国畜牧业发展开辟了一条充满机遇和挑战的发展道路。特种经济动物养殖业的产品已打入国际市场，成为我国重要的出口创汇产品。特种养殖业的发展，为优化畜牧业产业结构，发展农村经济找到了一条行之有效的发展之路，既丰富了市场供应，满足了广大城乡人民不同消费层次的需求，又给广大农民带来了可观的收入。

特种经济动物养殖具有高投入、高产出和高风险，养殖技术和产品加工技术要求较高，市场行情的变化较难掌握，行业管理相对薄弱，倒种、炒种和欺诈现象较多等特点。

（二）我国特种经济动物养殖业存在着的问题

特种经济动物生产是我国近年来的一个新兴产业，并取得了很大的成绩，但与国外先进水平相比，仍然存在很大差距，目前，尚有很多困扰该产业健康发展的问题，我国特种养殖面临的很多问题主要有以下几方面。

1. 养殖盲目性大，法制观念不健全，育种和良种繁育体系极不均衡和完善 目前，我国特种经济动物养殖除了国家允许饲养和利用的品种外，在特种经济动物养殖市场上还存在一些经济性状不明显、开发难度较大或是根本不存在产品市场的品种，甚至是国家重点保护的野生动物也被当作特种经济动物来推广，这对特种养殖业的发展造成了不良的影响。另外，受特种经济动物养殖高利润的诱惑，整个行业炒作多于实质，盲目发展，市场波动明显。一个新品种往往一哄而上，盲目引进，忽略专业知识、技术的及时补充，加上农村信息闭塞，市场预测无法实现，技术不到位，风险加大，损失惨重。就全国总体看，育种和良种繁育体系发展极不均衡和完善，除极少数品种如鹌鹑、肉鸽、狐、獭兔等有正规育成的配套系和良种繁育体系外，大多数品种严重缺乏良种繁育体系。在农村采用自繁自养和乱杂乱配的方式扩大规模，造成品种退化，生产水平严重降低。

2. 饲养管理水平低，疾病防控问题依然突出 特种经济动物养殖的发展历史短，品种繁多，而专业的研究机构和人员严重的缺乏，导致生产中很多的技术问题没有办法解决，加之养殖水平低，饲养环境差，大部分品种没有可依据的生产标准，大多采用原始传统的饲养方法，营养水平不能满足生长和生产的需要，潜在生产能力不能发挥，产品数量下降，质量降低。由于饲养管理技术落后，人们忽略特种经济动物疾病防控，导致多年来特种动物疫病广泛蔓延，甚至有的养殖场因此倒闭。绝大多数特种经济动物缺乏配套的饲料、兽药，从而导致疾病无法防疫，在生产上造成不应有的损失。在饲养管理和产品开发方面科技含量低，造成资源和生产者资金的大量浪费。

3. 产品加工技术落后，综合加工开发利用被忽视，无法形成系统的产业链条 我国的特种养殖业生产以小规模分散饲养为主，技术水平落后，尤其是产品开发和加工技术与国外先进水平差距明显，这在很大程度上限制了生产的发展，使得无法形成系统的产业链。特种动物产品可以全面开发，可以进行多次增值，诸如开发保健型、滋补型等专用型产品，但目前特种动物的潜在生产力还未能得以充分体现，因此，经济效益很难得到提高。特种养殖业的出路在于优质产品的深加工和新型系列产品的开发上，所以应广泛开展综合性开发研究。新开发的产品不但适应市场的需求变化，而且可提高市场的竞争能力。从我国养殖历史看，国内市场的空白，加工业落后是造成养殖业生产不稳定的重要因素，也是我国养殖业受国际市场调节而出现被动局面的主要因素。

六、发展特种经济动物养殖的应对措施和发展对策

（一）因地制宜，选择合适的品种进行饲养

1. 要选择国家允许经营利用的物种 选种时要参考国家林业局发布的允许经营利用的物种名单，同时还要依法符合动物防疫和检疫的要求。对列入名单中的国家重点保护野生动物和《濒危野生动植物种国际贸易公约》附录物种，如梅花鹿、马鹿等，和因科学实验用的猕猴等、因中医药用的黑熊等均需按照野生动物保护法律法规的规定，办理相关的许可手续。

2. 要选择饲养技术成熟、种源充足和供求市场大的常规物种 如果没有特种经济动物养殖的经验，不要选择技术尚不完善的养殖物种和养殖方式；选择种源充足且市场需求量较大的常规物种，虽然利润有限，但风险亦相对较小，而且可以积累特种经济动物养殖的经验。

3. 选择适合于本地区生长的物种 选择特种经济动物养殖的种类时要考虑其原产地的自然条件，例如光周期、温度和湿度等是否与本地相符合。特种经济动物的种类繁多，因各自的生物学特性不同，适合在不同的地区饲养。例如水貂、银黑狐和蓝狐等高纬度地区分布的动物适合在北方饲养，在北纬30°以南地区饲养时，其繁殖机能会发生紊乱，生产性能和毛皮质量也会下降。

4. 选择有综合开发利用价值的物种 提高特种经济动物产品的加工质量和对特种经济动物产品进行综合开发利用，是保证我国特种经济动物养殖

业稳定、持续发展的重要途径。每种特种经济动物都有其自身的主要产品，例如貉、狐和貂的毛皮，鹿的茸角等。如对貉肉进行深加工，使其进入食品市场；开发鹿的茸肉兼用品种等，可以获取更大的利润，同时降低了养殖的风险。

5. 选择符合社会文化发展方向的物种　随着人们环保意识的逐渐增强，爱护野生动物成为一种新的风尚，不合理地利用野生动物将被认为是一种愚昧的、可耻的行为，会受到越来越多人的抵制。相应地特种经济动物养殖业也一定会随着社会文化的发展逐渐发生变化，所以，在选择特种经济动物养殖的种类时应考虑社会文化和习俗的发展与变化，因地制宜，避免选择那些饲养技术尚不成熟、会导致破坏野生资源的新奇特物种。

（二）大力发展特种动物相关饲料兽药，推广新技术是全面促进特种养殖业经济效益提高的动力和保证

特种养殖业的发展壮大，必然导致饲料兽药市场需求量的扩大。企业要把眼光瞄向特种养殖业，投资建厂，生产加工经济动物专用饲料，建立完善的饲料、兽药生产、供应及配套技术综合服务，使特种养殖业户可依照科学的生产标准进行生产，最大限度地发挥特种养殖生产的潜力，增加经济效益，减少不必要的经济损失。特种养殖业有特殊的养殖技术，只有养殖者自己掌握基本的饲养技术，再聘请权威的技术单位或专家进行技术指导，才可以上特种养殖项目。近几年来，广大养殖工作者和科研工作者研究总结了不少新技术、新经验、新成果。如鹿、貉、貂、狐品种改良技术，鹿、狐的人工授精技术，狐、貉、貂的提前取皮技术，疫病防治及产品深加工、系列产品开发技术等，对促进产业发展发挥了很大作用。同时，要加强疫病防治，建立完善疫病防治体系。进一步规范兽药在特种经济动物养殖行业的使用，建立健全特种经济动物产品质量标准体系，严格控制各种药物残留超标，确保产品质量安全。

（三）规范法制管理、整顿管理体制是特种养殖业健康稳定发展的保障

政府应制定相应的决策，调整管理体制，加强产业指导。特种养殖业在整个行业及其产品市场的管理中，法制尚不健全，管理还不够规范，致使有人钻了市场经济的空子，大肆炒种、倒种，严重扰乱了市场秩序；有些单位或个人有意夸大特种养殖的开发价值，大肆炒作，倒种、炒种、倒假种、假回收、高价放种、高价回收，导致市场混乱。出现了许多盲目竞争的现象。这些假宣传和欺骗行为对特种养殖业危害不可低估，加强法制管理已势在必行。根据养殖种类区别对待，对国家一、二类保护野生动物和驯养动物，应按《野生动物保护法》规范管理，限制饲养。对市场行情好、经济价值较高、有市场且饲养技术成熟已形成产业化的特种经济动物，应逐步向有条件

的地区推广和饲养，在政策上对优质高效的特产农业项目制定优惠政策，减轻养殖户的经济负担，尤其是应尽早取消不合理的收费。

（四）制定产品标准，规范销售渠道，建立产、加、销一体化的经营体系是特种养殖业持续发展的最有效途径

开发研究适应市场需求的名、优、新产品，建立产加销联合体组织，为特种养殖业提供产前、产中、产后全程服务；同时，要提高产品的科技含量和市场竞争力，积极开拓国外市场，使特种经济动物养殖业进一步向产业化、规范化的健康的道路发展。要以品种优良求发展，以产品质量求信誉，以产业规模求效益。

（五）在发展中要注意动物福利对我国特种经济动物养殖业发展的影响

1. 动物福利的提出与发展 动物福利从提出到现在已有近 40 年的发展历史，是指为满足动物康乐所需要的外部条件。它的含义是人类应该避免对动物造成不必要的伤害，反对和防止对动物的虐待，让动物在健康、快乐的状态下生存，既包括身体上的福利，又包括精神上的福利。

在国外，动物福利已经成为一门新的学科体系，关于动物福利的法律法规也很多。例如，早在 20 世纪 60 年代，欧盟就制订了关于动物运输和屠宰的条约。近几年，我国也加快了对动物福利的研究，如修订后的《实验动物管理条例》和《中华人民共和国畜牧法》中也涉及动物福利的内容。

2. 动物福利对动物产品贸易的影响 动物福利对动物产品贸易的影响越来越明显，因为世贸组织的规则中有明确的动物福利条款，如果肉用动物在饲养、运输、屠宰过程中不按动物福利的标准执行，检验指标就会出问题，从而影响肉类食品的出口。这为从事畜禽养殖业的人员在改进技术、增强认识和提高产品的质量等方面提出了新的要求。和畜禽产品一样，动物福利同样影响着特种经济动物产品的国际贸易。

3. 动物福利对特种经济动物养殖业发展的影响 动物福利是集约化生产方式的产物。我国特种经济动物养殖业目前正向着规模化、集约化的方向发展，但动物福利问题尚未引起人们的重视。

从动物生产上看，对动物福利的影响主要包括管理人员的技能、管理水平和方法、畜舍环境条件三方面。针对我国特种经济动物的养殖现状，亟待解决的动物福利问题主要包括动物笼舍的合理设计、科学的饲养管理方法、动物处死和产品加工方法等。

我国在发展特种经济动物养殖业时，只注重追求利润的最大化，很少考虑到动物福利问题，这必将影响到今后我国特种经济动物产品在国际市场上的竞争力。在世界经济一体化的时代，只有及时了解国际行业的发展动态，才能促进我国特种经济动物养殖业的顺利发展。

第二章　特种经济动物养殖理论基础

第一节　特种经济动物养殖基本理论

特种经济动物养殖特别是规模化饲养在我国的历史不是很长，大多数特种经济动物养殖都是采取直接从野外抓捕野生动物，再经过短时间的驯化养殖而进行生产的，而要把一种野生动物从其过去的生活环境变为人工饲养繁殖，而且要获得更多更好的产品，得要经过认真地驯化调教，或需要经过许多次的失败，不断摸索才能成功，绝不会一蹴而就。因此，在将野生动物变为经济动物养殖前，首先要充分了解养殖对象的食性、生活习性、繁殖特性等生物学特性，以便在饲养过程中能够根据经济动物的生物学特性进行场舍设计建造、饲料配方和饲养管理，以达到特种经济动物饲养的目的。

一、熟悉特种经济动物的生物学特性

要搞好特种经济动物饲养，首先必须了解特种经济动物的生物学特性，然后才能有的放矢地针对不同种特种经济动物的生物学特性，制订不同的饲养管理方法。特种经济动物的生物学特性内容有很多，包括动物的特种经济动物的食性、栖息环境、行为特点、生活习性和生活方式等。

（一）特种经济动物的食性

特种经济的养殖首先要解决的问题就是食物。由于特种经济动物驯化程度高低各不相同，有些种类的特种经济动物是直接从野外捕捉而进行饲养的，而有些是种类是经过其他人进行过食物驯化，食性与其在野生时又有所改变的。因此，对饲养对象的食性特点要有充分的了解。如灵猫以食小动物为主，外加植物的果实和种子；蚯蚓以食腐烂食物为主；蛤蚧要吃活食；蚕以吃桑叶为主。很多经济动物在不同的季节和不同的发育阶段食性会随之改变。如梅花鹿在春季喜采食嫩叶、幼芽、花蕾，夏季则以绿色枝叶、青草为主，秋季喜食果实，冬季为枯枝落叶；青蛙在蝌蚪期以浮游生物和水草为食，到了成蛙阶段，则以活得虫类为食。这些动物如果是直接从野外捕捉而进行饲养，就要充分调查其在野生时不同季节、不同生理阶段的食性特点，

对已经进行驯化养殖的经济动物主要就是调查咨询养殖成功或者是养殖经验比较丰富的饲养人员。如果不把这些食性特点调查清楚，人工养殖就很难获得成功。

（二）特种经济动物栖息的环境因素

调查特种经济动物在野生状态下的环境因素，这可以为确定特种经济动物的在人工条件下的养殖方式、场舍建筑、设备供应和经营管理等提供基本依据。特种经济动物的栖息环境对我们来说主要了解的是气候因素，作为生态因素综合效应的气候，对动物、特别对低等动物具有极为重要的生态学意义。因为气候不仅直接影响动物本身，而且对其他环境因素（特别是食物），也有很大影响。另外，特种经济动物养殖场舍建筑设计还要考虑到土壤类型、水的来源和质量等。

1. 温度 在栖息的环境因素中，温度对动物活动的影响占非常重要的地位，每种动物都有一定的适温范围。在适温范围内生命活动最旺盛，发育繁殖才能正常进行；超过这一范围则停止繁殖，生长发育迟缓，甚至死亡。即使在适宜的环境温度条件下，有些动物如爬行类动物的繁殖中，温度对其性别的影响程度要超过其基因的影响程度。

动物对温度变化甚为敏感，特别是变温动物更为明显，特种经济动物在驯化引种的过程中一定要注意不同地区的温度变化规律。例如，蝮蛇、五步蛇在五岭以南就没有分布；金环蛇还未见有越过五岭的报道；蛤蚧在我国只分布于两广和云南的石灰岩地带。诸如此类，不胜枚举，这些都是它们长期以来对环境适应的结果。

2. 湿度 在自然界中温度和湿度总是同时存在、相互影响，综合作用于动物。适宜的温度范围，可因为湿度的改变而转移。反之，适宜的湿度范围也会因温度的改变而转移。只有在适宜的湿度环境中动物才能正常生活。每一种动物都得从环境中获得水分，因此，湿度可直接影响动物的生长发育及性成熟和生殖。

3. 光照 光对动物主要是具有信号作用。光照直接影响动物的生长、发育、生殖、活动、取食、迁移等。在生长期，光比温度、湿度要求更为稳定。

4. 土壤 土壤是一切陆生动物赖以生存的基质。土壤的颗粒大小、颜色、土壤结构和松硬程度、坡度及方向、植物覆盖率、酸碱度（pH）、含盐量、腐殖质含量等对动物的栖息和生存都有影响。土壤的干湿程度影响昆虫的分布。

5. 水 水是生命体生命活动的基础。动物的一切新陈代谢都是以水为介质，动物体内的整个联系、营养物质的运输、代谢物质的输送、废物的排除、激素的传递等都是只有在溶液状态下才能实现。水分的不足或者无水会导致正常的生理活动的终止，甚至死亡。

水是水生动物生活的环境。如鱼类、贝类等。两栖动物幼体期完全水生，成体可以到陆地，但是仍离不开水体。水的温度、溶氧量、含盐度、酸碱度等对水生动物的栖息和生存，都有着极大的影响。

（三）特种经济动物的生活习性和生活方式

一种动物的生活习性，是对它和生活条件长期适应的结果。因此，要把野生动物变为室内人工养殖，首先要设法使饲养对象能适应新的环境。这个新的环境要符合它原来的生活条件或给予必要的生活条件，使它能活下来。这样，就要求我们对养殖对象的生活习性进行较深入的观察和了解。

各种动物有不同的生活习性和生活方式，就同一种动物来说，不同的发育阶段也是有差异的。例如，土鳖虫生活在阴暗潮湿的地方，晚间才出来活动；斑蝥则喜在太阳光下活动、取食，它的幼虫则隐居沙土地穴中，窥视别种昆虫接近捕食；蛇类一般夜间出来在水边草丛间捕食蛙类、鼠类等，而草游蛇、虎斑游蛇则常白天活动于草丛、乱石堆中找寻食物；石龙子、草蜥等午间前后在草地上最为活跃；壁虎却在黄昏后才出来活动，捕食细小的蛾类及野生性昆虫；龟类白天躲在水边洞穴里，晚上出来取食；鳖则白天常在池塘等水域活动，捕食鱼、虾、水中昆虫，这时大约每隔 20min 便浮出水面，伸出吻进行呼吸；穿山甲白天过地道生活，晚上才出洞找寻蚁巢、粘取蚁类为食物等。

取食的习性与方式，也是多种多样，植物食性的要注意它所吃的植物种类和部分（花、果实、种子、叶、嫩枝）；动物食性的除注意其种类外，还要观察其捕食的方式，是吃活的还是吃死的、或死活都吃。像蛤蚧，当它发现食饵，便迅速的接近并注视着目的物，静待到食饵稍为一动便迅速扑捕，如果食饵不动，则即使等上十来分钟也不捕食；又如壁虎，当接近猎物一定距离后，稍停一下，像是作好瞄准似的才扑前把食饵咬住；龟类则胆小的很，对刚投下的饲料，并不出来取食，而待环境寂静后，才偷偷地取食。

昆虫类一生中有变态现象，不同的发育阶段随之有不同的食性和取食方式。有的动物如昆虫的幼虫、蛇类、蜥蜴等有蜕皮现象。前者是不食不动，不宜骚扰它；后两者则要在笼内放些粗糙的砖、石之类，并保持适当的湿度，才有利于它们蜕皮。

不少动物有冬眠习性，冬眠时也不宜惊动它们和注意室内温度不宜过高，以免影响其冬眠。因为过高的室温会导致其生理机能的提高，过度消耗体内能量，影响出蛰后的体质，甚至可能提早出蛰而出现其他问题。

不同动物栖息方式也不同，其他如树栖、洞穴、岩缝、水栖、水陆两栖等不同生活方式的动物，也应在室内考虑相应的设施和条件，同时需要注意防逃。

有关繁殖的情况，更应重视。对饲养动物的生殖季节和时间、交配、产卵和卵的大小及卵数、卵期（孵化期）、孵化情况、幼体、一年产卵次数、做窝、与子代的关系、卵胎生或胎生、每窝或每胎的仔数等都要了解。

还需了解动物是属于群居性还是独居性，以确定群养还是分养。独居性的动物未经驯化而强行群养会使动物之间殴斗、咬伤甚至死亡。

二、特种经济动物的引种

特种经济动物的引种是指从异地（包括外地或国外）把优良品种、品系、类群、或种群引入本地，直接驯养、推广或作为育种材料的工作，可直接引入种用活体，也可引入良种精液或受精卵（胚胎）。另外，特种经济动物引种还可以通过从野外捕获等手段引入活体，通过对所捕获野生动物的驯化，使其适应人工养殖环境而达到引种的目的。但是由于该引种方式涉及的问题较多，故在此不作表述。

（一）特种经济动物引种的基本原则

将优良的特种经济动物从一地引到另一地进行饲养繁育，是特种经济动物生产中经常性的工作，但在生产中常常因引种存在问题而导致动物的不适应，或所引种群生产力不能达到原生产标准，或出现死亡，或引发疫病流行而形成长期疫源隐患，等等，对养殖生产形成很大的威胁，有的甚至造成养殖企业倾家荡产而蒙受巨大的经济损失。因此，特种经济动物引种应坚持如下的基本原则。

1. 制定的引种计划要切合实际且可行 根据所要引入动物的用途、生产目的与需求等，制定切实可行的引种计划和方案。通常要求所引动物产地的自然环境条件，应与引入地的自然环境条件大体一致，否则引种就难以成功。例如，热带动物在寒带，或寒带地区的动物在热带就难于养殖；气候干燥地域的动物在雨量充沛的湿润地区也难以适应等。

2. 引种前的准备要充分 引种前要做好引种动物的饲料准备，备好备足营养全价而新鲜的饲料；准备好引种动物隔离舍，隔离舍要远离当地所饲养的动物群，并对隔离舍消毒处理，保证清洁卫生；做好调运车辆的严格消毒；做好引进动物所需疫苗和药物的准备。

3. 选择的引种场家要合乎要求 引种场家所在地应是国家相关部门划定的非疫区，场内卫生防疫制度健全而完善，且管理严格；所选择的引种场家应是正规的原种场或养殖场，并尽量选择建场时间不太长且规模数量较大的养殖场；引场家应具备国家相关职能部门准许的法定售种资格；另外，所选择的引种场家的生产水平要高，有良好的配套服务和较高的信誉度。

4. 及时报告登记并要凭证运输　引种时要及时向当地动物防疫监督机构提出引种申请和登记并取得同意，同时应报告引种场家所在地动物防疫监督机构，并经过其对所引动物产地检疫后取得相关证明，而后方可运输。

5. 严格挑选引种动物　引种时应选择人工驯养且符合标准的动物，一般情况下不宜引入未经驯化的野生状态的动物或无法证明已经人工驯化的动物作种，这样才能在人工饲养条件下正常生长繁殖和进行特定目的的商品生产。另外，选择引种的动物应种属特征明显、系谱清晰、遗传性能稳定、生产性能高，等等。

6. 做好运输以减少应激，并规范处理运输中病死动物　运输车辆要大小适中并经过严格的清洗消毒，车内应铺垫缓冲颠簸碰幢的垫料，以免运输途中动物受伤；应按引种动物体格大小尽可能地分装；可根据具体情况适当使用镇静剂，以尽量减少运装过程中的应激；夏季运输宜选择阴凉天气，以避免过热和防止中暑，并保障饮水供应；冬季运输应注意保温防寒，防止贼风；运输途中尽量做到匀速行驶，减少紧急刹车造成应激和碰撞损伤；运输途中一旦发现传染病或可疑传染病，应就近向动物防疫监督机构报告，并采取紧急措施，病死的动物不得随意宰杀、出售或抛弃，应按有关要求和规定处理。

7. 要重视免疫监测，加强饲养管理和疾病预防　引种场家必须按动物疫病免疫程序进行程序化免疫，提供免疫档案和相关资料，而且在必要时还要进行实验室检查后再行引进；为引进的动物准备好良好的圈舍环境条件，特别是要有适宜的温度环境，如冬季的保温，防止疾病的发生；对引进的动物要做好饲料过渡，即做好原引种地与引种后当地饲料的逐渐过渡，以使引进的动物适应新的饲养环境；对引进的动物要实行必要的隔离饲养观察，一般隔离观察期不少于20天，个别情况还须延长一些，此期必要时还可再进行针对某些传染病的免疫注射；由于引种时的长途运输和异地迁移饲养，对动物形成很大的应激，因此，应加强引入后的饲养管理，如动物进场后先供给清洁饮水，并在水中添加维生素等供其自由饮用，同时，让动物充分休息后再喂少量原场饲料等；动物引进后一旦出现病症，要尽快采取治疗措施，并做好隔离；在其他健康动物的饲料中可适当添加抗生素类药物，创造适宜的环境卫生条件，加强管理，确保健康。

三、特种经济动物的检疫和运输

很多动物饲养者，由于引种时不检疫或者运输不当而造成严重后果。在饲养之前必须进行严格检疫或选取适当的运输方式。初捕后要在原地暂养和观察一段时间，运回后，一般也应与原饲养的动物隔离。防止带进本地原先没有的传染病。

特种经济动物在运输前，必须经当地动物防疫监督机构动检人员依法实施产地检疫。检疫人员在确认动物无病、弱、严重外伤，且免疫在有效期的情况下，办理产地检疫证明后，方能运输。动物到车站或码头后，驻车站、码头动检人员要详细查证验物，在确认安全情况下，依法办理运输检疫文书，准予装运。如果动物数目、出证日期与产地检疫证明记载不符，或动物来自疫区或发现有病死动物时，检疫人员必须彻底查明疑点，必要时要逐头（只）检疫。查出问题按照《动物防疫法》规定进行果断处理。

装运前，车船必须按规定进行消毒。一般来说，装运动物的车船必须是专用的，每次在装运动物之前 12h 再进行一次消毒，然后方可装运。每次装运动物到目的地后，腾空的车船应立即将污物清除干净，严格消毒，其处理的程序为：清扫污物，用热水自顶棚开始冲洗车厢内外，然后用10％漂白粉或20％石灰乳、3％苛性钠、1％菌毒敌等彻底消毒，消毒后经 2～4h，再用热水彻底洗刷一次，即可再次使用。

由于我国各地的自然、地理、交通路程等条件的不同以及动物种类、大小、习性季节的差异，常采用各种不同运输方式。不论采用何种方式，都应备足途中所需的药品、器具等，并携带好检疫证明和有关单据。

运输要尽量缩短时间，避免时走时停和中途变换运输工具。一般来说，成年动物比幼年动物难运输；雄性动物比雌性动物难运输；独居性的动物比群居性的动物难运输。所以，在运输时应根据动物体型大小、生理及行为特征，采取相应的方法和措施。一般对特种经济动物常用的运输方法有以下几种。

（一）遮光运输

大多数特种经济动物在与人接触或装车运输时，表现得非常惊恐，神经高度紧张，特别是在光线明亮时表现更甚，严重时可能导致动物死亡，而在黑暗的环境下，这些动物表现安静，应激状况会大大缓解，因此，为了降低运输对动物造成的应激，要对动物运输笼或运输棚进行严密遮光，不使之留有孔隙。这样能使动物保持安静，减少活动，降低能量消耗。

（二）麻醉运输

个别运输困难和路途较近的动物可在运输前适当注射麻醉剂，在运输途中可保持动物能安稳的到达目的地。

(三)淋水运输

这种方法多用于鱼类、两栖类和某些爬行类动物的运输上。运输时利用水草或其他能保持水分而又通风透气的物品与待运输的动物混放在一起，运输途中使动物体保持湿润，这样即降低运输成本，又能保持运输动物的活力。

(四)增水缩食

在陆生动物的运输过程中，保证充足的饮水是十分重要的。食物的质量要高，饲喂量不宜过多；既要有良好的食欲，又要防止过饱。代谢率较高的鸟类和小型动物饲喂次数应较多，有些代谢率较低的耐饥动物饲喂次数要少，短日运输甚至可以停喂。

第二节 特种经济动物的驯化

当前人工饲养的经济动物，多为野生和半驯化的动物，不能生搬硬套家畜、家禽等动物的饲养方式和方法。为了获得高产的经济动物产品，必须科学地创造动物生存的环境，并对野生动物和半驯化动物进行驯化、饲养。

一、驯化的基本概念

驯化是通过给各种野生动物创造新的环境，保证给予食物及其他必要的生活条件而达到的。最重要的时期是在个体发育早期阶段，通过人工饲养管理而创造出特殊的水与热量代谢的条件，并使被驯化动物不受敌害的侵袭，不受寄生虫及传染病菌的感染。另外，驯化是对动物行为的控制与运用。由于动物行为与生产性能之间有着密切的联系，因此，掌握动物的行为规律和特点，通过人工定向驯化，可以促进生产性能的提高和产生明显的经济效果。长期以来，由于人类掌握了对动物驯化的手段，所以有了使动物按照人类要求的方向产生变异的可能性。到目前为止，全驯化的动物种类有哺乳类、鸟类、鱼类及昆虫等几千个品种，半驯化的有毛皮兽类、鹿类、实验动物及噬食昆虫等。实践证明对动物的驯化是完全可能的，根据人类经济生活的不断发展，对动物驯化与养殖的种类在不断增多。

驯化是通过对各种野生动物创造新的环境，同时，对动物的行为加以控制和管理，从而满足它们必要的生活条件，达到人工饲养的目的。

驯化是在动物先天的本能行为基础上（无条件反射）而建立起来的人工条件反射，是动物个体后天获得的行为。这种人工条件反射可以不断强化，也可以消退，它标志着驯化程度的加强或减弱，所以，不能把人工驯化看成一劳永逸，而需要不断地巩固。

二、驯化的方法

（一）早期发育阶段驯化

利用幼年动物可塑性大的特点，进行人工驯化，效果较好，如从产后吃初乳起即进行人工哺乳的仔鹿，就比产后接受母鹿哺乳时间较长的仔鹿的驯化基础好。

（二）单体驯化与群体驯化

单体驯化是对动物个体单独驯化。群体驯化是对多个动物在统一的信号指挥下，使每一个动物都建立起共有条件反射，产生一致性群体活动，如摄食、饮水、放牧等，群体驯化给饲养管理工作能带来更大的方便。

（三）直接驯化与间接驯化

前面所述的个体驯化和集群驯化皆属于直接驯化。间接驯化与之不同，它是利用同种的或异种的个体之间在驯化程度上的差异，或已驯化动物对未驯化动物之间的差异而进行的。这种驯化也就是在不同驯化程度的动物中，建立起行为上的联系，而产生统一性活动的效果。例如，利用驯化程度很高的母鹿带领着未经驯化的仔鹿群去放牧，这是利用幼龄动物具有“仿随学习”的行为特点而形成的“母带仔鹿放牧法”。在放牧过程中又不断地提高了仔鹿的驯化程度。再如利用驯化程度很高的牧犬协助人去放牧鹿群，这是一种很得力的工具，在人—犬—鹿之间形成一条“行为链”，会取得很好的放牧效果。另外，训练家鸡孵育野鸡，乌鸡孵育鹌鹑，水獭捕鱼，母犬哺虎，这样的成功事例在我国都已出现。

（四）性活动期的驯化

性活动期是动物行为活动的特殊时期，由于体内性激素的提高，出现易惊恐、激怒、求偶、殴斗、食欲降低、离群独走等特点，给饲养管理带来了很大困难。对此，应进行特别的有针对性的驯化。例如，对初次参加配种的动物进行配种训练，防止拒配和咬伤。在配种期建立新的条件反射，指引动物形成规律性活动。

三、动物驯化时的注意事项

由于经济动物种类繁多，进化水平不一致，在变野生为家养的过程中会遇到很多问题，综合各种经济动物人工养殖情况，在野生动物人工驯化过程中应该注意以下几个方面。

（一）人工环境创造

动物在野生状态下，根据其生活要求，可以主动的选择其生活环境，也可以在一定程度上创造环境。人工环境是在模拟野生环境的基础上，根据生产需要而创造出来的一种环境，由于这种环境气候稳定，食物充足，动物的繁殖率将会明显提高。但是，当前有些动物饲养场仅是单纯地从形式上模仿，由于对该动物的生物学特性了解不够，在人工环境下不能满足其要求，于是出现了当代不能成活、不能繁殖、发育不良等现象。

（二）食性的训练

动物的食性是在长期系统发育过程中形成的，在不同的季节、不同的生长发育阶段动物的食性也有所改变。人工提供的食物既要满足动物的营养需要，又要符合其适口性。但是，食性又是可以在一定范围内改变的，要善于通过饲养组合、食性训练降低饲养成本。

（三）打破休眠期

很多变温动物具有休眠的习性，这是对不利环境条件的保护性适应。在人工饲养条件下，通过对气温的控制，食物的供应措施，使动物不进入休眠期而继续生长、发育和繁殖，以达到缩短生长周期、增加产量的目的。如土鳖虫的快速繁殖法就是打破一个世代中两次休眠而使周期缩短一半，成倍的增加产量；人工养蝎在打破休眠后也出现可喜的效果；其他变温动物的养殖都有可能从这方面获得成功。

（四）克服就巢性

就巢性是鸟类的一种生物学特性。如野生鹌鹑就巢性强，每年仅能产卵20枚左右，经过人工驯养克服就巢性，产卵可提高到每年300枚以上。乌骨鸡经过驯养后就巢期从20天缩短到1～2天，年产卵可提高到100～200枚。

（五）群性的形成

经济动物在野生条件下，有很多种类营独居生活。人工饲养证明，独居生活的动物也可以驯化成群居。如麝在野生时是独居的，在人工饲养过程中通过群性驯化，可以做到集群饲喂，定点排泄，并可以像鹿一样集群放牧。群性的形成给人工饲养管理带来很多方便。有些动物成体集群较困难，可以在幼体时期集群饲养。

（六）改变发情、排卵和缩短胚胎潜伏期

在野生哺乳动物中，很多动物具有刺激发情、排卵和具有胚胎潜伏期的生物学特性，限制了人工授精技术的应用，以至于妊娠期拖延很长，如紫貂的妊娠期为9个月左右，而真正的胚胎发育时期仅为28～30天；小灵猫的妊娠期在80～116天之间。由于上述原因往往造成不孕、胚胎吸收或早期流产，对繁殖影响较大。随着逐代人工驯化，上述情况会不断改变，但这方面工作的研究还远远不够。

第三节 特种经济动物的饲养方式与营养

一、特种经济动物的饲养方式

（一）散放饲养

散放饲养是我国多年来沿用的饲养方式，特别是个体饲养业多采用这种饲养方式。分为以下两种类型。

1. 全散放饲养 散放区内的地势、气候、植被以及动物群落组成条件有利于本种动物发展，没有造成种群发展的敌害，并有限制本种动物水平扩散的天然屏障，即把动物活动范围局限在一定的区域内。该法投资低。这种类型要求有较大的区域范围，分布密度较小，但总面积分布大，总生产量大，投入人力、物力少，成本低。

2. 半散放饲养 在限制动物水平扩散的天然屏障基础上，配合以人工隔离措施。如电牧栏、铁丝网、土木结构、围墙、水沟等，将动物活动范围限制在一定区域内。在动物采食天然食料的基础上，适当补充人工饲料。在一般情况下，仅是补充精料、食盐和饮水。有计划地采取措施，保证动物正常的繁殖和生长发育，这种饲养类型较全散放型活动范围小，要有适当地投资，单产高。

（二）控制饲养

将动物基本上置于人工环境下，该类型占地面积小，饲养密度较大，单产较高，但投资多，养殖无脊椎动物一般无需分群，主要是注意密度问题。高等脊椎动物，特别在刚引进的时候，宜单笼饲养。经过一定时间，就可以进行同类饲养，在群养时必须按它们的大小、强弱分群，因为有些种类如蛇、蛙等常会大吃小，而兽类则往往是强欺弱。

选择好饲养方式和制定了恰当的饲养制度之后，在具体的饲养管理技术上，也必须针对不同种的动物进行全面研究。根据各种动物养殖中存在的问题集中讨论以下三点。

1. 防逃 无论是散放饲养或控制饲养都要防逃。散放饲养主要由于生活条件优于相邻环境，而主动吸引动物居于本区域内，一般不易逃失；控制饲养由于密度大，动物易逃失，主要依靠人工屏障控制。水生动物可用陆地为屏；陆生动物可以水为障；大型兽类用围墙铁栅控制；飞行鸟类用笼网控制。目前，最难解决的是既能在水中活动，又能在陆地活动的一些小型药用动物如蛤蚧（爬行动物）、哈士蟆（两栖动物）等。目前，蛤蚧采用了垒沙法，哈士蟆采用尼龙细网法、电围栏法都有一定效果，但在生产上推广应用成本仍属过高，效果不理想，要解决好这个问题，还应深入研究。例如，从垂直攀附能力来看，幼年的哈士膜和蛤蚧高于成年，可否按不同发育阶段，用不同性质和不同造价的围墙，进行分群隔离，由于隔离范围小造价相对降低。又如目前国外已有利用蛇类看守粮库和贵重物品库，以防鼠害；利用鱼类惧怕白色的特性，而在捕捞上形成“白板赶鱼法”等解决动物逃失的经验，都可参考应用。

2. 疾病防治　是从管理技术角度谈疾病防治。“以防为主”的方针，在特种经济动物饲养上尤为重要。因为这些动物多为小型动物，一个个单独地治疗很困难，用药物治疗在成本也很不经济，就是比较大型的特种经济动物，如鹿、麝等野性很强，人工强行捕捉用药时，往往会造成病情恶化，加速死亡。野生动物自愈能力较强，应当加强护理工作，并根据特种经济动物不同种类、年龄、生长发育阶段，可将适量的药物投放到饮水、食料中达到治疗的目的。

根据上述情况，为了防止疫病的发生，首先要保持环境卫生，加强管理工作，采用消毒、隔离和预防接种三项措施。

（1）消毒　目的就是防止疫病发生，消灭病原微生物，因此要对各种动物生活现场、设备、使用工具等选用适当的药物，采用不同的消毒方法进行定期消毒。对工作人员或参观人员进入养殖室也要严格消毒。

（2）隔离　就是要严格划分饲养区，合理布局。饲养员要细心检查，发现有个别动物发病立即拿出群外。普通病者可隔离饲养，以待其痊愈。诊断确定为传染病者，均应立即火化或远距离深埋。污染的饲草、粪便等要在适当的地方堆积发酵，做到消灭病源。

（3）预防接种　是防止传染病发生的有效措施，不同种类的动物，应用不同种类的疫苗预防不同的疾病。预防接种方法很多，如注射法、刺种法、口服法、喷雾法等，要根据实际情况，正确选择运用，定期接种。

3. 防止自残　特种经济动物的自残现象，表现为甲动物嚼食乙动物，或通过争斗使一方或双方致残。这些现象不仅表现在肉食动物中，草食动物也同样出现。产生上述现象的原因是非常复杂的，如居住空间不足；食物和饮水的缺乏或质量不佳；环境不够安静；外激素的干扰以及性活动期体内的生理变化等。

通过加强饲养管理措施，动物的自残现象是可以防止和减轻的。群饲动物要掌握密度适当，防止饥饿（如药用虫类）；肉食兽类要防止产后食仔（如灵猫）；药用蛇类主要是成年期出现自残，宜于分养；哈士蟆的自残现象多出现于蝌蚪期，要适当投给动物性饲料；乌鸡、野鸡（环颈雉）等争斗多因争占领区引起，草食兽类的争斗多因争偶而发生。这些可以通过科学的饲养管理加以控制。

二、特种经济动物的饲料与营养

特种经济动物种类繁多，按其动物学分类可分为哺乳动物、鸟类、两栖爬行类等；按其食性可分为杂食性、草食性及食肉动物等。饲料是特种经济动物养殖业的物质基础，也是满足动物营养需要、生产动物产品的物质基础。

（一）特种经济动物的饲料

1. 特种经济动物饲料的分类 我国习惯上是按饲料的来源、理化性状、营养成分和生产价值等条件，将饲料分为植物性饲料、动物性饲料、矿物质性饲料和其他添加剂饲料。因其不能反映出饲料的营养特性，1983 年我国根据国际饲料命名及分类原则，按饲料营养特性分 8 大类，并使其命名具有数字化，各种饲料均有编码（表 2－1）。

表 2－1 饲料国际分类法及其限制条件

饲料编号	饲料归类	水分含量（%）	干物质纤维含量（%）	干物质粗蛋白质含量（%）
1—00—000	粗饲料	＜45	≥18	不考虑其含量
2—00—000	青绿饲料	≥60	不考虑其含量	
3—00—000	青贮饲料	≥45		
4—00—000	能量饲料	＜45	＜18	＜20
5—00—000	蛋白质饲料	＜45	＜18	＞20
6—00—000	矿物饲料		包括工业合成的及天然单一矿物质饲料等	
7—00—000	维生素饲料		指工业或提纯的单一或复合维生素	
8—00—000	添加剂		指非营养性添加剂，如防腐剂、抗氧化剂、抗生素等	

（1）粗饲料 主要包括干草类、农副副产品类、树叶类、糟渣类等。粗饲料的来源广，种类多，价格低，是草食特种经济动物冬、春季的主要饲料来源。

干草：青草在结籽实以前刈割下来，经过晒干制成。优良的干草饲料中可消化粗蛋白质的含量应在 12%以上，干物质损失约为 18%～30%。草粉是配合特种经济动物饲料的一种重要成分。它的含水量不得超过8%～12%。

秸秆类：可饲用的有稻草、玉米秸、麦秸、豆秸、谷草等。秸秆类饲料通常要搭配其他粗饲料混合粉碎饲喂。

秕壳类：它是农作物籽实脱壳后的副产品，营养价值的高低随加工程度的不同而不同。其中，大豆荚是特种经济动物的一种较好的粗饲料，它更适于反刍动物的利用。

（2）青饲料　主要包括天然牧草、人工栽培牧草、叶菜类、根茎类、水生植物等。青绿多汁饲料水分含量高，水分含量一般大于60%。

青饲料的营养特性是含水量高，陆生植物的水分含量约在75%～90%左右，而水生植物的水分含量大约在95%左右，因此，青饲料的热能值低。一般禾本科牧草和蔬菜类饲料的粗蛋白质含量为1.5%～3%，其含赖氨酸较多，因此，它又能补充谷物饲料中赖氨酸的不足。青饲料干物质中粗纤维不超过30%，叶、菜类干物质中的粗蛋白质不超过15%，无氮浸出物为40%～50%。植物开花或抽穗之前，粗纤维含量较低。矿物质约占青饲料鲜重的1.5%～2.5%，它的钙磷比例较适宜。胡萝卜素为50～80mg/kg，维生素 B_6 很少，缺乏维生素D。青干苜蓿中维生素 B_2 为6.4mg/kg，比玉米籽实高3倍。青饲料与由它调制的干草可以长期单独组成草食动物的日粮。

青饲料堆放时间长，保管不当，会发霉腐败，或者在锅里加热或煮后焖在锅里过夜，都会促使细菌将硝酸盐还原为亚硝酸盐。如果，青饲料在锅里煮熟焖在锅里保存24～48h，亚硝酸盐的含量可达200～400mg/kg。

（3）青贮饲料　青贮是调制和贮藏青饲料的有效方法，青贮饲料能有效地保存青绿植物的营养成分。一般青绿植物，在成熟和晒干之后，它的营养价值降低30%～50%，但经过青贮后营养成分只降低3%～10%。1米^{3}的青贮窖能贮藏450～700kg青贮饲料，这样保存饲料既经济又安全。如果用青贮饲料喂梅花公鹿，每头每天可喂柞树青贮料6.5～7.5kg。成年家禽类每只每天可喂20～25g即可。

（4）能量饲料　绝对干物质中粗纤维含量低于18%、粗蛋白质含量低于20%的谷实类、糠麸类、草籽树实类、块根块茎瓜果等。一般每千克饲料绝对干物质中含消化能在10.46 MJ以上。

谷实类饲料：含无氮浸出物占干物质的71.6%～80.3%，其中主要是淀粉。谷实类饲料赖氨酸与蛋氨酸含量不足，分别为0.31%～0.69%与0.16%～0.23%；谷实类饲料中含钙量低于0.1%，而磷的含量可达0.31%～0.45%，这种钙磷比例对任何特种经济动物是不适宜的。对单胃特种经济动物对钙磷的利用更是不利因素。谷实类饲料中还缺乏维生素A和维生素D，因此，在应用这类饲料时特别要注意钙的补充，必须与其他优质蛋白质饲料配合使用。

粉碎的玉米如水分高于14%时，则不适宜长期贮存，时间长了容易发霉。在高粱中含有单宁，有苦味，在调制配合饲料中，色深者只能加到

10%。大麦、燕麦是一种很有价值的饲料，马属动物自由采食燕麦不容易引起疝痛等消化道疾病。

糠麸类饲料：糠麸类饲料包括碾米、制粉加工的主要副产品。常用糠麸类饲料有稻糠、麦麸、高粱糠、玉米糠和小米糠。

块根块茎及瓜类饲料：这类饲料包括胡萝卜、甘薯、木薯、甜菜、甘蓝、马铃薯、菊芋块茎、南瓜等。根类、瓜类水分含量高达 75%～90%。就干物质而言，无氮浸出物含量很高，达到 67.5%～88.1%。南瓜中核黄素含量可达 13.1mg/kg，甘薯（地瓜）、南瓜中胡萝卜素含量能达到 430mg/kg。块根与块茎中饲料中富含有钾盐。马铃薯块茎干物质中 8.0% 左右是淀粉，可作特种经济动物的能量饲料。绿色马铃薯和发芽的马铃薯含有龙葵素，动物吃了易发生中毒。刚收获的甜菜不宜马上投喂给动物吃，否则易引起下痢。

（5）蛋白质饲料　绝对干物质中粗纤维含量低于 18%、粗蛋白质含量为 20%及以上的饼粕类、豆类、动物性饲料及其他类。

植物性蛋白质饲料：它包括饼粕类饲料、豆科籽实及一些加工副产品。饼粕类中常见的有大豆饼类、花生饼、芝麻饼、向日葵饼、胡麻饼、棉籽饼、菜籽饼等。

大豆饼粕中有抗胰蛋白酶，但它不耐热，在适当水分下经加热即可分解，它的有害作用即可消失，加热过度，会降低赖氨酸和精氨酸的活性，同时亦会使胱氨酸遭到破坏。

动物性蛋白质饲料：它包括畜禽、水产副产品等。此类饲料蛋白质、赖氨酸含量高，但蛋氨酸含量较低。血粉虽然蛋白质含量高，但它缺乏异亮氨酸，大约占干物质的 0.99%。粗灰分、B 族维生素含量高，尤其是维生素 B_2、维生素 B_{12} 含量很高。在禽类等单胃动物日粮配合中，起到重要的作用。

鱼类饲料是特种经济动物的水貂、狐、貉、水獭、河狸等珍贵毛皮动物的主要饲料来源之一。各种海杂鱼和淡水鱼，鱼类除了有毒的鱼外，都可以作为饲料。鱼肉中的蛋白质，可分为肌球蛋白、肌蛋白和溶性肌蛋白纤维等三种，其中容易变质的是肌球蛋白，贮存在－18℃以下是较为稳定。

有些鱼类的内脏和鳃里含有硫胺酶，它在饲料中具有破坏硫胺素（维生素 B_1）的作用，尤以鲤科鱼类为多。如果生喂动物这些鱼类，常引起维生素 B_1 缺乏症。据专家戈里娜的试验资料，450g 生鲤鱼可可破坏 25 万 IU 的硫胺素，这相当于 10kg 干酵母中维生素 B_1 的含量。经过科学分析测定，每克鲤鱼（Cymnocyris Przewalsrii）肉，可破坏 42.1ng 维生素 B_1。经高温处理后，可以破坏硫胺素酶的活性，因此，以淡水鱼作饲料，饲养肉食类特种经济动物，应经过蒸煮处理为好。若生喂动物淡水鱼时，初期无异常反应，但经过半个月后，便会出现食欲减退，甚至造成大群厌食，食后呕吐、流涎、腹泻等症状，这与维生素 B_1 缺乏有直接关系。喂鳕鱼类时间过长，数量过多，能引起动物贫血及使绒毛成棉絮状，这与饲料中缺铁有关。如果在动物日粮中饲喂鲜明太鱼比例过大，也容易引起动物贫血，食欲降低，毛皮动物会出现灰底绒，生长发育受阻，所以，在利用明太鱼作饲料时，每天应加补 20mg 硫酸亚铁和 2mg 硫酸铜，或者在饲料中加 10%～15%畜禽下水，也能起到良好的效果。新鲜海杂鱼，可以全部生喂。在海杂鱼中，常会遇到有河豚和马面豚等有毒鱼类。河豚的毒性很强，0.16mg 的河豚毒素，能在 30min 内麻痹饲喂后的动物神经纤维，50mg 的河豚素或 100mg 的河豚酸能将 1kg 重的小狗毒死，河豚卵巢毒素的毒力为河豚酸的两倍。变质的鲐巴鱼含有大量的组织胺（histamine），容易引起中毒。不新鲜的鲤鱼，每 100g 中也含有 160mg 的组织胺，饲喂动物也能引起中毒，对动物不利。

肉类饲料的种类很多，所有的动物肉，只要新鲜、无病、无毒，均可作为特种经济动物的饲料，如废畜、羔羊肉、犊牛肉、胎盘、畜禽肉类加工的副产品等。新鲜而健康的动物肉应生喂，来源不明或病畜肉以及可疑为被污染的肉类，必须经过兽医检验或者是经过高温处理后方可利用。痘猪肉，一定要经过高温、高压处理后才可以利用，并且适当地搭配鱼粉、兔头、兔骨架等含脂肪低的饲料。在特种经济动物繁殖期里，严禁利用经已烯雌酚处理过的畜禽肉。日粮中含有 10mg 以上的已烯雌酚，就可能导致水貂不育。经激素处理过的畜禽肉，在动物配种期和妊娠期都不能利用。

肉类的副产品包括禽的头、骨架、内脏和血液等。在生产实践中已被广泛应用，其效果较好。

乳、蛋类均为全价蛋白质饲料，它的消化利用率高，适口性好。然而，由于它的成本高，只限在妊娠期和哺乳期利用。鲜乳在 70～80℃下经 15min 消毒后方可利用。

常利用的动物性干饲料有鱼粉、干鱼、肝渣粉、血粉、蚕蛹干和羽毛粉等。在禽类饲料中，使用鱼粉能明显提高生产性能，在特种经济动物的幼龄鸟、兽日粮中可加到 10%，成龄兽类则可添加 5%的肉骨粉、血粉、皮粉、饲用油脂、羽毛粉、蚕蛹粉以及其他畜禽副产品。

（6）*矿物质饲料*　动植物饲料中虽含有一些数量的矿物质，但对舍饲条件下的特种经济动物常不能满足其生长发育和繁殖等生命活动的需要。因此，应补以所需的矿物质饲料。

常量矿物质饲料：常用的有食盐、石粉、蛋壳粉、贝壳粉和骨粉等。

食盐的补给量鹿类 15～40g，麝 20g，禽类 0.5～1g。大型反刍动物

20～40g。石粉指的是石灰石粉，为天然的碳酸钙。石灰石粉只要铅、汞、砷、氟的含量不超过安全系数都可以用于饲料中。

禽类的雌鸟产卵时，有1/3的钙从骨骼转化而来。一般情况下，雌鸟每产下1枚卵，就要从身体储藏量取得25%的钙质。

微量矿物质饲料：常用的有氯化钴、硫酸铜、硫酸锌、硫酸亚铁、亚硒酸钠等。在添加时，一定要均匀搅拌配合到饲料中。

(7) *饲料添加剂* 饲料添加剂是特种经济动物的配合饲料的添加成分，多指为强化基础日粮的营养价值、促进动物生长发育、防治动物疾病，加进饲料的微量添加物质。添加剂成分大体分为两类，即非营养添加剂和营养添加剂。非营养添加剂包括生长促进剂、着色剂、防腐剂等。营养性添加剂包括维生素、矿物质与微量元素、工业生产的氨基酸等。

目前，我国用于饲料添加剂的氨基酸有蛋氨酸、赖氨酸、色氨酸、甘氨酸、丙氨酸和谷氨酸及钠盐等6种。其中以蛋氨酸和赖氨酸为主。在配合饲料中常用的是粉状DL-蛋氨酸和L-盐酸赖氨酸。

近几年来，各地用中草药代替青饲料喂特种经济动物较为普遍，中草药饲料添加剂无毒副作用和抗药性，而且资源丰富，来源广泛，价格便宜，作用广泛，它既有营养作用，又有防病治病的作用。

（二）特种经济动物营养

1. 能量的营养 特种经济动物的产品，如毛皮、肌肉、脂肪等均为物质和能量代谢的产物。动物从饲料中摄取各种营养物质和能量，一部分供给维持生命活动，剩余部分通过复杂的生物化学变化转变成各种产品。动物在不同的生物学时期，新陈代谢具有不同特点，特种经济动物对营养物质和能量的需求也不一样。

饲料中的有机物质经过完全氧化后生成水、二氧化碳和其他气体等氧化产物，并且同时释放能量。特种经济动物的基础代谢是指体内基本机能所必需的某一低水平的代谢。基础代谢率是体重的0.75次幂的函数。有胎盘动物的基础代谢率（BMR）$=70W^{0.75}$，而冬眠动物最低的代谢率$=3.2W^{1.03}$（Kayser，1964）。

一般情况下，特种经济动物可处于三种能量水平，即半饥饿水平、维持水平与生产水平。半饥饿水平，是动物处于入不敷出的状态。消耗体内的营养物质，首先消耗体内的糖储备，然后消耗体质脂肪，最后消耗体蛋白，动物日渐消瘦，长期下去生命难以维持，更谈不上任何生产能力了。除非迫不得已，动物在生产中不应使动物处于这种状态。

特种经济动物很少处于维持状态，即如幼龄动物体重恒定，实际上体组织也时刻在变更，成龄动物休闲或非生产期仍处于恢复与储备状态。因此，对于动物饲养中具有实际意义的能量水平，乃是在其他营养物质获得保证的前提下，能发挥不同生产力的相应能量水平。对于饲养的不同物种经济动物，应采取不同所需的能量水平。然而，不同的动物采取何种饲养水平不能一概而论，应具体分析对待。

2. 饲料的营养物质及其功能　根据饲料化学分析的一般程序，又将饲料中的各种营养物质作如下分类。

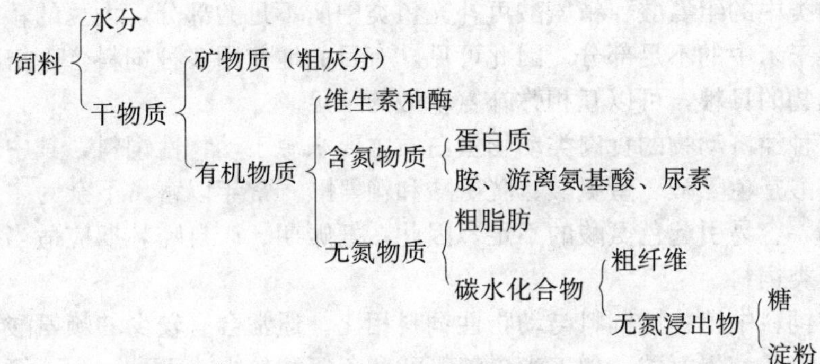

（1）水　在特种经济动物中，水是构成动物机体的主要组成部分，它也是动物生命活动中不可缺少的物质，约占动物机体的 66.6%。在动物胎儿及幼龄时期的动物机体含水量更高。水在动物机体内的生理作用是，在机体各部分输送营养物质，参与机体内物质代谢的水解、氧化、还原等的一切生产过程，还参与体温调节，对维持体温恒定起着重要的作用。此外，水分对保证机体正常生理机能有着重要的意义。

特种经济动物的饮水和饲料中含的水是其所需水分的主要来源。一切动物在长途运输中，特别要注意饮用水的充分供给，是保证运输动物成功的关键措施。

（2）蛋白质　蛋白质是一切生命活动的基础。动物机体内的所有器官、组织、细胞及动物的各种产品主要是有蛋白质构成的；动物机体的某些酶类、抗体、激素等活动物质，也是由蛋白质构成的。同时，蛋白质在动物代谢过程中，释放能量，是体内热能来源之一。每 1g 蛋白质在体内氧化时，便可以产生 17.1kJ 卡的热能（4.1kcal）。

构成蛋白质的元素主要有碳、氢、氧、氮和少量的硫。蛋白质是一种较复杂的高分子有机化合物，组成蛋白质的基本单位是氨基酸。

蛋白质由 20 多种氨基酸组成，其中有些氨基酸可以在动物体内合成，不需要从饲料中摄取的，称为非必需氨基酸；而有些氨基酸在动物机体内不能合成或者是合成很少，必需从饲料中摄取的，称为必需氨基酸。动物必需氨基酸大约有 10 种：它们是苏氨酸、缬氨酸、亮氨酸、异亮氨酸、色氨酸、精氨酸、赖氨酸、苯丙氨酸、组氨酸、蛋氨酸。在动物饲料中如果缺少必需氨基酸，即使饲料中蛋白质的含量很高，也会导致蛋白质代谢紊乱、营养失调。动物的生长发育受阻、体重减轻、生产性能下降等不良后果。

不同饲料的合理配合，使蛋白质有良好的互补作用，也能提高饲料的营养价值。蛋白质的互补作用，实质上就是氨基酸的互补作用。例如，牛奶中的色氨酸和赖氨酸可补充玉米中的不足部分，由马肉、羊肉与鱼类组成的日粮，肉类中的组氨酸、精氨酸可补充鱼类中所不足的部分，大豆的赖氨酸可以补充玉米中的不足部分。因此可见，有目的地使用多种饲料合理搭配特种经济动物的日粮，可以互相弥补氨基酸的不足。

特种经济动物的食肉类动物蛋白质主要来源于动物性饲料，其中最重要的氨基酸是色氨酸、蛋氨酸、胱氨酸和赖氨酸。常年以畜禽下杂为主要日粮的动物，容易引起色氨酸的不足。因此，妊娠期、产自哺乳期应适当搭配瘦肉和鱼类饲料。

在饲料中植物性饲料与动物性饲料相比，通常会有较少的赖氨酸、组氨酸、胱氨酸和蛋氨酸，如玉米含赖氨酸和色氨酸较少，而大豆含胱氨酸和蛋氨酸为最低。

特种经济动物机体内的蛋白质在不停地进行着复杂的生物化学变化，大约经 6～7 个月的时间就有 50％的体蛋白质被新蛋白质所更替，这些新蛋白质的形成，是以日粮中的含氮物质为原料的。当日粮能量水平较低时，蛋白质可氧化分解释放能量。

（3）脂肪　脂肪是由碳、氢、氧三种元素组成的有机化合物，广泛分布于动、植物体内，是构成机体重要成分之一。脂肪包括油脂类与类脂类两大类。油脂由甘油和脂肪酸构成，类脂包括磷脂、糖脂和胆固醇等。

脂肪是特种经济动物细胞的一个重要成分，是机体生命活动中必不可少的营养物质。脂肪是体内能量贮存的最好形式，1g 脂肪在动物机体内完全氧化可释放出 39.3kJ 热量，是蛋白质和碳水化合物的 2.25 倍。

脂肪是脂溶性维生素的有机溶剂。如维生素 A、维生素 D、维生素 E、维生素 K 等，必须溶于脂肪中才能被机体吸收。如果是动物机体脂肪不足，则易患脂溶性维生素缺乏症，动物生长缓慢，泌乳量减少，毛绒粗糙无光泽，饲料消耗增加。变质脂肪还会破坏维生素，易引起动物拒食，妊娠动物容易导致胚胎腐烂。脂肪是热的不良导体。动物机体内的脂肪，一部分来自饲料的脂肪，另一部分由碳水化合物的蛋白质转化而来。

在饲料，脂肪含量的变动范围很大。从 0.1％～20％，如牛肉含脂肪为 20％，而大白菜仅为 0.1％。

构成脂肪的脂肪酸又分为饱和脂肪酸和不饱和脂肪酸。在不饱和脂肪酸中，有几种脂肪酸在动物机体内不能合成，必须由饲料供给。这些不饱和脂肪酸即称为必需脂肪酸。长期以来认为，亚油酸、亚麻酸和花生四烯酸是特种经济动物的三种必需脂肪酸。但是近年来专家研究认为，实际上亚油酸才是必须由饲料供给的唯一必需脂肪酸，因为它能在动物机体内通过碳链加长和新双链合成转变为花生四烯酸。

这里应该指出，必需脂肪酸的概念不适用于成龄反刍动物。如牛、羊的瘤胃微生物能合成上述必需氨基酸，无需依赖饲料供给。但是，幼龄反刍动物因瘤胃功能尚不完善，不能合成上述脂肪酸，所以，也需要靠饲料中提供必需氨基酸。

必需脂肪酸可作为特种经济动物机体内合成前列腺素的原料。它与雄性动物的精子形成有关。日粮中长期缺乏必需脂肪酸可导致动物繁殖性能的降低，引起雌性动物不孕症或授乳过程的障碍。

(4) 碳水化合物　碳水化合物是碳、氢、氧三种元素构成的有机化合物，是构成动物机体组成的重要组成成分之一。它在消化道内均可转化为单糖而被吸收，能参与调解机体的生理功能，防止脂肪酸氧化中产生过多的酮体，还具有解毒、利尿的功能。碳水化合物是机体热能的重要来源之一，1g 碳水化合物在动物机体内完全氧化，可以产生 17.1kJ 的热量。如果对动物碳水化合物供给不足将增加蛋白质和脂肪的消耗；如果糖类不足，动物易患尿湿症。

碳水化合物是植物性饲料的主要组成部分，含量可占其干物质的50%～80%。

碳水化合物可分为粗纤维和无氮浸出物两类。粗纤维是植物细胞壁的主要组成成分，是一类不易溶解的物质。饲料中粗纤维的含量与植物的生长阶段有关，幼嫩的植物较粗老的植物含量少，无氮浸出物是一类容易溶解的物质，包括单糖、二糖和淀粉。

(5) 维生素　维生素按其溶解性质可分为脂溶性维生素和水溶性维生素两大类。前者可在动物体内蓄积数日，后者不能在动物体内蓄积，应经常由饲料供给。

①脂溶性维生素　凡能溶解于脂肪中的维生素，统称其为脂溶性维生素，它包括维生素 A、维生素 D、维生素 E、维生素 K 等。

维生素 A：不溶解于水，而溶解于脂肪和各种脂肪溶剂。它对于热、酸和碱较稳定，但易受光和氧的破坏。氧化酸败的脂肪、骨粉、酵母、苏打等对维生素 A 有破坏作用。

维生素 A 仅存在于动物性饲料中，植物性饲料中不含有维生素 A，而含有胡萝卜素。它在动物肠壁及肝脏内可经由胡萝卜素酶的作用转化为维生素A。其转化的能力随动物的种类而异。如水貂、紫貂、猫科等动物就没有转化能力。许多鸟类和哺乳动物都不具有这种能力。维生素A能维持上皮细胞的正常生长与结构，若维生素A不足，会引起上皮组织干燥和角质化，生殖腺上皮细胞角化，可引起繁殖机能障碍。

维生素A在鱼肝油、牛奶、卵黄、血、肝、鱼粉中含量丰富。青绿饲料、优质青干草、胡萝卜等均富含胡萝卜素。黄玉米中含有玉米黄素，它在动物体内也可起胡萝卜素的作用。

维生素D：它参与动物体内钙、磷的吸收和代谢过程，以维持机体内钙、磷的平衡。幼龄动物缺乏维生素D时，易引起导致佝偻症。维生素D主要以两种形式出现：一种是维生素D_2，另一种是维生素D_3。维生素D_2是植物的麦角固醇经紫外线照射转变而成的，维生素D_3则是动物皮肤内的7-脱氢胆固醇经紫外线照射后形成的。家畜、旧大陆猴和老鼠都能有效利用这两种维生素，而新大陆猴利用维生素D_3的能力比利用维生素D_2的能力强。特种经济动物中的鸟类、两栖类和鱼类也不能有效利用维生素D_2，但它们能有效的利用维生素D_3。维生素D不溶于水而溶于脂肪和脂肪溶剂，相当稳定，不易被酸、碱破坏，但是酸败的脂肪及碳酸钙等无机物可引起维生素D的破坏。

维生素D含量较为丰富的资源是鱼肝油、乳类、蛋黄、肝脏等。

维生素E：在动物机体内起催化作用和抗氧化作用，它与硒协同保护多种不饱和脂肪酸，从而维持细胞膜的正常脂质结构。维生素E是维持骨骼肌、心肌、干滑肌及外周血管系统的构造和功能所必需的，对生殖机能也有影响，如促进性腺的发育、促进受孕、防止流产、调节性激素代谢等。

维生素E耐热、耐酸，但对光、氧、碱敏感，易被破坏。在新鲜脂肪、小麦芽、豆油、蛋黄、肝、牛肉和马肉中维生素E的含量较丰富。正常条件下反刍动物不会发生维生素E的缺乏，维生素E的营养作用需要硒的存在才能很好的发挥。

②水溶性维生素　它主要包括有B族维生素及维生素C。它很少或几乎不在体内贮存，因此短时期内缺乏或不足均会引起体内某些酶的活性，阻抑相应的代谢过程，影响动物的生产力和抗病力。

维生素B_1（硫胺素）：维生素B_1是动物体内许多细胞酶的辅酶，参与碳水化合物的代谢。维生素B_1的缺乏，会影响动物的生长发育、食欲减退、下痢、羽毛蓬乱、运动不灵活、多发性神经炎，雏鸡及鸽对维生素B_1的缺乏十分敏感。反刍草食动物消化道中能合成维生素B_1，一般不会缺乏。维生素B_1在酵母、肝、豆类、糠麸饲料中含量丰富。

维生素B_2（核黄素）：动物体内许多氧化还原酶类的辅基中含有维生素

B_2，它参与能量代谢，在生物氧化过程中传递氢原子，具有促进生物氧化的作用，对蛋白质、脂肪和碳水化合物的代谢具有十分重要的作用。当动物缺少维生素 B_2 时，对葡萄球菌、链球菌的抵抗力降低，易发生脓肿和肝、肾脂肪变性。

维生素 B_2 在乳品加工的副产品中含量丰富，苜蓿及三叶草含量也很多。笼养的鸟配合饲料中应补充维生素 B_2。维生素 B_2 微溶于水，极易溶于碱性溶液，对光和碱及重金属很敏感，易遭到破坏。

维生素 B_{12}（氰钴素）：维生素 B_{12} 是含钴的维生素，它具有调节造血、防止发生恶性贫血的作用。维生素 B_{12} 在鱼粉、肉粉、肝脏中含量最多，对雏鸡、幼龄动物应适当补充维生素 B_{12}。反刍动物只要不缺钴，就不会缺乏维生素 B_{12}。

泛酸（维生素 B_3）：正如它的名字含意那样，以结合的形式存在于所有的动植物组织中，是一种二肽的衍生物，呈黄色黏性油状物，对酸和碱不稳定，也不耐热，复热易遭破坏。泛酸是辅酶 A 的组成部分，也是以辅酶 A 的形式随饲料摄入体内的。因此，泛酸参与机体所有的新陈代谢过程。

泛酸缺乏多见于雏禽类。其主要症状是皮肤炎症，最初出现在嘴角和眼周，继之出现在喙鼻等处，兽类引起被毛褪色、皮肤脱屑及神经系统机能破坏等主要症状。

烟酸（维生素 B_5）：它通常称作维生素 pp 或尼克酸，它是一种抗糙皮病维生素，因为最初是在烟碱中制备出来的，所以叫烟酸。

烟酸是辅酶Ⅰ和辅酶Ⅱ的组成成分，与含有核黄素的酶有互补作用。这两种辅酶参与多种氧化过程，包括活细胞对碳水化合物、蛋白质和脂肪的利用。维持健康所需的烟酸量不好确定，因为饲料中的烟酸量与饲料中的色氨酸有关，色氨酸多，则体内合成烟酸的量就大。从饲料中摄取的色氨酸少，则烟酸的需要量就大。

当动物严重缺乏时，可引起糙皮病，这种病的特点是皮肤炎、消化道上皮组织机能受到损伤、消化失常、神经错乱等。犬科动物或禽类则有的出现黑舌病，口腔黏膜和食道上皮因炎症而呈现出褐紫色。

烟酸存在于各种动植物中，但大都含量较少。玉米、高粱、麦类、谷实中的烟酸含量虽然较多，但它是结合型的，不是游离型的，不能被机体吸收利用，所以大量喂用这些饲料时容易出现烟酸缺乏症。动物机体中色氨酸转化为烟酸的转化率为 60∶1。

维生素 B_6：维生素 B_6 包括吡哆醇、吡哆醛、吡哆胺三种化合物。这三种物质在机体可以互变。

特种经济动物体内的吡哆醇，最终以活性较强的磷酸吡哆醛和磷酸吡哆胺的形式存在于组织中，并参与机体代谢。这两种磷酸化合物是动物体内许多酶系统的辅酶。参与机体的多种物质代谢过程。如参与氨基酸代谢的脱羟基作用，转氨基作用，色氨酸、含硫氨基酸代谢，不饱和脂肪的代谢等。

维生素 B_6 缺乏时对各种动物的表现是不同的，食欲不好，对食物的消化率下降，增重慢，以及皮下水肿，脱毛，后肢麻痹，外周神经发生进行性病变，会导致运动失调，最后发生部规则间隔的惊厥，直至死亡。

各种禾谷类子实及其加工副产品，都含有较多的维生素 B_6。动物性饲料及块根块茎中含量很少。饲料中存在的维生素 B_6 很容易被动物吸收。故常用饲粮（除肉食动物）就能满足动物的需要，可以不必考虑补充。但饲料中能量与蛋白质水平高时，维生素 B_6 的需要量会随之增加。这对生长期动物比较重要。

生物素（维生素 B_7、维生素 H）：生物素也叫生长促进素。饲料中的生物素是与蛋白质结合在一起的，消化时被酶水解，游离出生物素。

生物素是动物机体内许多羧化酶的辅酶，因而在 CO_2 固定反应中起重要作用。生物素作为 CO_2 的载体是首先与 CO_2 相结合，然后将 CO_2 转递给适当的受体。所以对各种有机物质的代谢均有作用。

各种动物很少发生生物素缺乏，只有禽类和毛皮动物可能出现生物素不足。禽类主要表现为皮炎或骨短粗病，喙及趾部皮炎。

毛皮动物易患湿疹、脱毛以及瘙痒症。对于鼬科动物和犬科动物，严重时可能导致降低毛皮质量，皮肤变厚，脱落鳞屑，而且自身剪毛（常咬自身被毛的毛尖和尾尖）。

除谷类和核果外，各种动植物饲料中都含有生物素，酵母粉、鱼粉中含量丰富。动物肠道内的细菌能大量合成生物素。

维生素 B_{11}（叶酸）：叶酸广泛存在于动植物组织和微生物中，也是与蛋白质以结合物存在，在肠道内经叶酸结合酶作用而分解或游离的叶酸才被吸收利用。

叶酸对热较稳定，对酸和光不稳定。苜蓿粉、酵母粉和豆饼中含叶酸多，其他饲料中都较缺乏。

叶酸的缺乏会引起血细胞生成障碍、口腔和肠道黏膜改变、皮炎、生殖功能障碍、骨改变等症状。

（6）*矿物质*　按各种矿物质在特种经济动物机体内的含量不同，把这些元素分为常量元素和微量元素。常量元素是指占动物体重 0.01％以上的元素，包括钙、磷、镁、钠、钾、氯、硫等元素；微量元素则是指占动物体重 0.01％以下的元素，主要包括铁、铜、锌、锰、碘、钴、硒、铬等。当某种必需元素缺少或不足时，则会导致动物物质代谢的严重障碍，并降低生产能力，甚至导致死亡。

钙：是特种经济动物体矿物质中的主要成分。机体中的钙大约99%构成骨骼和牙齿，其余的钙存在于血浆和软骨组织中。钙对维持神经和肌肉组织的正常功能起着重要的作用。当血浆中钙离子浓度低于正常水平时，会使神经、肌肉的兴奋性增高并引起抽搐。

补充矿物质需注意到饲料中钙、磷的比例要在（2～1）：1的范围内，其吸收率高。

植物中以豆科牧草的含钙量最高，鱼粉、肉骨粉等含量丰富。

磷：动物体内大约80%的磷存在于骨骼和牙齿中，其余大部分磷构成软组织成分，小部分存在于体液中。当动物缺磷时同样也会引起幼龄动物患佝偻症，成年动物患软骨症。动物的异食癖比缺钙时更严重，常啃食毛、泥土及破布等。鱼粉、肉骨粉、糠麸和油饼等含磷量较丰富。

镁：特种经济动物机体内的镁约有70%，以磷酸盐与硫酸盐形式存在于骨骼和牙齿中。镁缺乏症主要发生在反刍动物中。饼粕、糠麸和青饲料含量丰富。

钠和氯：它主要分布于动物细胞外液中，是维持外液渗透压和酸碱平衡的主要离子，并且还参与水的代谢。大多数饲料均缺钠和氯，需在饲料中补加一定量的食盐。

铁：动物体内约有60%～70%的铁存在于血红蛋白和肌红蛋白中，有20%左右铁和蛋白质结合形成铁蛋白，贮存于肝、脾和骨、髓中，其余的铁存在于细胞色素酶中。其主要功能是作为氧的载体以保证体组织内氧的正常输送。并与细胞内生物氧化过程有密切关系。日粮中补充铁的原料通常用硫酸亚铁。

硒：硒是谷胱甘肽过氧化酶的主要成分，和维生素具有相似的抗氧化作用。它还有助于维生素E的吸收和存留。

2. 营养物质的消化和吸收

（1）*蛋白质的消化与吸收*　单胃动物对饲料蛋白质的消化，主要是消化道分泌蛋白消化酶对蛋白质的水解过程。饲料中的蛋白质首先在胃中经受胃蛋白酶和盐酸的作用，部分蛋白质降解为多肽和少量的游离氨基酸，这些分解产物连同未经消化的蛋白质一同进入小肠，进一步消化为游离氨基酸和少量的肽。在上述的消化过程中，胃蛋白酶（胃液）的作用较小，只有20%的饲料蛋白质的消化是在胃部进行的，胰蛋白酶在单胃动物的蛋白质消化过程中起着主要作用。在胃和小肠未经消化的饲料蛋白质经由大肠以粪的形式排出动物体外。其中部分蛋白质可降解为吲哚，粪臭素、酚、硫化氢、氨和氨基酸、细菌虽可利用氨和氨基酸合成菌体蛋白，但最终还是随粪排出。马属动物、兔等草食动物有所不同，这些动物的盲肠、结肠极为发达，它们在对蛋白质的消化过程中有着重要的作用。由盲肠和结肠微生物酶消化的饲料蛋白质可占消化蛋白质总量的50%左右，这一部位消化蛋白质的过程类似反刍动物。

单胃动物主要以氨基酸的形式吸收利用蛋白质，其吸收部位为小肠，而且主要是十二指肠部位。哺乳动物生后一段时间内（出生24h内）可吸收完整的蛋白质，以获得免疫机制。

反刍动物对饲料蛋白质的消化主要是进入瘤胃的饲料蛋白质约有70%（40%～80%）经受细菌和纤毛原虫的分解，仅有30%（20%～60%）的蛋白质未经变化而进入消化道的下一部分。饲料蛋白质在瘤胃微生物（细菌和纤毛原虫）、蛋白质水解酶（蛋白酶和肽酶）的作用下，首先分解为肽，进一步分解为游离氨基酸。蛋白质消化分解产物——肽和氨基酸，部分被微生物用于合成细菌蛋白，部分氨基酸亦可在细菌脱氨基酶的作用下经脱氨基作用进一步降解为氨、二氧化碳和挥发性脂肪酸。饲料中的非蛋白质的含氮化合物亦又在细菌尿素酶作用下分解为氨和二氧化碳。经过瘤胃蛋白与瘤胃微生物蛋白一同由瘤胃转移至皱胃，随后进入小肠，其蛋白质的消化过程和单胃动物相近，靠胃肠道分泌的蛋白酶水解。瘤胃以下的消化道部分氮的消化率大致为65%～70%。

反刍动物对蛋白质消化产物主要的吸收部位是瘤胃和小肠。瘤胃壁对氨的吸收力极强，大量氨被瘤胃壁吸收，被吸收的氨随血液循环进入肝脏通过缬氨酸循环合成尿素，进入肾脏随尿排出，部分又进入唾液腺随唾液返回瘤胃，再次被微生物合成体蛋白，瘤胃亦可吸收少量游离氨基酸。小肠对蛋白质的吸收形式同单胃动物一样，亦是氨基酸。

（2）脂肪的消化吸收　幼龄的反刍动物对乳脂的消化吸收与单胃动物相似，然而随着断乳后食物的改变如瘤胃中的微生物逐渐成熟，反刍动物对脂肪的消化和利用就不同于单胃动物了。不饱和脂肪酸主要存在于饲草的半乳糖酯和谷实的甘油三酯中。这些饲料进入瘤胃后，在微生物作用下发生水解而形成游离脂肪酸、甘油和半乳糖。它们可进一步经微生物发酵而生成挥发性脂肪酸。其中主要是硬脂酸。反刍动物胰脂酶对脂肪的消化主要是在空肠后部进行的。脂肪消化产物在空肠前部仅被吸收15%～26%，其余大部分是空肠的3/4部位被吸收的。反刍动物对饱和脂肪酸如长链脂肪酸，尤其是对硬脂酸却能较好地吸收。

单胃动物对脂肪的消化主要是在小肠中通过胰脂肪酶的作用进行的。胃中的酸性环境不利于脂肪的乳化。所以在胃中脂肪不易消化。脂肪在小肠中，在胰液和胆汁的作用下，胰脂肪酶与胆盐配合，将脂肪水解后稀释放出游离脂肪酸和单酸甘油酯。磷酸和固醇也在胆盐存在下，与磷脂酶和固醇酯酶配合而发生水解。脂肪酸不溶解于水，但它可以与胆盐结合形成水溶性微团。这种微团当到达十二指肠和空肠主要吸收部位时，又被破坏而离析，胆盐滞留于肠道中，而游离脂肪酸和单酸甘油酯透过细胞膜而被吸收。

（3）碳水化合物的消化与吸收　单胃动物对碳水化合物的消化主要依靠糖和淀粉酶解后的葡萄糖。消化道分泌的分解碳水化合物的酶类有淀粉酶、乳糖酶、麦芽糖酶及蔗糖酶等。

淀粉的消化部位主要在小肠。淀粉经淀粉酶和麦芽糖酶水解为葡萄糖酶后，被肠壁吸收和利用。

在小肠中未被水解的淀粉转移至盲肠和结肠时，被细菌分解产生挥发性脂肪酸和气体。挥发性脂肪酸被机体吸收利用，而气体由肛门排出体外。

饲料中的纤维素和半纤维素的消化主要依靠结肠和盲肠中的细菌发酵，将其分解产生挥发性脂肪酸及气体。挥发性脂肪酸可被肠壁吸收利用，气体则被排出体外。马和驴等盲肠、结肠特别发达的草食动物，其中的细菌对纤维素及半纤维素具有较强的消化能力。因此，饲料中的纤维素对这类动物具有重要的影响和作用。

反刍动物的碳水化合物消化与吸收不同于单胃动物。碳水化合物在反刍动物的消化道中主要以被分解为挥发性脂肪酸的形式被吸收利用，以单糖形式被吸收的数量很少。

反刍动物的瘤胃是消化饲料碳水化合物，特别是消化粗纤维的主要器官。饲料粗纤维进入瘤胃后，被细菌分解为乙酸、丙酸和丁酸等挥发性脂肪酸及气体，气体排出体外，挥发性脂肪酸被吸收进入肝脏，在瘤胃中未被分解的粗纤维，到达结肠与盲肠中被细菌分解为挥发性脂肪酸和气体。

大部分淀粉及麦芽糖进入瘤胃被细菌分解为挥发性脂肪酸及气体。在瘤胃中未被分解的淀粉和糖进入小肠，在淀粉酶、麦芽糖酶的作用下分解为葡萄糖，被肠壁吸收利用。在小肠中未被消化的淀粉和糖进入结肠与盲肠，被细菌分解产生挥发性脂肪酸及气体，挥发性脂肪酸被肠壁吸收参加机体代谢，然后，气体排出体外。

在草食动物中有反刍草食动物和单胃草食动物。它们的日粮需要上有差别。在蛋白质比和蛋白质上应注意两种类型草食动物的差别。反刍草食动物瘤胃中的微生物群，在利用饲料中的蛋白质和非蛋白氮合成自体的过程中，能有效地提高饲料的营养价值，但对于单胃草食动物（如大象等）应慎重的对待蛋白质的质量。因为由盲肠、大肠微生物群合成的蛋白质，1/3 被排除体外而不能利用。微生物合成的氨基酸也不能平衡饲料中必需氨基酸的不足。因此，对单胃草食动物在制定营养标准时，应注意营养的全面性。

3. 特种经济动物的营养需要和日粮拟定 制定特种经济动物日粮既要有严格的科学性，又要因地制宜，力求降低饲料的成本。

目前，我国对特种经济动物的营养需要尚未作系统研究，因而也尚未制定各种特种经济动物的统一饲养标准。由于特种经济动物的种类繁多，食性各异，若给每种动物都制定饲养标准，虽然很科学，但很难做到。就目前特种经济动物的具体情况，只能按动物的分类、食性的相近分别制定出近似的饲料日粮标准。

下面仅就特种经济动物日粮拟定的一般原则叙述如下。

（1）在选用合适的相应经验饲养标准基础上，可根据饲养实践中动物的生长发育或繁殖性能等情况做适当的调整，并应注意如下几个问题：①能量饲料的基本营养指标。只有首先满足能量需要的基础上，才能考虑蛋白质、脂肪、碳水化合物、维生素、矿物质等养分的需要。如果首先满足能量的需要，对于其他营养物质的不足量可采用各类添加物加以补充。饲料中能量与蛋白质的比例关系一般用能量蛋白质比来表示。能量蛋白质比是指每千克饲料中能量与蛋白质含量的比例。日粮中能量低时，蛋白质的含量须相应降低。使用高能量低蛋白质或低能量高蛋白质的日粮饲喂动物必然浪费饲料；②控制日粮中粗纤维的含量，幼龄动物及非反刍动物对粗纤维的消化能力很弱。因此，拟定日粮时，应根据各种动物具有不同的消化生理特点，合理利用粗饲料。

（2）选用适宜的饲料 根据当地各种饲料资源情况和各种饲料的理化特性及饲用价值，尽量做到全年比较均衡地使用各种饲料。从饲料品质上，要选用新鲜无毒的优质饲料。饲料的体积尽量和动物消化生理特点相适应。根据动物的种类、年龄、体重和生长时期的不同，饲料量应有所调整。饲料的适口性直接影响着动物的采食量，拟定日粮时应选择适口性好、无异味的饲料或加入调味剂，以提高其适口性，促使动物增加采食量。

部分特种经济动物的营养需要和精饲料用量大致的范围见表 2－2、表 2－3。

表 2－2 特种经济动物的营养需要（%）

营养成分类别	草食类	杂食类	食肉类	涉禽类	鸡类
热量（MJ/100g）	1.38～1.42	1.38～1.46	1.38～1.42	1.21～1.26	1.21～1.26
粗脂肪	5～6	4～5	13～15	3.5～4.0	6～7
粗蛋白质	14～15	14～16	15～20	17～18	14～15

（续）

营养成分类别	草食类	杂食类	食肉类	涉禽类	鸡类
碳水化合物	57～58	59～60	40～50	50～52	59～60
粗纤维	4.0～5.0	4.0～5.0	2.5～4.0	5.5～6.0	4.0～5.0
灰分	4.0～5.0	5.0～6.0	4.5～5.0	6.5～7.0	6.0～6.2
钙	1～1.5	1.0～1.1	0.8～0.9	1.5～1.6	1.0～1.5
磷	0.9～1.0	0.8～0.9	0.5～0.6	0.8～0.9	0.7～0.8

表 2－3　特种经济动物精饲料搭配比例（%）

饲料类别	草食类	杂食类	食肉类	涉禽类	鸡类
玉米	30	35	50	20	30
麸皮	20	20	10	10	
稻子					15
谷子					10
豆饼	15	10	10	10	5
大麦	15		10		10
小麦		9			
高粱	15	20	10	10	15
面粉			5	10	
小米				15	
苜蓿粉					
麻仁					7
鱼粉		3	3	4	
骨粉	3	2		3	3
虾皮				3	
蟹籽				10	
蚕蛹				5	5
食盐	2	1	2		

注：制定日粮的方法常用重量法：

（1）根据动物所处的生物学时期和营养状况初步确定日粮的总量。

（2）根据现有的饲料种类确定各种饲料的重量比。

（3）根据日粮量和各类饲料所占的重量比计算出日粮的饲料组成。

第四节　特种经济动物的繁殖

研究特种经济动物的繁殖规律和繁殖技术，可提高特种经济动物的繁殖率。特种经济动物的繁殖受生活条件的严格影响，以哺乳动物为例，当生活条件不能满足其基本要求时，往往会出现性腺发育不良，发情和配种能力下降、不能受精或受精率降低，胚胎不能着床，胚胎吸收或流产，产后哺乳不足和后代生活力衰弱等。所以，通过适当生态学的研究指导人工养殖工作是很必要的。

一、特种经济动物的繁殖方式

（一）胎生

动物的受精卵在动物体内的子宫里发育的过程叫胎生。胚胎发育所需要的营养可以从母体获得，直至出生时为止。

胎生动物的受精卵一般都很微小，少卵黄质。在母体的输卵管上端完成受精，然后发育成早期胚，并下降到子宫，此后就埋入母体的子宫内壁，通过胎盘（Placenta）与母体连系，吸收母体血液中的营养成分及氧气，把二氧化碳及废物交送母体从血液排除。待胎儿成熟，通过子宫收缩把幼体排出体外，形成一个独立的新生命。哺乳类动物中除鸭嘴兽、针鼹是卵生外，其他的都是胎生动物。

（二）卵生

动物的受精卵在母体外独立发育的过程叫卵生。卵生的特点是在胚胎发育中，全靠卵自身所含的卵黄作为营养。卵生在动物中很普遍。

卵生过程：卵生动物把卵或受精卵排出体外，或掩埋土砂中（如蝗虫、龟、某些蛇类等），或留树皮空隙中（如蝉），或留水域中（如鱼、蛙等），然后藉太阳的辐射热发育孵化成幼虫或幼体。

卵生物种有鸟类、蛙类、昆虫、爬虫类、海马、鸭嘴兽、针鼹。

（三）卵胎生

所谓卵胎生，即其受精卵不像卵生动物那样排出体外，靠外界环境来孵化，而是留母体之内，待发育成小动物后再产出。这种生殖方式，看上去很像胎生，但它在母体内发育时，不像胎生动物那样由母体供应营养，而主要仍靠受精卵本身的营养，只不过把卵“寄存”在母体内孵化而已，实质上仍还属卵生。这是动物对不良环境的长期适应形成的繁殖方式，实际上母体对胚胎主要起保护和孵化作用。

动物的受精卵在母体内发育成新的个体后才产出母体。但其发育时所需营养，仍依靠卵自身所贮存的卵黄，与母体没有物质交换关系，或只在胚胎发育的后期才与母体进行气体交换和有很少营养的联系。它是介于卵生和胎生之间的情况。锥齿鲨、星鲨、某些毒蛇（如蝮蛇、海蛇）和胎生蜥、铜石龙蜥等均为卵胎生动物。

在动物的有性生殖过程中，其所产生的新个体虽不是卵而是幼体形态，但在母体内则备有作胚胎营养的卵黄，胚胎的发育并不直接依赖母体的营养，而只不过是卵在母体内发育、孵化，这和哺乳类靠与母体间组织联系而获取营养的真正胎生是有区别的，所以称这种生殖为卵胎生。蝮蛇、田螺和一些鱼类都是卵胎生。不过在鱼类也有通过其他方式靠母体营养而发育的，这也是一种真正的胎生形式。例如海鲫类，是在卵巢内进行受精、发育、孵化，而仔鱼是在卵巢腔中，于开口之前，经过体上皮和鳃孔摄取卵巢组织所供给的营养。此外，在鲨类和鳐类，其开始发育是依靠卵黄营养，但待卵黄耗尽时，便通过卵黄囊与输卵管下部的所谓子宫（内壁生有许多绒毛）发生联系，接受来自母体的营养，表现出与哺乳类真正胎生相似的状态。此外，在体内受精方面，有的在产卵前已于母体内进行了一定程度的发育（如鸟类），也可称为广义的卵胎生。

卵胎生过程：卵胎生动物的受精卵则停留在母体的生殖道内，藉卵本身的卵黄质发育成幼体，一待成熟，母体的生殖道收缩将幼体连同卵膜（vitelline membrane）排出体外。所以卵胎生动物的胚胎受到了母体的适当保护，孵化存活率比卵生者较有保障。

行卵胎生的动物有部分的鲨、孔雀鱼和大肚鱼等。

二、经济动物繁殖的季节性及影响因素

动物繁殖有明显的季节性。它除了与内分泌机制、营养状况和新陈代谢等内部因素有关外，还受到外界环境条件的直接影响。如每当春天来临时，大多数动物就都进入了繁殖期。在影响动物繁殖的外界环境条件中，光照、温度和食物是三个重要因素。

（一）光照

光照能促进动物的各种生理活动，季节性的生殖周期活动便是其中的主要内容。春夏配种的动物是由于日照的增长，刺激其生殖机能，鸟类、食虫兽类和食肉兽类以及一部分草食兽类属于这种类型；秋冬配种的动物，是在日照缩短时促进了生殖机能活动，如鹿、麝等野生反刍兽类属于这种类型。一般完全变态的昆虫，它们的生活史经过卵—幼虫—蛹—成虫四个发育阶段，其中蛹羽化情况随纬度改变而不同。所以，处于不同纬度地带的同一种动物，其生殖周期也有不同。

日照长短，影响生殖周期的机理可简单地表示如下：日照长短→眼睛→下视丘→脑下垂体，因而分泌出生殖激素，以促进生殖腺发育成长。即光照引起神经冲动传到大脑皮层的视觉中枢，由此刺激丘脑下部，使分泌释放因子，释放因子经丘脑下部—垂体门脉循环，直接送到垂体前叶，引起促性腺激素（包括促卵泡素、黄体生成素和促黄体素）的分泌。光照还能通过垂体促进甲状腺活动，甲状腺活动与精液质量、受精卵的发育以及其他代谢功能有关。另外，光照也可以通过头盖直接作用于丘脑下部而引起刺激作用，对皮肤裸露的动物也可以因皮肤对光的感受作用而增加雄性激素的产生。

（二）温度

温度的季节性变化也影响到动物的生殖活动。如昆虫的交配、产卵，卵的发育，都需要一定的温度。在鸟类和哺乳类中，其繁殖时间也是在最适的温度条件下，离开了最适温度范围，繁殖强度就会下降，甚至停止。春季繁殖的动物是随气温的逐步升高，达到一定程度时才促使生殖腺成熟的，秋季繁殖的动物则是由于环境温度的降低而促进性腺成熟。精液质量的季节性变化主要受气温的影响，光照是辅助因素。哺乳动物的阴囊，有特殊的热调节能力，一般较体温低 4～7℃，这有利于精子的生成及活力的保持。而隐睾的动物往往配种能力下降。生产实践也证明了温度过高使雌性动物的繁殖力下降。另外，环境温度过低，时间过长，超过动物代偿产热的最高限度，也可引起体温持续下降，代谢率降低，而导致繁殖力下降。

（三）食物

不论肉食性、草食性还是杂食性动物，其繁殖时期都是在每年食物条件最优越的时期。在这个时期内不但气候条件适宜，其食物条件也最丰富。在温带地区，动物多在春秋两次进行繁殖。这是因为春季各种植物萌发生长，小动物出蛰活动，食物丰富而且营养价值高；秋季果实丰富，动物觅食，有利于增强体质和进行繁殖。在热带地区，有“旱季”和“雨季”之分，旱季由于干旱和缺少食物，动物繁殖活动多处于低潮，而雨季是生命活动的高潮期，大多数种类都是在雨季进行繁殖。

三、特种经济动物繁殖期的特殊行为变化和饲养管理阶段的划分

（一）特殊行为变化

动物在繁殖期到来时，由于动物体内性激素水平上升，使动物在许多方面表现出特殊的变化。主要有以下几种。

1. 行为变化 雄性动物在求偶过程中与同性相遇，多因争偶而激烈争斗；有的雌性动物由于性腺发育不成熟而拒配，对追逐的雄性也进行殴斗，

有时也会造成伤残。很多动物平时表现得很温顺，如鹿在长茸期，麝在泌香期，进入繁殖期则一反常态，连饲养员也很难接近。另外，动物在育幼期内也有类似行为。

2. 食性变化　性活动期内的动物食欲普遍下降，主要依靠消耗体内贮存的物质。有很多动物在此期间出现食性变化。如草食性的有蹄类此时期有的捕食草地上的啮齿类，食植物的鸟类在性活动期有时也食虫类。很多肉食性动物在性活动期也采食部分植物性食物，以补充体内的维生素不足。这些在食性上的变化是与繁殖机能密切相关的，当不能满足时，繁殖力就会降低。由于动物在繁殖期内生理和行为上的特殊性，饲养管理工作也必须相应地加以改变。

（二）饲养管理

由于动物在生理上和行为上的特殊性，饲养管理工作也必须相应地进行研究。

动物繁殖期一般划分为以下三个阶段。

1. 配种前期　此时期动物食欲旺盛，体质健壮。在饲养管理上要求：①使动物保持良好的配种情况，在饲料中应增加蛋白质成分的比重，并补充各种维生素。为使性腺细胞能充分发育，植物食性的动物在这个时期应给予一定量的动物性食物，肉食动物在这一时期应补充一些植物性食物；②对参加配种的动物进行有计划训练；③对于不参加配种的动物，采取减少精料或力求避免外界刺激等措施。

2. 配种期　此时期的动物性腺发育已成熟，体内性激素水平已达高潮，极易受外界刺激而产生性冲动。食欲普遍降低，多喜欢水和洗浴。动物发情和交配活动对体质有很大的消耗，易产生疾病、创伤和死亡。所以，加强这时期的饲养管理尤其重要。在饲料质量上要少而精，对配种能力较差的动物给予一定量的催情饲料。要密切观察动物的发情征状，进行适时放对配种。

3. 配种后期　此期为动物怀卵（怀孕）、产仔和哺乳时期。各种动物在这个阶段的繁殖活动区别很大，不易统一划分。在一段时期内，雄性动物处于恢复体质阶段，雌性动物处于怀卵（或妊娠）阶段，无论是生理上或行为上都与配种前期明显不同。通过雌、雄分群管理，要特别加强对雌性动物的管理工作，争取较高的产仔率和使后代有强壮体质。如果饲养管理不当，则可能出现停育、胚胎吸收、流产或产仔数减少等情况，造成生产损失。

四、提高经济动物繁殖成活率的措施

提高繁殖成活率是经济动物饲养的主要指标。如果饲养管理不当，不但不能提高，往往比野生环境下还低。这是由于动物不适应人工环境而导致内分泌机能失调所致，要想解决这个问题，达到增产增收的目的，除了要加强饲养管理和学习繁殖技术，还可以采取以下几种措施。

1. 驯化 通过驯化使动物逐步适应人工环境，改善动物的行为表现，从而使得神经、内分泌系统对生殖器官的机能进行正常调节，使动物恢复正常的繁殖机能，这在许多野生动物驯养中已得到证实。如紫貂人工繁殖的成功。野生鹌鹑有抱窝习性，每年约产 20 枚卵，但在长期人工驯化过程中克服了抱窝习性，产卵率提高了十几倍。另外，跨过群体驯养，还可以使动物群发情集中，缩短配种和产仔的时间，从而降低生产现场的劳动管理程度，这在北方养鹿业上已产生了普遍的效果。许多野生动物具有诱导发情和刺激排卵的特性，当环境不安定时，雌雄虽然交配，但刺激程度未能诱发排卵，受精率低也会导致空怀或产仔数减少。现在有许多野生动物饲养场研究繁殖期动物的驯化，已初见成效。繁殖期的驯化，是一种意义深远的工作，它将为开展多种新繁殖技术的应用创造条件。

2. 补充生活条件（单项因子、复合因子） 野生动物在饲养条件下不能正常繁殖，说明该生活条件未达到其基本要求。通过人工补充的方法则可以恢复或提高其繁殖能力。汉森（1975）证明，水貂在交配前后增加光照，配种期内提高环境温度，可以使妊娠期缩短。通过控光使一年一胎的水貂达到两年产三胎，又如通过人工控制温度和改善营养条件，打破了土鳖虫的冬眠习性，使之不停地生长发育，使生长周期由 23～33 个月缩短为 11 个月左右。做到了人工快速繁殖，大幅度提高产量。这对各种有休眠习性的经济动物，在人工养殖上都可以研究借鉴。

3. 补充外源激素 补充外源激素以调整动物的内分泌机能，从而提高繁殖力方面，也有许多成功经验。如通过注射垂体激素，促进种鱼的性腺发育而提前产卵，可以培育出大规格鱼苗，通过注射雄性激素而使母鸡醒巢和提高产卵量。如乌骨鸡具有很强的就巢（抱窝）习惯，每年仅产蛋 50 枚左右，就巢行为的产生是因为其体内催乳激素含量的升高而改变了生理过程，使之血液流动加快，体温上升，性情安定，并产生孵卵行为，试验证明，通过人工注射丙酸睾丸素，可以很快解除乌鸡的就巢性，使之恢复产卵，从而使年产卵率提高到 100 枚以上。又如通过注射黄体释放激素（LRH）而提高紫貂和水貂的繁殖力。凡此种种，应用外源激素，促使动物周期发情排卵，超数排卵，促进胚胎着床，防止胚胎吸收和流产。

4. 人工授精 人工授精是利用器械，以人工的方法，将采集的动物精液输入雌性动物生殖器官内，使其受精。该法配种受孕高，能迅速地提高动物的质量，改良和培育新的品种。人工授精方法包括采精、精液的检查与稀释、精液的保存、输精等步骤。

目前，有许多经济动物的人工养殖遇到困难，长期徘徊不前，很多问题应吸收临近学科的先进理论技术来解决，其中有些问题特别应从繁殖理论和技术上进行研究以寻找出路。例如犀牛、羚羊等需从国外引进饲养的珍稀动物，虎、豹濒危动物，用常规的繁殖方法在种兽来源、人工饲养和繁殖技术上，困难很多，能否借助人工授精、精子超低温冻存等技术加以解决。又如产卵很少的蛤蚧、生产的小白花蛇和入药的银环蛇等能否借助超数排卵技术来提高产量，再如很多产量低的全体入药或局部入药的经济动物，要想从根本上解决提高动物药产量的问题，必须从育种上来解决。在此方面，选择吸收一系列先进的繁殖技术实行快速育种，是十分重要的工作。

第五节　特种经济动物的疾病防制

一、疾病的概念

疾病，简单地说就是动物机体与内外环境的动态平衡被破坏，表现为结构机能异常。也就是说，在动物机体的生命活动过程中，经常要与外界环境中各种各样的因素接触，如果在接触过程中或因机体对外界环境因素不适应，机体抵抗力减弱，或因外界环境中的因素作用过大及毒力很强，则往往会对机体造成机能、代谢和形态结构的破坏，从而导致机体内部各种固有的动态平衡失调，甚至难以维持正常的生命活动，这样一个过程的发生就是疾病。

二、疾病的类型

经济动物的疾病繁多，到目前为止，尚无一个完整统一的分类方法，现仅将常用的分类方法介绍如下。

（一）按疾病发生的原因分类

可将疾病分为传染性疾病、非传染性疾病和寄生虫病三类。

1. 传染病　指致病微生物（细菌、真菌、放线菌、螺旋体、立克次氏体、支原体及病毒）侵入机体，并进行繁殖所引起的疾病。

2. 寄生虫病　寄生虫多寄生在动物体表及体内，和动物机体争夺营养，是危害动物比较严重的疾病。

3. 非传染病　指由一般性致病刺激物的作用或由某些营养缺乏所引起的疾病。

（二）按主要发病系统分类

可将疾病分为消化系统疾病、呼吸系统疾病、内分泌系统疾病、泌尿系统疾病、生殖系统疾病、神经系统疾病等，此种分类方法对临床疾病诊断和防治比较方便。

（三）按治疗方法分类

可将疾病分为内科疾病、外科疾病、传染病、寄生虫病、产科疾病等。

经济动物种类复杂，疾病也多而复杂，不管怎样分也不能完全把所有疾病都包括进去，因此，有一个比较系统的分类，对我们制定预防措施、诊断疾病、开展科研等都非常必要。

三、特种经济动物的致病原因

致病原因是发生疾病的因果条件。找到疾病发生原因，对认识疾病，预防和治疗疾病都比较有意义。致病原因分为体内因素和体外因素两类。任何疾病的发生都要看疾病的作用大小、致病力强弱，但最主要取决于机体内的抵抗力。例如，致病因素侵入体内，机体抵抗力较强，就不易发病，反之，则易发病。有些病原体，对某种动物毒力很大，而对另一种动物却是无毒或弱毒，这就是说，发病与否除了主要取决于抗体内部和动物的个体外，同时也要取决以下几种因素。

（一）物理因素

温度、湿度等因素的变化是动物发病的一个原因。

（二）化学因素

空气中的有害气体成分增高，也可引起动物发病。

（三）机械因素

对于大的动物发生比较多，如相互争斗、追逐受伤。

（四）营养物质及微量元素缺乏

饲料中糖类、蛋白质、脂肪、微量元素及维生素均不足及缺乏，内分泌腺液的生成或分泌不足能影响动物机体的生长及发育，从而引起动物的机能、代谢及结构等方面障碍。

（五）外界刺激

如过度惊吓、粗暴的饲养管理都能引起高级神经活动中枢的紊乱。

（六）各种病原微生物

各种病原微生物是危害经济动物最主要的原因，它可引起动物大批死亡，甚至全部死亡。

（七）各种寄生虫

各种寄生虫也是引起经济动物疾病最主要的原因，它可使动物质量下降，甚至引起动物大批死亡。

四、传染病的预防

传染病是指由病原微生物引起，有一定的潜伏期和临床表现，并具有传染性的一类疾病。经济动物传染病的一个基本特征是能在经济动物之间，直接或间接地通过媒介物（生物或非生物的传播媒介）互相传染，导致流行。传染病在经济动物群中蔓延流行，必须具备三个基本环节，即传染源、传播途径及对传染病易感的动物。掌握传染病流行过程的基本环节及其影响因素，有助于制定正确的防疫措施，控制传染病在经济动物群中的蔓延或流行。

（一）传染源

指有某种传染病病原体在其中寄居、生长、繁殖，并能排出体外的动物机体，即受感染的动物，包括传染病患病动物、带菌动物和病死动物。传染源的分泌物及排泄物污染的设施、饲料、饮水、垫料、空气和用具均可成为病原体的传播媒介。

（二）传播途径

病原体由传染源排出后，经一定的方式再侵入到其他易感动物所经的途径称为传播途径。切断病原体继续传播的途径，防止易感动物感染，是防止经济动物传染的重要环节之一。传播途径分为两类。

1. 水平传播 即传染病在经济动物群体之间或个体之间以水平形式传播。水平传播又可分为直接接触传播和间接接触传播两种。

（1）直接接触传播 没有任何外界因素的参与，病原体通过感染动物（传染源）与易感动物直接接触（交配、舔咬等）引起的传播。如狂犬病病毒、艾滋病病毒、猴B病毒等的传播。

（2）间接接触传播 必须在外界因素的参与下，病原体通过媒介使易感动物发生传染称为间接传播。从传染源将病原体传播给易感动物的各种外界因素称为传播媒介。传播媒介包括以下两类。

非生物性传播媒介：空气（飞沫、尘埃）、饲料、饮水、垫料、笼具等。

生物性传播媒介：节肢动物，如苍蝇、蚊子、蟑螂、蚤、螨、虱和蜱等；野生动物，尤其是野生啮齿类动物经常携带各种病原微生物。引进的经济动物，尤其是普通级动物，未经严格检疫和隔离，经常携带各种病原体，或是处于传染病的潜伏期、转归期动物。饲养管理人员，在工作中如不注意遵守卫生防疫制度，消毒不严格，容易传播病原体。有些人畜共患疾病，如结核病、布鲁氏菌病、流行性出血热等，人也可以作为传播媒介，将疾病传播给经济动物。

2. 垂直传播 即从母体到其子代之间的传播。包括以下几种方式。

（1）经胎盘传播 如支原体、淋巴细胞性脉络丛脑膜炎病毒等。

（2）经卵传播 如鸡白血病病毒、沙门氏菌等。

（3）经产道传播 如布鲁氏菌、犬疱疹病毒等。

（三）易感动物

易感动物是指对某一种或几种传染病病原体敏感的动物。经济动物对某种病原体易感性的高低与病原体的种类和毒力强弱有关，也与经济动物特异的免疫状态有关。不同品种或不同品系的动物对传染病的抵抗力在遗传上存在差异，不同年龄的动物对某些传染病的易感性也有所不同，了解上述差异有助于预防和控制传染病在经济动物群中的传播与流行。另外，外界环境条件和气候、饲料、饲养管理、卫生条件等因素都可能直接影响到经济动物群体的易感性和病原体的传播。

综上所述，传染源、传播途径和易感动物是传染病传播的三个基本环节。缺少任何一个环节，新的传染病就不可能在经济动物群中流行。同样，当经济动物群已经发生了某种传染病时，切断任何一个环节，流行就会随之终止。

（四）综合性防疫措施

为了预防和扑灭传染病，应采取综合性防治措施，主要包括下列三个方面：查明和消灭传染病源、切断病原体高传染途径和提高动物对疫病的抵抗力。

综合性防治措施和扑灭措施：以预防传染病发生为目的而采取的措施称预防措施；以扑灭已发生的传染病所采取的措施为扑灭措施。

1. 消灭传染源 制定科学的饲养管理操作规程和严格的饲养管理制度，对于引进的或外购的动物，要严格进行检疫，以便查明和消灭传染源。

2. 切断传染途径 坚持兽医消毒防疫制度和杀虫灭鼠的工作，切断传染途径。兽医消毒防疫制度包括定期消毒和临时消毒；定期消毒包括季度、月、周等对饲养动物房舍、笼具、垫料等进行消毒；临时消毒是指为了扑灭和控制疾病的传播所采取不定期的临时消毒。

3. 提高抗病能力 加强饲养管理，研制适合于各种动物、各个品系营养全价的饲料以及适应的环境条件，提高抵抗疾病的能力。

扑灭措施包括：①迅速报告疫情，尽快作出确切的诊断，封锁疫区。②淘汰发病动物，焚烧尸体及其垫料。③对房舍、笼具、饲养用具、饲养场所等彻底消毒。

（五）消毒

消毒是预防和防治传染病措施中重要的环节之一，消毒的目的是杀灭外界环境中的传染病病原体或使之变为无害。

消毒的对象，主要是饲养经济动物的房舍、笼架、笼具、食具、场所等。另外，饲养动物的饲料、垫料以及饲养管理人员使用的衣物器械也要消毒。

消毒的方法按其性质可分为：机械消毒法、物理消毒法、化学消毒法和生物消毒法。

1. 机械消毒法 是一种常用的消毒方法。如房舍的清扫、洗刷，笼具、食具的洗刷，粪便、垫草、饲料残渣的消除等，这些方法能够清除大量的病原微生物，但达不到彻底消毒的目的，必须配合其他消毒方法才能彻底消毒。

2. 物理消毒法 包括日光曝晒、紫外灯照射、干热、焚烧、高热煮沸、高压蒸汽消毒等，其中以高压蒸汽为常用。

患严重传染病的尸体，常用焚烧以杀死病原体。疑为病原体污染的粪便、锯末、垫草等也可焚烧，对于饲养动物笼架以及无法用高压消毒的铁制笼具亦可用火焰喷灯消毒。煮沸消毒是一种经济简便、效果可靠的消毒方法。饲养人员所使用的衣服、器械等物品均可使用此法消毒，大部分生长型的病原微生物在60～80℃的热水中30min会死亡。如果煮沸1h，即可消灭一切传染病的病原体及传染媒介——昆虫和寄生虫，或经日光曝晒及用紫外线灯光照射，也具有良好的消毒作用。

3. 化学消毒法 使用化学药物喷洒、浸泡、熏蒸等以达消毒灭菌的目的。

常用的化学消毒药物及使用浓度：0.2%～5%福尔马林，0.2%～5%过氧乙酸，3%～5%石炭酸，3%～5%来苏儿，10%～20%漂白粉。

以下为使用化学消毒药物的注意事项。

（1）化学药品药液一定要搅拌均匀，使之充分溶解，保持一定浓度，过高或过低都达不到消毒目的。

（2）饲养动物的房舍、笼具消毒时一定要清扫、洗刷干净，再使用药物消毒，这样效果较好。

（3）有些化学消毒药品，可经呼吸道、伤口等引起人或动物中毒，使用时一定根据药物特性采取有效的保护措施。

（六）经济动物的健康观察

经常对经济动物进行健康检查，有利于及早发现和及时处理疫情。经济动物健康检查主要从以下几个方面进行。

1. 健康观察的内容与方法

（1）生活习性的观察 不同种属的动物有不同的生活习性，若习性反常，常表明动物健康异常。

（2）*身体状况的观察* 健康动物应具有正常的体形和坐姿，检查时应注意动物活动是否异常，身体各部是否正常以及动物营养状况是否良好。

（3）*精神状态及反应性观察* 健康动物精神状态良好，活泼好动，双眼明亮，对外界环境反应灵敏，对光照、响声、捕捉反应敏捷。如果出现过度兴奋或过度抑郁则为异常。

（4）*皮肤及被毛观察* 健康动物被毛光泽浓密，无污染，异常时可出现被毛粗乱、蓬松，缺少光泽，甚至有粪便污染。健康动物的皮肤富有弹性，手感温暖，异常时可见皮肤粗糙，缺乏弹性，甚至出现损伤。

（5）*采食及采食方式观察* 健康动物食欲旺盛，有相对固定的采食量和饮水量以及采食和饮水方式，若采食和饮水量骤增或骤减以及采食方式发生改变，均为异常。

（6）*粪尿* 正常动物的粪便具有一定的形、色、量，尿液具有一定的色泽、气味。异常时可见粪尿过多或过少，粪稀薄或硬结，粪便中有胶冻状黏液、脱落黏膜、血液等，尿中带血，颜色混浊不清。

（7）*呼吸、心跳和体温检查* 正常动物具有相对固定的呼吸、心跳、体温范围和固定的呼吸方式，呼吸、心跳和体温超出固定的变动范围则视为异常。

（8）*天然孔、分泌物及可视黏膜观察* 正常动物的天然孔干净无污染，分泌物少，可视黏膜湿润。如出现鼻涕、眼屎、阴户流恶露、肛门有粪便、可视黏膜充血或发汗均为异常。

（9）*妊娠及哺乳* 正常雌性动物经配种后出现正常妊娠和哺乳期，而且不同时期有不同的体态、行为及采食反应。异常时可见流产、早产、死产、难产、拒绝哺乳、弃仔和食幼仔现象。

（10）*生长发育观察* 动物出生后经哺乳、离乳直到成年，各个时期均应达到一定的体重，具有该品种品系的外貌特征。异常时可见发育迟缓、瘦小或出现畸形。应对环境因素或动物遗传性能进行分析。

（11）*对可疑动物进行个体检查* 初步分析症状异常的原因，必要时可进行特殊检查如尸体解剖、病理学检查、微生物学检查、血液学检查、生物化学检查等。

2. 经济动物健康观察注意事项

（1）全面细致地观察，如对乳房、阴茎、睾丸等隐蔽部位也不应忽视，对有传染病异常症状的动物应特别注意观察。

（2）注意不同种属、品种及种类动物的特异性，应与其他动物相区别，如犬、猪的鼻端经常保持油状湿润，以手背触之有阴凉感。

（3）必要时应进行微生物学、寄生虫学、营养学、病理学、血清免疫学检查以协助诊断。

（4）发现健康异常时，应对环境设施设备、卫生管理、饲料质量、周边疫情、气候季节、人员、动物（包括外采样本）及物资往来等进行综合性流行病学分析。

第三章 肉 鸽

第一节 概 述

鸽又称家鸽、鹁鸽，在分类学上属鸟纲鸠鸽科鸽属，由岩鸽驯化而来，到目前至少已有 5 000 多年的历史。经人们的长期选育，鸽的品种繁多，用途各异，按用途可分为信鸽、观赏鸽和肉鸽 3 个类型，其中饲养最多、发展最快的是肉鸽，本章重点讲肉鸽。我国养鸽历史悠久，已选育出了不少优良品种，积累了丰富的饲养管理经验，很多农户成了养鸽致富的专业户，大中型的肉鸽场也不断地出现。由于肉鸽生产投资少、周转快、经济效益高，可以预计，随着畜禽结构调整的深化和人们生活水平的提高，肉鸽生产将会得到进一步的发展。

一、肉鸽的营养与经济价值

（一）肉鸽的营养价值

鸽子素有“一鸽当九鸡”之美誉。早在公元前300 年罗马人已精于饲养肉鸽了。在我国，鸽肉一直作为人们珍贵的滋补食品。清代筵席中将鸽、燕、鹌鹑、雏鸡、野鸭和斑鸠列为六禽，足以说明肉鸽能与其他野味相媲美。肉鸽营养价值高于鸡、鸭、鹅等一般家禽。鸽肉营养丰富，蛋白质含量居多种肉食品之首，其蛋白质含量为 22%～23%，高于猪肉等其他肉类。鸽肉的肉质优良，细嫩鲜美，而且含有多种必需氨基酸，还含有丰富的维生素和矿物质，与鸡、鱼、牛肉、羊肉相比，鸽肉所含的维生素 A、维生素 B_1、维生素 B_2、维生素 E 以及造血用的微量元素均遥遥领先。鸽肉极易消化，营养成分的吸收率很高，是儿童、妇女、老年人、病人的滋补食品。我国民间自古以来把鸽子当作补品，早在 400 多年前，用白鸽的骨与肉制成中成药“乌鸡白凤丸”，白凤即指白鸽。实践证明，鸽肉的确对产妇、手术患者、久病体弱者具有养血、补气等药效，配与中药有益气补脑、壮筋补肾之功效，是一种传统的食疗品。

（二）经济价值

肉鸽体型大，乳鸽生长快，饲料报酬高，生产周期短，经济价值高，是畜牧业中投入少、产出高的理想产品。从饲养肉鸽的大中型养殖场和个体专业户的实例以及生产实践证明，饲养肉鸽、生产乳鸽出售，其经济效益比养鸡、养猪都高，而且投资成本少。乳鸽饲养 25～30d 即可出售，体重可达 500～750g。一般一对良种肉鸽每年可产 6～8 对乳鸽。目前，市场肉鸽价格要比肉鸡高数倍。如果是良种鸽出售，其获利就更为可观了。

发展肉鸽生产，还可增加出口货源，多创外汇，支援国家建设。我国香港地区近 9 年乳鸽年销量超过 1 000 万只，而其本地区的生产能力不到 1/3，缺口很大。我国若能重视发展肉鸽饲养，既能创汇，又能帮助农民发展养殖业，是致富的一条好门路，且经过发酵的鸽粪还可以作肥料和饲料。所以，肉鸽饲养业是一项开发性、创汇性的高效增值产业。

二、肉鸽业的发展概况与前景

（一）肉鸽生产的历史与现状

埃及是世界上养鸽最早的国家之一。我国养鸽业的发展也较早，据史料查证有 2 500 多年的历史。相传，西汉张骞出使西域各国时，就曾利用鸽作为通讯联络工具。清代张万钟写的《鸽经》，是我国最早研究鸽子的一部专著。

清代，广州就有不少人饲养一种地白鸽，很像现在的肉用鸽，这说明，肉用鸽在那时我国就已开始发展，但尚未形成规模生产。新中国成立前，广东中山县已培育出我国第一个肉鸽品种——石歧鸽；新中国成立后，广东中山县成功地培育了我国第二个品种——公斤鸽。肉鸽在我国作为商品饲养业，还是 20 世纪 70 年代才发展起来的。虽然我国肉鸽饲养业发展的历史不长，但发展速度很快，特别是 20 世纪 80 年代以后，发展势头迅猛，已成为畜牧业中的“热门”。仅满足港澳肉鸽出口的量，每年就达 120 万对左右，国内市场也日渐拓宽。目前，我国的肉鸽饲养已遍布城乡，多数省份都建有大、中型或中、小型肉鸽饲养场，发展了数以万计的肉鸽饲养专业户。肉鸽饲养已从 20 世纪 70 年代的品种推广，发展到现在的规模化、商品化生产的肉鸽饲养业，并成为畜牧业中相对独立的产业。

（二）乳鸽业发展前景

肉鸽饲养业是一项可靠的产业，过去和现在如此，将来也如此。我国的肉鸽业虽然已有一定的基础，但作为商品的肉用鸽养殖业才刚刚开始，潜力很大，随着人们生活水平的提高和改革开放的扩大，肉鸽业在我国肯定是有前途的。其原因有 5 点：①市场条件好。随着经济的快速发展，人们生活条件的不断改善，对珍禽野味的肉鸽需要量将会日益增长，这为肉鸽养殖业发展开辟了广阔的市场；②创汇价值高。肉鸽是出口创汇的紧俏商品，畅销港澳；③饲养管理容易。肉鸽饲料易解决，鸽子以玉米、小麦、稻谷、豆类为食，广大农村资源丰富。鸽子性格温顺，具有很强的孵化、育雏能力，比鸡、鸭的育雏容易，且节省人力。另外，鸽子的适应能力强，抗病力强，耐粗饲；④种鸽的繁殖年限长，乳鸽生长快，饲养时间短。种鸽的繁殖年龄可达5年半左右，以便有利于饲养管理，乳鸽生长快，饲养时间短，4周龄后即可出售、食用；⑤投资少、效益高。我国人们素有养鸽习惯，积累了丰富经验，又有养鸽的适宜环境和饲养条件，并引进了国内外优良的肉鸽品种，还有充裕的劳力资源。

第二节　肉鸽的生物学特性

一、肉鸽的外部形态

（一）外貌特征

肉鸽的外貌大致可分为头、颈、胸、背、翼、腹、腰、尾和脚9大部分（图3-1）。

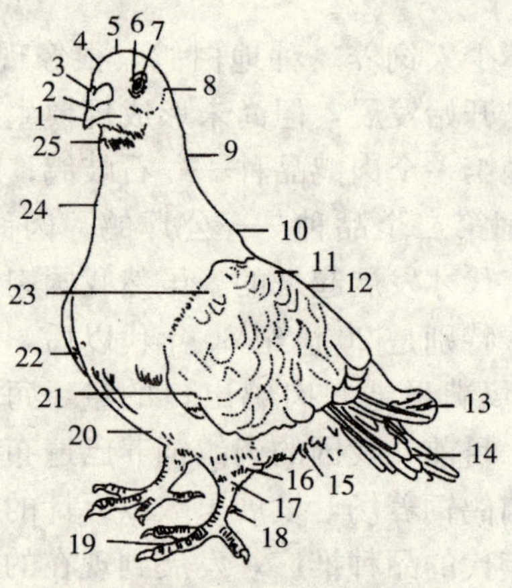

图3-1　鸽子各部位名称

1. 喙　2. 鼻孔　3. 鼻瘤　4. 前额　5. 头顶　6. 眼环　7. 眼球　8. 后头　9. 颈　10. 肩　11. 背　12. 鞍　13. 主翼羽　14. 尾羽　15. 腹部　16. 踝关节　17. 胫　18. 距　19. 趾　20. 胸　21. 翼　22. 胸前　23. 肩羽　24. 颈前　25. 咽部

1. 头　肉鸽品种的不同，往往在其头部有特定的结构特点，尤其是鸽的喙、鼻瘤、眼睛和头部羽毛等部位都有所差异。鸽子的头圆额宽，最前端是喙。鸽喙粗短，略弯。上下喙交界处为嘴角，年龄越大角越厚。嘴角上方为鼻瘤。鼻瘤随年龄的增大而增大。鸽子的脸清秀，眼睛位于脸部中央，围绕着眼睛的皮肤为眼睑，眼睑的上面没有羽毛的部分为眼环。耳孔位于眼睛的后下方，有羽毛遮盖。

2. 颈部 肉鸽的颈部长短适中，粗壮强健有劲，活动灵活自如，便于鸽子用喙啄食、对付外来之敌，清除体表异物、修饰羽毛和哺喂雏鸽等生理活动。

3. 胸部 鸽胸有强大而坚固的胸骨，上面长着强壮有力的胸肌，胸肌牵引双翼而飞翔，鸽的胸围大而稍向前突出。

4. 背部 鸽背部较长、宽而直。背部前端的两侧长着强大而有力的双翼。

5. 腹部 腹部位于腰部下面，容纳着消化器官和生殖器官。

6. 腰部 又叫鞍部，其末端有尾脂腺，鸽常用喙将尾脂腺分泌出来的尾脂涂在全身羽毛上，以保护羽毛，防雨水。

7. 翼部 即鸽子的前肢，是飞翔的工具。鸽翼有强壮有力的肌腱，其结构是与飞翔想适应的。

8. 脚部 脚部分胫、趾、爪。胫上有鳞片，为皮肤衍生物，鳞片随着鸽子的年龄增长而逐渐角质化，根据鳞片可鉴定鸽子的年龄。胫的下部长有趾，有些品种有趾羽。趾端的角质物为爪，鸽爪锐利而微弯。

9. 尾部 尾部缩短成小肉块突起，在突起上着生有宽大的12根尾羽。尾羽所起的作用就如同船的舵，是鸽子在空中飞翔时作为调整上下左右方向的器官。这些尾羽在鸽子飞翔时展开成扇状。每根尾羽的排列序号通常由中央向外计算。

（二）羽毛和羽色

1. 羽毛 鸽的羽毛是表皮细胞所分化的角质化产物。鸽头和颈部的羽毛比较短。两翼有主翼羽、副主翼羽、覆主翼羽、覆副主翼羽、胛羽、小翼羽和肩羽等。主翼羽一般有10根，为两翼外侧的长硬羽毛，其作用是飞翔时鼓风前进。其中第8、9、10根主翼羽是鸽飞翔的主要羽毛，故称“将军条”。副主翼羽有12根，在飞翔时起支撑鸽体悬浮于空中的作用。覆盖在副主翼羽基部的是覆副主翼羽。它们具有保护和加强主翼羽和副主翼羽力量的作用。胛羽长在两翼内侧，有防止飞翔时空气向上泄漏的作用。小翼羽有3根，位于覆主翼羽的上边，有帮助鸽子做上下运动、回旋运动和降落运动的作用。两翼背侧基部的羽毛为肩羽，有防御雨水的作用。

鸽子每年有规律地脱掉旧羽，重生新羽的现象叫换羽。换羽一般从春天开始，到秋季结束。多半从头部开始，渐渐换到身体后部。换大羽的时间多在夏末秋初，为期1～2个月。大羽的脱落与重生有一定顺序，例如，主翼羽从里向外脱去，每年全部脱换1次。副主翼羽则是从外向里脱去，但每年只换其中1根，所以又叫压年羽。整个换羽过程是掉一根生一根，新羽不长到一定程度，下一根老羽不掉，所以看不到裸体鸽子和完全不会飞翔的鸽子。

2. 羽色 肉鸽的羽色以白色为主，故广东省俗称鸽子为“白鸽”；其次为银灰色、黑色、红绛色、雨点鸽等。肉鸽羽色应富有金属光泽，暗淡分明。健康的鸽子，羽毛应紧裹体躯，不应蓬松杂乱，羽色应光亮，富有“脂粉”。

（三）皮肤

皮肤是鸽体的最外层组织。鸽子皮肤薄而松，便于肌肉运动。皮肤具有阻挡外界有害物质的侵入、保护身体和御寒的作用，因缺乏汗腺与皮脂腺而不具备调节体温和排泄的功能。唯一的皮脂腺是尾脂腺，位于尾部背面皮肤的下方，它能分泌尾脂以保护羽毛不致变形，并有防雨水、潮湿的作用。

另外，鸽子还具有角质喙、爪、鳞片等皮肤衍生物。鸽的角质喙和爪坚韧而且不断生长，因此鸽子经常摩擦嘴、爪来控制其适宜的长度。脚鳞的粗细和软硬是判断鸽龄大小的重要标志，成鸽的脚皮几乎都是深色的珊瑚红或紫红色或红色，少见其他颜色的脚皮。

（四）鸽眼和眼沙

1. 鸽眼 鸽眼位于头部两侧，因此，两眼的视线焦点不能集中，鸽子看物时，依靠颈部的转动，只能用一侧的眼来观看。各种色调的鸽眼，含有独特的视色素，以适应在各种气候条件下飞翔。鸽眼凭着许多科学的结构，其视觉十分敏锐。鸽子的眼睛外部有一层能够移动的瞬膜，平时开放，飞翔时紧闭，起着防水、防光、防尘等保护眼球的作用。鸽眼外围的眼环是飞行时的又一层防护装置。

鸽眼的优劣，对于培育和挑选信鸽良种是十分重要的，且对于鉴别肉鸽的健康水平、鸽种品质、疾病等也具有一定的价值。良种肉鸽的眼应是有神、敏锐、温和、清晰和秀丽的，对外界动态的接受，要求反应极其敏锐，尤其是在飞行中，对空中和地面的异常情况要能迅速、准确地作出判断。

2. 眼沙 眼沙是虹膜颜色的俗称，可作为品种特征之一。看上去虹膜呈现黑色的称牛眼，黄色的称黄沙，橙色的称橙沙，灰白色的称珍珠沙，鲜红、暗红的叫红沙，另外还有云沙、桃红沙、紫沙等。研究眼沙的遗传规律，有助于育种工作的进行。

二、肉鸽的生活习性

家鸽是由野鸽在进化过程中经过自然选择和人工选择而逐渐形成的。许多鸽子有它固定的习性和特征。只有充分了解、熟悉鸽子的生活习性，才能养好鸽子。

（一）情感专一，一夫一妻

鸽子是营配偶生活的鸟类，而且是固定单配（1♂：1♀）。鸽子孵出后，经4～6个月的生长发育，便进入性成熟阶段，开始配偶、繁殖。配对后，定下终身，感情专一，平时雌雄不离，飞鸣相依，而且一旦作为配偶后，不再与其他鸽乱配。除非因故失去配偶，才会再找新的配偶。有人观察后认为其比鸳鸯更忠贞。因此，在生产上要注意这一习性，应有计划的人工选配，防止近亲繁殖，提高鸽种品质。若自由配对后，要重新拆开配对则费时费力，不利于生产效益的提高。

（二）鸽是晚成鸟

禽鸟在幼龄阶段分为早成鸟和晚成鸟两种类型。鸽子属晚成鸟类型。雏鸽初生重20g左右，软弱无力，头也抬不起来，眼睛不能睁开，体表微见稀绒毛，自已不能行走和采食，需经亲鸽用自已嗉囊中产生出来的鸽乳以及由亲鸽挑选的饲料哺喂1个月左右，才能独立生活。幼鸽采食方式有别于大多数晚成鸟，其方式是幼鸽将未张开的嘴伸到亲鸽张开的口腔底部去接取鸽乳。

（三）鸽以素食为主

鸽子无胆囊，一般情况下以植物性饲料为主。喜食粒料、豆类，如绿豆、小豆、玉米、小麦、高粱、稻谷等。鸽子没有吃熟食的习惯，但熟食也会适应。鸽子不吃动物性饲料。对青绿饲料和砂粒也比较喜爱。在家养条件下用人工配合颗粒饲料来喂鸽子，鸽子亦能正常生长发育和繁殖。

（四）公母鸽有同心协力精神

鸽子在筑巢、孵化、育雏上都能表现出这种精神。鸽子一经配对后，近产蛋时，就会找一个幽静偏僻的暗处筑巢，公鸽到处寻找筑巢材料，供母鸽编织巢窝。等蛋产出后，由公母鸽轮孵，这一点是其他家禽不同的。鸽子的孵化期18d，超过这个时间不出幼雏，它们就放弃旧巢，另寻新巢产蛋再孵。故而在人工养殖时，超过规定孵化期后应及时拿出不会出雏的蛋，以便让鸽及时产蛋。刚出壳的雏鸽不能行走觅食，由公母鸽子共同产生鸽乳，用嘴对嘴的方法，哺育雏鸽。到目前为止，养鸽宜采用自然孵化和自然育雏。

（五）鸽性好浴、嗜盐性强

平时鸽子最喜欢水浴，又喜欢日光浴。就是在严冬也振翅展羽，很高兴在冷水里洗浴。家鸽的祖先长期生活在海边，长饮海水，形成嗜盐的习性。经过几千年驯养的家鸽仍保持这种习惯。每只成年家鸽每天需盐量约0.2g，缺盐会影响繁殖等正常生理，故而在家养时应保证盐的供应，但又要防止食盐中毒。

（六）鸽喜群居，记忆力强

鸽子喜过群居生活，舍养时数十对或上百对一起吃食，饮水，休息，不会相互打斗，平安无事。但鸽子对自己的巢有强烈的占有欲，因而常发生因争巢求偶而引起暂时性斗殴或发生驱逐对方的行为。鸽的记忆力很强，包括对鸽舍、巢窝的记忆，对配偶的记忆，对颜色的识别与记忆，对饲养员的记忆，对呼叫信号的记忆等。饲养管理中利用鸽子记忆力强的特性，建立良好的采食条件反射，便于集中投饲、集中管理、简化操作、节省人力。鸽子喜欢黄色、白色，不喜欢红色，因此，要注意养鸽的环境色彩。

（七）鸽的警觉性高、适应性强

在家养条件下，如果鸽子的巢箱设置不当，经常受到鼠、猫等的侵扰，鸽子便不再回巢，宁愿夜间栖于屋檐或外栖架上。鸽舍如果经常引起鸽群惊慌骚乱，鸽子就显得不安。尤其在夜间若有点响声，就会警觉惊慌。在饲养管理中要注意把鸽子放养在安静、安全、固定的环境里，一般不让生人进场。在进行必要的操作时，如并蛋孵化、并雏哺喂等，应由熟悉的饲养员操作完成。

鸽子在严寒的寒带和炎热的亚热带等较差环境中都能适应生活。这是经过长期自然选择形成的一种本能，故鸽子的抗病能力也较强。

（八）爱清洁，喜干燥

肉鸽喜欢清洁、干燥的环境，不喜欢接触粪便和污土，就是雏鸽也绝不将粪便排在巢内。鸽子喜欢生活在空气、环境干燥的鸽舍，不怕高温与低温，最怕潮湿闷热不洁的环境。工厂化笼养肉鸽，应保持笼舍清洁干燥，通风良好，减少疾病，加强管理，促进生产潜能的发挥。

第三节　肉鸽品种简介

肉鸽为家鸽中专门生产肉用乳鸽的一个品种类型，是人类精心培育的结果。目前，世界上肉用鸽的品种、品系繁多，有资料可查的就有几十种。目前，我国养鸽业使用的肉鸽品种和品系，有的是从国外引进的，也有的是我国自行培育的。现将目前生产中饲养较多的几个肉鸽品种简介如下。

一、国内主要优良肉鸽品种

（一）石岐鸽

石岐鸽是我国较大型的肉鸽品种之一，原多养于我国广东中山市石岐镇一带，故命为石岐鸽。其育成历史不详，估计此鸽是由中国地方品种鸽作母本，与引进的外来鸽多次杂交选育而成的。石岐鸽大致上含有鸾鸽、王鸽、卡奴鸽等血缘，它的体型与王鸽相似，但躯体比王鸽长。其标准外形为体长、翼长和尾长，形似芭蕉的花蕾。头平、鼻长、眼细、胸圆、胫光，适应性强，耐粗饲，就巢、受精、孵化、育雏等生产性能良好。成年鸽体重公鸽为750g左右，母鸽为650g左右，4周龄乳鸽体重达500～600g，年产7或8对乳鸽，其乳鸽皮色好，骨软，肉嫩，味美，类似丁香花味。但其卵壳较薄，孵化时易被踩破，在繁殖期间应加强管理。石岐鸽毛色较多，有红色、白色、细雨点、浅黄及其他杂色。这样优秀的品种，由于人们长期不重视系统的育种工作，大多已混杂，本地石岐鸽出现了退化的现象，体型变小，失去了原来的优良性状，较为正宗的石岐鸽在产地中山市也很少见。因此，石岐鸽迫切需要提纯复壮。

（二）佛山鸽

据养鸽资料介绍，佛山鸽是广东省佛山市育成的新品种，与石岐鸽同时著名的肉用鸽，其生产性能是多产，生长快，繁殖率高，成年鸽体重达700～800g，体型大的可达900g，1月龄乳鸽体重可达500～650g，种鸽每年可产乳鸽6或7对，其生产性能较好。佛山鸽可能是20世纪初，佛山人是用本地鸽同仑替鸽杂交选育而成的。其形成与石岐鸽相似，不同之处是佛山鸽的脚较石岐鸽稍短，尾巴下垂。佛山鸽的羽色多为蓝色，而且多是牛眼(珠色眼)，带有深、红、蓝色色彩。但该种鸽目前市场上很少见。

（三）杂交王鸽

杂交王鸽是我国香港及台湾养鸽者利用王鸽和石岐鸽或肉用贺姆鸽杂交的后代。因而也称香港杂交王鸽和东南亚王鸽。其体型介于王鸽和石岐鸽之间，较美国商品王鸽稍小，体重稍轻。其生产性能为：体重适中，1龄成鸽体重公鸽为650～800g，母鸽为550～700g；4～6月龄留种鸽平均体重应达650g。乳鸽生长较快，2周龄体重达400～450g，3周龄以上达550～600g，其全净膛重为350～400g。繁殖性能好，每对种鸽年产乳鸽6或7对。杂交王鸽适应于生产商品乳鸽，多饲养于我国香港地区。目前，我国广东、广西、福建、湖南、北京、上海等地都养有大量的杂交王鸽。但是杂交王鸽的遗传不稳定，体型和毛色不一，在生产过程中极易发生品种退化，故应重视选种、选配工作，建立起良好性状的杂交王鸽核心群。

（四）公斤鸽

公斤鸽是我国著名养鸽专家陈文广同志培育成功的又一新品种。该鸽含贺姆鸽的血缘。产于昆明，体重1 000g左右，适应性和抗逆性强。幼鸽前期生长快、早熟、易肥、省饲料、经济效益高。该鸽体型偏长，以瓦灰色最多，也有雨点和其他毛色的。公斤鸽是肉鸽中飞翔力较强的品种之一，因成年体重达1 000g而得名。

二、国外主要优良肉鸽品种

（一）王鸽

王鸽原名皇鸽，也称“K”鸽，是世界上著名的肉用鸽品种之一。于1890年在美国新泽西州育成，它含有贺姆鸽、鸾鸽、马耳他鸽的血缘，是目前饲养数量最多、分布面最广的品种，该鸽按其培育用途不同，有观赏型和肉用型之分；按其羽色又可分白王鸽、银王鸽、黑王鸽、绛王鸽等。下面着重介绍常见的白王鸽和银王鸽。

1. 白王鸽 又称白羽王鸽。白王鸽的培育最初是为了生产商品乳用鸽，后来又培育作展览用。现在白王鸽有观赏型商品型两个类型。观赏型又称展览型，体重800～1 000g。全身羽毛纯白，头圆，前额突出，嘴细，鼻瘤较小，胸阔圆，背宽粗，尾短而翘，不善飞翔，体态多姿。其繁殖性能较差，每对种鸽年产乳鸽5对左右，现今我国不少鸽场喜欢把它作为肉鸽饲养。商品型白王鸽也称商品肉用型白王鸽。成年体重700～850g，近年来可达800～1 020g。其全身羽毛为白色，身体较长，尾平，羽毛结实，尾羽略向上翘。体态丰满结实，体躯宽阔而不短，两腿直立而阔。乳鸽的屠宰率较高，每只净膛重在400～450g之间，胴体色白，深受广大消费者喜爱。

2. 银王鸽 或叫银羽王鸽。银王鸽羽色并非银色而呈灰壳羽，其头颈、肩部的较深，翼羽上有2条具有青铜色光泽的深色羽纹。银王鸽与白王鸽相比体型较长，按其用途也分为展览型和商品型。展览型银王鸽与同型的白王鸽体型相似，表现为体大，身短，尾翘；商品型银王鸽与同型的白王鸽体型相似，体型较观赏型王鸽小，身体较长，尾部较平。银王鸽生产性能、繁殖力较白王鸽高，且性情温顺，易于养殖。观赏型银王鸽每对种鸽年产乳鸽6对，商品型银王鸽每对种鸽年产乳鸽6～8对。

我国于1977年从国外引进观赏型白王鸽和银王鸽，1983年引入商品型，建立肉用王鸽场，并于1988年建立了王鸽高产品系繁育基地。

（二）鸾鸽

鸾鸽又称仑替鸽、伦脱鸽。原产于西班牙和意大利，是世界上最早的肉用品种中体型最大的肉用鸽之一。一般成年公鸽体重可达1 400～1 500g，母鸽体重也可以达1 250g左右，青年鸽体重1 000g，4周龄的乳鸽体重可达750～900g，每对种鸽年产乳鸽6～8对。但在美国展览会上展出的样品鸽重达1 800g，翼长达90cm。此品种的主要特点是：体型巨大，呈方形，胸部稍突出，肌肉丰满，肱骨和尾羽较长，颈长而粗壮，末端钝圆，不上翘。羽色有黑色、白色、银灰色、绛色、灰二线等。其性情温顺，不能高飞，较易饲养，尤其适宜于笼养。现在很多肉用鸽如大型贺姆鸽、法国蒙丹鸽、美国王鸽等著名品种，均含有鸾鸽的血统。鸾鸽是作杂交亲本的理想品种，是当今养鸽行业首推的最佳种用鸽。我国各养鸽场、专业人士也应多研究鸾鸽的培育和改良方法，做好我国品种的选育和改良工作，培育出适应我国国情的、商品生产需要的新品种。丹鸾鸽并不是尽善尽美的，其主要缺点是：体型过大过重，孵化时常压破蛋，因而繁殖力较差，不适宜用作商品乳鸽生产。

（三）蒙丹鸽

蒙丹鸽又译为蒙腾鸽，原产于法国和意大利。在法国非常普遍，因其不善飞翔，喜地上行走，行动缓慢，故又称地鸽或法国地鸽。其体型与王鸽相似，但不像王鸽那样翘尾。此鸽是优良的肉用鸽，年产乳鸽 6～8 对，成年公鸽体重可达 750～850g，母鸽体重 700～800g，4 周龄乳鸽体重可达 750g 以上。毛色多样，有纯白色、纯黑色、黄色、灰二线等。现在世界许多国家都育成了自己的蒙丹种。如法国蒙丹、印度蒙丹、美国蒙丹、瑞士蒙丹、意大利蒙丹等。根据外形差异，目前有毛冠型、平头型、毛脚型、光脚型 4 个类型。

1. 法国蒙丹鸽 又名法国地鸽。我国的广东、上海、北京等地饲养有该种鸽，其体型与观赏型的白王鸽相似，但尾短而圆不上翘。成年体重 700～900g，产卵、孵化、育雏性能良好，年产乳鸽 6～8 对，4 周龄乳鸽体重可达 750g，乳鸽全净膛重 450g 以上。

2. 印度蒙丹鸽 该鸽利用印度哥拉鸽与法国地鸽和卡奴鸽等杂交育成。该鸽比美国王鸽稍长，比瑞士蒙丹鸽体型稍短，羽色有褐色、黄色、红色和黑白花色等。成年鸽体重公鸽 780～850g，母鸽 700～800g。

3. 美国蒙丹鸽 又称美国巨型毛冠鸽或美国巨头鸽，美国于 1940 年利用法国地鸽、鸾鸽、卡奴鸽等大型鸽杂交育成。除鸾鸽外，它是体型最大的鸽种。其形态为头上有毛冠，体型较大，羽毛紧密、体躯短而浑圆，背宽而直。与卡奴鸽相似。成年鸽体重 800～900g，乳鸽体重可达 700g 左右，具有良好的商品鸽性能，但本品种尚未被普遍饲养。

4. 瑞士蒙丹鸽 因羽毛呈白色，又称为白羽瑞士蒙丹鸽，为美国培育而成。其体重体型比观赏型白王鸽较大，体躯较长，尾不上翘，性情温顺。喙长适中，粗大有力。体躯深而结实，颈粗而圆，眼内虹彩深褐。成年鸽体重 785～850g，上市乳鸽全净膛重达 450～500g。此鸽种尚未普遍饲养，但其有良好的商品性能，将会被养殖者所关注。

5. 意大利蒙丹鸽 此鸽有两种形态：一种是平头，脚有毛；另一种是毛冠，但脚无毛。其羽色有黑色、白色、灰色、红色和黑色等。

（四）卡奴鸽

卡奴鸽又称赤鸽、加奴鸽、卡伦鸽等，是鸽界所喜爱的名鸽，原产于法国的北部和比利时的南部。19世纪传入美、亚各国。是肉用型和观赏型的兼用鸽。卡奴鸽外观雄壮，胸阔、颈粗，有挺直之姿，属中型级食用鸽。成年公鸽体重达700～800g，母鸽达600～700g，上市乳鸽体重可达500g左右。性情温和，繁殖力强，年产乳鸽8～10对，高产的达12对以上。其就巢性能、育雏性能良好，换羽期间也不停止。生长发育快，喂料省，喜欢每天饱食一顿，饲养管理方便，故此鸽省工、省料，成本低。羽色有纯红、纯白、纯黄3种，或三者混合者。其他像黑色、褐色均不合规格，因乳鸽屠体皮肤呈黑色，不受食用者欢迎。作为肉用品种以白羽卡奴鸽、绛羽卡奴鸽最佳。

1. 白羽卡伦鸽 有观赏型、肉用型两个品系，其中美国育成的肉用型白羽卡伦鸽善于育雏，喜群居，是当前美国最满意的肉鸽品种之一。其优点是：屠体体躯浑圆，皮肤洁白，稍带粉红色。

2. 绛羽卡伦鸽 又称赤鸽。其羽色近似栗壳色和牛肉的深红色而得名。早期育成的品系为绛色中带有白色斑纹，后由美国养鸽者选育出全绛色品系，是观赏和肉用兼用型的品系，在引种时应注意引进生产性能好的绛羽卡伦鸽。此鸽种繁殖性能好，年产乳鸽10对左右。性情温顺，喜欢群居，不好争斗，善于育雏，易于饲养。

（五）贺姆鸽

贺姆鸽很早就驰誉世界养鸽业。原有食用贺姆鸽和纯种贺姆鸽两个品系。1920年，美国食用贺姆鸽、王鸽、蒙丹鸽和卡伦鸽育成第三个品系即现在的大型贺姆鸽。

其特点是：平头，羽毛坚挺紧密，脚部无毛。羽毛有白色、灰色、黑色、棕色及雨点等多种颜色。成年公鸽体重可达700～750g，母鸽体重650～700g，4月龄乳鸽体重达600g。繁殖力强，育雏性能也不错，年产乳鸽8～10对，能成活5或6对。其乳鸽肥美多肉，肉嫩，并带有玫瑰花香味，是美国市场的抢手好货。其种鸽是培育新品种或改良鸽种的好亲本。其主要缺点是：繁殖性能较王鸽稍差；乳鸽生长速度快，但一过乳鸽期体重增加的速度便明显减慢；育雏期亲鸽及乳鸽的食量均很大。因而被王鸽后来居上。

（六）拉合尔鸽

拉合尔鸽是著名的亚洲食用鸽，产于印度拉合尔城。其特点是：体型较王鸽、卡伦鸽小，平头、胸阔背宽，脚矮有毛。生产性能好，繁殖力强，其乳鸽个大，肉味甘美，就巢、孵化、育雏性能良好，年产乳鸽可达10对以上。其羽毛有黑色、红色、黄色、褐色、灰二线等多种颜色。由于其羽毛美丽，体型优美，眼睛大而黑亮，腿部羽毛漂亮非凡，故可兼作观赏鸽。

（七）匈牙利鸽

匈牙利鸽又称亨格利鸽，原产德国，是一种优良的观赏型肉用鸽。其特点是：头高抬，嘴向下巴后缩，翘尾，神采飞扬，头圆脚高，挺胸，整个体型呈元宝状。眼睑及眼环为深色，额、胸、翼尾均为白色，前胸为黑色。羽毛有红色、黄色、褐色、灰二线等多种颜色。该鸽生产性能良好，繁殖性能理想，乳鸽皮肤为金黄色，深受广大消费者喜爱。

以上7个肉鸽良种是当今世界上最优的品种，除此以外，还有一些肉鸽良种，如马耳他鸽、摩登娜鸽、福来天鸽和波兰山猫鸽等，由于篇幅有限，在这里就不一一介绍了。

第四节 肉鸽的育种与繁殖

一、肉鸽的繁殖

现在人工饲养的家鸽，是由野鸽经过几千年的驯化沿习而成，但仍保持其野鸽的生理特性，如保持耐高温、抵严寒等较强的抗逆性和适应性，与鸡、鸭、鹅、鹑等家禽驯化结果有所不同。为了充分发挥肉鸽的生产潜力，提高繁殖率，必须要了解肉鸽的繁殖行为与繁殖性能。

（一）肉鸽的繁殖行为

1. 配对 5～7月龄的鸽子，主翼羽换至9～10根新羽时，开始性成熟，此时鸽子神态活泼，公鸽有求偶的动作：颈羽竖起，颈气囊膨胀，背羽隆起，尾羽散开如扇状，围着母鸽频频上下点头。如母鸽接受公鸽的追求，便会对公鸽作点头状，更进一步，公鸽会张开嘴，母鸽将自己的喙伸入如接吻，称为“鸽吻”，发现如此后，即配对已成，应立即完成将这对鸽子的单独笼养工作。

配对是鸽子繁殖的特点之一。在生产实践中，鸽的配对方法有自然配对（自由配对）和强制配对（人工配对）两种。自然配对又可分大群自然配对和小群自然配对。自然配对即鸽子可在群中自然选择对象。一般大群配对时间比小群要长，因为小群空间较小，接触机会多，完成配对的时间可大大缩短。自然配对方法适用于生产商品鸽场，但也能用于育种场。强制配对即人为的选择一对公母鸽子，放在同一配种笼内。开始时在笼中间用铁丝网板隔开，通过网相望，建立感情，彼此不产生斗架时，便可抽出隔网板，让其配对。

2. 筑巢 在有公共巢箱的鸽舍，并设有飞翔区的情况下，肉鸽才具有筑巢行为。公、母鸽配对后，寻觅好巢箱后的第一个行动就是筑巢（全封闭鸽笼配置巢盆即可）。一对新配偶会选定自己的鸽巢，有时会因争巢而与其他配偶鸽发生争斗。一般都由公鸽去衔筑巢料。当然鸽巢也可由饲养者事先代为准备，但仍需为其准备一点巢料供筑巢用。一旦筑巢完成，公鸽便开始严格限制母鸽的活动，或紧随母鸽，直至产出第二个鸽蛋时，方才停止上述的跟踪活动。

3. 交配 公、母鸽在正式交配前，均有一些求偶调情行为，以激发对方。求偶多以公鸽为主动，此时公鸽表现高度兴奋，头颈伸长，颈羽竖起，颈部气囊膨胀，尾羽舒展呈扇面状，同时频频点头，发出“咕咕”的叫声，并做出向地上啄食谷粒的样子，紧跟在母鸽后面亦步亦趋；或以母鸽为中心，做出画圆环的步伐，然后缓缓地靠近母鸽身旁。如母鸽同意接受交配，会把头靠上公鸽颈部，有时还会从公鸽喙中吃一点食物。经过一番追逐、挑逗、调情、靠近后，便在地面上或栖架上，笼养鸽则在底网上或巢盆边，由公鸽跳跃到母鸽背上进行交配。

4. 产蛋 亲鸽交配后二三天便开始产下第一蛋（下午或傍晚），停产1d，间隔48h，于第三天中午过后再产第二个蛋。在正常情况下，每窝连产2个蛋，少数母鸽会连产3个蛋。不提倡为多产一个蛋而“偷蛋”（即人为地拿走一个蛋，让保姆鸽孵化），因为这样容易伤及母鸽身体，而且多产的一个蛋往往是无精蛋。

5. 孵化 孵化是鸽繁殖的本能，母鸽产出2个蛋后，立即开始孵化。公、母鸽都参与孵蛋，一般公鸽会在每天上午9点左右进巢替换母鸽出来采食、饮水，然后下午4点左右由母鸽接替孵蛋，当然这种时间上的分工也不是一成不变的。当一方偶尔离巢时，另一方就会主动接替。有时公鸽偷懒离巢，则母鸽也会追其回巢继续孵化。孵化期开始的时间是从第二个蛋产下的那天计算，孵化期为18d。实践证明，第一个鸽蛋常会早出雏4～14小时。孵化期间，常在第五天和第十天用灯光照检孵蛋情况，及时剔除破蛋、无精蛋、死精蛋等。根据记录，如发现某些种鸽所产的蛋常有无精蛋或死精蛋出现，就应重新配对或淘汰。在出雏困难时（即到18d仍未破壳而出），可酌情人工辅助出壳。

（二）肉鸽的人工孵化

为了加速肉鸽生产，增加繁殖窝数和抢救被亲鸽遗弃的种蛋以及将不善孵化的种鸽所产的蛋收集起来，就要进行人工孵化。但要注意这不仅是孵化问题，更关键的是人工育雏问题，所以在目前未掌握孵育成功经验和方法的单位，还应采用“代孵鸽”（保姆鸽）来代替。

肉鸽的人工孵化就是将收集来的种蛋，用一种专用小型孵化器进行孵化。其基本操作要求及方法与鸡蛋孵化大致相似。孵化温度是 1～7d 为 38.7℃，8～14d 为 38.3℃，14d 以后为 38℃。相对湿度保持在 60%～70%。在入孵当天应翻蛋 2 次，以后每天翻蛋 6 次，一直到出壳前两天停止翻蛋。

肉鸽自然孵化或人工孵化都需进行生物学检查，分析胚胎发育情况。一旦发生孵化不良现象，可立即查明其原因，便于及时改进鸽群饲养管理和孵化条件等。其检查方法主要是照检。一般孵化至第 4～5d 进行第一次照检。至第 10d 进行第二次照检。剔除无精及死胎蛋，并观察胚胎发育情况，以便保持良好的孵化成绩。在第 17～18d 之间，若发现有因胚弱而破壳困难者，可人工助产。出壳的雏鸽可用人工哺育。

（三）鸽的雌雄鉴别与年龄鉴别

鸽的雌雄鉴别是肉鸽生产、繁育工作中不可缺少的一环。如果性别比例不当，不但鸽舍不得安宁，而且还会影响产蛋率等，所以这是养鸽者必须掌握的技术。

鸽的雌雄鉴别不如其他家禽容易，因为自雏鸽生长发育到成年鸽，其外貌几乎一样。特别是单只鸽子鉴别更为困难。如是同品种、同窝孵出的鸽子相对比较容易，尚有一定规律和特点可循。

1. 乳鸽的雌雄鉴别方法

（1）外形比较鉴别　同窝的一对乳鸽中进行比较，雄鸽生长快，身体粗大，颈短粗，鼻瘤大而扁平，脚粗壮，背观近似方型，喙长而宽，尾脂腺尖端开叉。出壳后 10 日龄时，把手伸到它面前，反应灵敏，羽毛竖起。当会走时，常离开鸽窝，特别活泼。当亲鸽哺喂时，争先受食。而雌鸽则相反。

（2）肛门鉴别　即在 4～5 日龄前，翻肛门观察其形状以辨别雌雄。雄鸽的肛门下缘较短，上缘覆着下缘，从后面看两端稍微向上弯。而雌鸽从侧面看与雄鸽相反，从后面看两端有稍微向下弯的倾向。5d 后，肛门附近覆盖绒毛，无法观察。

2. 成年鸽的雌雄鉴别

（1）雄鸽体格雄壮，举动活泼，好斗，眼睑及瞬膜开闭速度快，显得有神。5 月龄左右的幼鸽开始发情，常常追逐母鸽，并发出“咕、咕”之声。

（2）成对同年鸽，雄鸽鼻瘤较大。但 4～5 年以上的老鸽，不能以此分辨。

（3）雄鸽的头大而圆，头顶隆起呈四方形，颈部粗短。雌鸽的头部稍有些平而窄，颈部细长而软。

（4）雄鸽的喙部较厚而短，而雌鸽则较薄而长。

（5）产蛋期检查。雄鸽趾骨间的距离窄，而雄鸽较宽。

（6）雄鸽的龙骨突出，胸峰一般比雌鸽长。

（7）雄鸽孵蛋时间多在上午9时至下午4时，雌鸽多在下午4时至第二天上午9时。

（8）翻肛门检查时，雌鸽肛门呈花形，雄鸽呈山形。

3. 年龄鉴别 鸽的寿命最长可长达20～30年之久，一般也可活10～15年。年龄的大小很难准确区分，只有有记录、配戴脚号的鸽子可以判断。否则只有根据外貌大致估测。

表3-1 青年鸽与成年鸽的鉴别

项目	青年鸽	成年鸽
嘴甲	尖细，两边嘴角窄而薄，无结痂，1年以上则稍有结痂	稍短，末端硬而滑，两边嘴角宽厚而粗糙，并有较大结痂，5年以上的成年鸽嘴角的茧子常呈锯齿状
鼻瘤	较大而柔软，湿润而有光泽	紧凑，粗糙而无光泽，年龄越大，鼻瘤显得越干燥，表面似有粉末撒布一样
脚趾脚垫	脚细柔，鳞片纹不明显，色鲜细，趾短而尖，质地较软脚垫薄而软滑	脚粗壮，有粗硬的鳞片，鳞纹清楚，暗红色，趾甲硬而弯。脚垫厚而硬、粗糙，常侧于一侧
腔上囊	4～6月龄之前尚存在	已退化

另外，根据鸽换羽的情况来鉴别鸽子的年龄。鸽的主翼羽和副主翼羽为10条和12条，换羽次序都是由中间开始，青年鸽二月龄左右开始换第1条主翼羽，以后每隔15～20d按顺序换主翼羽1条，副主翼羽每年定期按顺序换1条。

二、肉鸽的选种选配

选种选配是保持和改良培育肉用良种的重要工作，也是保证鸽场具有较高经济效益的重要措施。

（一）肉鸽的选种

肉鸽的选种就是在鸽群中，按照肉用种鸽的标准来衡量各个个体，选出品质较优的个体留作种用。即从种鸽的个体品质、系谱、后裔等方面，结合鸽群的具体情况，进行综合评定分析后，再做出决定选留还是淘汰。若没有档案和系谱记录的种鸽场，只能靠外貌来评定和选留种鸽。当然这种单一的评定方法不够全面，不但遗传进展较慢，而且往往会使优良个体被淘汰，误留不该留下的种鸽。因此，有条件的鸽场，对饲养的种鸽应建立系谱登记等制度，保存好完整的生产资料作选种依据。

1. 个体品质评定 个体品质评定也就是表型选择。一般通过评定者的肉眼观察、手摸和称重等方法对外貌和生产力等方面进行评定。

（1）*肉鸽的外貌要求* 两眼有神，虹彩清晰，羽毛紧凑而具有光泽。体躯、翼、脚等无畸形，胸骨平直而不弯曲，胸宽厚，胸肌发达丰满，侧看呈元宝形。皮肤细嫩，脚粗壮。

（2）*生产力的要求* 繁殖力强，年产乳鸽6～7对以上，乳鸽21～28日龄体重达500～600g。当然，不同品种有不同的生产性能标准。

2. 系谱评定 根据系谱登记材料进行评定。一般应考察3～5个世代。但以父母代为主。因为父母代对后代的影响比祖代要大（当然也有个别例外）。在分析祖代资料时，应注意当时的环境和饲养条件。总的原则是留生产性能一代比一代高的优良种鸽。

3. 后裔评定 后裔评定是根据后代测定记录资料来选留与淘汰种鸽的最好形式。这种评定法能证实被选出的种鸽是否能把遗传品质真实地、稳定地传给下一代。其方法有三种：一是后裔与亲代比较；二是后裔与后裔比较；三是后裔与鸽群比较。如此经过长期的精心选留，就能获得较理想的种鸽。

（二）肉鸽的选配

选配是选种的继续。就是将经过评定选出的后代根据留种目的和标准进行配对、繁殖。选配是繁殖的基础。所以应根据种鸽的实际情况，选用下列某一种选配方法。

1. 品质选配 它是着重种鸽父母双方的品质而进行的选配。品质选配又可分为同质选配和异质选配两种。

（1）*同质选配* 指在同一品种或品系内选择具有相似的形态特征、繁殖性能以及经济特性的优良公母鸽进行配对，使后代能保持和加强亲代原有的优良品质，增加后代基因的纯合型。其不足之处是血缘关系较近，可能使后代的生活力下降，甚至可能使两个亲代的缺点积累起来，影响后代的种用价值。

（2）*异质选配* 它与同质选配相反。它是在同一品种或品系内，选择具有不同优点的公母鸽进行配种繁殖。期望将双亲优良性状融合在一起，遗传给后代，或者以一方优点去弥补或改良另一方的缺点。异质选配可以增加后代基因的杂合型比例，减少后代与亲代的相似性。但不能将异质选配理解为具有相反缺点的亲鸽配对繁殖，其后代就可以相互抵消或矫正亲代的缺点。实际已证明，这非但不可能，而且还会出现一些不良的后代。

2. 亲缘选配 这是考虑交配双方亲缘关系的一种选配。它根据双亲的血缘关系又可分为亲交、非亲交、杂交和远缘杂交四种。具体采用何种方法，应结合不同情况和选种目的来确定。

如为使鸽群的遗传性日益稳定，保留群中某些优良个体的性状或特征，常采用亲交选配方法。亲交使鸽的血缘易接近，但长期进行亲交会导致子代的生活力、体质、繁殖力等下降，有时还会出现畸形。通常在育种工作中，当采用亲交优良性状稳定后，即改用非亲交方法，以免发生不良后果。

3. 年龄选配 鸽子随着年龄的增长而逐步衰老，生活力也逐渐减弱，其后代的品质也偏劣。鸽子最理想的选配年龄是 2～3 岁。一般老年公鸽与青年母鸽配对，后代多表现母系的特征。而青年公鸽与老年母鸽配对，其后代往往偏向父系的特点。

三、繁育方法

肉鸽的繁育方法实际是繁育配种制，其方法有纯种（系）繁育和杂交繁育两种。

（一）纯种（系）繁育

纯种（系）繁育是一种常用的繁育方法，是保持优良血统与特性的一项重要措施，也是进行杂交改良的基础。纯种繁育是指同一品种（系）的父母鸽进行交配，以求保持该品种的优良特性。例如，我国的很多地方鸽种，其中有的具有不少优良性状，如早熟、产蛋率高、抗病力强等。但也存在不少缺点，如个体小、生长慢、乳鸽肉质差等。为保持优良性状和克服缺点，则可采用本品种繁育方法。繁育时，首先要摸清存在的问题，确定选育目标，然后进行严格的选种选配，搞好提纯复壮，加强饲养管理，提高鸽群的生产性能，提高纯合性。这样进行数代，即可培育出纯种或纯系。

（二）杂交繁育

品种间或品系间的交配为杂交。杂交获得的后代称杂种。杂交可以动摇亲代的遗传性，使遗传性状发生变异。

杂交能使不同品种或品系的不同优良性状结合在同一个体上，丰富后代的遗传性，在新的环境条件下，经过选择，育成新的品种或品系。

杂交也能使优良显性基因互补和杂合子频率增加，表现基因的显性效应和上位效应，从而使杂交一代出现杂种优势。后代表现出生活力强、生长发育快、繁殖率高、饲料利用率高等特性。可把这种杂种优势直接用到生产上。杂交繁育又可分成两个类型，即育种性杂交和商品性杂交。

目前，商品性杂交又有了新的发展。鸡已成功地运用了多品种（品系）杂交组合试验，筛选了配合力好的最佳杂交组合，形成了固定的二系、三系、四系配套组合。该配套组合的最末一代，即称杂交商品鸡，其生产性能是最佳的。这种配套不断筛选重新组合，优秀的新的配套不断出现。但对鸽子在这方面的工作做得少。目前，尚无人系统地搞过杂交试验，也无良好的记录资料。鸽子的商品杂交还处于幼稚阶段。但确有人已成功地应用不同纯种杂交，生产杂交商品肉用仔鸽取得了成绩。其突出地表现了杂种优势，后代体格健壮、生长快、抗病力强，但商品鸽不能留作种用。

第五节 肉鸽营养需要及饲料配方

一、肉鸽的营养需要

肉鸽与其他禽类一样，均从外界吸取蛋白质、能量、维生素、微量元素以及水等营养物质来维持自身生命、生长发育、繁殖后代等需要。如蛋白质是生命活动的基础，是构成鸽体肌肉、内脏、皮肤、血液、羽毛等组织和器官的主要成分；碳水化合物是鸽机体能量的主要来源；脂肪是能量的仓库；钙、磷、镁是组成骨骼的主要成分；铁是血红蛋白的主要成分等。详细内容可参考其他禽类。

二、肉鸽的饲养（建议）标准

对肉鸽的各种营养需要量，没有像鸡、鸭那样研究得普遍、深透。肉鸽建议营养需要标准见表 3－2 和表 3－3。

表 3－2 肉鸽建议营养需要标准

项 目	育雏期种鸽	非育雏期种鸽	幼 鸽
代谢能（MJ/kg）	12	11.6	11.9
粗蛋白质（%）	17	14	16
蛋能比（g/MJ）	240	210	230
钙（%）	3	2	0.9
总磷（%）	0.6	0.6	0.7
有效磷（%）	0.4	0.4	0.6
食盐（%）	0.35	0.35	0.3
蛋氨酸（%）	0.3	0.37	0.28
赖氨酸（%）	0.78	0.56	0.60
蛋氨酸＋胱氨酸（%）	0.57	0.50	0.55
色氨酸（%）	0.15	0.13	0.16
维生素 A（IU）	2 000	1 500	2 000
维生素 D_3（IU）	400	200	250

（续）

项　目	育雏期种鸽	非育雏期种鸽	幼　鸽
维生素E（IU）	10	8	10
维生素B_1（mg）	1.5	1.2	1.3
维生素B_2（mg）	4	3	3
泛酸（mg）	3	3	3
维生素B_6（mg）	3	3	3
生物素（mg）	0.2	0.2	0.2
胆碱（mg）	400	200	200
维生素B_{12}（μg）	3	3	3
亚麻酸（%）	0.8	0.6	0.5
烟酸（mg）	10	8	10
维生素C（mg）	6	2	4

注：引自陈谊等《肉鸽高效生产技术手册》，2002。

表3-3　肉鸽的维生素和氨基酸需要量

名　称	需要量	名　称	需要量
蛋氨酸（g）	1.8	缬氨酸（g）	1.2
赖氨酸（g）	3.6	苯丙氨酸（g）	1.8
亮氨酸（g）	1.8	异亮氨酸（g）	1.1
色氨酸（g）	0.4		
维生素A（IU）	4 000	维生素B_{12}（μg）	4.8
维生素D_3（IU）	900	尼克酰胺（mg）	24
维生素B_1（mg）	2	生物素（mg）	0.04
维生素B_2（mg）	24	叶酸（mg）	0.28
维生素B_6（mg）	2.4	泛酸（mg）	7.2
维生素E（mg）	20	维生素C（mg）	14

注：引自陈谊等《肉鸽高效生产技术手册》，2002。

三、肉鸽常用饲料

肉鸽常用饲料大多是没经加工的谷类和豆类籽实以及一些维生素、矿物质等添加剂饲料。根据不同生长阶段的营养需要，大致饲料比例见表3-4。

表3-4　肉鸽的谷类和豆类饲料比例（%）

生长期	谷　类	豆类籽实
非育雏期鸽	85～90	10～15
育雏期种鸽	70～75	25～30
幼鸽	75～80	20～25

豆类有豌豆、蚕豆、绿豆、黑豆等。黄豆中含有胰蛋白酶抑制因子、大豆凝集素、胃肠胀气因子、植酸、尿酶和大豆抗原等有害物质，要慎用或要少用，以免难于消化而引起下痢。蚕豆粒大，应破碎后饲喂。

谷物及麦类为能量饲料，常用的有玉米、稻谷、糙米、高粱、大麦、小麦等，这类饲料的主要成分是碳水化合物。

其他类饲料常用的有火麻仁、油菜籽、芝麻、花生米等。火麻仁含有大量的脂肪，含蛋白质较高，少量饲喂可起到健胃通便作用，多喂则引起下痢。但火麻仁是肉鸽饲料中很重要的一种饲料，能增强羽毛光泽，特别是换羽期间在日粮中更不能缺少。没有火麻仁可用油菜籽、芝麻、花生米代替。

维生素饲料如群养时也可用青绿饲料补充维生素不足，笼养时必须添加禽用复合维生素添加剂。

矿物质饲料可用红土、木炭、壳粉、食盐、河沙、骨粉、黄泥、旧石灰等补充。

为了保证肉鸽健康，促进生长发育，还应适当加入药物添加剂。

四、肉鸽的饲料配方举例

典型的日粮配方，应根据品种、年龄、发育阶段、饲料来源、环境条件、饲养方式不同而异，以提高饲料的营养价值和降低饲料成本。现举例如下。

表 3-5 肉鸽饲料配方举例（%）

类型	春		夏		秋		冬	
	亲鸽	青年鸽	亲鸽	青年鸽	亲鸽	青年鸽	亲鸽	青年鸽
玉米	35	53	34	44	34	47	32	52
小麦	13	12	12	15	17	15	17	14
高粱	13	18	15	17	13	16	30	30
豌豆	30	15	28	18	27	16	30	20
绿豆	0	0	6	3	4	3	0	0
火麻仁	6	2	5	3	5	3	6	2

注：引自陈谊等《肉鸽高效生产技术手册》，2002。

五、肉鸽保健砂的应用

传统的养鸽必须喂给保健砂。保健砂的功能是：补充矿物质、维生素的需要，具有刺激和增强肌胃收缩，参与机械碾碎饲料，有助于机体消化、吸收、解毒，促进生长发育与繁殖等。随着养鸽业的发展，保健砂的作用越来越被人们所认识，尤其在大量饲养肉用鸽的鸽场，保健砂像饲料一样，被广大场家所关注。保健砂的配合和使用是一个新兴的课题，各鸽场均有自己的配方，而且相互保密，其成分也很多，比例差异也很大，有待进一步去探讨合适的配方。

（一）保健砂的配料成分

1. 骨粉 即配合畜禽饲料中普遍使用的骨粉，是由动物骨骼经高温消毒后粉碎而成的。是提供鸽子钙、磷、铁的主要来源。因此，骨粉能防止幼鸽发育不良、骨骼变形及软骨症，防止雏鸽产软壳蛋、沙壳蛋、薄壳蛋等。骨粉中的铁元素是形成血红蛋白的原料，对预防贫血有较好的作用。骨粉含磷较高，体内钙与磷相互依赖，在鸽体新陈代谢过程中起着十分重要的作用。

2. 贝壳片 指用海洋中的各种贝壳经粉碎机碾制成直径0.5～0.8cm大小的贝壳片。有的鸽场将贝壳加工成粉末状，鸽子不太喜欢吃，所以也用贝壳片。贝壳片对鸽的消化功能有帮助。其主要作用是为鸽体提供钙质，促进机体的正常生长发育，防止产软壳蛋及鸽子软骨症。也有鸽场利用淡水贝壳，但其效果较差。还有的鸽场用蛋壳粉代替，效果好。

3. 河沙 选用溪河中的清水沙，用清洁水冲洗干净，置于阳光下晒2～3d备用。沙粒不可太大也不能太小，以直径3～5mm为宜。沙的主要作用是帮助肌胃对饲料进行机械消化，同时在肌胃的强有力收缩下被慢慢磨损，其中某些微量元素部分被鸽体吸收利用。若保健砂中没有沙粒，则鸽子往往消化不良，饲料的利用率降低，从而影响鸽体的生长发育。因此，沙粒是保健砂中不可缺少的组成成分。

4. 木炭末 木炭末表面有很强的吸附作用，能吸附并清除肠道的有害化学物质、有害病原菌等，有收敛止泻的功效。一般用普通的木炭，敲打成小颗粒状使用。另一方面，因木炭会吸附营养物质，因而用量不宜太大，应控制在5%以内。

5. 食盐 食盐的主要成分是氯和钠，另外含有少量的碘、镁、钾等元素。食盐是保健砂中不可缺少的物质，能补充鸽体所需要的元素，有促进食欲，促进新陈代谢的作用。肉鸽对食盐用量有一定的限度，即过量会引起中毒。在保健砂中食盐的用量一般为2%～5%。也有的鸽场将食盐加在饮水中，方法是可行的，一般以控水量的1%～2%浓度配比。

6. 黄泥 又称为黄土或红土。含有铁、锌、锰、钴、硒等多种微量元素，其作用是为鸽体提供微量元素。取土时应注意挖取深层的黄土，其含细菌及杂质少。取土后，在阳光下晒干备用。

7. 熟石灰 主要用来补充钙质及少量的微量元素，其中含钙38%。熟石灰的碱性较强，用量不宜过多，配比上一般控制在5%左右，现在鸽场少用或不用。

8. 陈石膏　其主要成分是硫酸钙，其作用是补充钙质的需要，清凉解毒。用量一般为5%左右。另据介绍，陈石膏对雏鸽羽毛的生长及8～10月份的换羽有促进作用，在此时期可在保健砂中适当配给。

9. 红铁氧　呈棕红色，其主要成分是氧化铁。红铁氧的作用是供体内需要的铁质，参与血红蛋白的合成，促进血液循环，但用量不能过多，以0.5%为宜。红铁氧可向油漆商店购买。但应注意不要含其他物质。

10. 保健砂添加剂　前面介绍的饲料添加剂有的可添加在保健砂中，现介绍两种保健砂添加剂。

（1）生长素　畜用生长素的商品型号很多，其主要成分均相似，但含量各不相同，使用时应了解其成分，看具体说明书。生长素由畜、禽生长发育所需的常量元素和微量元素，以及某些抗生素、多种维生素等配合而成。其用量一般占保健砂的1%～2%。

（2）红糖　作为营养添加剂，具有补充能量、体液、增强心肌力量等作用，还有利尿解毒、提高机体渗透压的作用。红糖作为保健砂添加剂，主要是提高热能，尤其在寒冷季节增强鸽子的御寒能力，防止鸽子冻死冻伤。也可用葡萄糖、片糖等代替红糖。在保健砂中可添加2%～3%，但应注意现配现用，因保健砂中加入糖后易受潮变质。

（二）保健砂的配制与使用

1. 保健砂的配制　配制保健砂首先要选定保健砂配方，然后按照配方中的百分比分别称取各种原料，将原料充分混匀即可。在配制保健砂过程中应注意以下5个问题。

（1）检查原料　主要是看原料是否纯净，有无杂质和霉变。只有在确定原料质量良好的前提下，方可配制。

（2）要充分混匀　在配料混合时应由少到多，多次搅拌。对用量较少的配料如生长素、红铁氧等，应先取少量保健砂混合均匀，再混进全部的保健砂中。

（3）保健砂要现配现用　保健砂要现配现用，保证新鲜，以防止各种原料配合在一起后被氧化、分解，影响饲养效果。一般先将主要配料如贝壳粉、骨粉、粗砂、红土配好，其量可供鸽群采食3～5d，再把少量易化、潮解的配料在每天投喂保健砂前混匀。只有这样，才能保证保健砂的质量和作用。

（4）注意保健砂的保存　配制好的保健砂，保存时间以3～5d为宜，一般要盛放在塑料容器内保存，不要放在铁质、木质容器内，并要加盖保存。

(5) 配制量　每对生产鸽每天吃保健砂 5～9g，年需要量约 3kg。配制量按吃食量和鸽子数量来估算。

2. 保健砂的投喂　正确掌握保健砂的使用方法是非常必要的，若用法不当，保健砂的作用就不能发挥，从而影响到肉鸽的生产力。因此，有必要学好保健砂的使用方法。

(1) 保健砂应单独投喂　保健砂不能与饲料混在一起投喂，可在每天上午投料后，再投保健砂。若与饲料混喂，收效往往很差。

(2) 保健砂每 2～3d 投 1 次　这样既可促进鸽子吃食，又不会导致浪费。2～3d 彻底清理 1 次剩余的保健砂，换给新配的保健砂，这样可保证质量，防止保健砂的污染变质、陈旧。

(3) 投喂量　投喂量可根据情况适当调整，育雏期亲鸽可多喂些，非育雏期则可少给些。总之，量要适宜，不能投喂太多造成浪费，当然更不能太少，以防止供应不足。

(4) 保健砂的配方要相对稳定，但也并非一成不变　经过实践的好配方，就要稳定，长期采用，但应根据鸽子的状态、机体的需要、季节的改变等实际情况做有分寸的调整。例如，在潮湿季节防球虫病的感染可增加木炭末的比例或加入抗球虫剂；育雏期的生产鸽可增加硫黄的成分，有利雏鸽羽毛生长，预防呼吸道疾病等。一名优秀的养殖者，应能根据生产的需要适时调整保健砂配方。

（三）保健砂的配方

各地介绍的保健砂配方大同小异，但一些鸽场也各具其特色，而且相互保密。保健砂的配方成分很多，有的 10 多种，有的只有少数几种，目前尚难定论证哪个保健砂配方最好。各地应根据各地的实践、实际情况，不断改进，筛选出适合自己鸽场的配方。现介绍几种保健砂配方供参考（表 3－6）。

表 3－6　肉鸽保健砂配方（%）

来源	我国广西	我国广东省一些鸽场	我国香港九龙	我国广东佛山	我国江西	美国	日本
红泥土	20	30		20	35	1	40
河沙	32	25	60	20	25	35	
贝壳粉	30	15	31	30	15	40	20
石灰石						5	
旧石膏		5	1				6
旧石灰	2	5		5	5		
砖末	2						30
木炭末	3.5	5	1.5	2	5	10	
骨粉		10	1.4	10	5	5	

（续）

来源	我国广西	我国广东省一些鸽场	我国香港九龙	我国广东佛山	我国江西	美国	日本
蛋壳粉					5		
食盐	4	5	3.3	5	5	4	4
生长素	2						
明矾			0.5				
龙丹草	0.7		0.5	0.2			
硫酸亚铁	0.2		0.3	0.6			
维生素	0.2						
甘草末	0.8		0.5	0.2			
合计	97.4	100	100	100	100	100	100

以上介绍的各种配方，大多是保健砂的基本成分，使用时可根据鸽体的生长发育需求、当地的实际情况适当补充其他添加剂，使保健砂的使用更加完美，为养鸽场提高效益。

第六节　肉鸽的饲养管理

养鸽场和养鸽户应充分利用空闲房，有条件时也可投资建鸽舍，购买或自制养鸽设备，学习养鸽技术，加强饲养管理，不断总结经验，逐步实现产业化经营。

一、鸽舍形式及用具

目前，尚缺乏统一标准，但也正日趋完善。

（一）群养式鸽舍

通道靠北墙，南面设一有网罩的飞翔区，其面积为鸽舍的2倍，飞翔区内横挂栖架供肉鸽栖息。该舍为群养制，投资少，管理粗放，舍内靠墙设立鸽巢箱，内置巢盆供产蛋、孵化，食槽、水槽、淋水浴盆、筑巢材料等均放在飞翔区地面上，舍内地面铺沙作垫料。

（二）敞棚式鸽舍

结构简单，屋顶多为人字形，多用石棉瓦、玻璃钢、旧塑料板等材料制成。鸽笼采用三层立体式，每笼位高35cm，深40cm，宽35cm，脚高25cm；大型鸽笼的笼位高50cm，深70cm，宽50cm，脚高25cm。也有的采用四层笼位的。笼内置塑质巢盆，盆内垫一块麻布，供产蛋、孵化与哺雏用。在每层笼底网下均应添加一层承粪盘（最底层可免用）。笼外悬挂食槽、水槽、矿物质槽。

该种棚舍可放置双列笼鸽，中间走道宽 80cm，便于人和小车通过。夏天可在屋顶加搭凉棚，或种植物扁豆、南瓜、丝瓜等作物遮阴。冬天则在周围架挂尼龙布、麻袋等抵挡风雨。此棚舍环境条件欠稳定，生产性能也会受到一定的影响。

（三）用具

1. 巢盆 巢盆除已定型的塑质方盆或圆盘外，还可用木板、石膏等制成。草编成的巢盆极易污染、生虫，且无法消毒。巢盆要求干燥，便于清洗消毒，巢盆中的麻布应经常更换。

2. 食槽 飞翔区采用公共食槽与饲料箱，建议采用鸡用饲料桶（顶上宜加盖），便于装料，又可防止饲料外溅。食槽或料桶要备足。笼养食槽建议改用雏鸡标准条形食槽，便于采食与加料。

3. 饮水器 飞翔区可采用成鸡钟式塑质自动饮水器，如采用瓷盆、瓦钵等，上应罩有竹栏，防鸽窜入。如为笼养，可悬挂塑质水杯，或 V 形及 U 形长流水塑质水槽，也可安装鸡用乳头饮水器。

4. 水浴盆 专供鸽洗浴用，可用塑料盆或陶瓷盆，盆径 55cm，盆高 15cm。置飞翔区，水应常换，如在其上置一喷淋器，则更受鸽群欢迎。笼养鸽可省去此设备。

5. 保健砂杯或箱 笼养鸽在笼外悬挂保健砂杯，由玻璃或塑料制成，其规格为：上口径 6cm，下底直径 4.5cm，深 8cm，上口要有一个斜度。保健砂箱适于飞翔区群鸽采食用，可用木质或水泥制成，要防止日晒雨淋及杂物混入。

6. 育种（肥）**床** 规格为：长 2m，宽 0.7m，高 0.8m。底面网眼大小为 3cm×3cm，可用竹篾或铁丝网制成。四周可围以尼龙网或竹片。

7. 脚环号 用于为鸽子编号，以记录其系谱、出生日期，可用塑料或铝片制成。种鸽场的种鸽和留种的童鸽、乳鸽（7～8 日龄）均应戴上脚环号。

8. 种鸽运输笼 笼的规格为：长 75cm，宽 54cm，高 26.5cm，可分成上下、前后和左右六块，便于拆装。笼门在顶部，规格为 23.5cm×32.5cm。笼顶、笼底和四周网眼规格分别为 2.8cm×2.0cm、1.5cm×1.5cm 和 2.5cm×5.0cm。每笼可装种鸽 16 对左右。笼可以用金属网制成，也可用塑料制成，运鸡塑质笼（细栅条或细网型）可以代用。

二、肉鸽养育阶段的划分

目前，养鸽界将肉鸽按其生长发育特点一般分为乳鸽、童鸽、青年鸽（后备鸽）、种鸽（生产鸽）几个阶段，见表 3-7。

表 3-7 肉鸽的养育阶段

名 称	月 龄
乳鸽	0～1
童鸽	1～2
青年鸽（后备鸽）	3～6
种鸽（生产鸽）	6 月龄以上

三、肉鸽的日常饲养管理

（一）肉鸽的日常管理

1. 根据肉鸽行为表现，科学管理鸽群

（1）惊惧行为　鸽的听觉特别灵敏，各种声音均可引起警觉而惊惧，惊惧时鸽子突然伸颈抬头，不断东张西望，带有紧张情绪，或突然急剧扑飞，发出急促咕咕声。由于惊惧常造成青年鸽生长受阻。为避免惊惧造成种鸽踩破种蛋、踩伤乳鸽等影响生产，所以在生产中要求环境安静，饲养员查栏、并蛋、并仔及捉鸽动作需轻缓，定时灭鼠、灭蚊，减少鼠、蚊害。

（2）悲哀行为　鸽因丧偶、丧子或丧失胚蛋等原因，鸽子缩头哀鸣，羽毛蓬松，翅膀下垂，似睡非睡，蹲居角隅，个别鸽一脚站立并有些发抖，食欲降低。在日常管理中应尽量给丧偶鸽选择合适的新配偶，给失胚蛋鸽找来合适的胚蛋让其孵化。

（3）鸽的患病行为　鸽精神不振，食欲下降或废绝，饮欲不正常，行为异常，粪便异常，羽毛松乱、没有光泽，个别鸽还有行为失调，体温过高或过低，不肯喂仔或孵蛋的表现。管理上要求做好疾病预防工作，仔细查栏，及早发现病鸽，及时治疗，且加强管理。

（4）饥饿和口渴行为　鸽子饥饿时四处张望，在食槽旁转来转去，啄食泥砂、杂物充饥，不顾一切地飞到饲养者身上索食。鸽张口喘息，在饮水器四周转来转去，不愿采食饲料，说明鸽子口渴。管理上要求：保证有足够的清洁饮水，特别是在炎热夏季，同时要保证饲料的数量及质量。

（5）发情行为　雄鸽追雌鸽，头一仰一缩，尾羽和翼羽散开擦地行走，不断发出咕咕求爱声，经常在雌鸽周围转来转去。雌鸽会在雄鸽求爱时反复低头、抬头，表示同意雄鸽的求爱，并表现出展翅拖尾等动作，半蹲伏下接受雄鸽交配。在此期间管理上应保持环境安静，减少干扰，及时处理发情周期延长和无发情行为的鸽。

2. 控制适宜的环境条件

（1）温度　鸽舍的温度以 27～32℃为宜。温度过高，鸽子易患呼吸道疾病，过冷时易使鸽子受凉，引起肺炎或下痢。所以炎热的天气应注意降温，寒冷的天气应注意给鸽群保暖，同时防止寒风直接吹到鸽子身上。

（2）湿度　湿度对鸽子的生活、生长、发育、代谢和孵化等都有直接或间接的影响。鸽舍内理想的相对湿度为55%～60%。湿度不足时，蛋内水分过多的向外蒸发，雏鸽啄壳困难；湿度太高，会阻止蛋内水分的正常蒸发，影响胚胎发育，特别是对幼鸽影响较大，而且为病原微生物的生长、发育和繁殖提供了有利条件。生产中，应注意鸽舍的通风换气。

（3）通风换气　若鸽舍内通风不良，有害气体浓度升高，易使肉鸽体质衰弱和患病，胚胎发育不良。良好的通风对鸽舍的降温、控湿、降低有害气体含量起重要作用。

（4）光照　光照可以促进肉鸽钙磷代谢和骨骼的钙化，杀灭细菌，冬季能使鸽舍升温，同时阳光还能促进幼鸽的生长发育。种鸽每天应采光16h，可促进产蛋、孵化和乳鸽的生长发育。

3. 定时和定量喂饲　肉鸽的饲喂要坚持少给勤添的原则，饲喂必须定时、定质、定量。一般每天定时喂料2～3次，根据实践，童鸽和青年鸽一般每天上、下午各喂一次；在种鸽群中，通常有带仔和不带仔种鸽之分，每对种鸽对营养物质的需要量不尽相同，要根据不同的情况进行调整，以满足种鸽生产和维持的需要。肉鸽每日喂料量一般是体重的1/12～1/10，冬季和哺乳期略有增加。通常1对青年鸽半年用料量为20kg，平均每天每只55g；一对种鸽自孵化之日起，到乳鸽生长至1.5kg时约耗料7.5kg左右。

4. 提供足够而清洁的饮水　鸽子缺水时，可以导致食欲下降、代谢紊乱、体温升高和呼吸功能障碍等不良后果。鸽子饮水的卫生标准与人饮用水要求一样。春季每只每天约30～40mL，夏季每只每天约50～60mL，秋、冬季每只每天约20～30mL。

5. 保证保健砂的供应　保健砂一般是终日放在鸽舍内或鸽笼内任凭鸽子自行采食。但有些养鸽者喜欢每周仅喂3～4次。正常情况下，每只成年鸽子每天大概需要10g左右保健砂。

6. 定期消毒与防病　鸽舍、食槽和饮水器等应定期消毒。消毒时要防止药液落入饮水和饲料中，防止落到雏鸽身上。鸽舍可用10%～20%生石灰乳喷洒或刷白墙壁。食槽或饮水器用0.1%新洁尔灭溶液浸泡30～60min，再用水清洗干净。鸽舍和鸽场的入口处要设消毒池。鸽群应定期进行疫苗接种。

7. 做好生产记录　生产记录对于反映生产情况，指导经营管理，做好选种留种工作有很大作用。常用的有留种登记表、幼鸽动态表、种鸽生产记录表、种鸽生产统计表等。

（二）工作程序

1. 上午 观察鸽子健康状态；给育雏鸽第一次添料；清扫鸽舍，清洗水槽并更换饮水。喂料，同时观察食料情况；清洁蛋巢，更换垫料，检查产蛋、孵化及乳鸽生长情况，做好记录。灌喂育肥仔鸽；隔离治疗病鸽，清除死鸽。

2. 下午 给育雏鸽添料。更换饮水，添加保健砂。安排水浴或调配饲料、配制保健砂。观察鸽子的生长和孵化，做好登记。喂料，观察采食情况。治疗病鸽。做好生产记录。

3. 晚间 给育雏鸽添料。检查归巢情况，观察鸽群，隔离病鸽。照蛋、记录孵化情况。治疗病鸽。做好防蛇鼠、防风雨等工作。

四、乳鸽饲养管理的要点

乳鸽的生长发育全部依赖亲鸽哺以“鸽乳”和半消化的饲料，因此，必须重视对亲鸽的饲养管理。

（一）乳鸽的生长发育

鸽是晚成鸟，乳鸽孵出后，眼睛不能睁开，不能行走和觅食。亲鸽在孵化后期，其嗉囊内开始产生和贮积鸽乳。1～7日龄内，亲鸽喂给乳鸽以全浆性的鸽乳，由稀到稠，颜色呈淡黄色和乳白色，7日龄后喂给浆粒混合料，并逐步喂给全粒料。在第一周内，乳鸽的食量非常大，头两天的嗉囊体积几乎与自己躯体一样大，这期间嗉囊体积几乎每天增加1倍多。26～28日龄，是商品乳鸽出售的黄金时间，如延长饲养时间，乳鸽频繁走动、觅食、学飞，脂肪很快就会消失，骨骼变硬，肌肉变老，其屠体品质和商品价值将一落千丈。

（二）乳鸽的管理

1. 及时进行“三调”

（1）调教亲鸽哺喂乳鸽 雏鸽一出壳，饲养人员即应密切注意亲鸽的哺喂能力，尤其对初产鸽。发现有个别亲鸽不会哺喂乳鸽时，要及时调教。方法是将乳鸽的嘴插入亲鸽的嘴里，反复数次，直到亲鸽能帮助乳鸽把嘴插入自己口腔吸吮鸽乳为止。

（2）调换乳鸽的位置 通常先出壳的乳鸽长得快些，或有个别亲鸽每次先喂同一只乳鸽的现象。这时，应在乳鸽学会站立之前将巢盆中乳鸽的位置调一下，这样亲鸽就会先喂小的一只，使乳鸽均匀一致。

（3）调并乳鸽 若一窝只孵出一只雏鸽，或一对乳鸽因中途死亡一只，均可合并到日龄相同或相近的其他单雏或双雏窝内饲养。这样可使不带仔的种鸽提早产蛋、孵化，从而提高繁殖力。

2. 注意饲料更换 乳鸽一周之后开始由亲鸽喂给乳状食糜料改喂经浸泡的浆粒、谷类、豆类、籽实料。饲料转变易引起消化不良，发生嗉囊炎、肠炎或死亡现象，因此，最好给亲鸽饲喂颗粒较小的谷类、豆类、籽实类，也可以加工成为小颗粒或将谷、豆类籽粒浸泡晾干再喂。

3. 及时离亲 不留种的商品乳鸽，在21d前后就要离开亲鸽进行人工肥育出售。留种的雏鸽，28d也应及时离巢单养，否则影响亲鸽产蛋和孵化。

4. 乳鸽的人工哺育 对人工孵化的雏鸽进行人工哺育，可省去亲鸽自然孵化和自然育雏的繁殖活动，能让亲鸽及早进入下一窝产蛋，提高生产率。

亲鸽是用嗉囊液来哺育仔鸽的，不少研究表明，嗉囊液中没有碳水化合物，但含有较多的脂类和蛋白质。Stevens（1980）发现，嗉囊液含有70%～80%的水，14%～16%的蛋白质，6%～11.7%的脂肪，1.0%～2.8%的粗灰分，但没有碳水化合物。蛋白质的组成更接近肌肉蛋白。在嗉囊液中，大约17%的总氮是以游离氨基酸的形式存在的，大约90%的嗉囊液蛋白呈酪蛋白形式，结合少量的磷脂类，大约是牛奶中酪蛋白的一半。嗉囊液中脂肪含量丰富，乳鸽快速生长的能量需要可能来于脂肪。此外，嗉囊液中还有较高的谷氨酸和天门冬氨酸。

国内外养鸽工作者都在研究和探讨乳鸽的人工哺育，尤其是如何对1～7d的乳鸽进行人工哺育，该问题尚未彻底解决。自然鸽乳中尚有一些重要因子未被人们了解。因此，对于1～7d的乳鸽人工哺育还有一定难度。目前，人工哺育8～21d乳鸽已经比较成功。

5. 肉用乳鸽的肥育 肉用鸽一般在4周龄左右上市。为了提高乳鸽的品质，适当减少肌肉的含水量，增强适口性，达到烹调后皮脆、骨软、肉质嫩滑又有野味的目的，因此，一般在乳鸽出售前1周左右进行人工填肥。

（1）填肥的对象 一般选择3周龄左右、体型较大、肌肉丰满、羽毛整齐光亮、体重350g以上、健康无伤残的乳鸽作为填肥对象。

（2）填肥环境 对填肥舍要求不严格，任何房舍都可使用。但是必须保持周围环境安静，房舍干燥，通风良好，光线不要过强，温度适宜，并能防止兽害侵入。

（3）填肥设备 包括填肥床、填肥器、漏斗、滴管、浸料盘和拌料桶。

（4）填肥饲料 常用玉米、糙米、小麦和豆类作填肥饲料。可以适当添加食盐、禽用复合维生素、矿物质和健胃药。能量饲料占75%～80%，豆类占20%～25%。

（5）填肥方法 把饲料粉碎成小颗粒，再浸泡晾干。也可采用复合饲料，水料比 1∶1。每只乳鸽每次填料 50～100g。每日填喂 2～3 次，填喂后让乳鸽休息睡眠。常用的方法有人工填肥和机械填肥两种。

1）机械填喂：把料和水按 1∶1 称取拌匀，浸泡软化后一同放入填喂器的盛料漏斗内，左手提鸽，右手将鸽嘴掰开并按到填喂器的出料口，右脚踩动开关，饲料和水就会一齐注入乳鸽嗉囊内，每踩动开关一次就填喂一只乳鸽，每小时可以填喂 300～500 只。填喂时要防止损伤乳鸽的口腔和舌头。

2）人工填肥：可分为口腔吹喂和人工填喂。

口腔吹喂：把浸泡软化好的饲料和水含在饲养员的口中，左手提住鸽子，用手迫使乳鸽张开嘴，对着鸽口，轻缓地把水料一起吹进乳鸽的嗉囊里，每含一次水料吹喂一只乳鸽。

手工填喂：就是用手将软化料慢慢填人乳鸽的嗉囊内，然后用无针头的玻璃注射器对准鸽子的口腔把水注入。但要防止误把水注入乳鸽的气管中。

五、童鸽饲养管理的要点

依据童鸽期的生长发育特点，在饲养管理上应做好以下工作。

（一）初选工作

根据留种要求在离开亲鸽后，进行一次初选。凡符合品种特征、生长发育良好、没有缺陷、体重已达到标准的乳鸽，应装上脚圈，登记，然后转到童鸽舍饲养。

（二）给予专门的饲养环境

离巢后的乳鸽，由哺育转为独立生活，生活环境变化较大，此时适应能力、抗病能力、食欲和消化能力都差，易患病。实践证明，这个阶段鸽子死亡率高，因此，除加强管理外，一般应放到专门饲养笼环境下饲养。这种育种床天冷时有保温设施，每笼可养 50 只左右，10～15 天后再转入离地网上饲养，群养可再放大。

（三）精心训食、饮水

离巢的幼鸽，有一些根本不会采食。还有一些幼鸽虽然也会自寻食物，但往往只能啄起食物，而不能吞食。所以，最初几天要将饲料颗粒小、表面粗糙的碎玉米、小麦等撒在饲料盆上，训练幼鸽啄食，或人工塞喂，直到它们能独立采食为止。幼鸽学会饮水比学会采食还要迟。能独自吃食的鸽子不一定知道水的味道，反复几次，基本上就会自动饮水了。直到训练全群都能自饮自采方可结束。

（四）给鸽群增喂预防性药物

离巢的幼鸽抗病力差，要经常适当加喂钙片、复合维生素 B 液、鱼肝油、酵母片等药物，以预防及治疗软骨病和消化不良等病症。

（五）注意换羽时的管理

童鸽约50日龄开始换羽。这时对外界环境变化较敏感，容易受凉和发生应激，也易受沙门氏杆菌、球虫等感染，并常感冒和咳嗽。若环境条件差，管理又跟不上时，还易感染毛滴虫病和念球菌病等，所以这个时期必须精心管理。

六、青年鸽饲养管理的要点

青年鸽是培育种鸽的关键阶段。青年鸽培育得好与坏，直接影响种鸽的生产性能。这个时期鸽子的饲养管理应根据青年鸽的生理特点进行。

（一）适当限饲，防止过肥

青年鸽新陈代谢旺盛，消化能力强，这个时期应适当限制饲喂，防止采食过多和过肥，否则常会出现早产、无精蛋多、畸形蛋多等不良现象，导致繁殖力下降。

（二）防止早配、早产

青年鸽在3～5月龄时，活动能力及适应能力增强，转入稳定生长期，一些个体陆续出现发情，表现出爱飞好斗等现象。因此，3月龄开始就应把公母分开饲养，防止早熟、早配、争斗、早产等现象，以免影响鸽的生长发育及产鸽的生产性能。

（三）采用离地网养或地面平养方式

青年鸽活泼好动，是鸽子一生中生命力最旺盛的阶段，这时应该将它们转入离地网养或地面平养的方式，力求让它们多晒太阳，尽情地运动，以增强其体质。

（四）调整日粮中能量和蛋白质含量

在饲养日粮上既要满足生长所需的营养，又要防止鸽长得过肥。养至5～6月龄时，这个时期的鸽生长发育已趋于成熟，主翼羽已脱换七八根，此时应调节日粮，增加豆类蛋白质饲料的喂量，使其成熟度尽量一致，开产时间也比较整齐，种蛋质量也较好。

（五）驱虫和选优去劣

由于青年鸽多集群，接触地面和粪便的机会多，因此感染体内外寄生虫是不可避免的。为此，应进行驱虫，一般在3月龄和6月龄时各进行一次驱虫。6月龄配对前应进行选优配对上笼工作，对不符合种用标准者予以淘汰。

七、种鸽的饲养管理

种鸽在整个生产周期内具有不同的特点，因此其饲养管理技术也有所不同。

（一）配对期的饲养管理

1. 人工辅助配对　若要按人们的意志为从不认识的公母鸽子选择配偶进行配对，必须要有一个感情培养的过程。单靠鸽子本身往往不能达成愿望，须经人工辅助，具体方法参看第五节肉鸽的繁殖技术中肉鸽的配对。

2. 认巢训练　临产筑巢做窝是鸽子的天性。要让产鸽按人们的要求在指定的地方产蛋，则要有一个训练熟悉过程。笼养产鸽的训练过程比较简单。因活动地方小，一般都会跳上半空的巢盆里产蛋，我们可以在预期位置放一个巢盆，并在巢盆内放一个假蛋，当它愿意在盆内孵化时，再将真蛋放进，换出假蛋进行孵化。新配的产鸽，放到鸽舍后很快就能找到合适的巢房固定下来。对于几天还找不到巢的配对鸽，可把它们关在预定巢房内，待吃食饮水时放出来，过 3～4d 它们就会熟悉巢房，并固定下来。

3. 建立产鸽档案　在自由配对的鸽子或人为配对的生产鸽上笼时，做好记录牌，写上肉鸽品种，配对年月等，以便查对和记录。

4. 重选配偶　鸽子需要重新选择配偶时有 3 种原因：①配对双方合不来，相互打斗；②丧失原来配偶；③育种需要拆偶后重配。重配方法前面已介绍，在此不再重复。对丧偶或拆偶的产鸽，重新配对需要较长时间，要耐心地等待，对于拆偶鸽，应将原公母鸽远远隔开，使其听不到对方的声音，待彼此忘却后再配对。

（二）孵化期的饲养管理

配对的鸽子，熟悉自己的笼子和巢房后，就开始产蛋，这段时期的饲养管理，应做好以下工作。

1. 准备好巢盆和垫料　种鸽一经配对就应在笼子里或群养鸽舍的适当地方放置巢盆，诱导其快产蛋。母鸽开始有伏巢含草表现时，应立即给巢盆，并加垫料保温。

2. 细致观察　及时记下各笼产蛋、出壳日期，进行登记编号。如发现产鸽有病，应及时治疗。

3. 布置安静的孵化环境　这对初产鸽更为重要。应采取措施挡住视线，减少干扰，专心孵蛋。群养青年鸽贪玩而不愿孵化，可把它们关在巢房内，不让它们外出活动，强制它们专心孵蛋。

4. 定期检查　要定期检查孵蛋、受精、胚胎发育情况，及时剔出无精蛋、死胎蛋，并进行并蛋，使没有蛋孵的产鸽尽早交配产蛋。

5. 助产　孵化至 17～18d 时，发现啄壳已久而仍未出壳时，可以用工人助产，以防雏鸽闷死。

（三）哺育期的饲养管理

关于此期的饲养管理在乳鸽饲养管理中已作详细叙述，在此不再重复。

（四）换羽毛期的饲养管理

换羽毛期在管理上应重点注意以下方面工作。

强制换羽毛：由于鸽子个体差异，换羽毛的快慢，早晚不一。同时笼养的鸽子，换羽早的已开始发情，换羽晚的还无动于衷，这样就无形中延长了休产期。群养的鸽子，发情早者在鸽群中乱找配偶，会引起鸽群混乱。为了避免以上问题发生，可采取强制换羽。目前，虽然鸽子的强制换羽尚没有成熟方案，可对照鸡的强制换羽，降低饲料质量，同时减少喂量和次数，甚至停料 1～2d，只给饮水，这样可迫使鸽群因营养不足而在较集中的时间内迅速换羽。但必须注意的是，鸽群中有少数产鸽在换羽期间仍能正常产蛋、孵化与育雏，对这些鸽子，不仅不可以降低饲料质量，相反应给予全价日粮。

第四章 鹌 鹑

鹌鹑（*Coturnix coturnix*），简称鹑，在动物分类上属鸟纲鸡形目雉科鹌鹑属。鹌鹑是鸡形目中最小的一种禽类，其体重、生产性能与饲养性已较野鹑大有提高。家鹑系由中国野生鹌鹑驯化培育而成，育成史仅百年左右，家鹑养殖已成为公认的早成熟、高产、高效益的特禽产业之一。

自20世纪30年代开始，日本、法国、美国、朝鲜等国发展迅速，当今世界饲养数量达10多亿只。许多国家和地区如日本、朝鲜、前苏联、美国、法国、澳大利亚、英国、意大利、德国、巴西、菲律宾，以及我国港澳台地区，都极力推崇养鹑业。国外经多年选育，培育了诸如日本鹌鹑、朝鲜鹌鹑、法国肉用鹑、美国法老鹌鹑等著名品种。我国近十多年开始发展规模饲养，至今已饲养近2亿只，居世界首位，已成为仅次于鸡、鸭的第三养禽业。我国于20世纪30年代由冯焕文氏首次由日本引进日本鹌鹑来沪繁殖，并著书立说，大力推广，50年代初谢公墨氏再度引进日本鹌鹑。虽推广面不大，但已为世人认识，视作滋补珍品。70年代借助于上海、北京等某些专业鹑场的努力，引进了朝鲜鹌鹑，养鹑业稍有起色。至80年代初又相继引进了法国肉用鹑，原全国家禽育种委员会增设特禽专家组，承担培训、咨询工作；不少农业院校相继开出有关养鹌鹑的选修课，养鹑专业户大量涌现，鹑产品加工厂纷纷建立，使我国的养鹑业掀起了高潮。国内也对鹌鹑的育种与制种、饲料配方、孵化制度、笼具与屠宰机械、鹑病防治等方面进行了研究与推广，取得了可喜的成绩。目前，它是我国星火计划的重要推广项目，是脱贫致富的理想选择。

第一节 鹌鹑的经济价值

一、鹌鹑营养价值

国内外对鹑肉营养成分的分析和研究表明，鹑肉质细、鲜嫩，带有特殊的芳香味，而且营养也较全面，其蛋白质、钙、磷、铁等营养素均较鸡肉中的含量高，而胆固醇含量较低。鹑蛋不仅口味细腻、清香，而且营养成分全面，赖氨酸、亮氨酸和苯丙氨酸等必需氨基酸含量高，也富含卵磷脂、维生素和多种激素，对人体的某些疾病具有调理、滋养作用，对治疗过敏症等有一定的特效。鹑蛋的胆固醇含量也比鸡蛋中的低（表 4－1、4－2）。

表 4－1　鹑肉与鸡肉营养成分比较（每 100g 肉量）

类别	水分（%）	蛋白质（%）	脂肪（%）	碳水化合物（%）	灰分（%）	热量（kJ）	钙（mg）	磷（mg）	铁（mg）
鹑肉	73.4	22.2	3.4	0.7	1.3	514.4	20.4	277.1	6.2
鸡肉	74.2	21.5	2.5	0.7	1.1	464.4	11.0	190.0	1.5

表 4－2　鹑蛋与鸡蛋营养成分比较（每 100g 可食部分）

营养成分	鹑蛋	鸡蛋	营养成分	鹑蛋	鸡蛋
水分（%）	72.9	74.6	铁（mg）	3.8	2.7
蛋白质（g）	13.1	11.8	维生素 A（IU）	1 000	1 440
脂肪（g）	12.3	11.6	维生素 B_1（mg）	0.11	0.16
糖（g）	1.5	0.5	维生素 B_2（mg）	0.86	0.31
热量（kJ）	694.5	669.4	全蛋胆固醇（mg）	674	680
钙（mg）	72	55	蛋黄胆固醇（mg）	1 674	2 000
磷（mg）	238	210			

二、鹌鹑的经济价值高

鹌鹑生长周期短，生长快，成熟早，生产性能高，饲料报酬高。蛋用鹌鹑 40～45 日龄开产，到 400 日龄平均产蛋量达 240～300 枚，雌鹌鹑平均体重为 130～150g，平均蛋重为 10g，年产蛋量为其体重的 20 倍；肉用鹌鹑 40～45 日龄体重达 250～300g，为初生重的 25～30 倍。蛋用鹌鹑养到 40 日龄时，每只仅需配合饲料 450～500g；肉用仔鹑 42 日龄体重约 220g，仅耗料 700g；成鹑每只日平均耗料 20～25g。也就是说，蛋用鹌鹑每生产 100g 蛋仅耗料 270～300g，料蛋比为（2.7～3.0）：1；肉用鹌鹑料肉比为 3.3：10。

三、鹌鹑是经济实用的实验动物

鹌鹑是最佳的实验动物之一，具有体重小、可密集饲养、繁殖快、敏感性高和试验效果好等优点。

第二节　鹌鹑的生物学特性

一、鹌鹑的体型与羽色

家养鹌鹑经过几十年的驯化与选育，在体型、体重、外貌、羽色、生产性能、适应性、行为等诸多方面，都与野生鹌鹑迥然不同。同样，鹌鹑在人类精心地培育下，由于培育目的不同，家鹑的体型外貌也因品种、品系、配套系、种群等的不同而不一样。如羽色，家鹑的羽色多呈栗褐色（又称野生色），也有黑、白、黄及杂色的羽毛。有色羽鹌鹑品种，系由黄、黑、红三种不同色素混合而成；而白色羽毛品种，是因为不含色素所致；杂色羽则多为杂交种或返祖现象，或性状分离所形成。

鹌鹑体型较小，在鸡形目中属于最小的种类。肉用型鹌鹑较蛋用型为大，母鹌鹑则较公鹌鹑体重为大，这在其他禽种中极为罕见。其体型呈纺锤形，头小，喙细长而尖，无冠、髯、距，尾羽短而下垂。

二、生活习性

（一）残留野性

家养鹌鹑虽然历史很长，但仍残留有一定的野性，诸如爱跳跃、快走、短飞，公鹑善鸣、好斗、胆怯、怕强光、喜温暖等。性喜经常采食，喜饮清洁水，鹌鹑富于神经质，对周围任何应激的反应均极其敏感，易骚动、惊群、啄癖，甚至啄斗。

（二）性喜温暖

鹌鹑生长和产蛋均需较高的温度，其高产的适宜温度范围通常为17～28℃，24～25℃为最佳产蛋温度。初生雏鹌鹑平均体温为38.61～38.99℃，比成年鹌鹑低3℃左右，至8～10日龄达到成年鹌鹑体温。雏鹑对温度较雏鸡更为敏感。

（三）性成熟早、生长快、生产周期短

鹌鹑从出壳到开产只需45天左右，公鹑1月龄开叫，45日龄后有求偶交配行为。生长速度高于鸡，肉鹑40～50天即可上市。

（四）孵化期短，繁殖力强

鹌鹑孵化期16～17天，一年可繁殖3～4代，年繁殖后代总数（理论数据）可高达1 000只。

（五）产蛋力强

鹑蛋平均体重10～12g，相当于140g母鹑体重的7%～8.5%，而56g的鸡蛋相当于1 800g母鸡体重的3%。鹌鹑的年产蛋量高于鸡，平均年产蛋量为270～280枚（最高纪录450枚），年产总蛋重2.8kg，为母鹑自身体重的20倍，而高产蛋鸡的相应数据最高为10倍。在蛋料比方面鹌鹑也较鸡为佳。

（六）性情温顺而胆小

鹌鹑适于笼养，对外界刺激敏感，易于惊群，特别要求环境安静。

（七）鹌鹑新陈代谢旺盛，对饲料的全价性要求很高

人工饲养的鹌鹑，总是不停的运动和采食，每小时排粪 2～4 次，成年鹌鹑体温 40.5～42.0℃，心跳 150～220 次，呼吸频率随室温的变化而变化很大。

第三节　鹌鹑的品种

鹌鹑经人类百余年的驯养与培育，目前已有专门化的家鹑品种 20 多个。它们按用途分为蛋用和肉用两类，蛋用品种当以日本鹌鹑为首，肉用鹌鹑则以美国金黄鹌鹑和澳大利亚鹌鹑较为著名。

一、蛋用品种

（一）日本鹌鹑

日本鹌鹑是世界著名的蛋用鹌鹑品种，也是世界育成最早的家鹑品种。系日本人小田厚太郎于 1911 年利用中国野生鹌鹑为育种素材，经 65 年反复改良育成，亦名“日本改良鹑”。主要分布在日本、朝鲜、中国、印度和东南亚一带。目前，新的品系也已引入了欧美鹑种血液。

日本鹌鹑体型小，成年体重雄、雌分别为 100g 和 140g 左右，性成熟早，限饲条件下，母鹑 6 周龄左右开产，平均蛋重为 10.5g，年平均产蛋率 75%～85%，年产蛋量 300 枚以上，最高可达 450 枚。种蛋受精率较低，平均 60%～80%，初生雏重 6～7g。对环境温度和饲料蛋白质水平等的要求较高，要求环境温度为 20℃以上，如环境温度高于 30℃或低于 10℃，其产蛋量均会下降。我国早在 20 世纪 30 年代和 50 年代从日本引进该品种，目前在上海、北京等地仍有饲养，但性能均有程度不同的退化。现在国内留存的数量不多，在我国养鹑业中所占比重不大，覆盖面也欠广。

（二）朝鲜鹌鹑

由朝鲜采用日本鹌鹑培育而成。体重较日本鹌鹑稍大，羽色基本相同。我国于 1978—1982 年分别引进朝鲜鹌鹑的龙城系和黄城系。据观测龙城系的生产性能较佳。该系的体型较日本鹌鹑为大，成年公鹑体重 125～130g，母鹑约 150g，具有生长发育快、开产早的特点。年产蛋量平均 270～280 枚，蛋重较大，约 11.5～12g。蛋壳色斑与日本鹌鹑同。肉用性能也较好，仔鹑 35～40 日龄体重达 130g，全净膛屠宰率达 80%以上。目前，朝鲜鹌鹑在我国养鹑业中已占主要地位。

朝鲜鹌鹑由北京市种禽公司种鹌鹑场多年封闭育成，其均匀度与生产性

能均有较大的提高。在我国养鹑业中该品种所占比重极大，覆盖面极广，因其适应性好、生产性能高而受到好评。

（三）中国白羽鹌鹑

由北京市种鹑场、南京农业大学、中国农业大学等单位于1990年联合育成。其体型略大于朝鲜鹌鹑，成年公鹑体重145g，母鹑170g。系采用朝鲜鹌鹑的突变个体——隐性白色鹌鹑，经7年的反交、筛选、提纯、纯繁与推广工作，鉴定定型。其体型略大于朝鲜鹌鹑。初生雏鹑体羽呈浅黄色，背上有深黄条斑，初级换羽后即变为纯白色，其背线及两翼有浅黄色条斑。眼呈粉红色，喙、胫、脚为肉色，经检测，表明该白羽品种纯系为隐性基因。开产日龄45天，年平均产蛋率80%～85%，年产蛋量265～300枚。蛋重11.5～13.5g，料蛋比为3∶1。

（四）自别雌雄配套系

北京市种种禽公司鹌鹑场与南京农业大学，在合作培育隐性白羽纯系基础群体的过程中，经13批次的试验，均证明白羽纯系含有隐性基因，且具有伴性遗传的特性。即以白羽公鹑配栗羽朝鲜母鹑或法国肉用母鹑时，其子一代可据胎毛颜色自别雌雄，其鉴别准确率为100%。隐性、伴性白羽鹑在国内尚属首次发现。国际上仅在美国和法国有显性、不能自别雌雄的白羽鹌鹑。

当采用中国白羽鹌鹑纯系的公鹑与栗羽母鹑配套杂交时，其子一代羽色（初生雏胎毛）性状分离，凡浅黄色（初级羽后即为白色）均为雌雏，而栗羽者均为雄雏。自别雌雄配套系的问世，在生产、科研、教学上都有着很大的经济价值与学术价值。

二、肉用品种

（一）法国肉用鹌鹑

又称法国巨型肉用鹌鹑。由法国鹌鹑育种中心育成，为著名大型肉用鹌鹑品种。体型硕大，体羽呈灰褐色与栗褐色，间杂有红棕色的直纹羽毛，头部呈黑褐色，头顶部也有三条淡黄色直纹，尾羽较短。公鹑胸部羽毛呈棕红色，母鹑则为灰白色或浅棕色，并缀有黑色小斑点。初生雏胎毛为栗色，背部有三条深褐色条带，色彩鲜明，具光泽，其头部金黄色胎毛至1月龄后才逐步脱换。

种鹑生活力与适应性强，饲养期约5个月。6周龄活重240g，4月龄种鹑活重350g，年平均产蛋率为60%，孵化率60%，蛋重平均约13～14.5g。肉用仔鹑屠宰日龄为45天，0～7周龄耗料1 000g（含种鹑耗料），料肉比为4∶1（含种鹑耗料）。

(二) 美国法老肉用鹌鹑

为美国新近育成的肉用型品种。据报道，成鹑体重300g左右，仔鹑经肥育后5周龄活重达250～300g。生长发育快，屠宰率高，鹑肉品质好。据前苏联测定资料，9周龄屠宰活重186.68g，净膛胸体平均重130g，占体重69.7%；胴体中一级占86%，二级占14%。

(三) 美国加利福尼亚肉用鹌鹑

为美国育成的著名肉用型品种。按成年鹌鹑体羽颜色可分为金黄色和银白色两种，其躯体皮肤颜色亦有黄白之分。成年母鹑体重300g以上，种鹑生活力与适应性强。肉用仔鹑屠宰适龄为50天。

此外，英国的白鹌鹑、黑鹌鹑，黑色与白色的无尾鹌鹑、北美洲鲍布门鹌鹑、澳大利亚鹌鹑、菲律宾鹌鹑（小型），以及我国的东北金鹌鹑等也较有名。

第四节　鹌鹑的繁殖

一、种鹌鹑的选择

(一) 种公鹌鹑

1. 羽毛覆盖完整而紧密，颜色深而有光泽。

2. 体质健壮，头大，颜色深而有光泽，吻合良好，趾爪伸缩正常，爪尖锐，眼大有神，叫声高亢响亮。

3. 泄殖腔腺发达，交配力强，体重符合标准。

(二) 种母鹌鹑

1. 羽毛完整，色彩明显，头小而俊俏，眼睛明亮，颈部细，体态匀称，耻骨与胸骨顶之间要宽。

2. 体重达到该品种标准。

二、母鹑产蛋规律

蛋用种母鹑的性成熟早，一般产蛋母雌鹑逐月的产蛋率如表4-3所示，开产日龄为35～50d，并随品种（品系）与营养和光照等条件而有所差异。据南京农业大学实验种鹑场的资料，平均40～43日龄开产，达50%产蛋率时的日龄为50天左右。根据北京市种鹑场对引进的朝鲜鹌鹑个体测定，每只平均月产蛋率70.3%～84.4%，并发现个别雌鹑因有时一天产两枚蛋，致使其个别月份的产蛋率达106%。母鹑一天产蛋时间的分布，主要集中于午后至晚上八点以前，下午三四点为产蛋的高峰时间，因此，一般多于早、晚集中拣蛋，而不零星收取。

表 4-3 雌鹌鹑全年各月的产蛋率（%）

开产后月数	1	2	3	4	5	6	7	8	9	10	11	12
产蛋率	80	95	90	90	85	85	80	80	75	75	70	65

三、种鹑利用

雄鹑于 40～45 日龄时，泄殖腔腺已充分发育，分泌的白色泡状物越来越多，鸣声已趋于完整和响亮，开始有求偶欲与交配行为。鹌鹑的自然配种比例，一般为 1：（1～3），受精率平均 75%左右，高者可达 90%以上。种用鹌鹑的利用年限，由于第二个生产年度产蛋量较第一个约下降 30%。故除少数优秀个体外，大多采用“一年利用制”（实际仅利用 8～10 个月种蛋，因产蛋后期的种蛋品质太差）。商品蛋鹑也有利用 1～1.5 年的，但一般在产蛋率下降 40%左右时淘汰。鹌鹑的人工授精目前主要用于远缘杂交，已成功的培育出了白来航、芦花洛克、洛岛红鸡与鹌鹑的各种属间杂种鹑（给雌鹑输公鸡的精液），为育成鹌鹑的新生产类型取得了一定的种源基础。

四、鹌鹑的人工孵化

鹌鹑的孵化期一般为 16～17d，家鹑已失去了抱孵习性，鹑蛋主要靠人工孵化。

（一）温度

鹌鹑和其他禽类一样，可用恒温孵化或变温孵化。若孵化器是分批入蛋的，只能采用恒温（37.8℃）孵化，孵化室的室温一般要求在 20～25℃之间。

变温孵化是根据胚胎发育的不同时期对温度的要求来控制温度。可通过验蛋进行看胎施温，这样做可取得更理想的孵化效果。在胚胎发育初期，胚胎很小，代谢释放的能量很少，身体调节体温的能力差，需要较高的外界温度。随着胚胎日龄增长，逐渐降低孵化温度。变温孵化因孵化器种类不同而不同，立体孵化器温度应控制为前期（1～6d）38.3℃、中期（7～14d）37.8℃和后期（15～17d）37.3℃。

（二）湿度

因鹑蛋皮薄，水分蒸发快，孵化过程中湿度控制更为重要。孵化前期和中期 1～12d 相对湿度应控制在 56%～60%；在 13～14d，需要排除羊水和尿囊液，相对湿度需控制在 54%～55%；在 15～17d 应提高到 65%～70%。湿度是否适宜，可根据孵化期间气室的变化和蛋的失重情况来衡量，还可以从雏鹑出壳后的体躯状况、卵黄囊和腹部吸收情况来看。湿度过小，雏鹑呈干瘦型；湿度过大，雏鹑腹部大，卵黄囊吸收不好。

（三）翻蛋

立体孵化器每2～3h翻蛋一次，平面孵化器每昼夜翻蛋4～6次。

（四）通风换气

胚胎在发育过程中，不断吸收氧气和排出二氧化碳。为保证胚胎的呼吸代谢，孵化室要有通风换气设备，孵化器可通过调节通风孔的大小来换气。

（五）验蛋

一般在孵化的6～7d进行第一次验蛋，以主要捡出无精蛋；14～15d进行第二次验蛋，以主要捡出死胚蛋。验蛋的目的一方面是减少蛋的占用面积和出雏盒的数量，另一方面可以观察胚胎发育状况，以便调节孵化条件。

（六）出雏

在孵化条件适宜的情况下，一般于孵化后第16d开始啄壳出雏，第17d达到高峰。等出雏过半时，就要把已出壳且绒毛已干的鹌鹑取出，以防止干扰未出壳的胚蛋出壳。雏鹑应放在预先准备好的保温育雏箱或笼内，让其充分休息，恢复体力。如果需要运往外地，则把雏鹌鹑装入专用的运输箱内，及时运出。要注意的是，在运输箱底要铺上麻袋布或粗棉布等垫料物，起保暖防滑作用。

第五节　饲料与营养

一、鹌鹑的常用饲料

饲料是养鹑的物质基础，也是决定成本高低的重要因素。饲料的种类很多，但要提高利用率，必须先根据鹌鹑的食性特点和对鹌鹑不同生长发育阶段的不同要求，来对各种饲料加以选择配合，才能既满足鹌鹑的生长发育需要，又节约饲养成本。一般来说，饲料要选择品质好、适口性强、营养比较齐全、价格便宜、货源较充足的饲料来组成配合饲料。

（一）能量饲料

这类饲料的主要成分是碳水化合物，具有较高的热能。

1. 玉米　玉米含能量高，纤维少，适口性强，而且产量高，价格便宜，为鹌鹑的优质饲料，其用量可占日粮的40%～60%。

2. 高粱　去壳高粱与玉米一样，主要成分为淀粉，粗纤维少，可消化养分高，粗蛋白质含量与其他谷物相似，但质量较差，B族维生素的含量与玉米相当，烟酸的含量高，胡萝卜素含量少。高粱中含有单宁，鹌鹑不喜食，日粮中含量宜在10%以下。

3. 大麦 大麦粗蛋白质的饲用价值比玉米稍佳。氨基酸组成和玉米差不多，粗脂肪比玉米少，胡萝卜素和维生素D不足，但硫胺素和烟酸含量丰富。

4. 小麦 小麦含热能较高，蛋白质多，氨基酸比其他谷类完善，B族维生素也较丰富，可占鹌鹑日粮的10%～30%。

5. 小麦麸 价格低廉，蛋白质、锰和B族维生素含量较多，为鹌鹑的常用饲料。但因能量低、纤维含量高、容积大，喂鹑时用量不宜过多，一般在鹌鹑日粮中不超出10%。

（二）蛋白质饲料

1. 鱼粉 鱼粉的蛋白质含量高，氨基酸组成完善，其中尤以蛋氨酸和赖氨酸含量丰富，还含有大量的B族维生素和钙、磷等矿物质，对雏鹌鹑的生长和种鹌鹑、蛋鹌鹑的产蛋均有良好的效果。但是鱼粉价格较高，其用量可占3%～12%。

2. 肉骨粉 含蛋白质40%～50%，赖氨酸、钙、磷、维生素B_{12}也很丰富，钙比磷多两倍，是良好的蛋白质补充料，可代替一部分鱼粉。

3. 血粉 蛋白质含量可达80%，赖氨酸特别丰富，其不足之处主要是蛋氨酸和异亮氨酸含量较少，适口性差，因此，不宜多喂。

4. 大豆饼 含40%～45%的粗蛋白质，是禽类配合料中最常用的植物性蛋白质饲料。其营养价值很高，适口性好，赖氨酸、B族维生素及钙、磷含量均高，一般占日粮15%～35%。但要注意，不要喂生大豆饼或冷榨豆饼，因它含有抗胰蛋白酶，可造成鹌鹑拉稀并降低蛋白质的利用率。

5. 花生饼 是营养价值仅次于大豆饼的植物性蛋白质补充饲料。蛋白质含量为30%～45%，但蛋氨酸和赖氨酸略少。

6. 菜籽饼 营养价值不如大豆饼，含粗蛋白质30%～38%，烟酸含量较高，适口性差，带有苦辣味。菜籽饼含有黑芥素，多食可引起中毒，应采用加热和其他方法脱毒后饲喂。其用量不可超过3%～5%。

7. 棉籽饼 粗蛋白质含量仅次于大豆饼，但赖氨酸、钙及维生素A、维生素D均缺乏，营养价值低于豆饼。棉籽饼含有游离棉酚毒素，饲喂时要注意喂量和脱毒。

（三）矿物质饲料

1. 磷酸氢钙 是饲料钙、磷的良好来源，含钙22%～25%，含磷16%左右，但一定要防止氟的超标。

2. 骨粉 为饲料钙、磷的良好来源，含钙25%～32%，含磷11%～15%，但应防止腐败。

3. 贝壳粉 是补充钙的理想饲料，含钙量30%以上，在配合饲料中不要压成粉末，应压成碎块，以利于鹌鹑吸收。

4. 石粉 含钙38%，是钙的补充料，其价格便宜。但因含氟和镁，吸收率不高，应选用含氟和镁少的石粉。

5. 食盐 为钠和氯的来源，并有调味、增进食欲的作用。但与鱼粉共用时，使用前要注意测定鱼粉的含盐量，以防食盐中毒。

（四）饲料添加剂

饲料添加剂是指配合饲料中加入的各种微量成分，包括各种合成氨基酸、维生素制剂、微量元素、抗生素、酶制剂、抗氧化剂、着色剂和调味剂等。饲料添加剂的主要作用是为了提高饲料利用率，促进生长，防止疾病和改进产品品质。

1. 维生素添加剂 目前采用较多的是禽用多种维生素。各种青绿饲料和干草粉含有丰富的维生素，是很好的维生素饲料。因此在不使用维生素添加剂时，可喂些青绿饲料。鹌鹑很喜欢嫩青草和各种菜类。青绿饲料的习惯用量为精料量的20%～30%。使用青绿饲料要注意防止农药中毒。

2. 微量元素添加剂 微量元素添加剂常用的有硫酸铜、硫酸钴、硫酸锰、硫酸锌、硫酸亚铁、碳酸铜、碳酸钴、碳酸锰、碳酸锌、碳酸亚铁、氧化铜、氧化钴、氧化锰、氧化锌、氧化亚铁、碘化钾和碘酸钙等。微量元素添加剂在日粮中添加量很少，每1 000kg饲料大约1～9g。

3. 药物添加剂 根据鹌鹑预防疾病的需要，在日粮中可添加抗生素、驱虫药等药物添加剂。

二、鹌鹑的营养需要

鹌鹑代谢旺盛，体温高，呼吸频率快，具有生长发育迅速、性早熟、产蛋多等特点，但其消化道短，消化吸收能力较差。因此，鹌鹑的营养需求有自己的特点。

（一）能量

日粮内能量的高低以及和其他营养物质的正常比例，是确定营养需要时首先要考虑的问题。自由采食时，鹌鹑有调节采食量以满足能量需要的本能。当日粮能量水平低时就增加采食量，日粮能量水平高时则减少采食量。但采食量的变化直接影响蛋白质和其他营养物质的摄取量。

无论是生长鹌鹑，还是成龄鹌鹑（繁殖期和非繁殖）都只能适应一定的日粮能量范围。研究表明，鹌鹑适宜的日粮代谢能范围为11.286～13.376MJ/kg。鹌鹑生长一般需要高能量，以促进其生长发育，而种用公、母鹌鹑和蛋用鹌鹑的能量水平不可过高，以防过肥，从而保证种用值和提高产蛋量。

（二）蛋白质与氨基酸

日粮中蛋白质和氨基酸不足时，鹌鹑生长缓慢，食欲减退，羽毛生长不良，性成熟晚，产蛋量少，受精率低，蛋重小。严重缺乏时，采食停止，体重下降，卵巢萎缩。确定日粮蛋白质需要量水平时，首先要明确日粮的能量水平。一般来说，鹌鹑育雏期（0～20 日龄）和产蛋高峰期的蛋白质水平要求最高，育成期和产蛋非高峰期次之，肉鹑肥育期和蛋鹑休产期最低。

（三）矿物质

鹌鹑体内的矿物质元素种类很多，其性质也有很大差异。概括起来，矿物质有调节渗透压、保持酸碱平衡等作用，又是骨骼、蛋壳、血红蛋白、甲状腺激素的重要成分，有的也为酶的组成成分，因而是鹌鹑正常生活、生产所不可缺少的重要物质。

在矿物质元素中，鹌鹑对钙和磷的需要量最大。钙是骨骼的主要成分，蛋壳主要由碳酸钙组成。雏鹌鹑缺钙，易患软骨病；种母鹑和蛋鹑缺钙，蛋壳变薄，产蛋量减少，产软皮蛋。谷物及糠麸中含钙较少，必须注意另外补充。鹌鹑对植物中磷的利用率低，一般仅为 1/3，如日粮中缺少鱼粉时要防止磷的不足。

食盐可提高适口性，并且其中的钠和氯在调节渗透压等生理上起着重要的作用，日粮中应适当补充食盐。

其他矿物质元素如钾、镁、硫等，在鹌鹑日粮中一般并不缺乏，但也有一部分微量元素要以添加剂形式予以补充，主要是锰、锌、铜、铁、碘、硒和钴等。在缺少某些矿物质元素的地区，一定要在日粮中补充。

（四）维生素

维生素既不能供给能量，也不是机体的组成成分，其作用主要是控制和调节代谢。鹌鹑对维生素的需要量甚微，但维生素却在其体内物质代谢中起着重要作用。大多数维生素在体内不能合成，必须从饲料中供给。对鹌鹑来说，B 族维生素和维生素 A、维生素 E、维生素 D 的补充尤为重要。现在有人工合成的单一维生素和复合维生素，均可作为维生素添加剂补充。一般情况下，维生素 C 在鹌鹑体内可自己合成，只有在夏季炎热时和受应激的情况下补充一些即可。

三、鹌鹑的饲养标准和日粮配方示例

（一）鹌鹑的饲养标准

家禽的饲养标准较多，但是鹌鹑的饲养标准远不如鸡的细致。目前，我国尚无鹌鹑的饲养标准，一般多采用国外制定的家禽饲养标准（表 4－4、

表4-5、表4-6），并根据实际情况，对所运用的标准适当调整。

表4-4　前全苏畜牧科学研究所（1985）建议的鹌鹑的营养物质育代谢能含量

营养成分	鹌鹑（7周龄以上）	后备鹌鹑		肉用鹌鹑（4～6周龄）
		1～4周龄	5～6周龄	
代谢能（MJ/kg）	12.20	12.60	11.50	12.90
粗蛋白质（%）	21	27.5	17.0	20.5
粗纤维（%）	5.0	3.0	5.0	5.0
钙（%）	2.8	2.7	2.5	1.0
磷（%）	0.7	0.8	0.8	0.8
钠（%）	0.3	0.3	0.3	0.3

表4-5　日本农林水产省（1992）建议的鹌鹑的代谢能、蛋白质、矿物元素和维生素营养需要

营养成分	单　位	育成期（0～5周龄）	产蛋期
代谢能	Mcal/kg	2.80	2.80
	MJ/kg	11.7	11.7
粗蛋白质	%	22.0	24.0
精氨酸	%	1.40	1.25
甘氨酸＋丝氨酸	%	1.70	1.70
组氨酸	%	0.40	0.40
异亮氨酸	%	1.10	1.00
亮氨酸	%	1.90	1.70
赖氨酸	%	1.20	0.90
蛋氨酸	%	0.50	0.45
蛋氨酸＋酪氨酸	%	0.90	0.80
苯丙氨酸＋酪氨酸	%	2.10	2.00
苯丙氨酸	%	1.10	1.10
苏氨酸	%	1.20	1.10
色氨酸	%	0.25	0.25
缬氨酸	%	1.10	1.00
钙	%	0.80	2.50
非植酸磷	%	0.45	0.55
总磷	%	0.65	0.80
钾	%	0.40	0.40
钠	%	0.15	0.15
氯	%	0.20	0.15
镁	%	0.05	0.05
铜	%	6.0	0.60

（续）

营养成分	单　位	育成期（0～5周龄）	产蛋期
铁	%	100	60.0
碘	%	0.30	0.30
锰	%	90.0	70.0
硒	%	0.2	0.2
锌	%	25.0	50.0
维生素A	IU/kg	5 000	5 000
维生素D_3	IU/kg	1 200	1 200
维生素E	mg/kg	12.0	25.0
维生素K	mg/kg	1.0	1.0
维生素B_1	mg/kg	2.0	2.0
维生素B_2	mg/kg	4.0	4.0
泛酸	mg/kg	10.0	15.0
尼克酸	mg/kg	40.0	20.0
维生素B_6	mg/kg	3.0	3.0
生物素	mg/kg	0.3	0.15
胆碱	mg/kg	2 000	1 500
叶酸	mg/kg	1.0	1.0
维生素B_{12}	mg/kg	0.003	0.003
亚油酸	%	1.0	1.00

表4-6　法国AEC（1993）建议的群日粮营养需要示例*

营 养 成 分	生长鹌鹑		种鹌鹑
	0～3周龄	4～7周龄	
代谢能（MJ/kg）	12.13	12.97	11.72
粗蛋白质（g/d）	24.5	19.5	20
赖氨酸（mg/d）	1.41	1.15	1.10
蛋氨酸（mg/d）	0.44	0.38	0.44
蛋氨酸+胱氨酸（mg/d）	0.95	0.84	0.79
苏氨酸（mg/d）	0.78	0.74	0.64
色氨酸	0.20	0.19	0.21
钙（g/d）	1.00	0.90	3.50
总磷（g/d）	0.70	0.65	0.68
有效磷（g/d）	0.45	0.40	0.43

注：* 有关维生素、微量元素需要量的研究报道数据较少，可参考火鸡的需要量。

（二）配方示例

鹌鹑饲粮的配制需要根据鹌鹑的饲养标准结合当地实践经验制定，并要综合考虑到饲粮的适口性、饲料来源等因素制定。下面仅举几个比较成熟的鹌鹑饲料配方，以供参考。

表 4-7 朝鲜鹌鹑饲粮配方（%）

饲料	育雏期			育成期			成鹑期	
	1	2	3	1	2	3	1	2
玉米	40	54	56	47	59	60	50	51
小麦	10			10			10	
苜蓿粉	3			3			3	
肉粉	6			6			4	
鱼粉	8	15	8.5	2	8	5.5	4	13
熟豆饼	32			31			25	
豆饼		25	28		28	25.5		25
麸皮		4.5	3		25	3.4		2
骨粉		1.5	0.5		0.2	0.5		1
肉骨粉			4			5		
葵籽饼							3	3
碳酸钙	0.5			0.5				
食盐	0.5		0.1	0.5		0.1		
石粉					1.3		5	5
蛋氨酸			0.15			0.15		

注：添加剂另加。

表 4-8 法国肉用种鹑饲料配方实例（100kg）

饲料		育雏期	育成期	种鹑期
		1～20 日龄	20～40 日龄	41 日龄以上
玉米粉（%）		56	60.5	54
豆饼粉（%）		26	20	23
鱼粉（%）		3	3	3
蚕蛹粉（%）		5	5	5
麸皮和米糠（%）		3	5	3
槐叶粉（%）		5	5	5
骨粉（%）		2	1.5	2
蛎壳粉和石粉（%）				5
另加	蛋氨酸（%）	0.15	0.1	0.1
	硫酸锰（%）	18	18	20
	硫酸锌（%）	16	16	16
	禽用多维素（g）	12	8	10
	食盐（%）	0.2	0.2	0.2

第六节　鹌鹑的饲养管理

鹌鹑生长发育各阶段的划分，国内尚无统一标准。根据其生理特性，大致可分为：1～21日龄为雏鹌鹑；21～54日龄为仔鹌鹑；44日龄以后为成年鹌鹑。

一、雏鹑的饲养管理

（一）雏鹑的培育

雏鹑生长发育迅速，羽毛脱换、生长速度很快。初生重平均7～8g，1周龄时可达20～23g，平均日增重1.86g左右，料重比1.4∶1左右；2周龄时可达40～42g，料重比2∶1左右。饲养鹌鹑，育雏是关键，雏鹑培育的好坏直接影响到日后的生产性能和经济效益。为此，必须抓好以下几点。

1. 接雏　刚出壳的幼鹑，卵黄还未吸收完全，神经系统和生理机能不健全，体温调节能力差。因此，切不可马上就出育雏器（育雏室），应当在孵化器（箱）内等10h，待胎毛充分干燥，幼鹑适应周围环境后，再移入育雏器（箱）。远地接雏时，纸箱里要放棉花或碎布保温，也可在箱底放热水袋或电热瓶，上面铺上几层报纸，使温度不低于30℃。

2. 保温　接回幼雏后，应立即放入育雏器内保温。其育雏温度：前3d为38℃，4～7d 37～33℃，8～14d 29～32℃，15～21d 25～28℃，以后逐渐降至常温。育雏器可利用长方形，或两头用两个不同功率的灯泡供热，使器内温度有高有低，以便幼雏自由选择适宜的栖息区域。

3. 光照　一般采用从初生到3～5日龄内昼夜光照24h，照度每平方米4W。以后逐渐缩短，到5周龄时为10～12h，种用蛋用鹑从6周龄起逐渐增加光照，到开产达到14～16h，光照强度每平方米1～4W左右。

4. 饮水和开食　幼鹑接回，稍让休息后，应先饮用5%葡萄糖温水或口服补盐液。第二天起饮用0.01%高锰酸钾水。开食在出壳后30h左右为好。开食前，先停止光照半小时，让幼鹑休息复原，待逐渐寻找食物时，再开始喂料。开食可直接饲喂正常的日粮，放置于扁平食槽内。为防止幼鹑将料扒出槽外，可在槽口加一层金属编织网。可采用昼夜不断水、不断料的自由采食，或采用定时定量饲喂，但必须保证每只个体都有足够的食槽和饮水位置。

5. 密度　饲养密度应合理，既不应过大，也不能太小（表4-9）。

表 4-9　鹌鹑人工育雏的饲养密度

雏鹑日龄	饲养密度（只/m^2）	每群饲养数（只）
1～7	100～150	300～400
8～14	80～100	200～300
15～21	60～80	150～200
22～30	50	100

（二）管理要点

1. 0～4 日龄幼鹑有易骚动不安和逃窜行为的野性，在加料和饮水时应特别小心。

2. 做好防疫接种和清洁卫生工作（表 4-10、表 4-11），及时打扫卫生更换垫料，及时消毒。

表 4-10　商品肉鹑的免疫程序

序号	日龄	免疫项目	疫苗名称	接种方法
1	10	新城疫	新城疫Ⅱ系或Ⅳ系冻干苗	饮水、点眼或滴鼻
2	25	新城疫	新城疫Ⅱ系或Ⅳ系冻干苗	饮水

表 4-11　商品蛋鹌鹑的免疫程序

序号	日龄	免疫项目	疫苗名称	接种方法	说　明
1	1	马立克氏病	HVT 疫苗	颈部皮下注射 1 头份	需专用稀释液稀释
2	10	新城疫	Ⅳ系苗	点眼	用量同雏鸡
3	18	传染性法氏囊病	弱毒苗	饮水	
4	25	新城疫	油乳剂灭活苗	颈部皮下注射 0.2mL	
5	60	禽霍乱	油乳剂灭活苗	皮下注射 0.2mL	

3. 经常观察雏鹑的精神状态、采食和排粪情况，一旦发现问题及时采取措施。

4. 预防意外事故，防鼠害、火灾和空气中毒。

二、仔鹑的饲养管理

（一）雌雄分群

3 周龄以后的仔鹑，应根据外貌特征进行雌雄分群，这样有利于种用仔鹑的选择与培育，也可避免啄癖或交配引起的骚动和损伤。

（二）适当限饲

为防止种鹑和商品蛋用鹑的性早熟，提高产蛋量和种蛋的合格率，降低饲料成本，必须适当限制饲喂量及降低蛋白质水平。限制饲喂时，对于自由采食应将粗蛋白质控制在20%左右。或每天饲喂标准量的90%，到产蛋率达5%时再改用种鹑或产蛋鹑的饲料。

（三）控制光照

采用10h光照时间，降低强度，与限饲相结合，达到控制体重与正常性成熟期的目的和效果。

（四）定期称重

为确保限饲的顺利进行，每月应定期抽样称重（空腹）一次。饲养量少时应全称，饲养量大时可抽10%称。根据体重情况，及时调整营养水平和饲喂量。

（五）其他管理

做好各种疾病的预防工作，保持环境清洁干燥。转群前做好各项准备工作，按时转入种鹑舍及产蛋鹑舍或肥育仔鹑舍。

三、种鹑及产蛋鹑的饲养管理

种鹑与产蛋鹑除了在配种技术、笼具规格、饲养密度、饲养标准等方面有所不同外，其余的日常管理技术都基本相似。

（一）产蛋规律

母鹑的性成熟期多因品种、品系及饲养管理水平而异。而产蛋性能，尤其是产蛋高峰期的产蛋量与饲养管理水平密切相关。正常情况下母鹑开产后一个月左右达到产蛋高峰，年平均产蛋率达75%～80%以上。种用鹑由于产蛋初期的蛋重小，受精率低，而产蛋后期又因蛋壳质量下降，孵化率低，故这两阶段的蛋不宜作孵用蛋，因此，生产上对蛋用种母鹑仅利用8～10个月的采种时间，而肉用型母鹑的采种时间则更短些，仅为6～8个月。母鹑在一天内产蛋时间主要集中在午后至晚上8时前，而以下午3～4时产蛋为最多。因此，食用蛋可于次日早晨一次性采集，而种蛋收取则要每日收集2～4次，以确保孵化的效果。

利用年限。在笼养条件下，产蛋鹑与种公鹑可利用一年，种母鹑半年到两年不等，育种场则可利用2～3年。主要取决于产蛋性能，产蛋品质以及经济效益与育种、制种价值。但在第二个产蛋年产蛋量要下降15%～20%。

（二）适时转群

在母鹑5～6周龄已有5%的产蛋率时，应及时转群到种鹑舍或产蛋鹑舍，使其逐步适应新环境，同时将育成料改为种鹑料或产蛋鹑料，光照时间也按产蛋鹑的需要逐步延长到标准时间。

（三）饲养方式

可用于粉料，湿粉料、干湿兼饲，碎裂颗粒饲料等。要求饲料营养全面平衡。饲喂方式有自由采食或定时定量。但必须保持相对稳定，饮水不得中断，冬季宜饮温水。

（四）光照管理

产蛋期光照为每天16～18h，光照强度为10lux或4W/m²，也可在昼夜只使用14h或14～16h强光照，其余为弱光照，这样既保证能够连续采食和饮水，减少应激，同时又不影响休息。

（五）强制换羽

对优秀的种母鹑或产蛋鹑，为了克服自然换羽期长、换羽速度慢、产蛋期不集中等弊病，可实行人工强制换羽。其方法是采用停止喂料与饮水4～7d（夏季须适当饮水），制造黑暗环境，使鹑群迅速停产、换羽，其后再逐步加料，恢复光照，达到同期恢复产蛋的目的。一般从停饲到开产仅需20d左右。

（六）清洁卫生

食槽、饮水器每天清洗一次，盛粪盘每天清粪1～2次。舍门口要设消毒池，备有消毒盒，谢绝参观。防止鼠、鸟、蚊、蝇侵扰。

（七）防止应激

为了能够高产稳产，降低种鹑的伤残率、死亡淘汰率和鹑蛋的破损率，必须保持饲养制度的稳定和环境的安静。夏季要加强通风，饮用维生素C与电解质水；冬季要采取防寒保暖措施，保持产蛋率稳定。

（八）做好日常记录

如入舍鹑数、死亡淘汰数、日耗料数、天气情况与值班日记等。

四、肉用仔鹑的饲养管理

肉用仔鹑专指肉用型的仔鹑及肉用型与蛋用型杂交的仔鹑（也包括蛋用型的仔公鹑在内），是供肉食之用。

（一）笼具

有专用的肥育笼具。如法国肉用仔鹑个体硕大，生长快，需要将笼高设为12cm。3周龄入笼育肥，饲养密度以80～85只/m²为宜。

（二）日粮

育肥期间的代谢能应保持12.98MJ/kg，蛋白质为15%～18%。要补充足量的钙和维生素D，同时添加一些天然色素或人工合成色素，自由采食，饮水要保证充足与清洁。

（三）光照

可实行10～12h的暗光照饲养，并以红光为宜，以便让其安静休息；如采用断续光照，即以1h光照与1h黑暗相间，其饲养效果更佳。

(四) 温度

肉仔鹑生长最适宜的温度为 20～25℃。必须做好夏季防暑降温和冬季防寒保暖工作，以求得最佳的饲料转化率和成活率。

(五) 分群

1 月龄后按公母、大小、强弱分群饲养育肥，平时要注意观察，及时隔离病、弱、残鹑，保证生长整齐，提高饲料转化率。

(六) 适时上市

肉仔鹑上市最适日龄为 42～49d，体重可达 200～240g；蛋用型仔公鹑体重可达 130g。捕捉与装笼、运输时注意安全。

第七节　鹌鹑的药用与保健食谱

鹌鹑性味甘、平、无毒。临床证实，鹌鹑的肉、蛋可治疗身肿、肥胖型高血压、糖尿病、贫血、胃病、肝大、肝硬化腹水、支气管哮喘、过敏症等多种疾病。生吃鹌鹑蛋，可防止因吃鱼虾后皮肤过敏、风疹块或呕吐以及注射某些药物后过敏的发生。

一、鹌鹑的药用验方

(一) 肾虚腰痛、两腿发软酸困

鹌鹑 1 只，去毛及肠，加枸杞子 30g、杜仲 9g，加水共煎，食肉饮汤。

(二) 气血两亏、身体虚弱、病后体虚、贫血萎黄

鹌鹑 1 只，去毛及肠，羊肉 250g，小麦仁（去皮的小麦）100g，共炖，加盐及调料，食肉饮汤，早晚分食。

(三) 支气管哮喘

方一：鹌鹑 1 只，不去毛，焙烧研末，每次 15g，加红糖水溶化，兑入黄酒 50g，一次服完，每日 2 次。

方二：鹌鹑蛋每天 3 个，冲服，连用 1 年。

(四) 气血两虚及产后血虚，头昏乏力、贫血

鹌鹑 1 只，去毛及内脏，将天麻 15g 填其肚内，煮汤，加盐、油，味精等调料，煮好后，除去天麻，吃肉喝汤。

(五) 肾虚腰痛，阳痿

鹌鹑蛋与韭菜共炒，油盐调味，食之。

(六) 肺结核与肺虚久咳

用沸水和冰糖适量，冲鹌鹑蛋花食用。

（七）神经官能症

鹌鹑蛋早晚各冲服 1 个，连续食用。

（八）慢性胃炎

鹌鹑蛋 1 个，打入 0.25kg 煮沸的牛奶中，每早 1 次，连服半年。

二、利用鹌鹑的保健食谱

（一）鹌鹑肉片

1. 原料 鹌鹑肉 100g，冬笋 10g，水发口蘑 5g，黄瓜 15g，蛋清 30g，酱油 2g，料酒 5g，花椒水 3g，精盐 2g，水淀粉适量，味精 1g，猪油 25g。

2. 制法

（1）将净鹌鹑肉切成薄片，与蛋清和水淀粉拌匀；冬笋、口蘑、黄瓜均切成片。

（2）将锅内放入猪油，烧四五成热时，将鹌鹑肉片放入炒熟，倒入漏勺内。

（3）将锅内放入清汤，加入精盐、料酒、花椒水、酱油、冬笋、口蘑、黄瓜和炒熟的鹌鹑肉片，烧开后，撇去浮沫，放入味精。

3. 保健功效 利五脏，益中气。适用于身体虚弱、脏腑功能减退等症。

（二）山参鹌鹑汤

1. 原料 山药、党参各 20g，鹌鹑 1 只，精盐适量。

2. 制作 将鹌鹑洗净，切块，放入沙锅中并加入山药、党参及适量精盐、清水，用文火炖煮 30min 即可。

3. 服法 食肉，饮汤。

4. 保健功效 健脾益胃、强壮身体。适宜于体质虚弱、脾胃不足、食欲不振、消化不良、四肢倦怠等症。

（三）清蒸鹌鹑

1. 原料 鹌鹑 6 只，料酒 15g，精盐 2g，清汤 500g，胡椒粉 1.5g，葱段 25g，姜片 25g，鸡油 10g。

2. 制作

（1）将鹌鹑撕去毛、皮，从腹部掏出五脏，剪去头、翅膀和爪子，再将每只鹌鹑剁成 4 块，洗净血污和杂物。

（2）锅中注入清水，上火烧开，将鹌鹑块放入锅中氽一遍捞出，洗净，放入大碗中，注入 300g 清汤，加入料酒、精盐、鸡油和葱姜段，上屉蒸烂。

（3）从笼屉取出鹌鹑，汤汁待用。挑去葱姜段，将鹌鹑倒入小海碗中，锅中注入 200g 清汤和蒸鹌鹑的原汤，加入胡椒粉和剩余的料酒精盐对好口味上火烧开，撇去浮沫，倒入小海碗中即成。

（四）脆皮鹌鹑

1. 原料　鹌鹑 10 只，香菜 5g，淀粉 50g，精盐 1g，辣椒油 15g，酱油 25g，生姜 50g，豆油 1 000g（实耗 60g），大蒜 25g，味精 1g，辣大酱 50g。

2. 制作

（1）鹌鹑闷死，去毛，从脊部剖开，取出内脏，洗净，用尖竹针将鹌鹑胸内扎几个小孔（但不要将鹌鹑皮扎破），入瓷盆，加酱油、精盐、胡椒粉、花椒水、葱块、姜块（拍松），腌渍半小时，入味。

（2）将大蒜去皮，剁成细末，装碗，加入芝麻油、姜末、酱油和发好的芥末粉、味精调成调味精汁，待用。

（3）再将腌渍好的鹌鹑用铁钩吊起，挂竹棍上晾干；淀粉装入瓷碗，加入温水 150mL，搅拌均匀，涂抹在晾干的鹌鹑皮上，每隔 3 分钟抹一次，共抹三次，鹌鹑体表呈现出一层微薄的粉霜。

（4）炒锅烧热，放入豆油，烧至五成热时，用漏勺托着鹌鹑，速用手勺往鹌鹑体腔内连续浇热油，鹌鹑浇至九成熟时，放入八成热的油锅里，炸至表皮起脆时，捞出，剁成一字条，逐只摆入盘内呈鹌鹑形，盘边配洗净的香菜叶。

（5）食用时，各配辣椒油、蒜芥末卤一碟，辣大酱一碟，供蘸食，即可。

第五章　乌骨鸡

乌骨鸡，又称泰和鸡、药用鸡、绒毛鸡，俗称武山鸡，属于家鸡的一种，分类学上属于鸟纲鸡形目雉科，原产于我国的江西省泰和县武山汪陂涂村。

第一节　概　述

乌骨鸡是我国特有的地方优良品种，它以具有很高的滋补、药用和观赏价值，历来称誉世界。

一、药用价值

乌骨鸡能除崩漏带下一切虚损诸疾，即对腰酸腿痛、遗精、虚损、小儿下痢和多种妇科疾病均有一定疗效。以这种鸡作为主要原料制成的著名中药“乌鸡白凤丸”可用来治疗妇女身体虚弱、月经淋漓不尽、头晕、眼花、四肢困倦等。近年来，临床应用证明，它对再障贫血、神经衰弱、前列腺肥大、慢性肾炎及气血不足的病症，都有一定疗效。此外，鸡内金，俗称鸡化谷丹，其性味甘平，有健脾胃、消积滞的功能，可治疗积食痞满、呕吐反胃、泻痢、消渴等多种疾病，是消淤化积、健补脾胃的良药。“乌鸡白凤丸”、“乌鸡补酒”、“乌鸡精”等药品，因疗效显著而驰名于国内外，远销日本及东南亚各国，深受用户的欢迎。

二、肉用性能及营养价值

乌骨鸡虽体重小，增重速度慢，但其肉、血和骨的营养价值很高，作为优质保健禽肉别具风味，而且它的利用率也较高（表 5－1）。

表 5－1　泰和鸡的屠宰率测定结果（kg）

性别	测定数量（只）	平均活重（kg）	半净膛		全净膛	
			重量（kg）	百分率（%）	重量（kg）	百分率（%）
公	8	1.87	1.66	88.74	1.53	81.77
母	14	1.00	0.85	85.43	0.73	72.86
合计	22	1.44	1.26	87.76	1.13	78.67

三、观赏价值

泰和鸡的肉乌黑，而毛色雪白如柳，体型小巧玲珑，十分可爱。早在1915年曾作为我国特有的鸡种，参加美洲巴拿马国际博览会展出，得到世界各国人士的好评和赞誉，从而被列为世界观赏名鸡之一，具有很高的观赏价值。至今，不仅在我国的北京、上海、广州等20多个城市的公园都有泰和鸡的饲养，专供游客观赏，而且日本及南亚诸国公园也饲养泰和鸡供人们观赏。

第二节 生物学特性

乌骨鸡体型较小，与一般家鸡相比，体躯短矮，头小、颈短、腿矮，具有丛冠、缨头、绿耳、胡须、五爪、丝毛、毛脚、乌皮、乌肉、乌骨等十大特征。

乌骨鸡历史悠久，一直在自然选择的条件下繁衍，从而形成了独特的生物学特性。乌骨鸡性格温顺，胆小怕惊，一有异常动静即会造成鸡群受惊，尤其是雏鸡对外界环境的噪音更敏感，稍有动静就会迅速聚集在一起，相互挤压。乌骨鸡产蛋率低，一般年产80～100枚。且就巢性强，常常产15～20枚蛋就抱巢，夏末秋初，尤为明显，每次抱巢持续时间为15～25d，善于孵蛋育雏。因羽片是丝状或卷羽状，保湿能力差，不能御寒，适应环境能力弱，怕冷怕湿，御寒性差。抗病能力差，体弱、抗逆性差、易患病、生活力弱、不易饲养。群居性强，性情极为温和，很少争斗。善走好动，但飞翔能力差，管理方便。缺乏防御能力，特别是雏鸡对鼠、猫、狗、老鹰和野禽兽的侵袭，缺乏反击能力。

第三节 主要品种

一、泰和乌骨鸡

泰和鸡又名绒毛鸡、纵冠鸡、竹丝鸡、松毛鸡、黑脚鸡和穿裤鸡等。该鸡原产于我国江西省泰和县，是目前在国际上公认的标准品种之一。该鸡性情温顺，体躯短矮，头小且长，颈短，下颌有须，耳呈孔雀蓝色，身披白色丝状绒毛。具十大特点，即丝毛、缨头、复冠、绿耳、胡须、毛腿、五爪、乌皮、乌骨和乌肉。此外，眼、喙、趾、内脏及脂肪亦是乌黑色，但胸肌和腿肌颜色较浅。

泰和鸡成龄体重公母分别为1.37～1.80kg和1.0～1.4kg。公鸡性成熟期平均为167d；母鸡170～180日龄开始产蛋。由于就巢性较强，其产蛋量较低，每只母鸡年平均产蛋量为87.6枚，最高的可达140～160枚，最低的仅30～35枚。平均蛋重41.18g。蛋壳颜色以浅棕色为主，占53.64%；其次是白色，占34.17%；棕色较少，占12.69%。蛋形指数（纵径∶横径）为1.28。母鸡年就巢约4次左右，持续期平均17d（7～30d）。在全价饲料营养的条件下，生长发育良好的个体，年就巢次数少，而且持续期较短，年产蛋量相应提高。在小群饲养中公母配比一般为1∶（8～10），而大群饲养时公母比为1∶（10～12），在此配比条件下种蛋受精率可达92%以上。

二、余干黑羽乌鸡

因原产于江西省余干县而得名，属药肉兼用型品种。据考证，早在秦代时，番阳（今鄱阳）吴芮就在余干县邓墩乡五彩山下养殖黑羽乌鸡。经中国科学院遗传研究所测定，认为该鸡是乌鸡品种中一个较为独特的品种，现已由江西省畜牧研究所培育提纯。余干黑羽乌鸡周身披有黑色片状羽毛，喙、舌、冠、皮、肉、骨、内脏、脂肪和脚趾均为黑色。母鸡单冠，头清秀，眼有神，羽毛紧凑；公鸡雄壮健俏，尾羽上翘，羽毛乌黑发亮，单冠，腿部肌肉发达。

余干黑羽乌鸡体型小，成年体重公母分别为1.3～1.6kg和0.9～1.1kg。行动敏捷，善飞跃，食性广杂，觅食性强，抗病力强，饲料消耗少。公鸡性成熟日龄170d左右；母鸡180日龄左右开产，就巢性强，每只年平均产蛋量160枚左右，蛋重46.88g，蛋壳呈粉红色。

三、中国黑凤鸡

早在400多年前，我国就有饲养黑凤鸡，但由于种种原因，致使这一品种濒于绝迹。20世纪80年代后期，日本、东南亚相继开始培育被誉为“黑色食品之宝”的黑丝毛乌鸡。但由于仅限于科研，数量少，且遗传性状不稳定，未能形成规模。1993年广东省率先从国外引进该鸡，经过三年多的纯种繁育，到目前后代合格率已达90%以上，且产蛋量亦有所增加。正宗中国黑凤鸡具有十全特征，即全身披有黑色丝状绒毛、乌皮、乌肉、乌骨、丛冠、缨头、绿耳、五爪、毛腿、胡须。除此之外，其舌、内脏、脂肪、血液均为黑色。该鸡抗病力较强，不善飞跃，无啄蛋癖，喜食青草，耗料少，食性广杂，生长快。

成年公鸡体重1.25～1.5kg，母鸡0.9～1.18kg；母鸡6月龄开产，每只年平均产蛋量 140～160 枚。母鸡就巢性强，蛋壳多为棕褐色。黑凤鸡不但具有天然黑色食品的滋补、抗癌、美容、抗衰老等功效，还具有退热补虚、调经止带和养气补血等功效。另外，其肉特有的清香胶润口味备受推崇。

四、山地乌骨鸡

山地乌骨鸡为四川盆地南部与滇北高原交界地区长期自然选育形成的品种，具有和原产地江西的泰和鸡一样的药用价值，属药、肉、蛋兼用的地方良种，主要分布在四川的兴文、汶川及云南的盐津等地。山地乌骨鸡以冠、喙、髯、舌、皮、骨、肉、内脏（含脂肪）乌黑为主要特征。羽毛以紫蓝色黑羽居多，而斑毛及白羽次之；羽型以常羽为主，反羽和丝毛次之。

成年公鸡体重 2.3～3.7kg，有的可达 4kg 以上；母鸡 2.0～2.6kg，有的可达 3.5kg。该鸡性成熟较晚，公鸡的性成熟日龄为 170～180d；母鸡 180～210 日龄开产，每只年平均产蛋量 100～140 枚，就巢性特别强，一般每年就巢 7 次左右。蛋壳颜色以淡褐色居多。

第四节 乌鸡营养需要和饲料配方

一、乌鸡的营养需要

乌骨鸡的营养需要一般参照我国来航鸡的营养需要和美国的 NRC 标准中的轻型鸡的标准。但由于乌骨鸡在生长发育和生产性能上与来航鸡差异较大，因此，应根据乌骨鸡生产性能和不同生长发育阶段的特点，在结合当地实际情况来参照来航鸡营养标准的基础上，加以修改，使之符合乌骨鸡的生长、生产需要，科学、合理地拟定比较适合的标准（表 5-2、表 5-3、表 5-4）。

表 5-2 乌骨鸡不同生长和生产阶段的营养需要

阶段 \ 项目	代谢能（MJ/kg）	粗蛋白质（%）	钙（%）	磷（%）
育雏期	12.14	20	0.9	0.60
中雏期	11.93	18	0.9	0.60
大雏期	11.50	16	1.2	0.62
产蛋前期	11.50	17	2.0	0.65
产蛋高峰期	11.50	18	3.2	0.60
产蛋后期	11.30	16	3.4	0.50

表 5-3 乌骨鸡维生素需要量及添加剂配方（每千克饲料含量）

维生素种类	幼雏期	育成期	种鸡	添加剂配方
维生素 A（IU）	1 500	1 500	4 000	8 000
维生素 D_3（IU）	200	200	500	800～1 000
维生素 E（IU）	10	5	5	20
维生素 K（mg）	0.5	0.5	0.5	0.5
维生素 B_2（mg）	3.6	1.8	3.8	4.0
维生素 B_1（mg）	1.8	1.3	0.8	1.8
维生素 B_6（mg）	3.0	3.0	45	4.5
泛酸（mg）	10	10	10	10
生物素（mg）	0.15	0.10	0.15	0.20
烟酸（mg）	27	11	10	27
胆碱（mg）	1 300	500	500	—
叶酸（mg）	0.55	0.25	0.35	0.5～0.6
维生素 B_{12}（mg）	0.009	0.004	0.003	0.009

表 5-4 乌骨鸡的微量元素需要量

元　素	需要量（每千克饲料中）		
	雏鸡	育成鸡	种鸡
钙（%）	0.8	0.6	3.0
磷（%）	0.6	0.5	0.6
钠（%）	0.15	0.15	0.15
氯（mg）	800	800	800
铜（mg）	4	3	4
碘（mg）	0.35	0.35	0.35
铁（mg）	80	40	80
锰（mg）	50	25	30
硒（mg）	0.1	0.1	0.1
锌（mg）	40	30	50

二、乌鸡饲料配方

乌鸡的日粮配制应本着因地制宜、降低成本的原则，饲料要尽量多样化，应有一定的体积。幼雏和成鸡高产时期，应减少糠麸等粗饲料的饲喂量或加强调制。日粮配方迅速改变易造成消化不良，影响鸡的生长和产蛋，因此日粮的配合应有相对的稳定性。如因需要而需要变动时，必须注意缓缓改变。配制日粮时，各类饲料所占大致比例如表 5－5。乌骨鸡的饲料配方，不同地区、不同养殖场可根据当地饲料资源进行调整，以下提供 1 种配方，仅供参考（表 5－6）。

表 5－5 配合日粮中各类饲料的大致比例

各类饲料	百分比（%）
谷物饲料	45～70
糠麸类	45～15
植物性蛋白饲料	15～25
动物性蛋白饲料	3～7
矿物质饲料	5～7
干草类	2～5
微量矿物质和维生素添加剂	1
青饲料（两种以上）	30～35（按精料总量加喂）

表 5－6 乌骨鸡的日粮配方举例（%）

饲料 周龄	玉米	小麦	谷粉	麸皮	豆饼	鱼粉	骨粉	贝壳粉	草粉	食盐	添加剂
1～4	55	4	3	22	27	6	1	1		0.3	0.5
5～8	50	8	6	6	22	5	1	1.2		0.3	0.5
9～13	52	6	6	9	18	5	1.2	2		0.3	0.5
14～17	46	6	13	10	12	5	1.7	1.5	4	0.3	0.5
18～25	51	6	14	7	9	4	2	1.2	5	0.3	0.5
初产期	38	10	12	10	13	5	2.2	3	6	0.3	0.5
盛产期	42	6	9	10	15	6	2.2	3	6	0.3	0.5
产蛋后期	43	7	9	10	14	5	2.2	3	6	0.3	0.5

第五节 乌骨鸡的饲养管理

乌骨鸡个体较小，生长慢。在阶段划分上，雏鸡为 0～60 日龄，育成鸡为 61～150 日龄，种鸡为 151 日龄以后。在 0～150 日龄这个阶段，根据生理特点、环境条件和营养需要的不同，又可分为 3 个阶段：0～60 日龄为幼雏，61～90 日龄为中雏，91～150 日龄为青年育成鸡或大雏。

一、雏鸡的饲养管理

（一）雏鸡对环境的要求

1. 温度 乌骨鸡个体比一般鸡小，初生重仅有 30～33g，羽毛稀少，散热快，对外界环境的适应能力较一般鸡差。为了保证乌骨鸡雏的正常发育，必须严格掌握育雏温度。除了要保持一定室温，还要应用育雏器进行加温保暖（表5-7）。育雏温度应根据雏鸡的动态，适当地进行温度调节，以鸡群感到舒适为最佳标准。同时注意温度要平稳，切忌忽高忽低。温度调节应坚持原则为小群宜高，大群宜低；弱雏宜高，强雏宜低；阴雨天宜高，晴天宜低；夜间宜高，白天宜低；冬季宜高，夏季宜低，一般相差1～2℃为宜。

表5-7　乌骨鸡育雏期所需温度（℃）

周　龄	1	2	3	4	5	6
育雏器温度	35～33	32～31	30～29	28～26	25～23	22～20
室温	27	25	24	23	22	20

2. 湿度　乌骨鸡出雏湿度较其他家鸡高，育雏前3天相对湿度高达70%，以后在适宜温度范围内，理想的相对湿度为60%～65%，在50%～70%之间鸡雏也感到舒适。表5-8为乌骨鸡育雏温度、相对湿度对照表。

表5-8　乌骨鸡育雏温度、相对湿度对照表

周龄	温度（℃）	相对湿度（%）	周龄	温度（℃）	相对湿度（%）
1	33～35	65～70	4	26～28	60～65
2	31～32	65	5	23～25	60～65
3	29～30	65	6	22～20	60～65

3. 通风　保持育雏室空气新鲜，使有害气体降低到最低限度。舍内氨气应低于20毫克/升，硫化氢低于10毫克/升，二氧化碳含量在0.5%以下。空气流通，可排出一氧化碳、二氧化碳和氨气，并能控制舍内湿度，使垫料保持良好状态。若舍内通风不良，氨气浓度超过25g/m^3，将对鸡只健康有很大害处，氨气会直接刺激雏鸡呼吸系统，阻碍生长。

4. 光照　开放式鸡舍以自然光照为主，不足则人工补光。雏鸡出壳至3日龄，多采用23h光照，强度为3W/m^2；3～10日龄每天18h光照，强度为0.5～1W/m^2；2周龄后每周减半小时，逐步接近自然光照。

5. 密度　适宜的密度是保证雏鸡健康和生长发育的一个重要条件。因此，必须根据鸡舍构造、通风条件、气候变化、饲养条件及鸡龄的大小而灵活掌握，网上育雏、平面育雏比较适宜的饲养密度参见表5-9。

表5-9　乌骨鸡育雏期饲养密度（只/m^2）

育雏方式＼周龄	1	2	3	4	5	6
网上育雏	80	70	60	50	40	35
平面育雏	50	45	40	35	30	20

此外，还应注意雏鸡群数量不宜过大，在育雏室内每群以 1 000～2 500 只为好，但种用雏鸡通常每群以 500～700 只为宜。

（二）雏鸡的饲养

1. 饮水 雏鸡出壳 24h 后必须给水，饮水应使用冷开水而忌用生水。可按每 1 000mL 水中加入庆大霉素 8 万国际单位或卡那霉素 25 万国际单位、葡萄糖 20g、维生素 B_2 100mg、维生素 C 100mg，以清理胃肠，预防脱水，促进卵黄吸收；以后可改用 0.01%高锰酸钾溶液。饮水工具应用专门的饮水器，数量要充足，分布要均匀，保证每只鸡都能饮到足量的水。饮水器的高度随雏鸡的日龄增长及时调整，并经常清洗消毒，保证饮水清洁卫生，防止粪便污染。

2. 开食 乌骨鸡雏接入育雏室后，先开水，后开食。开食时间以出壳后 24～36h 为好。第一次可用碎米、小米、碎玉米粒或破碎颗粒料开食。将饲料放在铝制或木制的小料盘内或撒在干净的报纸或塑料布上，让其自由采食，并增加室内的照明；开食 2～3d 后，就应改喂全价配合饲料，采用 3～4cm 高的食槽，少喂勤添；30 日龄后改用料桶自由采食，以减少浪费。

3. 饲喂 雏鸡的饲喂方式有定时定量和自由采食两种。定时定量饲喂，可及时掌握鸡群的食欲、活动、消化及健康状况，及时发现问题，采取相应的措施。采用长形食槽，要注意保证每只鸡有一定的食槽位置，1～4 周龄以 5cm、5～8 周龄 7cm、9～13 周龄 10cm 的槽位为宜。喂料时要做到少喂多餐，1～10 日龄每日白天喂 6 次，晚上喂 2 次；11～20 日龄每日白天 5 次，晚上 2 次；21～30 日龄，白天 4 次，晚上 2 次；31～45 日龄白天 3 次，晚上 2 次。

自由采食，可减少饲喂次数，节省人工，提高劳动效率，但应采用钟式料桶。1～4 周龄用小号，每只供 50 只雏鸡用；5～13 周龄用中号，每只供 35 只鸡用。在保持料桶内饲料不间断的同时，也要注意每天清理一次，以防桶内饲料霉变。

（三）雏鸡的管理

1. 分群 在育雏期间一般要进行 3 次分群。第 1 次在接雏时按雏鸡强弱分群，将弱雏鸡分离，适当提高育雏温度 1～2℃，单独饲养。第 2 次在鸡 10 日龄，在新城疫免疫接种时，将个体小的病弱残雏与健壮雏得分离开来。第 3 次是在 60 日龄左右，雏鸡脱温转群时，再一次将病弱残鸡分开，隔离单独饲养。这样有利于采食均匀，生长发育整齐和减少雏鸡的死亡。

2. 观察 平时必须注意经常细心观察鸡群精神、食欲、粪便等变化，一旦发现鸡群呆立，精神不振，不愿采食并发出“吱吱”叫声，嗉囊空虚或早上嚷囊仍然胀结的小鸡，多为有病的征候，应及时隔离治疗和加强护理。

3. 防疫 严格按免疫程序，做好马立克氏病、新城疫、法氏囊炎、支气管炎和鸡痘等疫苗的预防接种（表 5－10），加强对鸡的白痢、球虫病、霍乱和大肠杆菌病等疾病的预防工作，确保鸡群的健康生长。要注意做好环境卫生、消毒和隔离工作，进鸡前 2 周，应对育雏室进行彻底打扫、冲洗和消毒。经常更换垫料，保持干燥。做到五净，即饲料净，门窗净，用具净，人行走道净，运动场、水槽、料槽等也要净。鸡舍门口要设置消毒池，平时定期进行带鸡喷雾消毒。病、死鸡要及时处理，切勿乱丢乱放。避免外来人员进入鸡舍，谢绝参观，杜绝疫病传播。

表 5－10 乌骨鸡商品代免疫程序

日 龄	疫 苗	接种方法
出壳 24h 内	马立克疫苗	皮下注射
7～10	新城疫Ⅳ或 Lasota	点眼滴鼻
10～15	法氏囊疫苗	点眼滴鼻
20～25	鸡痘疫苗	点眼滴鼻
20～25	法氏囊疫苗	饮水
35～40	新城疫Ⅳ或 Lasota	饮水

注：鸡传染性喉炎疫苗，非疫区严禁使用。

4. 护理 接入育雏器后，就要引导雏鸡在护圈内活动，不要离热源太远。诱导雏鸡尽快熟悉水槽和食槽的位置，掌握好适当的饲喂量，忌时饱时饿，以免引起消化道疾病。保持环境安静，谨防野兽和鼠害。

5. 防止应激 乌骨鸡胆小易惊，对环境敏感，遇到意外的声响、颜色、异物均能引起惊恐，要注意避免。

6. 断喙 雏鸡在 1 周龄左右要进行断喙，1 月龄左右进行第二次断喙。

二、育成鸡的饲养管理

育成鸡指雏鸡脱温至开产前，即 60～150 日龄这一生长阶段的乌骨鸡，也称之为成鸡或仔鸡阶段。此阶段鸡的身体各部分生长发育趋于完善，对环境的适应能力加强，食欲旺盛，生长发育极快。在培育上要求使鸡群具有良好的体质和较高的成活率，达到标准体重，适时开产，并有较好的整齐度。

（一）脱温

乌骨鸡 6 周龄左右，绒毛虽已换为丝毛，但丝毛保温性能差。9 周龄左右，体温调节机能完善，才能适应外界环境，可以脱温。脱温要逐渐过渡，开始时白天脱温，晚上仍加温，待鸡完全适应后再全脱温，最好在 20℃的室温条件下饲养。寒潮或室温过低时，应重新给温。脱温后转入育成期的饲养管理。

（二）转群

乌骨鸡在完全脱温后，转入育成鸡舍。转群前 1d 及后 1d，应在饮水中加入多种维生素等抗应激药物。捉鸡时尽量在傍晚进行，轻拿轻放，避免造成强烈刺激。在转群前要做好各项准备工作，进入育成期后宜由笼养、网养、棚养转入地面平养，以利加强运动和照顾乌骨鸡的特殊生理特点。转群时要进行鸡的选种分群，分群时按鸡的大小、强弱、公母分开管理，平养每群 100～150 只为宜。

（三）运动和密度

育成鸡是长骨骼、肌肉和内脏器官的重要时期，也是生殖器官发育的完善时期。为此，在饲养上，要给鸡有足够的活动场地，加强运动，以获得健壮的体格。平养时适宜的密度为：9～13 周龄 15 只/m^2，14～17 周龄 10 只/m^2，18～25 周龄 7 只/m^2。

（四）适当限饲

为使乌骨鸡保持适宜的体重，使母鸡开产整齐一致，必须适当限饲。每次喂料以 25min 内能吃完为宜；如 10min 吃完，说明食料量不足；25min 未吃完，则表明喂料量过多。饮水器要及时加水，不能有缺水现象。要保证每只鸡有足够的食槽和水槽位置，每 150 只鸡配给料桶 5 只或 1m 长的长形食槽 10 只、钟式饮水器 7 个或长形水槽，每鸡 2.5cm 饮水位置，这样才能保证鸡群采食均匀和饮水充足，生长发育一致。

（五）定期称重

每两周抽 10%的鸡称重一次，与本阶段标准体重相对比。如体重平均值低于此标准，应增加喂食量或喂食次数；反之则减少喂量或次数，多喂青料。

（六）搞好环境卫生

鸡舍、运动场要每日打扫一次，垫料要勤换。食、水槽要每天清理和洗涤，要加强通风换气，及时排除污浊的有害气体，保证空气新鲜。

（七）保持环境安静

乌骨鸡胆小，易惊，凡噪音，响动，异常颜色，外人的突然出现，狗、鼠、飞鸟等的窜动、经过，都会惊动鸡群，引起大群惊叫，影响鸡群采食、饮水和生长发育。为此在日常管理中一定要细心，创造安静的环境条件，尽量避免或减少鸡群的惊动。

三、种乌骨鸡的饲养管理

种乌骨鸡（150 日龄以后）饲养管理的目标是减少窝外蛋，提高受精率，保持蛋壳有较好的清洁度，以获得数量多、质量好的合格种蛋，繁殖更多的雏鸡。

（一）提前转群

乌骨鸡种鸡在开产前 2 周必须做完所有应做的疫苗接种工作。并于 20～22 周龄开产前转入产蛋鸡舍，以使其在开产前有一段适应新环境的时间。结合转群应做好种鸡选择工作，首先要按乌骨鸡外貌的十大特征，严格选择发育良好，体质强壮，体态丰满，龙骨突无弯曲，产蛋性能好，抱性较弱的作种鸡。散养种鸡雌雄比 1∶（10～12）。雄鸡应选择头部宽阔，胸深脚高，立姿雄壮，冠鲜红竖立，精力充沛，性欲旺盛，配种能力强的作种雄鸡。

（二）放产蛋箱

育成鸡转入种鸡舍前，应先放入产蛋箱。产蛋箱要均匀地放置在光线较暗、通风良好和安静的地方。鸡舍垫草不要过厚，太厚易吸引鸡在垫草上产蛋。鸡爱伏卧的角落，需用网板挡住，以免做窝产蛋。要勤捡蛋，以减少破损和造成蛋的污染。经常打扫蛋箱，保持清洁。

（三）饲养方式与密度

乌骨鸡种鸡多数采用半栅半地混合平养或垫草平养。平养情况下，饲养密度一般为 4～5 只/m^2。

（四）饲喂

根据季节、产蛋率的不同，供给乌骨鸡相应的全价配合饲料。饲喂量因体重和产蛋率的不同而异。喂料有粉料和颗粒料两种。粉料饲喂时，每次给料量不得超过食槽的 2/3，以免浪费。

（五）光照

种鸡转入产蛋舍后，光照要求逐渐达到 16h 后保持不变。产蛋期的光照时间只能逐渐延长，而不能缩短。光照强度为 10lux，灯泡离地面高度为 2m。

（六）适宜的公母比例

为了获得优质种蛋，必须合理搭配公母鸡，一般小栏饲养公母比例以 1∶12 为宜，大群饲养以 1∶10 为宜。公鸡有偏爱性，在饲养过程中应加强观察与检查，及时作换栏调整，及时淘汰性欲弱、精子质量差、受精率低的公鸡。

（七）抱窝鸡的催醒

对正常产蛋母鸡就巢，要使它快速醒抱、多产蛋，促使就巢母鸡醒抱的方法很多，现简要介绍如下。

1. 光亮通风　将就巢母鸡捆缚翅膀和腿后白天放到光亮处，使它抱不成窝，晚上把它放在通风处，这样既可束缚它行动，又能降低鸡的体温，可以抑制催乳激素的产生。

2. 毛翎穿鼻　用鸡翎穿鸡的鼻隔（两鼻孔间系母鸡的除抱穴位），并让鸡翎插留于鼻孔，使母鸡受到持续的刺激而感到非常不安，常用爪去扒拉羽毛，让它抱不成窝，也可以促使母鸡醒抱。

3. 药物醒抱　各地用药物促其醒抱的经验很多，如喂去痛片，盐酸奎宁丸、安乃近、AP（药片）、人丹等。以注射激素醒抱效果显著，用丙酸睾丸酮一次肌注 1/3mL，一般经第一次注射后即能醒抱，对于极个别的久抱入迷的或体型大的抱鸡，或抱窝 1～2d 又重新抱窝的需要作第 2 次肌注（药量同第 1 次）即可醒抱。母鸡醒抱后一般隔 2～3 周时间可恢复产蛋。

（八）做好各种记录

如产蛋记录、饲料消耗记录、鸡群变动记录、防病治病记录等。

第六节　乌鸡的繁殖

一、种鸡和种蛋的选择

选择优良的鸡种先要进行外貌鉴定，要求个体大、性状典型。种公鸡要求羽色、羽型符合标准，体型大而健壮，雄性特征明显，交配能力强，精液检查结果优良；种母鸡要求产蛋多，换毛快，就巢性弱。

选择种蛋要是开产后 3 周的雌鸡所产的新鲜蛋，要求种蛋重量 45g 以上，蛋壳颜色符合本品种要求，蛋壳厚薄适中、清洁、结构致密、无斑点、光滑、无皱纹、无裂缝的椭圆形的受精蛋，其中以产后 3～5 天的新鲜蛋出雏率较高。并剔除破壳蛋、沙壳蛋、畸形蛋。

二、配种

一般公鸡饲养至 6～7 月龄即可配种。公鸡生长发育性成熟前和母鸡在产蛋前应分群，当成年公鸡性成熟可以配种时，才与产蛋母鸡同笼饲养，进行自然交配，公、母鸡的比例：小群饲养 1∶（12～13）；大规模饲养场 1∶（9～10）。

三、人工授精

种鸡笼养开展人工授精，不仅可以充分利用优良种公禽，提高种蛋受精率和孵化率，减少种禽的饲养量，节省饲养成本，而且有利于开展和加速育种工作，减少种禽配种时疫病的传播。

（一）人工授精种鸡的选择

种雄鸡的选留是相当重要，它影响的雌鸡数量较多。因此，必须完全符合本品种的外貌特征，雄性特征明显，要求头高昂，鸣叫雄壮有力，发育良好，体态健壮，且生产性能高，健康无病。一般在 90 日龄时进行第一次选择，按照每 10 只雌鸡留 1 只雄鸡比例选留；在 120 日龄按照 1∶20 比例选留；在 180 日龄时按照 1∶30 的比例选留。应注意在选好种雄鸡后，还应再选 8%～15%后备种雄鸡。雌鸡要符合育种要求，发育正常，泄殖腔宽松、湿润，无炎症。

（二）采精技术

采精方法多采用背腹式按摩法，采精时由两人操作，先将公鸡泄殖腔周围的羽毛剪光消毒，助手用两手分别握住公鸡两腿，使成自然宽度分开，将鸡头向后成卧姿，采精人员先用左手轻轻在公鸡背部至尾部由前向后抚摸数次后，按住尾羽，并用右手大拇指与食指在鸡泄殖腔两下侧、腹部柔软处，再作轻快抖晃按摩约 30min 左右，引起公鸡强烈的性感，使泄殖腔内侧壁的退化交接器勃起，这时，用左手大拇指在泄殖腔两侧稍施压力，公鸡便可射出精液。射精时，采精人员要迅速将事先经洗净消毒好的采精器靠至泄殖腔中收集精液。采精后，迅速将精液置于 25～30℃环境中，最好能在 30min 以内采精完毕，以免降低精液品质而影响受精率。一般每隔 1 天可采精 1 次，每次射精量约 0.4～1.5mL。

（三）输精

输精应选择在母鸡产完蛋以后进行。输精器常用连接有塑料小胶管的卡介苗注射器带橡皮吸头的普通滴管。给种母鸡输精时，助手用左手握住母鸡两腿，将母鸡轻夹于左腋下，使鸡头向下，以右手在泄殖腔两侧的柔软部位按摩并适当向上推压腹部，同时，用左手微向后拉，并向胸骨处稍加压力，使输卵管外翻，这时，输精人员将吸有精液的输精器插入母鸡阴道内 1～1.5cm 深度后，即可注入精液。用新鲜精液输精时，每只输入 0.025mL。输精后，要轻手将种禽放回笼内精心饲养。采精或输精切忌粗暴，动作要轻快准确。采精器和输精器都必需严格消毒，所有与精液接触的器械都应用生理盐水清洗。每输 1 只鸡要用卫生棉花擦拭输精管，最好每输 1 只母鸡换一根输精管，以防相互感染疫病。

四、孵化育雏

（一）自然孵化

乌骨鸡抗寒性较差，所以孵化育雏宜在春、秋季进行，以春季孵化为好。孵化方法一般分为自然孵化和人工孵两种，农家采用自然孵化，让母鸡自孵自养。自然孵化的方法是选用当地的土种就巢母鸡，一般1.5～2kg体重的抱鸡，每窝可以抱蛋15～20只。孵化期内照蛋2次，分别在孵化后的第7d和第15d进行。如发现就巢母鸡不离窝采食、饮水、活动和排粪等，可轻轻将它从窝内抱出饮食活动和排粪，经10～20min再将它送回窝中孵蛋。如在天冷时进行抱鸡离窝，应注意给孵蛋盖上破棉衣等保温物，使孵蛋保温。鸡的孵化期为21d。自然孵化的成活率高于人工孵化。

(二) 人工孵化

1. 种蛋的保存 种蛋保存的适宜温度为10～15℃，1周以内以15～16℃为宜，1周以上10～12℃为宜，种蛋保存相对湿度为65%～70%为宜。保存期一般最好在1周以内，在严冬酷暑，保存时间相对短些，一般在5d以内；在春秋天气较为凉爽的时候，一般保存时间可以相对长一些，大约10d左右。

2. 种蛋消毒 一般采用甲醛溶液熏蒸法，可以在消毒室或消毒柜中进行，也可在孵化器内进行。具体方法是每立方米体积以甲醛30mL加15g高锰酸钾的比例，将两种试剂都置于瓷质或陶质容器内。消毒室内温度保持在20～25℃，熏蒸30min。

3. 孵化器孵化方法

(1) 温度 温度是任何孵化方式中都至关重要的条件，是孵化成功与否的关键。乌骨鸡的孵化温度一般为37～39℃之间，这个温度也受季节的影响（表5-11）。胚胎发育的阶段不同，对温度的要求也不同。孵化初期，由于胚胎开始发育，没有调节胚温的能力，而且自身产热的能力很差，因此，在这一阶段需要温度高一些；孵化中期，胚胎发育逐渐增大，具备了一定的自身产热能力，此时的温度应该稍低些；孵化后期，胚胎发育趋于成熟，自身可以产热，这时温度要低些。出壳前应把鸡胚转入出雏器内，出雏器内温度为37℃。

表5-11 孵化器恒温孵化温度（℃）

入孵天数	冬 季	夏 季
1～18	37.8	37.5
19～21	37.2	37.0

(2) 湿度 在孵化过程中，仅次于温度的因素就是湿度。乌骨鸡孵化期间的湿度1～7d，相对湿度保持55%～60%，8～18d为50%～55%，19～21d为65%～70%。

(3) 通风 胚胎发育过程中，需要呼吸，要不断吸进氧气，呼出二氧化碳，保持胚胎的正常气体代谢。一般孵化器内二氧化碳浓度要掌握在0.5%

以内，如果超过 1%，就又可能增高死胚率。

（4）翻蛋　翻蛋的目的是避免胚胎与壳膜粘连；使胚胎各部分受热均匀，保证胚胎正常发育。一般每 2h 翻蛋一次，翻蛋角度为前后 45°。

（5）照蛋　第一次照蛋在入孵后第 5d 进行，将无精蛋、裂纹蛋、死胚蛋捡出；第二次照蛋在第 8 天时进行，观察胚胎发育情况，同时将死胚捡出，以防变质炸裂，尤其是夏季高温、高湿季节；第三次一般在落盘时，一边落盘，一边照蛋，捡出后期死胚蛋。

优秀的孵化率，按入孵蛋可达 85%以上，无精蛋不超过 4%～5%，头照死胚蛋 2%，二照死胚蛋 2%～3%，移盘后的死胚蛋 6%～7%。

（三）育雏

雏鸡出壳后应注意精心饲养管理，以提高雏鸡的成活率。每天早晚定时喂给半熟的碎米和新鲜菜叶和其他青绿多汁饲料（切碎）。出壳两周后要给全价饲料。同时要保证供给清洁饮水。此外，雏鸡怕冷怕湿，要将雏鸡放养或笼养在干燥温暖的舍内，并注意保持清洁卫生，防止疾病，减少死亡。乌骨鸡幼雏阶段容易患鸡新城疫、禽霍乱、马立克病，尤其是伤寒、鸡白痢和球虫病，为此，鸡舍和活动场地必须定期进行消毒，发现病鸡应将其迅速隔离治疗，并及时做好防疫注射和药物预防。

第六章 鹿

第一节 概 述

鹿是经济价值很高的草食动物，早在公元前 11 世纪，中国就有了驯养鹿的记载。中国鹿产品用于医疗保健的历史之悠久、入药部位之多、使用范围之广均为世界之最。数千年来，鹿一直被人类猎取和驯养，如今野生种群数量已降到濒临灭绝的边缘。为保存物种，国家已将梅花鹿和马鹿等分别列为一类和二类保护动物，并相继建立了一批有一定规模的国有鹿场，成立了科研院所，从事鹿业科学研究，培养鹿业人才。鹿属草食性，饲养成本较低，而经济效益较高，因此，因地制宜地发展养鹿业对调整农村产业结构，促进农村经济全面发展，具有十分重要的作用。在一些地区，养鹿已成为当地农业发展及农民致富的支柱产业之一。

一、鹿的经济价值

养鹿业给人类提供了极为丰富的产品，具有极高的经济价值。

（一）医疗保健价值

中华民族将鹿产品用于医疗保健事业已有 3 000 多年的历史。现知可直接入药的鹿产品分为角骨、组织器官及生理、病理产物等各种类型 30 多种。鹿的茸、角（角胶、角霜、角分）、花盘、胫骨、顶骨、头骨、头胶、骨胶、齿、心、脑、肝、肺、阴茎与睾丸、胃、皮（皮胶）、肉（头肉和蹄肉）、尾、筋、脂肪、骨髓、血（茸血、心血）、甲状腺、胎儿、羊水、胎粪、胎盘、乳、胃结石等均可入药。

我国养鹿多以茸用为目的。鹿茸具有生精补髓、养血益阳、强筋健骨、益气强志之功效，作为多种中成药的配物成分，已被广泛用于治疗和预防疾病。

（二）观赏及狩猎

中国民间对鹿和鹤有着传统的偏爱，并冠以仙鹿、仙鹤之美称。温顺的母鹿和仔鹿、雄伟的带角公鹿、身披花斑的梅花鹿等都是动物园以及景点吸引观众的重要角色。

鹿作为狩猎对象历史悠久，早在 3 000 多年前商纣王即筑“大三里，高千尺”的鹿台，是历史上最早的巨大鹿苑。在国外，对鹿有计划地猎取，已成为体育和娱乐活动的重要内容之一。

（三）鹿肉的营养价值

人们食用鹿肉历史悠久，近年来的研究表明，鹿肉的蛋白质含量为16.5%，高于羊肉（14.5%），粗蛋白质、磷脂、维生素 B_{12} 及 10 种必需氨基酸含量均高于牛肉，而脂肪、胆固醇含量略低于牛肉。鹿肉还含有能提高人体代谢强度和抵抗力的滋补强壮物质。由于鹿肉细嫩、味道鲜美，具有高蛋白、低脂肪、易消化等特点，一直受到人们的青睐。在国际市场上，鹿肉售价是牛、羊肉的 3～6 倍，且供不应求。

（四）鹿皮是制革工业的上等原料

鹿皮制夹克、皮鞋、手套、披肩、高级袜子，虽价高但却畅销。经复杂工艺处理的鹿皮，能制成高级汽油的滤器及擦洗高级仪表和光学仪器的革巾等。

二、养鹿业概况

（一）世界养鹿业

野生鹿类分布于世界很多国家和地区，由于鹿茸角可药用，鹿肉可食，鹿皮可穿用，人类在很早以前就以狩猎、食肉为目的开始养鹿。近几十年来，以新西兰、俄罗斯等国为代表，养鹿业在世界范围内得以迅速发展。了解世界养鹿发展现状、趋势，学习先进技术经验，加强交流，将有利于我国养鹿业的发展。

1. 新西兰　大洋洲原本无鹿，新西兰从欧洲引入赤鹿、黇鹿、北美马鹿、梅花鹿等鹿种后，由于自然条件适合鹿的繁育生存，经 100 多年的繁衍扩群，野生鹿已发展到了 700 万～800 万只。该国自 1969 年开始养鹿，至 1990 年，围栏养鹿数达到 100 万只左右，居世界第一位，是主要的鹿肉出口国。新西兰全国有 9 个鹿肉加工厂，每年屠宰 10 万～20 万头，出口鹿肉 5 000～6 000t，每吨售价 6 000 美元，比牛、羊肉价格高 3～4 倍。自 1970 年开始生产、加工出口鹿茸，近几年来每年生产鹿茸达 80 余 t。2001 年，新西兰鹿的屠宰量为 50 万头，鹿肉产量为 2.74 万 t，出口 2.5 万 t，占总产量的 91.2%。

2. 俄罗斯　俄罗斯养鹿业也有悠久的历史，发展很快，是世界上养鹿发达的国家之一。从 18 世纪 60 年代由中国商人传入鹿茸药用知识后开始猎取马鹿取茸。自 19 世纪 70 年代开始采用围栏散放饲养马鹿。现养茸鹿 15 万只，其中梅花鹿 10 万只，马鹿 5 万只，年产鹿茸 30t，还有肉用驯鹿 200 多万只，养鹿业已成为俄罗斯农业的重要组成部分。

此外，英国、澳大利亚、美国、韩国、朝鲜、日本、蒙古、毛里求斯等国均饲养一定规模的鹿。

(二) 中国养鹿业概况

中国是世界上养鹿最早的国家，真正从经济利用的目的出发进行饲养始于清代。根据历史资料考证，1733 年吉林省就已开始养鹿。新中国成立后，党和人民政府非常重视落实发展养鹿业的各项政策。从 1952 年开始，先在吉林省，而后在全国各地相继建立了许多国营养鹿场，中国养鹿业从此进入全面发展的新阶段。如今，各类养鹿场已遍布全国各地，全国养鹿约 50 万只，其中梅花鹿 30 万只，马鹿 10 万只。年产鹿茸 100t，其中梅花鹿茸占 50%、马鹿茸占 40%，其他鹿茸占 10%。特别是近十几年来，我国在鹿茸应用和鹿的生理、遗传、繁育、营养与饲料、饲养与疾病防治方面取得了喜人的成果，为我国养鹿业的发展奠定了坚实基础。

但是，中国养鹿业还存在着诸多问题，如饲养规模小、分散经营；总体上鹿群品质不高、鹿茸单产低、体质差；养鹿技术人才匮乏，技术推广力度不够；全国养鹿缺少总体规划和协调机构；缺乏对国内、国际市场波动的预测与抵制能力等。为此，必须采取一系列的配套措施，使中国养鹿业稳定健康的发展，主动适应我国经济发展的两个根本性转变和中国经济走向世界的新形势，实现中国养鹿业的可持续性发展。

第二节　鹿的生物学特性

一、鹿的分类学地位

鹿在动物学分类上是属于脊索动物门（Chokdate）脊椎动物亚门（Vertebrata）哺乳纲（Mammalia）真兽亚纲（Eutheria）偶蹄目（Artiodactyla）反刍亚目（Rumminantia）鹿科（Cervidae）的动物。根据古动物学的材料，鹿起源于亚洲，中国内地是鹿类发展的中心。鹿科动物包括起源于同一祖先的种和亚种。鹿的亚种在角的构造、体型和毛色方面各有特点，尽管它们的表现型相类似，但在遗传上却具有异质性。表现亚种的一些特征有很大的个体差异。

二、我国主要经济鹿类

我国是鹿类的发源地，共计有鹿 9 属 15 种。在历史上，鹿类在我国曾经有极广泛的分布。

(一) 梅花鹿

梅花鹿（*Cervus nippon*），别名花鹿，属鹿亚科（Cervinae）、鹿属（*Cervus*），在东亚分布甚广，在中国、俄罗斯、朝鲜、日本和越南都有分布。现已引入新西兰、摩洛哥、英国、丹麦、法国、澳大利亚、波兰等国。在我国梅花鹿主要分布于东北、华北、华南、华东及西南、四川等地，梅花鹿在我国曾有东北亚种、华南亚种、四川亚种、台湾亚种、山西亚种、河北亚种。目前，我国驯养的梅花鹿多为东北亚种梅花鹿的后代，经过长期人工选育，已培育成双阳梅花鹿品种、西丰梅花鹿品种、长白山梅花鹿品系以及东丰型、龙潭山型和伊通型梅花鹿等优良类型。

1. 东北梅花鹿亚种 目前，人工养殖的东北梅花鹿几乎遍布全国，以吉林省最多。

（1）外貌形态特征 东北梅花鹿亚种系中型鹿。体型秀美，角姿英俊。体成熟的公鹿体高 95～105cm，体长 100cm 左右，体重 135kg 左右。母鹿体高 80～95cm，体长 75～90cm，体重 75～85kg。其夏季被毛棕黄色或红棕色；冬毛褐色或栗棕色。冬夏毛均有白斑。有棕色或黑褐色背线，体两侧有纵列白斑。腹下、四肢及尾的内侧被毛呈白色。公鹿颈部冬毛有鬣毛。臀斑白色并围绕着黑色毛带。公鹿角一般 4 个杈，无冰枝。眼下有发达的眶下腺（俗称泪窝），其分泌的外激素有识别本群、占领领地的标示作用。

（2）生活习性 野生梅花鹿多生活在山区和半山区有水源的地方。日间多躺卧、反刍休息，清晨和黄昏饮水、采食。每逢天气炎热和秋季发情配种之际，就会到水库游泳，或到沟塘处戏水泥浴。行动敏捷，善跑跳，临危或受惊时入水能游泳，出水能奔，急奔时一步能越出 9m，高可达 25m，在奔驰中能很快煞住脚步。善于利用环境隐蔽自己，有时可长达数小时之久，以此欺蒙天敌和猎人。嗅觉和听觉十分灵敏，能感觉出 400m 以外的气味和微小的动静，并能分辨出熟悉的景物。发情配种期，成年公鹿颈部皮肤增厚，颈增粗；争偶角斗非常激烈，胜者称王，独霸鹿群。母鹿常年群居，产仔时若遇敌害，则会奋力用两前肢扒打。在雨雪天气到来之前及早晚时刻，非常活跃，常撒欢狂奔，或仰望天空。在愤怒时，泪窝开张；在惊慌恐怖时，两耳直立，臀斑或颈背的被毛竖立，尖叫，跺前足，或长声吼叫，或晃头以恐吓天敌，或尖叫一声逃遁。

（3）生产性能

产茸性能：1～10 锯鹿三杈茸平均鲜重 2.5～3.0kg。

繁殖性能：16～18 个月龄性成熟，并初配。成年母鹿繁殖成活率为 75%～85%，双胎率为 2.99%。

初生重：单胎公鹿（5.9±0.9）kg，母鹿（5.6±0.7）kg；双胎公鹿为（4.8±1.2）kg，母鹿（4.2±1.2）kg。

产肉性能：成年公鹿和母鹿活重分别为 134～140kg、65～85kg；屠宰率分别为 55.0%～64.1%、51%～54%；净肉率分别为 50%～55%、

38%～43%。

2. 四川梅花鹿亚种 四川梅花鹿亚种是郭倬甫（1978年）首次报道的一新亚种，仅分布于四川省的若尔盖铁布自然保护区及附近，现存15个群共430多头。特征是体型较大，公鹿体高97～105cm，体长170～144cm，体重120～150kg；母鹿体高88.5～95cm，体长140～145cm，体重110～125kg。颈部无鬣毛。体侧斑点小而密。耳背线呈黑褐色，耳缘下部有白色长毛。体毛呈深棕色。背线呈蓝色。沿背线两侧各有一行清晰的斑点。腹部两侧的斑点也排列成行。尾背有黑毛，尾缘有白毛。有白色臀斑。

3. 其他亚种

如华南梅花鹿亚种仅残存于江西、安徽南部及浙江西部；台湾梅花鹿亚种野生种群已在20世纪40年代绝迹，但饲养种群在台湾省已有相当数量；山西梅花鹿亚种现在是否存在，尚待证实；河北梅花鹿亚种曾分布于河北省，现已绝迹。

（二）马鹿 *Cervus elaphus*

马鹿（*Cervus elaphus*），别名赤鹿、黄臀鹿、白臀鹿，属鹿亚科（Cervinae）鹿属（*Cervus*），在我国主要分布在吉林省长白山区的白山、常白、靖宇、敦化、晖春、白城；黑龙江的宝清、虎林、伊春、带岭、郎乡；内蒙古的哲盟；新疆的伊犁、阿勒泰、库尔勒、哈密、天山；甘肃的贺兰山；青海的祁脸；西藏南部等地。在我国马鹿可分为东北亚种、阿尔善亚种、甘肃亚种、西藏亚种、阿尔泰亚种、天山亚种、塔里木亚种等。经过长期人工选育，已成功培育了天山马鹿清原品系、乌兰坝品种等。

1. 天山马鹿亚种 天山马鹿亚种主产于新疆的昭苏、特克斯和察布查尔等地，数量多而高产，当地称为“青皮马鹿”。也产于哈密地区的伊吾、巴里坤草原和木垒等地，俗称“黄眼鹿”。驯养的天山马鹿分布于全国5个省（自治区），以北疆最多，数量达10 000只。此外，东北地区以辽宁省最多。

（1）外貌形态特征 天山马鹿体型较大，成年公鹿体高130～140cm，体长130～150cm，体重240～330kg；母鹿体高115～130cm，体长120～140cm，体重160～200kg。天山马鹿体粗壮，头大额宽，四肢强健。夏毛呈深灰色，臀斑呈棱状，白色或浅黄色。冬毛呈浅灰褐色，颈部有长而粗密的鬣毛和髯毛，头、颈和四肢的被毛呈深灰色，眼圈呈浅黄色。茸毛呈灰黑色或灰白色。天山马鹿成角多为7～8个杈，茸角的主干、眉枝、嘴头粗长，常见到一些铲形或掌状的四杈茸。

（2）生活习性 野生天山马鹿栖息于海拔1 500～3 800m的高山草原地带。按季节、昼夜变化特点进行采食。从2月末起转到解冻的山南坡，采食那里已长出的嫩草，春秋季节频繁到咸水湖或盐碱滩活动。春夏季节由于高山至谷底之间高度的斜坡上长有各种各样的繁茂的植物，马鹿常表现出明显的昼夜性迁移。夏季马鹿在清晨至上午 9～11 时和傍晚 18 时以后觅食，一直采食到黑夜降临。长茸公鹿在蚊蠓侵袭时期，常迁移到高山上的林缘地带，约 8 月中旬，茸开始骨化和蚊蠓逐渐减少时返回到较低处。在秋季发情期间常分散成小群觅食、择偶。冬季可采食灌木丛的枝叶、树上的苔藓和深雪下的植物。生后的仔鹿，头几天卧藏起来，然后跟随母鹿活动，到翌年春天离乳。驯养的天山马鹿性情温顺，耐粗饲，适应性和抗病力强，茸的枝头大，肥嫩上冲，产茸量高，繁殖力强。

（3）生产性能

产茸性能：天山马鹿的产茸佳期为 4～14 锯。1～10 锯天山马鹿锯的三杈鲜茸平均单产 5.3kg 左右。有相当一部分壮龄鹿能生产鲜茸 12.5～16.5kg 的四杈茸和 3.0～5.5kg 的三杈再生茸。

繁殖性能：一般 28 个月龄时性成熟。引种到东北的天山马鹿，其繁殖成活率为 50%～60%，比原产地高 20%，偶有双胎。

2. 东北马鹿亚种 东北马鹿亚种俗称“黄臀赤鹿”，主产于东北三省和内蒙古自治区。

（1）外貌形态特征 东北马鹿系大型马鹿。成年公鹿体高 130～140cm，体长 125～135cm，体重 230～320kg；母鹿体高 115～130cm，体长 118～132cm，体重 160～200kg。公鹿茸呈双门桩，眉枝、冰枝间距较近，成角呈 5～6 个杈型，茸主干和眉枝较短。后肢和蹄较发达，有很强的弹踢力。夏毛呈红棕色，冬毛厚密、灰褐色。茸毛多呈灰黑色，也有棕黄色的。臀斑呈黄色，面积较大，故称“黄臀赤鹿”。颈部有较长的鬣毛。有些鹿具有明显的背线。

（2）生活习性 野生东北马鹿多栖息于混交林或森林草原中，春秋常到沟塘草甸处啃青或到盐碱滩地舔食。生茸期的公鹿独自隐蔽于山林深处躲避人、兽、虫的侵害，受惊动或被驱赶时，仰头飞奔，以避免茸受到损坏。配种期公鹿（王子鹿和种公鹿）长声吼叫，侧头怒视，卷唇，扒地，阴茎频频抽动，淋尿，泥浴，泪窝开张，向人或其他鹿示威，争偶角斗十分激烈凶狠，胜者独霸全群。母鹿常年群居。驯养的东北马鹿体大笨重，反应迟钝，采食速度慢，对饲料和生活条件的挑剔小，适应性强，易于管理。

（3）生产性能

产茸性能：东北马鹿 1～10 锯天山马鹿锯的三杈茸鲜重平均单产 4.2kg 左右。最高个体生产四杈茸鲜重 14.6kg；锯三杈茸生长 72±7d，日增重

55±19g。3～14 锯鹿锯的四杈茸比锯三杈茸鲜重增加 33%左右。

繁殖性能：一般 28 个月龄时发情受配。成年母鹿繁殖成活率 47.3%，偶有双胎。

产肉性能：4～6 岁公鹿和母鹿 7 月下旬的屠宰率分别为 53.2%和 50.8%，净肉率分别为 42.5%和 39.5%。

（三）白唇鹿 *Cervus albiroslris*

白唇鹿（*Cervus albiroslris*）别名黄臀鹿、白鼻鹿，属鹿亚科（Cervinae）鹿属（*Cervus*），是我国特产的鹿种，国家一级保护动物。广泛分布于青海高原东部一带海拔 3 000～5 000m 的高山荒漠、高山草甸、草原和高山灌木丛中。目前主要饲养于我国青海省，约有 1 500 只。

1. 外貌形态特征　白唇鹿体型小于东北马鹿。成年公鹿体高 120～130cm，体长 110～115cm，体重 220～280kg；母鹿体重 140～200kg。头略呈等腰三角形，耳尖长内弯，胸深宽，蹄宽阔，行走时低着头，蹄关节发出“咯吱”“咯吱”的响声。鼻端两侧和上唇呈白色，眼颌切迹之间有鹊卵大的明显白斑，有白眼圈。全身被毛粗硬，呈黄褐色。背线较宽，呈米黄色。有较大的浅黄色臀斑。公鹿成角一般为 5 杈，角基距很宽。茸的主干扁平，各枝分生部位高。茸为单门桩，黑壳茸。

2. 生活习性　白唇鹿栖息于海拔 3 500～5 000m 的雪山上或高山林带及灌木丛中，特别喜欢在林缘的矮树丛中生活。白唇鹿是仅次于驯鹿的一种强群性茸用鹿。

3. 生产性能　产茸性能：白唇鹿 1～10 锯鲜茸平均单产 3.4kg 左右，最高产量 8 锯 5.2kg。据调查，驯养鹿的产茸量低于野生鹿，主要原因是尚不能较好的适应驯养条件。

繁殖性能：一般 18 个月龄时发情配种。母鹿繁殖成活率 42%～76%。

（四）水鹿 *Cervus unicolor*

水鹿（*Cervus unicolor*）别名黑鹿，属鹿亚科（Cervinae）鹿属（*Cervus*），广泛分布于我国南部诸省山区。分布于我国的水鹿有四川亚种和台湾亚种。

1. 外貌形态特征　体型接近马鹿，体粗壮。体成熟公鹿体高 130cm 左右，体长 130～140cm，体重 200～250kg，最高可达 300kg；母鹿较矮小。水鹿泪窝较大，鼻镜黑色，颈毛较长，尾端部密生蓬松的黑色长毛。被毛黑褐色，冬毛深灰色。有黑棕色背线，臀周围呈锈棕色，无臀斑。茸角为单门桩，眉枝短，并与主干形成锐角。

2. 生活习性　野生水鹿性喜水，常活动于水边，栖息于阔叶林、混交林、稀疏的草场和高原地带，清晨、黄昏觅食。雨后特别活跃。平时单独活动，有一定的行动路线。

3. 生产性能

(1) 产茸性能　水鹿1～10锯鹿锯三杈茸鲜茸平均单产1.94kg左右。最高个体生产鲜茸6.2kg。生茸最佳年龄为8锯。

(2) 繁殖性能　一般24个月龄以后开始初配。每年4～7月份发情交配，1～3月份产仔。发情周期平均20d。妊娠期250～270d，其繁殖成活率较低。

(五) 驯鹿 *Rangifer tarandus*

驯鹿（*Rangifer tarandus*）别名角鹿、"林海之舟"、"假四不像"等，属于白尾鹿亚科（异角鹿亚科）（Odocoileinae）驯鹿属（*Rangifer*）。驯鹿是一种环北极型动物，广泛分布于欧亚和北美大陆北纬48°以北的地区。在中国主要分布于内蒙古根河市敖鲁古雅鄂温克族自治乡。自1964年以来，一直徘徊在1 100只左右。1996年初从国外引进30只。

1. 外貌形态特征　驯鹿系中型马鹿。成年公鹿体高101～114cm，体长113～127cm，体重109～148kg；母鹿体高92～101cm，体长104～115cm，体重73～95kg。家养驯鹿被毛以灰褐色为主。无背线和花斑。驯鹿头直面长，嘴粗，唇发达，耳似马耳，眼较大，眼眶突出，鼻孔大，颈粗短，下垂明显，无鼻镜，鼻孔生长着短的绒毛。髯毛和会阴毛密生，呈白色。无距毛，掌面宽阔，是鹿类中最大的。驯鹿公母都长茸角，仔鹿生后10d左右就开始生长初角茸。阉割去势的公鹿也长茸。

2. 生活习性　驯鹿的集群性和游牧性都很强。在我国，家养驯鹿能游牧到100km以外的黑龙江漠河一带。驯鹿在散放条件下，可觅食200～300种植物性饲料，并喜食地衣类植物和鸟卵。驯鹿极温顺，并由此而得名。

3. 生产性能

(1) 产茸性能　驯养的成年驯鹿，留茸茬2.0cm左右，其平均每副成品茸重为0.5kg（公）和0.25kg（母）。茸质松嫩，茸的鲜干比例很高，茸毛密长。

(2) 繁殖性能　生后16～18个月性成熟。种用年龄以4～10岁（母）和2.5～5.5岁（公）为佳。发情周期15～16d。妊娠期225d（215～238d）。偶有双胎，产仔率50%～85%。

产肉性能：成年公母鹿的屠宰率分别为47.4%和52.8%，出肉率为42%左右。

产乳性能：挤乳通常在产仔以后的2～3周开始，至9月份发情配种结束。每天产乳量（在我国敖乡）为150～350g。产乳量最高月份为产后第三个月。挤乳佳龄为4～8岁，最高到14岁。

役用运输：在大森林、山地、苔原道路、泥泞地、冰冻地面进行移牧、科学考察、狩猎、运送粮食物品等，可由役用的驯鹿来完成。

三、鹿的生物学特性

（一）野性

这里说的野性，主要是指圈养至今，它们尚存在野生时的行为表现。诸如，见着生人、不熟悉的动物或景物，或听到突如其来的声音，会立即警觉起来，休息、反刍、采食、饮水、交配、产仔、哺乳等各种活动立即停止，抬头竖耳，引颈注目，甚至一哄而起。发觉者或头鹿长吼报警，唤起整个鹿群骚动，纷纷起立，拭目以待。当确认无危险时才慢慢安静下来。当认定是生疏情况时，报警鹿或头鹿连声呼叫，并边叫边用一前肢跺地不止，此时往往臀斑和颈背被毛竖立，或泪窝开张，常长吼一声，急速回头返身逃窜，或用前蹄扒打（母）或用头顶撞（公），迎击来人和动物。产仔期的母鹿和配种期的种公鹿或王子鹿，这些表现尤甚，即使是熟人，甚至是经常抚摸、每天饲养它的主人，也无例外。尤其是刚交配完的个别种公鹿，更会凶狠地顶人，其野性暴露更充分。有些母鹿产仔之后扒打其他仔鹿，甚至攻击查圈、打耳号、称重测尺、治疗病鹿的人，就连初生仔鹿被打完耳号放回去之后，有的也会立即返身扒人，或猛扑圈门。产仔母鹿会因惊动或异味而弃仔不管，尤以初产鹿为甚。对有异味的饲料拒不采食，尤以梅花鹿为甚。有经验的老饲养员都知道，各种鹿在圈舍和运动场中都有较固定的休息位置，某些圈养放牧的母鹿临产前，总会在一定时间离群跑到一定地点产仔，这些也是野性的典型表现。

（二）草食性和反刍性

鹿是草食性和反刍性的经济动物，常年以各种植物为食，鹿的消化系统结构特点决定了吃植物饲料这一特性。其饲料组成随季节、生活环境条件而逐渐变化。不过野生鹿在植物最丰盛的夏季则能采食到数百种野生植物性饲料。夏季主要采食各种草本植物的嫩绿部分。秋季除了采食嫩绿部分之外，也喜欢采食一些多汁的灌木果实和浆果，以及各种蕈类、地衣类和苔藓类植物等。冬季主要采食各种乔灌木的枝条和枯叶、浆果等，也可掘出深雪中的橡实吃。在春秋冬季，植物性饲料中无机盐缺乏，而鹿体却有生理需要，故在自然条件下，在此期间它们常到有盐碱的地方舔食或啃咬树皮。某些有毒植物，如白头翁（花）等，牛羊不能采食的，鹿却特别喜欢采食，而且吃后安然无恙。一般说来，鹿不吃动物性饲料，除了鱼粉和血粉可以作为特别添加剂饲料投拌到精饲料中之外，仅有一些驯鹿偶尔捕吃一些小型的啮齿类动物，有的母鹿产仔时吃掉胎衣的情况。

（三）生态可塑性

鹿的生态可塑性系指在各种自然或人工条件下，对生存条件所具备的一定的适应能力。不论在森林和草原，亚热带至寒带，或是在气候少雨干燥、多雨潮湿、严寒多雪的地区，都有某种鹿的分布，其中，以梅花鹿的分布范围最广，以驯鹿、白唇鹿、塔里木马鹿和水鹿的局限性较大。在这些不同类型的地区，大部分鹿可以进行引种和风土驯化。如将东北梅花鹿引种到海南、广西和青海等地；新疆天山马鹿和阿勒泰马鹿引种到东北三省和内蒙古自治区，在较短时间内都能适应当地的饲料和气候条件。甚至某些优良种类，如天山马鹿比原产地时的生产力还高得多。总之，新的生态和饲养管理条件，并没有严重影响鹿本身的特性和生物周期，只是使它们的某些生物学特性，如发情、换毛、繁殖、脱盘生茸的时间发生了提前或延后的变化。这说明鹿的生态可塑性很大。如果引种的是幼鹿或在幼鹿时期进行饲养管理方面的驯化，则效果尤佳，这说明幼鹿的生态可塑性更大。根据鹿的这一特性，采取给予饲料与固定的呼唤信号（笛声、琴声、载料车的马达声等）相结合的方法，对它们进行必要的驯化管理，则会取得令人满意的效果。

（四）集群性

鹿在自然条件下，一年当中大部分时间是成群活动的。在散放或圈养条件下，也是成群（按圈）饲养的。它们的集群性很强，其中有头鹿和骨干鹿，发情配种期有王子鹿。由头鹿和骨干鹿带动群体的活动，由王子鹿控制群体的行动。野生鹿在寒冷多雪的冬季比其他季节的群大。鹿群的大小因地区、种类、季节、饲养方式、性别、品种以及鹿的数量、饲料量的多少而差异很大。一般种类的野生鹿通常为10～25只1群；野生驯鹿群有几十万只，家养的有1～2万只；白唇鹿野生群的有几百只的。秋季多为公母鹿混合群，但其中成年公鹿不多；春夏秋季多为母鹿和幼鹿混合群。圈养或圈养放牧的茸鹿保持着群居和长期合群的本性，临时单独饲养或离群时表现胆怯不安，在成群放牧时却很安稳。未经放牧的个别鹿到放牧群中之后，总是往群中窜；经长期合群的鹿，会对外来的少数鹿，甚至对其中的个别鹿采取攻击行为。根据鹿集群性的行为特点，放牧时对于炸群四散跑远的鹿，不要跟随穷追不舍，而要等一段时间，待其逐渐集群后再赶回，然后找回零星跑散未归的鹿。用驯化好的头鹿或骨干鹿可领回跑出的鹿，或带领难产需要助产的、锯茸时不愿进保定圈的、不易拨出圈的、拨到走廊后跑蹦厉害的鹿，也是很有效的。在离乳分群时，若能用头鹿和骨干鹿带领仔鹿并与仔鹿生活一段时间，则会对安全顺利地分群或对离乳仔鹿的初期驯化和饲养管理，有良好效果。总之，了解鹿的集群性，就会较好地利用这一有益的特性，顺利地对它们进行放牧、驯养和调控。

（五）繁殖和体重变化的明显季节性

鹿类的繁殖具有一定的季节性，除了季节变化不明显地区的水鹿是在5～6月份发情交配，12月份至次年1月份产仔外，其余各种鹿的繁殖，都有较明显的季节性，即在秋季9～10月份或延至11月份发情交配，第二年5～6月份产仔或延至7月份产仔。近年来的观察发现，公鹿的繁殖不仅有明显的季节性，而且年龄不同发情时间亦有早晚，已发现多种鹿，尤其是幼龄的初配鹿出现了春季发情交配，甚至一年四季均有产仔的现象。

鹿类的体重同样具有明显的季节性变化，以梅花鹿为例，进入体成熟年龄（4岁）之后，公鹿以每年的冬末春初体重最低，以夏末秋初季节体重最高。母鹿推迟1～2个月。公鹿体重最高比最低时高16%～20%，母鹿为12%～15%。无论公鹿还是母鹿，都是经过饲料种类繁多的夏季、营养最丰富的饲养之后，即在体重增加、膘情达到最佳或较佳的秋季至秋末冬初时节，开始发情配种。而仔鹿则是在一年当中最好的季节——春末夏初出生，并经半个月之后便能获得更好的饲料和气候等最佳条件，待到秋季独立采食之后，又能获得各种各样的籽实和果实，以保证幼龄期的生长发育。可见，鹿的繁殖和体重变化有明显季节性，是在长期进化过程中对生存条件的一种最佳适应。

上述鹿的5种典型生物学特性是它们长期生存于自然条件下形成的，经过驯养到如今仍有保留。驯养者可按所需要的特性，加以巩固、发展和利用，以便顺利地对它们进行驯化、饲养与管理。

第三节　中国人工选育茸鹿品种（品系）

近十几年来，中国茸鹿育种取得了巨大成果，先后培育出了具有高产优质等特点的双阳梅花鹿品种（1986）、长白山梅花鹿品系（1993）、天山马鹿清原品系（1994）、西丰梅花鹿品种（1995）和塔里木马鹿品种（1996），对改良低产茸鹿，促进中国养鹿业发展起到了巨大作用。

一、茸鹿人工选育品种（品系）形成过程

双阳梅花鹿品种是以双阳型梅花鹿为基础，采用大群闭锁繁殖方法，历经23年（1963—1986年），培育出的中国和世界上第一个茸用梅花鹿品种，并于1990年获得国家科技进步一等奖。品种形成时有鹿3 725只，已被引种到全国各地上万只，现存栏2万余只。

长白山梅花鹿品系是在抚松型梅花鹿基础上，采用个体表型选择，单公群母配种和闭锁育种等方法，经18年（1974—1992年）培育而成的茸用梅

花鹿品系，已被引种到吉林、辽宁和黑龙江等地 1 000 只，现存栏 3 000 余只。

天山马鹿清原品系俗称清元马鹿，是辽宁省清原县参茸场等单位以引入的天山马鹿为种质基础，采用个体表型选择、单公群母配种和人工授精新技术，经 22 年（1972—1994 年）系统选育，于 1994 年选育出的中国第一个优质、高产的马鹿品系，该成果于 1996 年获中国农科院科技进步二等奖，现存栏 2 500 余只。

西丰梅花鹿品种是辽宁省西丰县经 21 年（1971—1995 年）选育成功的第二个梅花鹿品种，被引种到国内 14 个省、自治区和直辖市达 5 000 余只，现存栏 1.8 万只。

塔里木马鹿品种当地称“塔河马鹿”，俗称“白臀灰鹿”，是新疆建设兵团应用家畜育种学原理，采用本品种选育方式，于 1996 年选育出的中国第一个马鹿品种，现存栏 1 万余只。

二、茸鹿人工选育品种（品系）种质特性

（一）体质外貌特征

双阳梅花鹿品种体型较大，公鹿体躯呈长方形，四肢较短，其头呈楔形，额宽平，角基距窄，茸主干粗长上冲，嘴头肥大，胸宽深，胸围大；母鹿后躯发达，乳房较大。夏毛棕红色或棕黄色，梅花斑点大而稀疏，背线不明显；冬毛密长，呈灰褐色，梅花斑点隐约可见。

长白山梅花鹿品系体型中等，结构匀称，呈明显的矮粗型。颈粗短，四肢粗壮端正、胸宽深、腹围大。公鹿方头，角基距较宽，茸主干呈圆形上冲，嘴头肥大，有不太明显的黑鼻梁。母鹿性情温顺，体躯较长，腹围、后躯和乳房明显。公母鹿夏毛呈淡橘黄色，无背线，梅花斑点大小适中，但腹缘部位的斑点密圆而大；冬毛密长，灰褐色。

天山马鹿清原品系体型大，体躯粗圆长，体质结实，结构紧凑，四肢粗壮端正，头方额宽，鼻梁多不隆起，胸宽深，腹围大，有肩峰，臀斑较小。成年公鹿臀斑呈浅橘黄色，臀斑周缘呈黑褐色。夏毛背部和体侧棕黄色，腹部为灰黄色；冬毛颈部有较长的垂飘着的灰黑色的髯毛。

西丰梅花鹿品种体型中等，体躯较短，有肩峰，裆宽、胸围和腹围大，四肢较短而粗壮，方头额宽，眼大有神。角基距宽，茸主干和嘴头粗长肥大，眉枝较细短，眉二间距很大。夏毛呈橘黄色，花斑大而新鲜；冬毛公鹿有灰褐色毛。

塔里木马鹿品种体型中等，体躯较短，体型紧凑结实，喜昂头，肩峰明显，眼大，耳尖，腰背平直，四肢端正，副蹄发达。全身毛色较为一致，被

毛夏季沙褐色；冬毛沙灰色或沙白色，臀斑灰白色，周围围绕有明显的黑带。有黑褐色背线。

（二）体重、体尺

人工选育茸鹿品种（品系）的体重、体尺经多年选育，已较野生茸鹿发生了较大变化（表6－1），且野性减小，更适于人工驯养。

表6－1　茸鹿人工选育品种（品系）体重、体尺

品种（品系）		体高（cm）	体长（cm）	成年体重（kg）	初生重（平均）（kg）
双阳梅花鹿品种	雄	100～111	103～113	137±3.17	5.76
	雌	88～94	94～100	75±4.12	5.37
长白山梅花鹿品系	雄	95～117	95～115	126.5±11.8	6.2
	雌	79～95	81～101	81.0±6.1	5.2
清原天山马鹿品系	雄	136～154	140～160	284±11	16
	雌	120～130	130～145	210±10	13.5
西丰梅花鹿品种	雄	98～108	118～138	120±10	6.3
	雌	81～91	87～95	86±5	5.8
塔里木马鹿品种	雄	116～138	118～138	256±24	10.25
	雌	108～125	112～132	208±13	9.9

（三）产茸性能

1. 茸型特征　双阳梅花鹿品种茸细毛红，茸大而粗，眉枝特别长；茸顶肥大而粗嫩，不但高产且茸型优美。长白山梅花鹿品系茸主干圆，上细下粗，不弯曲；嘴头肥大，眉枝粗长弯曲小，茸毛多为黄色，疣状突起少。天山马鹿清原品系茸主干粗圆，嘴头肥大；眉枝较短小，呈上弯型和向前平伸、粗长型两种；茸毛密长，多为灰黑色。西丰梅花鹿品种茸主干和嘴头部分粗长肥大，眉枝较细短，眉二间距大；茸毛杏黄色。塔里木马鹿品种茸主干粗圆，嘴头肥大饱满，眉枝冰枝间距较短，茸型匀称规整；单门桩率很低，茸毛灰白色而密长。

2. 产茸量与鹿茸质量　人工选育茸鹿品种（品系）的产茸量与鹿茸质量均有较大提高，具有高产优质的特征（表6－2）。

表6－2　茸鹿人工培育品种（品系）产茸性能

项　目	双阳梅花鹿品种	长白山梅花鹿品系	清原天山马鹿品系	西丰梅花鹿品种	塔里木马鹿品种
鲜茸单产（g）	2 895	3 160	8 023	3 205	7 068
成品茸单产（g）	1 050	1 184	2 805	1 259	2 570

（续）

项　目	双阳梅花鹿品种	长白山梅花鹿品系	清原天山马鹿品系	西丰梅花鹿品种	塔里木马鹿品种
头茬茸优质率（%）	60.80	57.59	93.00	70.91	—
畸形率（%）	12.2	14.7	7.0	7.6	—
茸鲜干比	2.78	2.68	2.90	2.58	2.75
茸料比（g/kg）	6.07	7.33	4.798	6.03	5.11

（四）繁殖性能

三种梅花鹿人工培育品种（品系）繁殖日期集中在9～11月中旬配种，来年5月上旬～7月上旬产仔，母鹿繁殖成活率双阳梅花鹿品种育成母鹿受胎率达84%，繁殖成活率为71%；成年母鹿受胎率为91%，繁殖成活率为82%以上，双胎率2.72%。长白山梅花鹿品系母鹿受胎率为93%，繁殖成活率为80%，双胎率为2.04%。西丰梅花鹿品种繁殖成活率为74.56%。

二种马鹿人工选育品种（品系）发情配种在9月～10月份，翌年5月～6月产子。天山马鹿清原品系可繁殖母鹿繁殖成活率为59.67%。塔里木马鹿品种可繁殖母鹿的繁殖成活率为74.2%。

（五）遗传性能

5个人工培育品种（品系）的遗传性能稳定，其茸重性状的遗传力属高遗传力，茸重的重复力属高重复力（表6-3），可用于个体表型选择、预估产茸量和早期选种。育成品种（品系）改良低产鹿效果明显，如双阳梅花鹿品种公鹿与东辽县母鹿杂交，杂种一代公鹿初角茸单产提高42.1%，二岁公鹿平均单产提高36.3%，显现了明显的杂种优势。

表6-3　茸鹿人工培育品种（品系）茸重遗传参数

项　目	双阳梅花鹿品种	长白山梅花鹿品系	清原天山马鹿品系	西丰梅花鹿品种	塔里木马鹿品种
遗传力	0.53	0.36	0.37	0.49	0.42
重复力	0.67	0.64	0.75	0.63	0.64

总之，双阳梅花鹿品种、长白山梅花鹿品系、天山马鹿清原品系、西丰梅花鹿品种和塔里木马鹿品种是中国科研工作者经几十年努力选育而成的各具特征的优良茸用品种（品系），其主要经济技术指标已达到国际领先或先进水平。3个品种和2个品系不仅具有高产性能，而且有较高的种用价值和改良效果，不仅受到国内各引种单位的高度评价，而且受到国际同行的关注，对提高中国鹿产品在国际市场上的竞争力起到了极为重要的作用。

第四节　饲料与营养

一、鹿的消化特点

（一）鹿的消化行为

1. 采食和饮水　鹿的采食速度很快，这种习性是在野生状态下形成的，家养条件下仍保持这种特点。鹿用于采食和饮水的时间，仅占一天时间的10%。

2. 反刍　鹿一般在采食后的1.0～1.5h出现反刍，反刍采取俯卧或站立姿势。鹿的反刍时间较长，一般每天需6～7h。在野生反刍动物中，鹿科动物反刍胃的结构不如牛的发达，并且反刍次数少。由于饲料种类和饲料含水量不同，反刍次数和时间也不同。放牧牛的反刍时间为4～9h/d，鹿的反刍时间与牛差别不大。仔鹿一般在出生后3周左右出现反刍现象。

3. 嗳气　鹿平均1h可有10～20次嗳气动作。

4. 排粪　鹿粪便呈椭圆形或近圆形，褐绿色。每天排粪8～10次，公鹿每次排粪量为200～275g，母鹿每次排粪134～255g。

（二）鹿胃的消化

1. 瘤胃的消化　初生仔鹿瘤胃容积很小，仅占全部4个胃容积的23%，两周龄时也只占31%（成年鹿占74%），里面没有微生物，以后随饲料、饮水或仔鹿和母鹿之间的相互舔舐，微生物才得以进入瘤胃。仔鹿在生后3～4d就能采食一些嫩草并开始反刍，说明这时瘤胃中已有一些微生物存在。

（1）*鹿瘤胃氢离子浓度（pH）*　据实验测定，对于一般正常饲养的梅花鹿，其瘤胃氢离子浓度为251.2nmol/L（pH5.6～6.6），和其他家畜相比酸度略显高些。

（2）*瘤胃内容物水分、干物质和乳酸含量*　据季尚仁等（1987）测定，瘤胃内水分含量为80.4%～94.2%，干物质含量为5.25%～20.13%，乳酸含量为0.10～0.18mmol/L。瘤胃内容物中水分和干物质含量与饲料、饮水关系极大。

反刍动物乳酸含量一般是较低的，在采食大量青贮玉米、可消化谷物或含较高糖分的饲料（如甜菜）时，则可出现高浓度的乳酸。

（3）*梅花鹿瘤胃内容物中挥发性脂肪酸含量*　据季尚仁等（1987）对20只梅花鹿瘤胃内容物进行的测定，挥发性脂肪酸含量为114.6mmol/L，其中64.8%为乙酸，18%为丙酸，13.4%为丁酸，1.3%为异戊酸，2.5%为戊酸。

反刍动物瘤胃内容物中挥发性脂肪酸含量，以及各种挥发性脂肪酸所占的比例，随饲料种类和动物生理状态的不同而发生很大的变化。喂给干草时，挥发性脂肪酸可低于100mmol/L，而采食嫩草或淀粉含量较为丰富的饲料时，则可高达200mmol/L。

2. 网胃和瓣胃消化 鹿的网胃和瓣胃消化机能也与其他反刍动物相同。网胃内微生物含量很高，饲喂后微生物数量明显增加，故对网胃的消化机能也不可忽视。瓣胃内有一"滤器"，内容物比较干燥，但仍有较少的微生物存在。

3. 皱胃消化 瓣胃内容物不断进入皱胃，接受皱胃内分泌的消化液的消化作用。仔鹿皱胃中凝乳酶比较多，而胃液中胃蛋白酶则比成年少。皱胃中分泌盐酸的机能随着年龄增长而逐渐完善。新生仔鹿胃液中游离盐酸与结合盐酸含量均低，因此，胃屏障机能较弱，如管理不当，就易发生各种胃肠疾病。

（三）消化物的通过速度

饲料在消化道内的存留时间和通过瘤胃、网胃及后肠的速度，与季节有很大关系。在10月份的平均存留时间最低为21.4h，2月份和6月份平均存留时间高达48h以上。瘤胃、网胃的最高速度系数出现在12月份，最低则出现在2月份。后肠最高速度系数出现在10月份。

（四）鹿的消化率

鹿对纤维素的消化率远较牛高，鹿与牛的消化率比较见表6-4。另外，日粮的组成和饲喂制度等因素，对饲料消化率也有影响。饲料中蛋白质过少，其饲料消化率显著降低；蛋白质较高时，可使饲料消化率提高。这是因为饲料中有足够的蛋白质时，就使瘤胃内以蛋白质为营养的细菌和纤毛虫大量繁殖，有利于粗纤维的发酵分解，因而提高了对粗纤维的消化率。

表6-4 鹿与牛的消化率比较（%）

动物	粗蛋白质	粗脂肪	纤维素	无氮浸出物
鹿	68.00	60.60	62.40	79.20
牛	41.50	52.50	31.00	47.30

二、鹿的营养需要

（一）鹿的能量需要

1. 维持需要 鹿的维持需要是指鹿在既不生长、生产也不损失体内能量贮存状态下的需要。成年公梅花鹿每日的代谢能（ME）维持需要量平均为516kJ/$W_{kg}^{0.75}$，是基础代谢的1.414倍，维持ME的利用效率为0.707。

2. 公鹿的能量需要 生茸期公鹿用于生产鹿茸的代谢能（ME）甚少，仅占食入ME的0.098%～0.192%。饲料能量浓度过高或过低都会影响鹿茸的产量，研究表明，梅花鹿生茸期饲料中能量浓度为15.884～16.720MJ/kg。越冬期公鹿为了迅速恢复体况，并为换毛、生茸贮备营养，也需要一定的能量；梅花鹿越冬期饲料中能量浓度为15.884～16.720MJ/kg。

3. 离乳仔鹿和育成鹿的能量需要 离乳仔鹿生长速度快，能量代谢旺盛，因此对能量的需求较高；育成鹿仍处于生长发育的旺盛阶段，为满足其生长发育的需要也必须从饲料中摄取一定的能量。

4. 母鹿的能量需要 休闲期空怀母鹿的能量需要大致处于维持需要状态，一只体重70kg左右的空怀母梅花鹿每日的维持ME需要量约为627kJ/$W_{kg}^{0.75}$；经产母鹿在配种前的能量需要也基本维持在这一水平。母鹿妊娠后，体内新陈代谢逐渐增加，但在初期能量需要增加的不多；而后期由于胎儿发育较快，特别是产前1～1.5个月的增重约为初生重的80%～85%，故妊娠后期的能量需要比维持需要高26%～33%。母鹿泌乳期能量代谢强度也有所增加，每日每只母鹿所需的能量为31.581～36.093 MJ，比干乳期要高出1倍左右。

（二）鹿的蛋白质需要

1. 公鹿的蛋白质需要 公鹿的蛋白质维持需要量因公鹿的体重不同有所差异，但每只鹿每天每千克体重必须由饲料中获得0.5～0.6g可消化氮，因此1只120kg的成年公鹿每日需DCP400～500g。饲料中蛋白质水平高低均影响鹿茸的产量和质量，通过对各年龄公梅花鹿生茸期蛋白质需要量的研究结果表明，随年龄的增长，蛋白质的需要量呈递减趋势。配种期种公鹿对蛋白质的需要量较高，一般精饲料中蛋白质水平不应低于20%。公鹿越冬期每天单位代谢体重对蛋白质的需要量在1～3周岁时随年龄增长相应提高，4周岁后则逐渐降低。不同年龄公梅花鹿生茸期和越冬期的蛋白质需要量与估测方程见表6-5。

表6-5 不同年龄公梅花鹿生茸期和越冬期的蛋白质需要量与估测方程

年龄（周岁）	饲粮蛋白质水平（%）		精料蛋白质水平（%）		蛋白质需要量估测方程	
	生茸期	越冬期	生茸期	越冬期	生茸期	越冬期
1	22		27	18	CPR=6.66W+112△W−12.5	CPR=2.95W+0.26A+0.98
2	20		26	17.9	CPR=4.38W+82.49△W−1.22	CPR=3.5W+5.5A−2.3
3	19		24	17	CPR=4.58W−29.96△W+25.2	CPR=3.6W−0.84A+1.77
4	15		19	14.5	CPR=6.9W+22.50△W−5.67	CPR=3.18W+4.06A+0.95
5	14		18	13.5		

引自：马丽娟等，1998，略有改动。注：CPR——CP需要量；W——体重kg；△W——日增重kg；A——产茸量kg。

2. 幼鹿和育成鹿的蛋白质需要 幼鹿生长迅速，蛋白质代谢强度大，体内蛋白质沉积量也高于成年鹿，因此，对蛋白质的需要量较高，3 月龄以上幼鹿和育成鹿蛋白质需要量占精饲料的 28%。

3. 母鹿的蛋白质需要 妊娠母鹿的体增重和胎儿的增重主要是在妊娠后期的 1.5～2 个月内完成的，此时期内母体氮的沉积量较大。所以，妊娠母鹿的蛋白质需要量，特别是在妊娠的后 1.5～2 个月要在维持的基础上增加蛋白质的给量（表 6－6）。蛋白质是乳汁的重要成分，乳中不仅蛋白质含量丰富，而且赖氨酸、亮氨酸、异亮氨酸和缬氨酸含量也较丰富，因此，为满足泌乳母鹿的产乳需要，日泌乳 1.02L 母鹿每日的蛋白质需要量为248～283g。

表 6－6 妊娠母鹿 DCP 的需要量（g/d）

分娩前的天数	50 kg 体重母鹿（仔鹿初生重 5.0kg）	70 kg 体重母鹿（仔鹿初生重 5.5kg）	90 kg 体重母鹿（仔鹿初生重 6.0kg）
维持	30	34	30
105	34	39	44
75	38	43	49
45	43	50	56
15	51	58	66

引自：马丽娟等，1998。

（三）鹿的维生素需要

鹿对维生素需要量虽然很少，但维生素对生长发育、繁殖和生产等具有重要作用。目前，有关鹿对维生素需要量的研究资料较少，对维生素 A 和维生素 D 的需要量见表 6－7。

表 6－7 鹿的维生素需要量（千 IU/头·d）

时期	公鹿				母鹿		不同月龄的幼鹿（公/母）					
	配种期	恢复期	生茸前期	生茸期	妊娠期	泌乳期	2	4	6	8	11	15
维生素 A	5.0～7.0	8.0～10.0	5.8～8.25	7.8～10.0	10.0～14.0	6.0～10.0	3.5/2.0	3.2/2.4	3.6/2.8	3.8/2.8	4.0/3.2	4.5/3.2
维生素 D	0.7～0.9	0.95～1.1	0.95～1.2	0.8～1.0	1.0～1.4	0.75～1.0	0.35/0.3	0.44/0.42	0.5/0.45	0.6/0.48	0.65/0.48	0.75/0.5

引自：马丽娟等，1998，略有改动。

（四）鹿的矿物质需要

矿物质种类很多，鹿需要的矿物质主要有 Ca、P、K、Na、CL、Mg、S、I、Fe、Cu、Co、Mn、Zn、Se 等十余种。各种矿物质在营养上都有特殊作用，但也相互作用相互影响。大部分矿物质元素超过安全量后，都将会造成危害甚至中毒。鹿的年龄、性别和生产时期不同，矿物质元素需要量（见表6－8、表6－9、表6－10和表6－11）也不同。

表6－8　梅花鹿幼鹿（♂/♀）常量元素的需要量（单位；g/只·d）

月龄	活重（kg）	平均日增重（g）	Ca	P	S	Mg	NaCL
2	20/17	220/210	5.4/4.3	3.6/3.2	3.2/2.2	0.60/0.55	6/4
4	30/25	180/160	6.0/4.5	4.0/3.3	3.5/2.6	0.70/0.60	6/5
6	40/29	150/110	6.0/5.5	4.4/3.3	3.7/2.9	0.80/0.60	7/6
8	45/37	120/90	7.7/5.9	4.8/3.5	4.0/2.9	0.90/0.60	7.5/7
11	50/43	80/60	8.3/6.1	5.4/3.7	4.5/3.0	1.00/0.65	8.5/8
15	55/48	60/40	8.8/6.3	6.6/3.7	4.9/3.2	1.05/0.70	9/8

引自：秦荣前，——，略有改动。

表6－9　梅花鹿幼鹿（♂/♀）微量元素的需要量（单位：mg/只·d）

月龄	活重（kg）	平均日增重（g）	I	Co	Cu	Mn	Zn	Fe
2	20/18	230/200	0.26/0.20	0.40/0.30	8.0/6.0	35/30	26/25	40/35
4	30/24	200/150	0.30/0.20	0.41/0.35	9.2/7.0	40/35	30/30	45/38
6	40/35	180/100	0.30/0.30	0.46/0.40	10.0/7.0	48/38	35/34	50/40
8	45/40	120/80	0.28/0.30	0.50/0.40	10.7/7.2	52/42	39/36	55/44
11	50/44	80/60	0.28/0.25	0.55/0.35	11.1/7.3	59/44	42/38	60/48
15	55/49	70/50	0.28/0.25	0.57/0.35	12.4/7.4	66/45	48/40	65/50

引自：秦荣前，——，略有改动。

表6－10　成年梅花鹿常量元素的需要量（单位：g/只·d）

时期	活重（kg）	Ca	P	S	Mg	NaCL
母　鹿						
配种期和妊娠初期	50	5.3	3.1	2.7	0.5	10
	60	6.2	3.6	3.2	0.6	12
	70	7.0	4.0	3.6	0.7	13
妊娠期	50	8.4	3.8	5.0	0.8	11
	60	9.5	4.5	5.7	0.9	13
	70	10.3	5.1	6.3	1.0	15
泌乳前期	50	10.0	6.4	5.5	1.7	14
	60	10.5	6.8	6.0	1.8	15
	70	11.0	7.2	6.4	1.9	16

（续）

时期	活重（kg）	Ca	P	S	Mg	NaCL
母鹿						
泌乳后期	50	7.5	4.8	4.9	1.4	12
	60	8.5	5.2	5.5	1.6	14
	70	9.5	5.8	5.9	1.7	16
公鹿						
配种期	100	15.3	7.1	4.7	1.5	15
	120	16.2	7.6	5.1	1.6	17
	130	17.0	8.0	5.5	1.7	18
恢复期	100	18.4	4.8	6.9	1.8	16
	120	19.5	8.5	7.6	1.9	18
	130	20.3	9.1	8.3	2.0	20
生茸前期	100	17.5	10.4	6.8	2.3	17
	120	18.5	10.8	7.2	2.5	19
	130	19.5	11.2	7.8	2.6	21
生茸期	100	20.0	8.8	7.0	2.7	19
	120	20.5	9.2	9.1	2.8	21
	130	21.0	9.8	9.7	2.9	23

引自：韩坤，1993，略有改动。

表 6-11 成年梅花鹿微量元素的需要量（单位：mg/只·d）

时期	活重（kg）	I	Co	Cu	Mn	Zn	Fe
配种期	100	1.00	1.00	16	70	60	65
	120	1.07	1.09	20	79	66	70
	130	1.14	1.15	22	85	72	75
恢复期	100	1.05	1.10	20	89	74	84
	120	1.13	1.25	24	96	82	98
	130	1.22	1.35	26	110	90	100
生茸前期	100	1.10	1.40	22	100	96	100
	120	1.15	1.65	24	120	104	115
	130	1.32	1.85	26	130	110	125
生茸期	100	1.35	1.55	26	120	120	125
	120	1.48	1.75	28	140	145	135
	130	1.65	1.95	30	160	160	145

引自：马丽娟等，1998，略有改动。

三、梅花鹿和马鹿的参考饲养标准

目前，我国尚没有鹿类的国家饲养标准，仅根据有关研究成果，介绍以下几种应用较为普遍、效果较好的参考饲养标准。

（一）梅花鹿参考饲养标准

见表 6－12 至表 6－17。

表 6－12　离乳仔鹿和育成梅花鹿参考饲养标准

体重（kg）		精饲料（kg）	粗饲料风干（kg）	粗蛋白质（g）	总能（MJ）	代谢能（MJ）	可代谢蛋白质（g）	降解蛋白质（g）	钙（g）	磷（g）	食盐（g）
公	母										
50	40	0.70～0.75	0.70～0.75	245～262	24.24～25.96	12.95～13.68	112～120	135～146	9.1～9.7	5.1～5.5	11～12
55	46	0.8～1.0	0.9～1.0	269～330	28.38～33.40	14.63～17.51	127～153	146～195	10.6～12.5	5.6～6.9	12～15

表 6－13　母梅花鹿不同生产时期的参考饲养标准

饲养时期	精饲料（kg）	粗饲料风干（kg）	粗蛋白质（g）	总能（MJ）	代谢能（MJ）	可代谢蛋白质（g）	降解蛋白质（g）	钙（g）	磷（g）	食盐（g）
配种期和妊娠前期	0.75～0.80	0.87	176～183	26.29～27.17	15.67～16.30	91.3～94.9	125～131	9.4～9.7	3.9～4.1	11～12
妊娠中期	0.80～0.90	0.87	186～212	27.67～29.13	16.22～17.34	99.7～107.4	137～148	11.7～12.6	5.9～6.3	12～14
妊娠后期	0.90～1.00	0.6	222～242	25.00～26.67	15.17～16.26	99.7～107.8	157～171	12.6～13.1	6.3～6.9	14～15
产仔哺乳期	0.90～1.10	0.9～1.0	273～327	30.10～35.15	17.43～20.44	117～139	119～233	14.1～16.6	7.3～8.8	14～17

表 6－14　不同年龄梅花公鹿生茸期饲粮适宜营养水平与营养物质需要量

项　目	年龄（周岁）				
	1	2	3	4	5
代谢体重（kg）	24.46	29.46	31.62	35.12	39.38
营养水平					
总能（MJ/kg）	17.35	16.18	16.55	19.39	16.72
粗蛋白质（%）	22.4	18.5	19.0	15.9	16.6

（续）

项　目	年龄（周岁）				
	1	2	3	4	5
每日饲料采食量（风干）					
精料（kg/日）	1.60	1.50	1.75	2.00	2.00
粗料（kg/日）	0.53	0.70	0.75	0.90	0.77
每天每千克代谢体重营养物质需要量					
代谢能（kJ）	991	819	890	941	782
可代谢蛋白质（g）	8.05	6.01	5.63	5.41	5.38
钙（g）	0.78	0.75	0.85	0.85	0.79
磷（g）	0.45	0.41	0.44	0.43	0.43

表 6-15　公梅花鹿的参考饲养标准

活重（kg）	干物质（kg）	蛋白质		蛋白能量系数	矿物质（g）					维生素			每千克干物质含有代谢能（MJ）
		粗蛋白质	可消化蛋白质		钙	磷	硫	镁	盐	胡萝卜素（mg）	维生素A（IU）	维生素D（IU）	
配种期													
100	2.20	320	250	70	15.3	7.1	4.7	1.5	15	20	5 000	700	2.65
120	2.50	340	270	70	16.2	7.6	5.1	1.6	17	22	5 800	800	2.65
130	2.90	360	290	70	17.0	8.0	5.5	1.7	18	30	7 000	900	2.65
恢复期													
100	3.10	380	300	80	18.4	4.8	6.9	1.8	16	40	8 000	950	3.10
120	3.45	390	310	80	19.5	8.5	7.6	1.9	18	44	8 800	1 000	3.10
130	3.75	410	320	80	20.3	9.1	8.3	2.0	20	50	10 000	1 100	3.10
生茸前期													
100	3.90	390	310	85	17.5	10.4	6.8	2.3	17	24	5 800	950	3.00
120	4.10	420	330	85	18.5	10.8	7.2	2.5	19	32	7 400	1 000	3.00
130	4.30	440	350	85	19.5	11.2	7.8	2.6	21	36	8 250	1 200	3.00
生茸期													
100	4.35	410	330	97	20.0	8.8	7.0	2.7	19	40	7 800	800	3.30
120	4.55	430	340	97	20.5	9.2	9.1	2.8	20	46	8 200	900	3.30
130	4.70	450	360	97	21.0	9.8	9.7	2.9	23	50	10 000	1 000	3.30

（二）新疆马鹿参考饲养标准试行草案

表 6-16　新疆马鹿试行饲养标准（一）

体重（kg）	日粮中干物质（kg/日）	代谢能（MJ/日）	粗蛋白质（%）	可消化蛋白质（g/日）	钙（g）	磷（g）	胡萝卜素（mg）	维生素 A（mg）
种公鹿配种期标准								
200	3.25	41.5	19	617	38	19	23	16.5
220	3.55	45.3	19	674	42	22	28	17.4
240	3.85	49.1	19	731	45	25	33	18.2
260	4.15	52.9	19	788	48	30	39	19
恢复期生产公鹿标准								
200	3.30	49.7	20	660	39	20	25	17
220	3.72	54.8	20	744	43	22	31	18
240	4.07	59.9	20	814	47	25	37	19
260	4.35	65.2	20	885	51	27	42	20
生茸期标准								
200	3.40	49.9	21	703.5	40	21	30	17.5
220	3.80	55.8	21	798	45	22	35	18.5
240	4.20	61.6	21	871.5	49	25	40	19.1
260	4.55	66.8	21	955	57	28	45	21
发情控制期生产公鹿标准								
200	1.76	25.8	15	264	32	18	20	12
220	1.95	28.6	15	292.5	36	22	22	13.5
240	2.11	31.0	15	316	40	26	24	14
260	2.28	33.5	15	342	45	30	26	15
育成公鹿标准								
80	1.84	29.8	22	409	22	16	15	9.1
110	2.53	41.0	22	497	27	19	17	9.8
140	3.22	53.1	22	596	32	21	20	10.5
170	3.91	63.3	22	693	38	23	23	12

表 6-17　新疆马鹿试行饲养标准（二）

体重（kg）	日粮中干物质（kg/日）	代谢能（MJ/日）	粗蛋白质（%）	可消化蛋白质（g/日）	钙（g）	磷（g）	胡萝卜素（mg）	维生素 A（mg）
配种期母鹿标准								
180	3.04	38.5	17	516	32	20	20	16
200	3.20	40.5	17	544	36	22	25	16.8

（续）

体重（kg）	日粮中干物质（kg/日）	代谢能（MJ/日）	粗蛋白质（%）	可消化蛋白质（g/日）	钙（g）	磷（g）	胡萝卜素（mg）	维生素 A（mg）
配种期母鹿标准								
220	3.68	46.7	17	625.6	42	26	30	17.5
240	4.00	50.7	17	680	47	28	35	18.2
妊娠期母鹿标准								
180	3.12	39.5	18	562	36	22	22	16.2
200	3.32	42.1	18	598	42	24	26	17.1
220	3.91	49.6	18	704	47	26	31	18.0
240	4.25	53.9	18	765	52	30	37	18.6
哺乳期母鹿标准								
180	3.24	41.1	19	615	38	24	23	16.6
200	3.66	45.6	19	684	45	28	28	17.5
220	4.14	52.5	19	786	50	32	34	18.4
240	4.50	57.1	19	855	56	36	40	19.0
育成母鹿标准								
70	1.76	22.3	20	352	23	17	14	8.8
95	2.15	27.3	20	430	27	19	16.5	9.7
125	2.58	32.7	20	518	32	22	18	10.3
150	3.01	38.2	20	602	38	25	21	11

四、梅花鹿的饲料种类

鹿的食性很广，凡是牛、羊的饲料，鹿都能利用。

（一）植物性饲料

1. 粗饲料 粗饲料主要包括干草类、秸秆类（荚皮、藤、蔓、秸、秧）、树叶类（枝叶）、糟渣类等。其特点是粗纤维含量在18%以上。但其来源广，种类多，产量大，价格低，是鹿冬春季节的主要饲料来源。

2. 青饲料 青饲料主要包括天然牧草、人工栽培牧草、叶菜类、根茎类、青绿枝叶、青割玉米、青割大豆等。青饲料水分含量高，约75%～90%。因此，青饲料热能含量低，每千克青饲料消化能仅在300～600kJ之间。由于青饲料具有多汁性和柔嫩性，鹿每天采食量可达10～15kg。

青饲料蛋白质含量较高。一般禾本科牧草的粗蛋白质含量为1.5%～4.5%，但赖氨酸不足。青饲料干物质中无氮浸出物含量为40%～50%，粗纤维不超过30%。青饲料中维生素含量丰富，特别是胡萝卜素含量较高，每千克中含50～80mg，B族维生素、维生素E、维生素C、维生素K、烟酸含量较多，但维生素B_6（吡哆素）很少，缺乏维生素D。

3. 精饲料 精饲料包括禾本科籽实（能量饲料）、豆科籽实（蛋白质饲料）及其加工副产品。禾本科籽实饲料是指在干物质中粗纤维含量低于6%、粗蛋白质含量低于20%的谷实类、糠麸类等，一般每千克饲料中干物质含消化能10.45MJ以上。高于2.54MJ/kg消化能的饲料称为高能饲料。豆类与油料作物籽实及其加工副产品也具有能量饲料的特性，但由于蛋白质含量高，故列为蛋白质饲料。蛋白质饲料是指干物质中粗纤维含量低于6%，同时粗蛋白质含量在20%以上的饼粕类饲料、豆科籽实及一些加工副产品。

4. 块根块茎类饲料

（1）胡萝卜 胡萝卜是养鹿场秋季、冬季和春季的良好的维生素补充饲料。胡萝卜营养丰富，香甜适口，易于消化。胡萝卜含水分81%～92%、粗蛋白质1.2%～3.0%、淀粉及糖类8%～14%，可消化营养物质占8%～13%。蛋白质含量比其他块根饲料多。胡萝卜中的维生素种类很多，它含有较多的胡萝卜素、维生素C及B族维生素。胡萝卜素营养物质的消化率很高，蛋白质的消化率达73%，脂肪达77%，无氮浸出物高达99%。

（2）饲用甜菜 甜菜作物按其块根的干物质与糖分含量的多少，可大致分为糖用甜菜和饲用甜菜两种。各类甜菜所含的无氮浸出物中主要是糖分，但也含有少量的淀粉与果胶物质。糖用甜菜含糖多，干物质含量为20%～22%，最高达25%，单产量低。由于糖用甜菜含有大量蔗糖，故其块根一般不用作饲料，而是用于制糖，其副产品甜菜渣可用作鹿的饲料。

饲用甜菜产量高，但干物质含量低，只有5%～11%。饲用甜菜是秋冬春三季很有价值的多汁饲料，它含有较高的糖分、无机盐以及维生素等营养物质。其粗纤维含量低，易消化。

（二）无机盐饲料

1. 食盐 钠和氯都是鹿所需要的，为了补充这两种元素，必须喂给食盐。补充食盐的多少应考虑鹿的体重、年龄、生产力、季节和饮水中盐的含量等因素。一般食盐的日补充量为成年公鹿30～40g、成年母鹿20～25g、育成鹿15～20g、幼鹿10～15g。缺碘地区的鹿常患甲状腺肿大症，应补充饲喂碘化食盐。应注意饲用食盐的品质，不要饲喂含杂质或其他污染物的食盐。食盐含水量不应超过0.5%，纯度应在95%以上。

2. 含钙饲料

（1）*石粉*　主要是指石灰石粉，为天然的碳酸钙。石粉中含纯钙35%以上，是补充钙最廉价、最方便的矿物质原料。石粉喂量占精饲料量：仔鹿0.5%～1.0%，幼鹿1.0%～1.5%，成年鹿2%～3%。

此外，大理石、白云石、熟石灰、方解石、石膏、白垩石等都可作为含钙饲料。

（2）*蛋壳粉和贝壳粉*　为新鲜蛋壳与贝类烘干后制成的粉末，一般含碳酸钙96.4%，折合含钙量为38.6%。

3. 含磷饲料

（1）*骨粉*　骨粉系动物骨骼经粉碎加工制成的，钙、磷含量均高，且比例适宜，是鹿的优质钙、磷补充饲料。但有异味的骨粉，鹿会拒食。

（2）*磷酸氢钙*　磷酸氢钙系富含磷的饲料，一般钙的含量为21%，磷的含量为16%。主要用它与含钙饲料搭配，以保证钙和磷的适宜比例［一般为（1.5～2）：1］。

使用骨粉和磷酸氢钙时，应注意防止氟中毒。一般在鹿日粮中含氟量以不超过30～60毫克/千克为安全。

（三）特殊饲料

所谓特殊饲料是指尿素、单细胞蛋白质饲料、抗生素饲料、添加剂饲料等。其特点是来源于工业产品，营养成分单一或具有特殊作用，多用作饲料的补充剂。随着科学技术的发展，特殊饲料已在养鹿生产中得到利用和推广。

1. 非蛋白氮（尿素）　尿素是人工合成的有机化合物，含氮46%左右，一般为白色晶体，易溶于水，味微咸苦。反刍动物可利用尿素等非蛋白氮作为合成蛋白质氮的来源。非蛋白氮在反刍动物消化道内转变为菌体蛋白，在消化酶的作用下，和天然蛋白质一样被反刍动物消化利用。成年公鹿和母鹿、育成鹿等，其日粮中尿素可占混合精饲料的2%或占整个饲料的1%，但尿素的用量不能超过蛋白质需要量的1/3。在人工混拌饲料的情况下，成年公母鹿尿素日平均用量不能超过40g/只，育成鹿10～15g/只。

2. 抗生素　抗生素（如金霉素、土霉素等）不仅能治疗和预防某些疾病，而且具有提高消化率、促进幼鹿生长的作用。例如，25kg体重的仔鹿，每天补给金霉素7mg，可使其生长率提高10%～15%。由于反刍动物瘤胃内生存着大量有益微生物，补充抗生素的方法不当会对体内微生物的正常繁殖产生不利影响。因此，饲喂抗生素的量必须适宜。

第五节　鹿的繁殖

一、鹿的繁殖规律

（一）性成熟和初配适龄

鹿的性成熟期母梅花鹿一般在生后16月龄；母马鹿一般在生后28个月龄，但塔里木马鹿生后16个月龄即可大部分达到性成熟。

由于鹿的性成熟较体成熟早，如果过早参加配种，会影响公母鹿的生长发育及配种效果，缩短种用年限，同时也会影响仔鹿的生长发育和体质；过迟配种则易造成公鹿配种力低下、母鹿不易受孕等，降低繁殖率。养鹿实践表明鹿的初配适龄：母梅花鹿为16个月龄，母马鹿为28个月龄；公鹿为40个月龄。

（二）使用年限

梅花鹿和马鹿的自然寿命可达20～25年。目前，国内茸用公鹿的经济利用年限一般不超过15年。母鹿的生产利用年限一般不超过10年。不同品种、品系的鹿类，其使用年限有所不同。

1. 梅花鹿的使用年限　4～10岁的东北梅花鹿三杈茸和二杠茸的产量逐年增加，10岁以后趋于稳定且逐渐下降，可见东北梅花鹿公鹿的利用年限至少不应超过11岁。公鹿的种用年龄应以5～8岁为宜，大于9岁的鹿不宜参配；已产7胎以上的老弱母鹿应淘汰。

2. 马鹿的利用年限　东北马鹿三杈茸的生产佳期为6～13岁，生产的最佳年龄为11岁（平均产量达4.580kg）；天山马鹿三杈茸的生产佳期为6～12岁，生产最佳年龄为10岁（平均产量达7.180kg）；塔里木马鹿三杈茸的生产佳期为5～11岁，生产最佳年龄为10岁（平均产量达6.963kg）。可见，东北马鹿、天山马鹿及塔里木马鹿公鹿的使用年限至少分别为14岁、13岁及12岁，极个别的东北马鹿可高达21岁。

（三）鹿的发情规律

1. 发情期　鹿是每年季节性多次发情的动物。在我国北纬41°以北地区，鹿的发情交配期是每年秋季9～11月份，梅花鹿有时可延续到翌年的2～3月份。梅花鹿的正常发情交配期为9月15日至11月15日两个月，旺期为9月25日至10月25日约1个月时间，在整个发情交配期里，可经历3～5个发情周期。马鹿的发情交配期一般为9月5日至11月5日，旺期为9月15日至10月15日，在整个发情交配期里，可经历1～3个发情周期。由于地理、气候因素的影响，个别年景发情交配日期可提前或延后7～

15天。

2. 发情周期、发情持续时间 鹿在发情季节里，每经过一定的间隔时间会出现1次发情现象，即相邻两次排卵的间隔时间视为发情周期。梅花鹿的发情周期一般为12～16d，马鹿的发情周期为16～20d。母鹿每次发情持续的时间，即发情持续时间。梅花鹿的发情持续时间一般为24～36h，发情经11～12h进入盛期；马鹿的发情持续时间为24h左右，发情经6～7h进入盛期。一般有90%左右的鹿是在发情盛期接受交配的，此期交配受孕率在95%左右。发情的初期和末期，母鹿一般都要拒绝交配。对于初配母鹿的追配和老弱鹿的强配，以及趁母鹿只顾采食草料时的偷配，均属于不正常的交配，并且能够返情。

3. 异常发情 鹿的异常发情较常见的有以下几种：梅花鹿有间歇1～6天发情的，约占4%；有安静状态下发情的（即隐蔽发情），约占1%，多见于配种初期和初配的青年母鹿；也有短促发情和孕后发情的现象。

（四）发情表现与性行为

鹿的发情表现包括它们的精神状态和行为表现、生殖道变化、卵巢变化3个方面。公鹿表现为争斗，顶木质物、顶母鹿、甚至顶人，磨角盘，扒地、扒坑、扒水，泥浴，长声吼叫、卷唇，边抽动阴茎边淋尿，摆头斜眼、泪窝开张。食欲减退或不食，颈围增粗皮肤增厚，缩腹呈倒锥形。母鹿发情初期兴奋不安，游走、叭嘴，有的鸣叫，对公鹿直视引逗，但拒配。发情盛期伫立不动，举尾、弓腰、接受爬跨，有的泪窝开张，阴门肿胀，带有蛋清样黏液，摆尾，尿频，嗯嗯低呻或以头蹭公鹿颈部，爬跨公鹿或其他母鹿。发情末期边吧嗒嘴边逃避公鹿追逐，变得安静、喜卧，阴门黏液变少而黏稠，颜色从橙黄色、茶色到褐红色，并多粘连在阴毛上。

鹿的性行为表现分为求偶、爬跨、射精、交配结束。发情公鹿追逐发情母鹿，闻嗅母鹿尿液和外阴之后卷唇，当发情母鹿未进入发情盛期而逃避时，昂头注目、长声吼叫；如发情母鹿已进入发情盛期，则伫立不动，接受爬跨，公鹿两前肢附在母鹿肩侧或肩上，当阴茎插入阴门后，在1s内完成射精动作。公鹿的交配次数，在45～60s的实际交配期里，梅花鹿达40～50次，高峰日达3～5次，每小时最高可达5次；马鹿达30～40次，高峰日可达3～5次。一般说来，梅花鹿交配次数高于天山马鹿，而天山马鹿又高于东北马鹿。母马鹿的受配次数为1.3～1.6次，其中，仅交配1次的占80%左右。

二、鹿的配种

目前，我国饲养的鹿因驯化程度不高而存在一定的野性，特别是发情公鹿，粗暴凶猛，常人难以接近。所以，生产上仍以自然交配为主要配种方式，因大部分养鹿场设备简陋，技术力量缺乏，人工授精方式配种尚处于推广阶段。

（一）配种前的准备

1. 鹿群的调整

（1）*公鹿群的调整* 收茸后，根据体质外貌、生产性能、谱系、生长发育、年龄、后代品质等重新分成种用群、后备种用群和非种用群。应严格挑选公鹿，种公鹿锯标准三杈茸鲜重平均单产梅花鹿应在3.5kg以上，比同龄生产群高20%～40%；马鹿应为7.5～20.0kg；年龄4～7岁，个别优良的种公鹿可延续到8～11岁；体质健康，驯化程度高，毛色较深，神经类型为安静型，精力充沛、强壮雄悍、性欲旺盛。对选出的种公鹿自8月初开始调整饲料，逐渐减少玉米等能量饲料的比例，增加豆饼等蛋白质饲料和青绿枝叶饲料、胡萝卜、甜菜、麦芽等维生素类饲料的喂量，同时，加大运动量，每日上、下午各驱赶一次，每次不少于30min。为保证有足够数量的种公鹿用于配种，种公鹿的比例一般不少于参配母鹿总数的10%。公鹿圈应安排在鹿场的上风向，并尽量拉大公母鹿圈间距离，以免在繁殖季节因母鹿的发情气味诱使公鹿角斗、爬跨而造成伤亡。

（2）*母鹿群的调整* 8月20日以前仔鹿及时断乳，按繁殖性能、体质外貌、血缘关系、年龄以及健康状况等，重新组织育种核心群、一般繁殖群、初配群、后备群、淘汰群。核心群以母鹿生产水平为依据，择优挑选，数量一般可占鹿总数的30%左右。初配鹿不要与经产母鹿混群。严格淘汰那些无饲养价值的母鹿。配种母鹿群的大小为梅花鹿20只左右，天山马鹿15～20只，东北马鹿10～15只。

2. 配种方案的制定和用品的准备 8月中旬以前制定好配种计划和配种实施方案，组建配种临时管理小组，并对管理小组人员进行必要的短期技术业务短培训。设立黑白班值班，准备好配种记录本，必需的医疗用品、器具和圈舍维修材料，做好圈舍维修。

（二）配种方法

鹿属于一雄多雌配偶制的动物。在圈养条件下，采用本交配种有多种方法，例如群公群母、双公群母、单公群母配种方法等。近年来，大型鹿场多采用较科学的单公群母一配到底或仅在配种末期换1只预备种公鹿（1次）的配种方法和试情配种方法，获得了较好效果。

1. 群公群母法 本法系采用多头公鹿与多头母鹿混群参加配种。一般以25～30头母鹿为一个配种群，按公、母比例1∶（4～5）的比例将公鹿放入母鹿群中，进行公、母混群交配。在生产中可采用群公群母一配到底法和群公群母适时替换配种法两种方法。这一方法较原始落后，现养鹿场已很少采用。

2. 单公群母配种法 这种方法是配种期间不替换种公鹿。根据母鹿的生产性能，将母鹿分成10（马鹿）～25（梅花鹿）只的小群，放入1只特级或一级经配种公鹿，并给予良好的饲料和饲养管理条件，受胎率可达90%以上。配种末期换上初配的预备种公鹿的配种方法，是在配种旺期过后，用年龄4～5岁、遗传性能好的高产鹿或特级种公鹿的后裔为配种期的收尾配种，这样做不仅对被替换下来的主配公鹿十分有利，而且也可鉴定初配预备种公鹿的种用价值。

3. 试情配种法 在配种季节里，每日2～3次（一般在早4～7时，上午10～11时，下午15～16时，晚18～22时）将1头试情公鹿拨入母鹿群，根据母鹿对试情公鹿的行为反应，判断母鹿发情时期。将进入发情盛期的母鹿拨出与种公鹿配种。试情公鹿多由育成公鹿担当，也可结扎试情公鹿的输精管或给试情公鹿扎试情布，以阻止试情公鹿与发情母鹿达成有效交配。此法需要较多人力和场地。

三、鹿的妊娠

（一）妊娠期

理论上，妊娠期为自受精卵形成开始至胎儿从母体娩出的这段时间。鹿妊娠期的实际计算是从母鹿最后一次有效受配或输精之日起，至产仔之日止的这段时间。鹿的妊娠期除由其种类起决定作用外，还受气候条件（地理位置）、饲养方式、胎儿性别与数量、母鹿的年龄（胎次）、营养和驯化程度的影响（不同鹿种的妊娠期见表6-18）。

表6-18 不同鹿种的妊娠期范围

鹿　种	妊娠期范围（日）	鹿　种	妊娠期范围（日）
梅花鹿	218～256	水鹿	256～260
马鹿	223～271	驼鹿	226～244
白唇鹿	220～230	驯鹿	195～243

（二）妊娠表现及诊断

精子进入卵子并结合成合子的过程即为受精；合子在子宫内附植即为妊娠（怀孕）。母鹿妊娠后，随着胎儿的生长发育，其形态、生理、代谢、行为等都会发生相应的变化。母鹿在妊娠后停止发情，食欲逐渐恢复，采食量逐渐增大，膘情日渐变好，被毛平滑光亮，对饲料的利用率明显提高，同化作用明显增强，活动明显减少，行动谨慎、迟缓，时常回头望腹，喜躺卧，爱群居。到翌年 3～4 月份，在母鹿空腹时，除了个别太肥胖者外可观察到左侧肷窝不凹陷或凹陷不明显，90%以上为妊娠。

在生产上，常根据母鹿的形态变化和行为表现来判断是否妊娠。母鹿配种后，若不出现返情现象，可初步推断为已孕。有条件的鹿场可借鉴家畜妊娠诊断法进行妊娠诊断。若能尽早地准确判断是否妊娠，对减少空怀率、提高繁殖率、提高养殖效益具有重大意义。

四、鹿的分娩

母鹿把子宫内发育成熟的胎儿产到体外的一系列生理变化过程称为分娩。

（一）分娩季节（产仔期）

正常的产仔日期一般为 5～7 月初，产仔旺期为 5 月 15 日至 6 月 15 日，至少 80%以上的妊娠母鹿在这段时期内产仔。马鹿比梅花鹿早发情配种 10～15d，而妊娠期恰好比梅花鹿长 10～15d，因此，它们的产仔日期相近。母鹿产仔，应以在 5 月下旬和 6 月上旬基本集中产完最为有利。母鹿产仔早而且集中有利于仔鹿的早期迅速生长发育和饲养管理，成活率高，因为产仔早（5～6 月）时气候温和、少雨，青绿多汁饲料丰富，日照时间长，适宜仔鹿生长发育；到了夏末秋初季节，大部分仔鹿已有 2 月龄，抗逆性增加，基本上能够适应复杂多变的气候和环境条件。仔鹿出生晚（6 月下旬至 8 月上旬）时，正值炎热多雨季节，抵抗外界环境不利因素的能力较弱，发病率较高，生长发育缓慢，体质不健壮致使不能安全越冬，死亡率较高，而且延迟母鹿后来的发情配种以及幼鹿的开始使用年龄，造成恶性循环。所以，做到产仔提早而且集中是提高仔鹿成活率的一项有力技术措施，对鹿场的生产来说是十分必要的。

（二）预产期的推算

只要能够准确掌握母鹿的有效配种日期和产前表现，就可以预测分娩日期。预产期的推算主要根据配种日期和妊娠天数推算。梅花鹿为月减 4，日减 13；马鹿为月减 4，日加 1（东北马鹿），或日加 2（天山马鹿）。采用这些简便公式推算预产期的准确率可达 90%左右。

（三）临产表现

孕鹿产前 10 余日乳房开始迅速发育、膨胀，乳头增粗，腺体充实；临产前几日可从乳房中挤出黏稠淡黄色液体，如能挤出乳白色初乳时，分娩即将在 1～2 日内发生。腹部严重下沉，肷部塌陷，在产前 1～2 日尤为明显。阴门在妊娠末期明显肿大外露、柔软潮红、皱襞展开、有时流出黏液，在产前1～2日呈透明索状物流出。排尿频繁，举尾，自舔外阴，时起时卧，常在圈内徘徊或沿壁行走，表现不安，不时回首视腹，伸懒腰，呈现腹痛症状，有时扬头嘶叫，或低声呻吟，有时鼻孔扩张，或张口呼吸。放牧孕鹿临产前明显表现不合群，常自动离群去找安静场所。最后孕鹿在光线较暗又僻静的地方站立或躺卧产仔。鹿场一般在4月20日以后就应注意观察孕鹿的乳房大小和行为表现，一旦有分娩征兆，圈养鹿应及时拨入产仔圈，放牧鹿应及时留在（赶回）舍内。

（四）正常产位与产程

母鹿分娩多发生在午夜或清晨，但也有少数在白天产仔。母鹿正常产仔大部分为头位分娩，胎儿的两前肢陷入产道、露于阴门口之外，头伏于两前肢的腕关节之上娩出；部分尾位分娩的也为正常产。母鹿的正常产程经产鹿为0.5～2.0h，初产鹿为3～4h；尾位分娩为6～8h，其长短与母鹿体质好坏、圈养或放牧、胎儿大小与数量多少、顺生或倒生、环境有无干扰等有关，通常放牧母鹿较圈养母鹿分娩快，而且难产少。

（五）分娩期间的管理

预产期之前，制定好相应的产仔方案，准备好产圈、产房、仔鹿保护栏或小床、助产用具、药品以及垫料等用品。母鹿分娩期间要保证产仔圈舍周围安静，避免任何异常干扰。昼夜值班，责任落实，做到圈有人看，鹿有人管，人不离圈，随时准备应付特殊事件。加强临产孕鹿的看护，留心观察分娩情况，做好产仔记录，发现以下异常情况应及时处理。

1. 产程达3h以上的难产母鹿应早施人工助产。

2. 发现母鹿弃仔、扒仔等不正常母性行为时应立即隔离母仔，其仔由性情温顺同期分娩的其他母鹿代养或人工哺乳。

3. 仔鹿生后10s以上不见呼吸动作，即有窒息的可能，应马上抢救。

4. 仔鹿生后1h以上仍不能站立，应区别原因进行护理。

5. 仔鹿生后2h以上仍不能就乳，应考虑人工哺乳或找其他母鹿代养，并设法使初生仔鹿吃上初乳，人工哺乳时应用温湿棉球或纱布涂擦仔鹿肛门以刺激排便，代养时应使被代养仔鹿与代养母鹿所生仔鹿气味相同。

6. 仔鹿出生后，如果亲生母鹿或其他母鹿较长时间不去舔干其身上的胎膜和黏液，必须及时用无异味洁净的草或布等人为擦净。

7. 初生仔鹿吃过3～4次乳汁后，要检查脐带，可人工辅助断脐，并严格消毒。另外还要注意仔鹿生后的保温防潮和日常卫生工作，可在产圈（房）内设置仔鹿保护栏或小床，并铺垫清洁柔软的干草或树叶等，勤换垫料，搞好周围环境卫生及环境、用品的消毒工作。仔鹿2～3日龄打耳号，并进行登记。

五、提高繁殖力的综合措施

（一）影响繁殖力的因素

鹿的繁殖力可以概括为鹿维持正常繁殖机能、生育后代的能力。对单个母鹿来说，就是一定时间内（如一年、一生等）繁殖仔鹿的能力，涉及鹿的遗传、性成熟、体成熟、公鹿的精液质量和配种能力、母鹿的发情、排卵、卵子的受精能力、妊娠、泌乳及育仔等。群体的繁殖力是所有个体以上指标的综合。主要常用指标有发情率、受配率、受胎率、产仔率、群平均产仔数、双胎率、繁殖率、成活率（仔鹿断奶）、繁殖成活率、空怀率、流产率等。

1. 遗传因素 不同品种、品系或类群有着不同的繁殖力。通常梅花鹿的繁殖力比马鹿高，天山马鹿比东北马鹿的高，杂交鹿的繁殖力比双亲的都高。

2. 环境因素 影响鹿繁殖力的主要环境因素为光照和温度。光照时数变化（光周期）是调控鹿发情最重要的环境生态因子，除海南水鹿外的其他大多数鹿会在光照时数逐渐变短的季节发情配种。气温随纬度、海拔、地形、地势以及坡向等的变化而变化，可影响整个繁殖过程。梅花鹿、马鹿等大多数鹿属于在气温逐步下降的季节发情配种，环境温度过高，可抑制性腺机能活动，降低繁殖力；环境温度过低，可引起体温下降、代谢率降低，而导致繁殖力下降。

3. 营养因素 营养因素可影响繁殖过程中的各个环节，对鹿的繁殖力影响很大。营养水平低，会导致动物不发情、繁殖率低，甚至不繁殖。试验证明，公鹿的精液品质主要取决于日粮的全价性。

4. 管理因素 鹿在人工饲养条件下的繁殖，受人为调控。种公母鹿的选用、种母鹿群的年龄结构、配种方法和技术皆直接影响繁殖结果。合理的饲喂制度、放牧、运动、调教等不仅能提高鹿的繁殖率，还会促进胎儿的生长发育和仔鹿的成功培育。鹿场的兽医卫生制度和防病治病措施也都会直接地或间接地影响鹿的繁殖力。

（二）提高繁殖力的综合技术措施

1. 加强育种 选择繁殖率高的公母鹿参加配种，严格淘汰生殖系统有缺陷（如公鹿单睾、隐睾等）和疾病（如布鲁氏菌病等）的鹿，不允许射精少、精液品质差、配种能力低的公鹿和发情障碍、屡配不孕、习惯性流产、母性不强的母鹿参配。另外，在搞好选种的同时，还应结合合理选配，避免过度近亲繁殖，也可提高繁殖力。

2. 充分利用杂种优势 杂交鹿的繁殖性能高于双亲，呈现出显著的杂种优势。因此，鹿场可通过种间杂交、亚种间杂交、品系杂交和类群间杂交来提高鹿的繁殖率。

3. 改善饲养管理 营养对鹿繁殖力的影响也很明显。全年抓好膘情，不仅能使母鹿发情整齐、排卵正常，而且也会增强公鹿的配种能力。在饲养上，应以青、粗饲料为主，并根据不同时期（配种前期、妊娠期、泌乳期）的营养需要，尽量做到饲料品种的多样化，以增加日粮的全价性、适口性和利用率。生产实践证明，在配种前的一段时间内，加强预配母鹿的饲养，可提高发情率和受胎率；对公鹿提前补充多汁饲料，会提高配种能力与精液品质。在管理上，应注意饲料、饮水卫生和圈舍清扫消毒，遵守科学的饲喂制度。妊娠产仔期要保持环境安静，无异常干扰，做好保胎工作，防止死胎、流产、难产、弃仔等现象的发生。母鹿在妊娠中、后期，应合理运动并适当控制精料喂量，以减少难产。要保证初生仔鹿（特别是初产母鹿、难产助产母鹿、扒仔弃仔母鹿的初生仔鹿）能够吃上初乳，避免异味留在幼仔身上造成母鹿不哺乳。哺乳后期应设专槽用于补饲仔鹿，实行 8 月中旬一次性断奶分群，以减轻母鹿的营养负担，尽快恢复母鹿的体况。

4. 增加适龄母鹿的比例 一般而言，自初配适龄起，繁殖力随分娩次数或年龄的增加而提高，而以青壮年时期的繁殖力最高，以后趋渐下降。母鹿的最适配种年龄为 4～7 岁。因此，要有计划地选择优秀后备母鹿补充到繁殖母鹿群中去，严格淘汰繁殖力下降的病弱、老龄母鹿，保证适龄母鹿在繁殖群中占 60%以上。这不仅可以大大提高鹿场的繁殖水平，而且可以减少饲养母鹿的成本，提高养鹿效益。

5. 应用繁殖新技术 正确应用繁殖新技术是提高繁殖力的手段之一。在提高鹿的驯化技术、发情鉴定技术、同期发情技术的基础上积极开展鹿人工授精技术和精液冷冻技术的研究与推广，充分发挥其应有的作用，发挥优良种公鹿的繁殖潜能。对不发情或发情较晚的母鹿可采用诱导发情技术。为了提高双胎率，可通过杂交途径、或使用双羔苗（甾体激素免疫法）、超数排卵技术。运用性别控制技术，提高公仔鹿率。为了减少空怀率，可运用早期妊娠诊断技术，并适时给返情母鹿补配。

第六节 饲养管理

科学的饲养管理，对养鹿生产实现优质高效和促进养鹿业的发展具有重要意义。

一、鹿饲养管理的一般原则

（一）青粗饲料为主，精饲料为辅

鹿属草食性反刍动物，应以饲喂青粗饲料为主，根据不同季节和生长阶段，将营养不足的部分用精饲料补充。实践证明，鹿的食性很广，能采食乔

灌木枝叶及多种植物，也能采食各种农副产品及青贮饲料。对于这样广阔的饲料来源，应该充分加以利用，有条件的地方尽量采取放牧、青刈等形式来满足其对营养物质的需要，而在枯草期或生茸旺期可用精饲料加以补充。这样既能广泛利用粗饲料，又能科学地满足其营养需要。配合饲料时应以当地的青绿多汁饲料和粗饲料为主，尽量利用本地价格低、数量多、来源广、供应稳定的各种饲料。这样，既符合鹿的消化生理特点，又能利用植物性粗饲料，从而达到降低饲料成本、提高经济效益的目的。

（二）合理地搭配饲料，力求多样化，保证营养的全价性

人工驯养的鹿类，还具有一定的野性，给饲养试验带来不少困难。因此，国内外尚未拟定出鹿的饲养标准。但近些年来，由于养鹿者的努力，已摸索出一些鹿对主要营养成分的需要情况，可供养鹿实践参考使用。因此，为了提高鹿的生产性能，应依据本场鹿的种类、年龄、性别、生物学不同时期，饲料来源、种类、贮备量、质量，鹿的管理条件等，科学合理地搭配饲料，以满足茸鹿对营养物质的需要。做到饲料多样化，可保证日粮的全价性，提高机体对营养物的利用效率，这是提高鹿茸产量的必备条件。同时，饲料的多样化和全价性，能提高饲料的适口性，增强鹿的食欲，促进消化液的分泌，提高饲料利用效率。

（三）坚持饲喂的规律性

鹿在长期进化过程中，其采食、饮水、反刍、休息都有一定的规律性。在人工饲养条件下，也要遵循这一规律，每日定时、定量、有顺序地饲喂精、粗饲料，投喂要有先后顺序，使鹿建立稳固的条件反射，有规律地分泌消化液，促进饲料的消化吸收。现鹿场多实行每昼夜饲喂三次，自由饮水终日不断的饲喂方式。先投精料，吃完后再投粗饲料。对放牧饲养的鹿群，应在归牧后补饲精饲料。鹿在饲养过程中，严格遵守饲喂的时间、顺序和次数，就会给鹿形成良好的进食规律，减少疾病的发生，提高生产力。

（四）保持饲料品质、饲料量及饲料种类的相对稳定

养鹿生产具有明显的季节性，不仅表现在公鹿生茸和母鹿繁殖上，而且也表现在营养需要和消化机能上。季节不同，鹿所采食的饲料种类也不同。因此，饲养中要随季节变更饲料。鹿对采食的饲料具有一种习惯性。瘤胃中的微生物对采食的饲料也有一定的选择性和适应性，当饲料组成发生骤变时，不仅会降低鹿的采食量和消化率，而且还会影响瘤胃中微生物的正常生长和繁殖，进而使鹿的消化机能紊乱和营养失调，因此，饲料的增、减、变换应有一个相适应的渐进过程。这里必须强调的是精料量的增加一定要逐渐进行，谨防加料过急，引起消化障碍，在以后的很长时间里吃不进精料，即所谓“顶料”。为防止顶料，在增加饲料时最好每四五天加料一次，每次加

50～100g 左右。减料可以适当加大幅度。

（五）充分供应饮水

水对饲料的消化吸收、机体内营养物质的运输和代谢和整个机体的生理调节均有重要作用。鹿在采食后，饮水量大而且次数多，因此，每日应供给鹿只足够的清洁饮水。夏季高温时要加大供水量，冬季以饮温水为宜。要注意水质清洁卫生，经常刷洗和消毒水槽，以防各种疾病的发生。

（六）合理布局与分群管理

应根据鹿场规模与圈舍条件、鹿的性别与年龄等进行科学合理布局和分群。一般在生产区内公鹿舍占上风向，母鹿舍占下风向，幼鹿居中，避免配种期母鹿气味刺激生产群公鹿而引起顶斗和伤亡。

根据鹿的种类、性别、年龄、健康状况、采食速度等进行合理的分群，避免混养时强欺弱、大欺小、健欺残的现象，使不同的鹿只均得到正常的生长发育、生产性能发挥和有利于弱病鹿只体况的恢复。一般成年公鹿群25～30 只，成年母鹿群 20～25 只，育成鹿群 30～35 只，幼鹿群 35～40 只，每群各占一个圈舍。

（七）保持安静和加强鹿的驯化

人工驯养的鹿，无论在生活习性，还是生理机能上都多少保留着野生动物的特点，遇到较大的刺激就会惊慌、奔撞，甚至越墙逃窜。常造成鹿只伤亡。因此，在日常养鹿工作中，要保持舍内安静，饲养员进出圈舍动作要轻、稳，更不要大声喧哗，尽量避免不良因素的侵袭。

鹿的驯化可减小鹿的野性，降低其对环境刺激的敏感性，对人产生信任感，通过建立条件反射，使鹿听从指挥，从而实现对鹿群进行科学的饲养管理和疾病防治。根据驯化的目的和要求不同，鹿的驯化可分为基础驯化和放牧驯化。基础驯化的目的是为了便于鹿的管理和生产，使鹿群不怕人，对外界刺激不惊慌、不炸群、能听懂一定的口令，建立起正常的条件反射，能与饲养员建立“信任”关系，便于饲养员对它们进行饲养管理。放牧驯化是在基础驯化成熟的基础上，使鹿群建立更复杂而稳定的条件反射，要求鹿群在野外能听从放牧员的指挥，不逃、不离群，并能自动归场。

二、成年公鹿的饲养管理

饲养公鹿是为了不断提高鹿群健康水平，生产优质高产的鹿茸，培育出性欲旺盛、精液品质优良的种公鹿，繁殖优良后代。科学的饲养管理，可保证公鹿有良好的繁殖体况和种用价值，延长生产年限。

（一）公鹿生产时期的划分

公鹿的生理活动和生产活动随季节而变化。根据公鹿不同季节的生理特点和代谢变化规律，结合生产实际把公鹿饲养管理划分为生茸前期、生茸期、配种期和恢复期四个阶段，其中，生茸前期和恢复期基本处于冬季，又称为越冬期。由于我国南北方地理环境和气候条件的差异，公鹿在四个时期的具体划分上稍有不同，在北方地区，梅花鹿1月下旬至3月下旬为生茸前期，4月上旬至8月中旬为生茸期，8月下旬至11月中旬为配种期，11月下旬至翌年1月中旬为恢复期。马鹿的上述各时期比梅花鹿提前1旬左右。我国南方各省，上述各时期普遍比北方提前，但配种期则相对延长。各时期划分如下：生茸前期为2月下旬至3月上旬，生茸期为3月中旬至8月中旬，配种期为8月下旬至12月上旬，恢复期为12月中旬至翌年1月中旬。

（二）公鹿生茸期的饲养管理

1. 公鹿生茸期的饲养要点　公鹿生茸期正值春夏季节，公鹿在这一时期新陈代谢旺盛，其所需要的营养物质增多，采食量大。这个时期饲养的好坏，直接影响鹿茸的生长。

公鹿生茸期需要大量蛋白质、无机盐和维生素。为满足公鹿生茸的营养需要，不仅要供给大量精饲料和青饲料，而且要设法提高日粮的品质和适口性，增加精饲料中豆饼和豆科籽实的比例。但含油量高的籽实（如大豆），喂量不宜过多，并应熟喂。因为反刍动物对脂肪的消化吸收能力差，大量的脂肪在胃肠道内与饲料中的钙起皂化作用，形成不能被机体吸收的脂肪酸钙，从大便中排出，常造成浪费。有时还会造成新陈代谢紊乱，严重地造成钙缺乏，易引起鹿茸生长停滞，甚至萎缩。为提高大豆籽实的消化率，可将大豆磨成豆浆，调拌精料饲喂。另外，在生茸期应供给足够的青割牧草、青绿枝叶和优质的青贮饲料。

在日粮组成上要多样、全价。日粮中精料要由多种饲料混合组成，其中豆饼应占40%～55%，禾本科籽实占30%～40%，糠麸类占10%～20%。其精料喂量为：梅花鹿种公鹿每天每只1.8～2.0kg，梅花鹿生产公鹿为1.6～2.0kg，头锯到四锯梅花公鹿为1.5～1.8kg；种用马鹿公鹿为3.2～3.7kg，生产用马鹿公鹿为2.9～3.5kg（表6-19）。值得提出的是，不论是舍饲还是放牧的公鹿，锯完头茬茸后应大幅度减料。

表6-19　各种公鹿生茸期的日粮组成

鹿种类	精料（kg/日·只）	多汁饲料（kg/日·只）	青饲料（kg/日·只）	磷酸氢钙（g/日·只）	食盐（g/日·只）
梅花鹿	2.0～2.5	2.0～3.0	3.0～4.0	30.0	25.0
马鹿和白唇鹿	3.0～4.0	3.0～4.0	5.0～6.0	40.0	30.0
水鹿	1.5～2.5	2.0～3.0	4.0～5.0	30.0	25.0

在生茸期，舍饲公鹿每昼夜应饲喂3次，并尽量延长每次间隔时间。每次先精后粗。增加精料时需十分谨慎并要缓慢进行，以保持其旺盛的食欲，防止因加料过急而发生顶料。在增加精料的同时，应供给足够的优质青粗饲料。3～6月份，可日喂2次青贮饲料，1次干粗饲料；6～8月份可日喂2次青饲料和1次干粗饲料。放牧的公鹿每天上、下午各出牧1次，每次归牧回来时应补给适量精饲料。此外，在生茸期供水一定要充足，水槽内任何时间都要有足够而清洁的饮水。同时还要补饲食盐，一般梅花鹿每天每只给25g，马鹿35g，育成鹿25g。给盐方法除了直接放入精饲料中外，还须设盐槽，7天左右往盐槽内投放一定量的食盐或含盐矿物质以供舔食。有的鹿脱盘后往往啃食落地的花盘，这是机体缺钙的表现，应对这种鹿群加钙质补充剂。补钙中应注意，在生茸后期日粮中钙质过多，会加速茸质的骨化，所以应适当控制给量。

2. 生茸期公鹿管理要点

（1）合理分群　不同年龄公鹿的消化生理特点，营养需要和代谢水平不同，脱盘早晚和鹿茸生长发育速度不同。因此，应将公鹿按年龄、体质分成若干群，便于掌握日粮水平、饲喂量以及日常管理，舍饲公鹿每一圈由25～30只组成，放牧公鹿应采取大群放牧，小群补饲，补饲群应由30～40只年龄相近、体况基本一致的公鹿组成。在生产过程中，最好应把锯过头茬茸的公鹿与其他公鹿分开饲养管理，以防止它去顶撞正在长茸的鹿只。

（2）护茸　管理上公鹿生茸期应以护茸为中心实施各项管理措施。为了防止公鹿惊慌炸群而伤及茸角，要保持舍内安静，整个生茸期谢绝参观。非本圈饲养人员不要进入鹿圈，即使本圈饲养人员进圈时，也要先给信号，进圈后不要做突然动作。有好咬茸扒架恶癖的公鹿，应及时制止并隔离饲养。值班人员、饲养人员要观察脱盘及鹿茸的生长发育情况，认真做好脱盘记录，注意鹿茸的生长状态，便于适时收茸，有压茸花盘，可寻找时机人工拔掉，以免影响生茸或长怪角。要注意检查发现并除去各种易损伤鹿茸的器物。当三杈茸快要长成时，而群体大饲槽显得较窄时，用铁叉上青贮饲料时要注意不要扎伤抢食的鹿茸。有的鹿经常用茸角摩擦建筑物或用茸角摩擦身体某些部位，这时应该细心检查是否有茸癣或体癣。

（3）防暑增湿　夏季要在运动场内设置遮阴棚，遇有高温炎热天气时要适时进行人工降雨，随时注意改善舍内的湿度和通风条件，及时清除舍内的排泄物、积水及剩余的粗料残渣，以利于鹿只健康和鹿茸的生长发育。

（三）公鹿配种期的饲养管理

公鹿配种期是养鹿生产中非常重要的饲养管理时期，不合理的饲养管理会损失大量的公鹿，直接影响下年度的产茸量。

1. 公鹿配种期的饲养　公鹿配种期为8月下旬至11月中旬，马鹿的配种较梅花鹿早10～15日。配种期公鹿饲养管理的目的：一是保持种公鹿有适宜的繁殖体况、良好的精液品质和旺盛的配种能力，适时配种，繁殖优良后代；二是使非配种公鹿维持适宜的膘情，准备安全越冬。

公鹿配种期时公鹿性欲冲动强烈，食欲急剧下降，争偶顶撞严重，因此，能量消耗较大，据测定，在良好的饲养管理条件下，成年公鹿在配种期体重平均下降18.12％。参加配种的种公鹿每天配4只母鹿，半月内体重就下降20％左右。对于种公鹿，要求保持中上等膘情，健壮，活泼，精力充沛，性欲旺盛。因此，此期应加强饲养，在日粮配合时应选择适口性强，含糖、维生素、微量元素较多的青贮玉米，瓜类，胡萝卜、大萝卜和甜菜等青绿多汁饲料和优质的干粗饲料。精饲料要由豆饼、玉米、大麦、高粱、麦麸等配合而成，要求能量充足，蛋白质丰富，营养全价。此期精料日喂量为：种用梅花鹿公鹿1.0～1.4kg，种用马鹿公鹿1.7～1.9kg。

对非配种公鹿，为了降低配种期生产群公鹿的性反应，减少争斗和伤亡，并为安全越冬做好准备，在配种到来之前，要根据鹿的膘情和粗饲料质量等情况适当减少精料量，必要时停喂一段时间精料。但必须要保证有一个健康的体况和一定的膘情，以确保安全越冬，不影响来年的生产。一般非配种梅花鹿公鹿精料日喂量为0.5～0.8kg，非配种马鹿公鹿1.2～1.6kg（表6-20）。

表6-20　公鹿配种期精料表（kg/头）

饲　料	梅花公鹿				公马鹿
	头锯	二锯	三锯	四锯以上	
豆饼、豆科籽实	0.37～0.5	0.37～0.5	0.25～0.37	0.25～0.37	0.5～0.7
禾本科籽实	0.23～0.3	0.23～0.3	0.15～0.3	0.15～0.23	0.3～0.4
糠麸类	0.15～0.2	0.15～0.2	0.1～0.15	0.1～0.15	0.2～0.25
合计	0.75～1.0	0.75～1.0	0.5～0.75	0.5～0.75	1.0～1.3
食盐（g）	15～20	15～20	15～20	15～20	20～25
碳酸钙（g）	15～20	15～20	15～20	15～20	20～25

2. 公鹿配种期的管理

（1）首先要考虑合理组群　种用公鹿和非种用公鹿应分群进行饲养和管理，准备淘汰的公鹿应单独组群。中途替换和配种结束的种公鹿应单独组群饲养，暂时不能同未参加配种的生产公鹿混群，以避免由于其带有母鹿气味而引起顶架伤亡。

（2）要合理布局鹿舍　非配种公鹿和后备种公鹿应远离母鹿群的上风头圈舍内，防止异味刺激引起性冲动而影响食欲，对生产群必须严加看管，控制顶撞和爬跨现象，防止激烈顶撞，发现被穿肛或撞坏的鹿只，及时做好妥善处理。

（3）设专人昼夜值班　配种期间为了准确掌握配种情况，必须设专人昼夜值班，细致观察配种情况和进程并做好记录，防止受配多次的母鹿被公鹿追逼，而被穿坏阴道和肛门。注意观察种公鹿的健康状况和配种能力并及时替换。中途替换或配种结束拨出的种公鹿应单独组群或放入小圈单独饲养，暂时不能同未参配种的公鹿群混群，避免把母鹿气味带给鹿群，引起公鹿爬跨、顶架伤亡。

（4）观察记录　为准确掌握配种情况，要细致观察并记录。

（5）其他　保持舍内安静，定时定量饲喂，配种期间，水槽应设盖，以便控制饮水，防止公鹿在顶架或交配后过度喘息时马上饮水，造成鹿只的伤亡或丧失配种能力，降低生产性能。

（四）公鹿越冬期的饲养管理

1. 公鹿越冬期的饲养

（1）配种恢复期的饲养　经过两个多月的配种期，体重下降，体质瘦弱，胃容积相对缩小，腹部上提，一般来说其体重要比秋季下降15%～20%。此期性活动逐渐低落，食欲和消化机能相应提高，热能消耗较多。根据以上特点，配合日粮时，要求逐渐加大日粮容积，提高热能饲料的比例。因此，日粮应以粗饲料为主，精饲料为辅，同时必须供给一定数量的蛋白质饲料和非蛋白氮饲料，以满足瘤胃微生物生长繁殖的需要。在精饲料，蛋白质饲料（豆饼及豆粕）占20%左右为宜，精料日喂量梅花鹿公鹿0.8～1.2kg，马鹿公鹿1.2～1.8kg。

（2）生茸前期的饲养　此期公鹿性活动停止，食欲和消化机能已完全正常，并为生茸贮备营养物质。日粮应以干粗饲料和青贮玉米为主，精饲料为辅。精饲料配方中应逐渐增加蛋白质饲料的比例，豆饼（粕）类饲料应占20%～25%。精饲料量应循序渐进增加，并精细加工。精饲料日喂量梅花鹿公鹿1.2～1.5kg，马鹿公鹿1.8～2.5kg。公鹿白天喂精料2次，喂粗料2～3次，夜间加喂1次粗料。

此外，在越冬期一般以干粗饲料和青贮饲料为主，有的鹿场青贮饲料所占比例较大，为防止因长期饲喂青贮饲料引起瘤胃酸度过大而破坏瘤胃微生物的正常繁殖，要在精饲料中定期定量地添加一些碳酸氢钠，以中和瘤胃中过多的酸（表6-21）。

表 6-21　各类公鹿恢复期及生茸前期日粮组成

鹿种类	精料（kg/日·只）	多汁饲料（kg/日·只）	青饲料（kg/日·只）	磷酸氢钙（g/日·只）	食盐（g/日·只）
梅花鹿	1.2～1.5	1.0～1.5	2.0～3.0	25.0	30.0
马鹿和白唇鹿	1.5～2.0	2.0～3.0	3.0～5.0	30.0	35.0
水鹿	1.0～1.2	1.0～1.5	3.0～4.0	25.0	25.0

2. 越冬期的管理

（1）*加强运动*　为减少体能消耗、增强抗寒能力，保证安全越冬，应每天驱赶鹿群运动 1h，以增强免疫力。

（2）*保温防潮*　棚舍内要铺足够豆秸、稻草等垫草。圈舍的后墙通风窗应及早封严，并采取其他防寒措施。及时清除舍内积雪，舍内要防风、保温、保持干燥、确保采光良好。

（3）*保障供水*　要适时对饮水锅加温，保证饮温水。

（4）*调整鹿群*　在 1 月初和 3 月初，根据鹿的体况继续调整鹿群，将体弱与患病的鹿拨出组群，设专人加强饲养管理。

此外，因为，此时期公鹿性欲并没有完全消失，为防止因穿肛造成死亡，要加强鹿群的管理。

三、成年母鹿的饲养管理

饲养母鹿的目的是保证母鹿有健康体况、良好的种用价值和较高的繁殖力，巩固有益的遗传性，繁殖优良的后代，不断扩大鹿群和提高鹿群质量。

（一）母鹿饲养时期的划分

根据母鹿在不同时期的生理变化及营养需要等特点，可将母鹿的饲养时期划分为配种与妊娠初期、妊娠期、产仔泌乳期三个阶段，9 月中旬至 11 月中旬为配种与妊娠初期，11 月下旬至 4 月下旬为妊娠期，5 月上旬至 8 月中旬为产仔泌乳期。马鹿与梅花鹿母鹿饲养时期划分基本相同，只是马鹿母鹿较梅花鹿提前 10 天左右妊娠。实际上从断乳（8 月 20 日）到配种期（9 月 10 日），母鹿还应有一个断乳后恢复期，但由于断乳有早有晚，而且时间较短，不能明显区分，所以未把此期列出。

（二）母鹿配种与妊娠初期的饲养管理

1. 配种与妊娠初期的饲养　此期母鹿在生理上表现为性活动机能不断增强，卵巢产生成熟的卵子，并定期排卵。母鹿性腺活动与卵细胞的生长发育都需要有足够的营养供给，特别是能量、蛋白质、矿物质和维生素，这是保证母鹿正常发情排卵的关键。在此期日粮配合应以容积较大的粗饲料和多汁饲料为主，精饲料为辅。日粮中要给予一定量的富含胡萝卜素、维生素 E 的胡萝卜等根茎或块根类饲料，母梅花鹿每天每只 1kg 左右，母马鹿为 3kg 左右。精饲料中应以豆饼、玉米、高粱、大豆、麦麸等为主合理配合，并要补充各种微量元素和维生素。其中蛋白质饲料应占 30%～35%，禾本科籽实占 50%～60%，糠麸类占 10%～20%。精料日喂量母梅花鹿每只为1.1～1.2kg，母马鹿 1.7～1.8kg。圈养母鹿每天喂 3 次精料和 3 次粗饲料（表6－22）。实际生产中，应注意解决鹿配种旺期（10 月 1 日前后）粗饲料供应青黄不接所出现的困难局面。

表 6－22　母鹿配种与妊娠初期日粮组成

鹿种类	精料（kg/日・只）	多汁饲料（kg/日・只）	青饲料（kg/日・只）	磷酸氢钙（g/日・只）	食盐（g/日・只）
梅花鹿	1.1～1.2	1.0	2.0	20.0	20.0
马鹿和白唇鹿	1.7～1.8	1.5	3.0	25.0	25.0
水鹿	1.0	1.0	3.0	20.0	20.0

2. 母鹿配种与妊娠初期的管理

（1）*及时断乳，淘汰劣质母鹿*　为使母鹿提早或适时发情，仔鹿应尽量早一些离乳分群，同时调整鹿群。挑出不育的、有恶癖的、产仔弱的、有严重疾病无生产价值的母鹿，考虑淘汰。

（2）*调整鹿群*　配种前，按品质和后裔鉴定、亲缘关系、年龄及健康状况、配种方法等分为育种核心群、一般繁殖群、初配母鹿群和后备母鹿群，并根据各自生理特点进行饲养管理。根据种公鹿的配种能力和配种方法，调整鹿群，一般每个配种群在 20 只左右。配种结束后，所有参加配种的母鹿根据配种日期的先后适当调整鹿群，将体弱的母鹿单独组成小群加强饲养管理。

（3）*专人昼夜值班*　配种母鹿群要设专人昼夜值班看管，注意观察发情配种情况，制止恶癖公鹿顶撞母鹿。随时拨出配种性能低下的公鹿，以免贻误配种。为防止配种高峰日发情母鹿过多，造成种公鹿负担太重而出现漏配，可把母鹿拨到邻圈或换种公鹿（以上是指单公群母的配种方法）。

（三）母鹿妊娠期的饲养管理

1. 母鹿妊娠期的饲养　母鹿受孕后由于内分泌的改变和胎儿的生长发育，体重逐渐增加（包括胎儿的增重和母鹿本身的增重）。胎儿增重规律是：早期的绝对增重有限，只有初生重的 10%，但增长率较大，而胎儿后期的绝对增重较大，在妊娠 5 个月后，胎儿的营养积聚逐渐加快，胎儿的 80% 以上重量是在妊娠期最后 3 个月内增长的。随着母鹿妊娠期的推进，除了胎儿增重外，母鹿本身也增加了营养物质的沉积量。母梅花鹿妊娠后期将增重

10～15kg，初次妊娠的可增重15～20kg；母马鹿后期增重为20～25kg，初次妊娠的为30kg以上。这说明，初次妊娠的母鹿仍处于继续生长阶段。因此，在饲养上对初次妊娠母鹿要比成年母鹿多提供一些营养物质，以满足其胎儿和母鹿本身生长的需要。妊娠期的饲养应始终保持较高的日粮水平，特别是要保证蛋白质与无机盐的供给。在制定日粮时，要考虑到饲料容积，在妊娠初期可大一些，后期小一些。总的来看，日粮应选择体积小、质量好、适口性强的饲料。在喂给多汁饲料和粗饲料时必须慎重，防止由于饲料容积过大而造成流产，在临产前半个月时应适当限制饲养，以防止母鹿过肥造成难产。

母鹿妊娠期精料中豆饼（粕）等蛋白质饲料应占30%～40%，谷物饲料应占60%～70%。精料每日每只饲喂量：母梅花鹿妊娠初、中期为1.0kg，后期为1.1～1.2kg；马鹿妊娠初、中期为1.5～2.0kg，后期为2.0～3.0kg（表6-23）。

表6-23 母鹿妊娠期日粮组成

鹿种类	精料（kg/日·只）	多汁饲料（kg/日·只）	青饲料（kg/日·只）	磷酸氢钙（g/日·只）	食盐（g/日·只）
梅花鹿	1.0～1.2	1.0	1.2～2.0	20.0	20.0
马鹿和白唇鹿	1.5～3.0	2.0	3.0～4.5	40.0	30.0
水鹿	1.2	1.0	2.0～2.5	20.0	20.0

2. 母鹿妊娠期的管理 在管理上以保胎为主要目的，主要做好以下几项工作。

（1）合理调整鹿群 每圈鹿只不宜过多，根据参加配种母鹿的年龄、体况、受配日期合理调整鹿群，每舍内不宜过多，避免拥挤而造成流产。在妊娠中期（3～4月份）应对所有母鹿进行一次检查，调整鹿群，将空怀、体弱及营养不良的母鹿拨入相应鹿群，以便加强饲养。

（2）保持环境安静 要为母鹿群创造良好的生活环境，保持安静，避免各种惊动和骚扰。人员进入圈舍也须先给以信号，防止炸群。

（3）加强运动 为增强母鹿体质与促进新陈代谢机能，每天应驱赶运动1h左右。

（4）保持环境卫生 鹿舍应保持采光良好，清洁干净。定期更换垫草。冬季下雪后，要及时清理，以防母鹿滑倒引起流产。

（四）母鹿产仔哺乳期的饲养管理

1. 母鹿产仔泌乳期的饲养 母鹿分娩后即开始泌乳，梅花鹿每昼夜一般泌乳700mL左右，有的可达1 000mL，马鹿泌乳更高。鹿的乳汁浓度大，营养丰富，干物质含量高，干物质占32.2%，蛋白质占10.9%，脂肪占

24.5%，乳糖占2.8%，乳中的营养成分均来自饲料，饲料中供给的纯蛋白质必须高出乳中所含纯蛋白质的1.6～1.7倍，才能满足泌乳的需要。同时，饲料中的脂肪和碳水化合物必须供应充足。

鹿的泌乳量和乳的质量与其所食入的饲料量和质有关，特别是乳中的无机盐和多种维生素含量与饲料中这些物质的含量密切相关。泌乳期母鹿的饲养水平一方面直接影响其泌乳量及乳的质量；另一方面将影响仔鹿的生长发育。在哺乳期内，仔鹿生长发育所需的营养物质主要来源于母鹿的乳汁，特别是1月龄以内的仔鹿很少采食其他饲料，梅花鹿仔鹿在生后1个月内增重将近6.0kg，平均日增重0.2kg；东北马鹿生后1个月内增重约15.0kg，平均日增重0.5kg，生长发育均很快，因此，此期母鹿需要大量的营养物质来满足其自身的维持需要和泌乳需要。

母鹿哺乳前期，精料中蛋白质饲料应占30%～32%，谷物饲料应占50%～55%，麦麸应占8%～10%；其每只每日喂量：梅花鹿1.0kg，马鹿为1.4～1.6kg。母鹿哺乳期，精料中蛋白质饲料应占35%左右，谷物饲料应占50%～55%，麦麸占10%～15%；其每只每日喂量：梅花鹿1.1kg，马鹿为1.6～1.8kg。母鹿哺乳后期，精料中蛋白质饲料应占38%～40%，谷物饲料应占50%左右，麦麸占10%左右；其每只每日喂量：梅花鹿1.2kg，马鹿为1.8～2.0kg。精料每天分3次喂给。粗饲料以优质的青绿多汁饲料为主，干饲料为辅。粗饲料每天喂3次，其中2次为青饲料。随着仔鹿的生长，逐渐地随母鹿一起采食精料和粗料，所以，此期饲料一定要保证饲料多样、全价、优质、数量充足。千万不能喂给变质、发霉、低劣的饲料。因为母鹿的舔肛、咬尾恶癖与食盐缺乏有一定关系，所以食盐的供给也不可忽视。

2. 产仔哺乳期母鹿的管理

（1）保证充足饮水　夏季天气热，泌乳期母鹿需水量又大，更应重视水的供给，使母鹿随时能喝到清洁的饮水。

（2）注意保持清洁卫生　夏季母鹿舍应特别注意保持清洁卫生和消毒，预防母鹿乳房炎和仔鹿疾病的发生。在哺乳期拨鹿时，对胆怯、易惊慌炸群的鹿不要强制驱赶，应以骨干鹿来引导。对舍饲的母鹿要结合清扫圈舍和喂饲随时进行调教驯化。

（3）专人昼夜值班　在哺乳期要求饲养员责任心强，工作细心，对弱仔及时引哺或人工辅助哺乳，对缺乳或拒绝哺乳的母鹿注意护理，加强看管和调教，特别要加强对保姆鹿、双胎鹿、难产鹿的看护，应安排经验丰富的专人昼夜值班。对有扒打仔鹿、舔肛、咬尾的恶癖母鹿要严格看管，必要时将它们拨出单独管理，对被弃仔鹿和弱仔要及时找好保姆鹿，产仔哺乳后期，应结合清扫圈舍和饲喂定时调教和驯化母、仔鹿，为离乳分群时顺利拨鹿打好基础。

四、幼鹿的饲养管理

幼鹿正值强烈的生长发育阶段，如果长期处于不良的饲养管理条件下，将导致生长发育受阻，对其体形型、生理机能和生产性能均有长远的不良影响。对幼鹿进行科学的培育是提高鹿群质量、保证全活全壮、为鹿群高产打好基础、加速养鹿业发展的重要环节。

（一）幼鹿饲养时期的划分

鹿的哺乳期是指 3 月龄以前的小鹿，称为仔鹿或哺乳仔鹿，把断乳后到年底的幼鹿称离乳仔鹿；当年出生的仔鹿转年称为育成鹿，把幼鹿的生长期分为 3 个阶段，即哺乳仔鹿期、离乳仔鹿期和育成期。

（二）幼鹿的生长发育规律

1. 幼鹿生长发育特点　幼鹿生长发育规律与其他动物基本相同。在机体组织中，神经属于与生命关系最重要的部分，因而必然优先发育。其次是骨骼、肌肉及脂肪组织的发育。此外，肝脏发育与鹿的营养水平紧密相关，瘤胃发育与饲料种类的关系极为密切。

2. 体型、体重的变化　体型的变化取决于骨骼的发育情况，在仔鹿出生前骨骼即已开始发育，仔鹿初生重仅为成年鹿的 4.5%，但腿长却达到成年鹿的 45.27%，体高达 42.72%，体长达 35.5%，胸深达 30.52%，坐骨宽达 25.0%。因此，初生仔鹿有腿骨长、后躯高和坐骨宽度发育较迟缓的特点。

仔鹿出生后，其体躯各部位的生长强度也并不一致。据研究，鹿从出生至 90 日龄时，公仔鹿体高较体长大 6.9cm，母仔鹿体高比体长大 5.3cm。公仔鹿在 90 天内体高增长 30.8cm，增长率为 69.5%，而体长增长 33.24cm，增长率为 94.84%，这说明，体高是属于早期生长部位，而体长与体深次之，体宽特别是后躯宽度是较晚生长的部位。

梅花鹿仔鹿在不同的生长发育时期，其生长速度变化较大。1 月龄以前、1～2 月龄、2～3 月龄、3～6 月龄、6～12 月龄等 5 段时间里，每个月的平均增重率分别为 105.5%、70.7%、45.9%、22.9%和 4.4%。也就是说初生仔鹿相对生长速度最快，随着月（年）龄的增长，其生长速度逐渐减慢。

3. 瘤胃的发育　仔鹿初生时，瘤胃的容积很小，第一胃和第二胃（即瘤胃和网胃）仅占 4 个胃总容积的 1/3；30～40 日龄时占 58%；3 月龄时占 75%；1 岁时占 85%，这时基本完成了瘤胃的发育。仔鹿在 1～2 周龄时几乎不进行反刍，至 3～4 周龄时才开始反刍。这时只能摄取少量的精饲料和树叶，同时以第四胃及肠道为主消化固体饲料。因为瘤胃、网胃、瓣胃没有分泌腺体，只有真胃（皱胃）能分泌消化液，前三个胃没有建立以前，主要靠真胃进行消化。真胃不分泌淀粉酶，这是进行早期断乳必须考虑的问题。研究表明，在仔鹿出生后4～10周，补饲饲料中精饲料的比例过高，甚至不喂粗饲料，会使瘤胃的发育推迟、乳头发育不良，同时也会降低日增重。

固体饲料对刺激瘤胃发育所产生的效果，并非单纯是物理的作用，其中还包括精饲料和粗饲料两方面，共同发生的营养作用，因在瘤胃内的发酵产物中，最主要的低级脂肪酸是醋酸、丙酸和酪酸，这些脂肪酸的产生则是刺激瘤胃发育的因素之一。

（三）哺乳仔鹿的饲养管理

1. 初生仔鹿的护理 仔鹿生后1周龄内为初生期，亦称新生期。在此期间，初生仔鹿生理机能和抗御能力不健全，急需人为的辅助护理。其中护理的关键是设法帮助仔鹿尽早吃到初乳，保证仔鹿充分休息。

（1）给仔鹿创造适宜的栖息环境 在产仔季节到来之前，安装仔鹿保护栏，是保障仔鹿安全、减少发病、提高成活率的有效措施。保护栏应设在圈舍内西北侧高燥处，以利于保温与采光。栏内要保持清洁干燥，经常更换垫草。保护栏前面的栅条间隔以15～20cm为宜。

（2）清除初生仔鹿的黏液及断脐 优良的母鹿分娩后，寸步不离其幼仔，很快就舔干仔鹿，仔鹿生后15～20min即可站立就乳。对于一些因母鹿母性不强、分娩后因为受惊或其他原因而没有得到照顾的仔鹿，其躯体的黏液不能及时得到清除，饲养员必须及时用软草或布块将其擦干，或找已产仔的温顺母鹿代为舔干，特别是首先清除口及鼻孔中的黏液，以免其因窒息而死。初生仔鹿喂过3～4次初乳后，进行检查脐带、断脐、用碘酒消毒、打耳号、注射卡介苗和产仔登记工作。并做好圈舍消毒工作。

（3）保证仔鹿及时吃上初乳 初乳是母鹿在分娩后7天内所分泌的乳。初乳色深黄而黏稠，比常乳的总干物质多，含有丰富的蛋白质、维生素A、脂肪酶、灰分、抗体、磷酸盐、镁盐等，在蛋白质中有大量的免疫球蛋白，它对增强仔鹿的抗病能力起关键作用。此外，初乳中含有较多的镁盐，有助于仔鹿排出胎便。仔鹿在初生时对初乳免疫球蛋白的吸收率最高，大约为50%，在20h后，仅能吸收12%，36h后，仅能吸收少量或不吸收。仔鹿越早喂足量的初乳，血中免疫球蛋白越多，而血中免疫球蛋白的含量多少与仔鹿的死亡率直接相关。为此，应细心观察哺乳情况，保证仔鹿生后8h内应吃到初乳，一般在1～2h内吃到为最好。

（4）仔鹿代养 代养是提高仔鹿成活率可靠而有效的措施之一。当初生仔鹿得不到亲生母鹿的直接哺育时，可为它寻找一只性情温顺、母性强、泌乳量高的产仔母鹿作为保姆鹿，共同哺育亲生仔鹿和代养仔鹿。

代养方法是将选好的保姆鹿放入小圈后，送入代养仔鹿，如果母鹿不扒不咬，而且前去嗅舔，可认为其能接受代养。同时要观察仔鹿是否能吃上奶，一般吃过2～3次后，代养就已基本成功。代养初期，体弱仔鹿自己哺乳有困难时，需人工辅助并适当控制保姆鹿自产仔鹿的哺乳次数和时间，以保证代养仔鹿的哺乳量。对代养母鹿应加强饲养，补充营养丰富的多汁饲料，使母鹿分泌乳汁充足。代养时要切实掌握代养母鹿分泌乳汁是否能够满足两只仔鹿的需要，当母鹿乳量不足时，需另找母鹿代养。代养仔鹿要适当延长单圈饲养时间，一般不能少于7～10d。当两只仔鹿都已强壮时，可拨入哺乳母鹿大群。

(5) 仔鹿人工哺乳　当仔鹿出现下列情况而又找不到代养母鹿时则需要进行人工哺乳：①产后母鹿无乳、缺乳或死亡；②恶癖母鹿母性不强，拒绝仔鹿哺乳；③初生仔鹿体弱不能站立；④从野外捕捉的初生仔鹿；⑤为了进行必要的人工驯化，人工哺乳主要利用牛乳、羊乳等直接喂给仔鹿，有短期人工哺乳和长期人工哺乳。短期人工哺乳是为了使仔鹿达到自行吸吮母乳的程度；长期人工哺乳是仔鹿无法获得鹿乳进行全期人工哺乳。

在人工哺乳中，初乳的供给是一个主要环节。保证初乳供应，仔鹿才能生长强壮，发育良好，成活率高；反之，则容易发病和死亡。在生产中，因为鹿的初乳不易收集，对仔鹿实行人工哺乳时，多用牛的初乳代替。

人工哺乳的方法：先将经过消毒的乳汁（初乳或常乳）装入清洁的奶瓶，按上奶嘴，冷却到36～38℃，用手把仔鹿头部抬起固定好，将奶嘴插入仔鹿口腔，压迫奶瓶使乳汁慢慢流入。注意不能操之过急，如仔鹿出现挣扎，需适当间歇，哺喂数次后仔鹿即能自己吸吮。在人工哺乳时，要用温湿布擦拭按摩仔鹿的肛门周围或拨动鹿尾，促进排出胎粪，以防仔鹿排泄物障碍导致死亡。人工哺乳依据每只仔鹿的初生重、食量、发育状况制定哺乳方案，定时、定量，由专人进行喂乳。用牛乳哺育仔鹿，其喂量可参考表6-24。应该注意的是，人工哺乳必须坚持做好乳汁、乳具的消毒。为预防人工仔鹿患胃肠炎，应定期在乳汁中加入抗生素。30日龄以内适当补给鱼肝油和维生素，以促进仔鹿的正常发育。在进行人工哺乳同时，应进行早期训练仔鹿采食精粗料，进行正规的调教驯化。

表6-24　人工哺乳次数、喂量参考表（mL）

仔鹿日龄	1～5	6～10	11～20	21～30	31～40	41～60	61～75
日喂次数	6	6	5	5	4	3	3
初生重5.5kg以上	480～960	960～1 080	1 200	1 200	960	720～600	600～450
初生重5.5kg以下	420～900	840～900	1 080	1 080	870	600～450	520～300

2. 哺乳仔鹿的补饲和管理

（1）哺乳仔鹿的补饲　随着仔鹿日龄的增长，母鹿提供的营养物质不能满足仔鹿生长发育的需要，因此，应对仔鹿尽早补饲，特别是哺乳的中期和后期。15～20日龄的仔鹿便可随母鹿采食少量饲料，从这时保护栏内应设小料槽，投给营养丰富易消化的混合饲料，按豆饼40%、玉米面40%、麸皮15.5%、矿物质2.5%、维生素和生长素适量，配制混合日粮可获得良好效果（哺乳仔鹿补饲量和次数参见表6-25）。哺乳仔鹿不必单独补给粗饲料，可随母鹿自由采食，但应投给一些质地柔软的青干饲料、青草、嫩枝叶，开始补饲后应增设水槽，以保证仔鹿饮水。

表6-25　哺乳仔鹿补饲量及次数

鹿　种	日　龄			
	10～30	31～50	51～70	71～90
日喂次数	1	2	2～3	3
梅花鹿（g）	50～100	150～200	250～300	300～400
马鹿仔鹿（g）	100～200	300～400	500～600	600～800

（2）哺乳仔鹿的管理

设保护栏：生产实践证明，在哺乳期母鹿舍内设置仔鹿保护栏，是保证仔鹿安全、减少疾病、提高成活率的有效措施。初生一周以内的仔鹿，大部分时间在保护栏里伏卧休息，并占据一定的位置，固定不变。

仔细观察：饲养员每日定时细心观察其精神状态、卧位和卧姿、鼻镜和眼角，并将仔鹿从保护栏里慢慢哄起，检查其排便、运动、步态、吃入等是否正常。一旦发现应及时报告，抓紧治疗。

（四）离乳仔鹿的饲养管理

1. 离乳仔鹿的饲养　从离乳到当年年底称为离仔幼鹿。在8月中旬母鹿配种期到来之前，一次将当年产的仔鹿全部拨开。离乳仔鹿按鹿的性别、出生先后、体质强弱分成若干个离乳仔鹿群，每群以40～50只为宜，或者分小群进行饲养。离乳仔鹿群应养在远离母鹿的圈舍里；也有把仔鹿留在原圈，而将母鹿拨出的。

仔鹿在哺乳期内经过补饲虽然消化机能得到一定锻炼，但初离乳时有些晚产的哺乳期短的仔鹿消化道缺乏锻炼，离乳初期不能很快适应新的饲料。因此在饲料种类上，应尽量供给哺乳期内仔鹿习惯采食的各种精粗饲料，离乳幼鹿的口粮应由易消化又含有生长发育需要的各种营养物质的饲料组成。离乳初期日喂4～5次，以后逐步达到成年鹿的饲喂次数和营养水平。在此期间的饲料要特别注意营养水平和日粮的全价性（其精料可参考表6-26）。

离乳仔鹿的饲料要细致加工调制，将大豆制成豆浆，把豆饼制成粥喂给幼鹿，其效果较好。除保证一定数量的、营养价值全面的精饲料日粮外，还需给以足够的优质粗饲料和清洁饮水。进入越冬季节后，还应另外供给一部分青贮饲料和其他含维生素丰富的饲料。注意无机盐的供给，必要时可补喂维生素和无机盐添加剂。一般离乳初期日喂4～5次精、粗饲料，夜间补饲一次粗料；到10月份时喂次与大鹿相同。

表6-26 离乳幼鹿精饲料为量

饲料种类	梅花鹿					马 鹿				
	8月	9月	10月	11月	12月	8月	9月	10月	11月	12月
豆饼与豆类籽实（kg）	0.15	0.25	0.35	0.35	0.4	0.3	0.4	0.5	0.5	0.6
禾本科籽实（kg）	0.1	0.1	0.1	0.2	0.2	0.2	0.2	0.3	0.3	0.4
糠麸类（kg）	0.1	0.1	0.1	0.1	0.1	0.1	0.1	0.1	0.1	0.1
食盐（g）	5	8	10	10	10	10	10	10	10	10
碳酸钙（g）	5	8	10	10	10	10	10	15	15	15

2. 离乳仔鹿管理

（1）*断乳* 于8月中下旬选晴天的早晨，用驯化程度较高的一批或几只大母鹿，先将仔鹿顺利领到预定的离乳幼鹿圈内，然后再慢慢地放回或拨出大母鹿。

（2）*分群* 离乳后的仔鹿视其多少，按性别、胎次、出生先后和体型大小、体质强弱等，仔细地进行合理分群，精心管理。

（3）*加强护理* 刚离乳的幼鹿因留恋母鹿及原圈时，会鸣叫不安，食欲减退，必须安排经验丰富、责任心强的饲养员，耐心谨慎地接触仔鹿群，使之在5～7d内尽快稳定下来。在此期间，在仔鹿经常遛走活动的一侧地面，要留有足够的垫草，避免磨伤蹄垫部。仔鹿能钻的门和各处空隙要封好。

（4）*适时驯化* 当仔鹿稳定并采食正常之后，应尽早利用食物引诱，结合大群驱赶的方法，坚持经常有规律地进行驯化。

（5）*注意防寒* 幼鹿4～5月龄时已进入越冬期，应注意做好防寒保温工作，使幼鹿在一个良好的饲养管理条件下度过寒冷的冬季。

（五）育成鹿的饲养管理

仔鹿生后转入第二年就是育成鹿。此时的鹿已经完全具备独立采食和适应各种环境的能力。此期间不像仔鹿时期那样容易患病，饲养无特殊要求。但育成鹿是从幼鹿向成年鹿的过渡阶段，此期饲养的好坏，将决定以后的生产性能，具有可塑性大、生长速度快的特点，可有计划地进行定向培育，争取培育出体质健壮，生产力高、抗病力强，耐粗饲的理想型鹿群。

1. 育成鹿的饲养 育成鹿初期瘤胃容量有限，尚不能保证采食足够量的青粗饲料以满足鹿生长发育的需要。因此，在1岁以内的后备鹿仍需喂给适量的精饲料，特别是要使鹿达到显著增重时更应如此。精饲料的配合成分和喂量要根据粗饲料的种类、质量适当进行调整，一般此期间的精饲料用量：育成梅花鹿0.8～1.4kg，育成马鹿1.8～2.3kg（表6－27、表6－28）。育成鹿的日粮配合中，精粗饲料的比例应适当，精饲料过多，会影响消化器官的发育，特别是瘤胃的发育，进而降低鹿对粗饲料的适应能力；精饲料过少，也不能满足育成鹿生长发育的营养需要。

表6－27 育成梅花鹿精料日饲喂量

饲料种类	育成公梅花鹿				育成母梅花鹿			
	1季度	2季度	3季度	4季度	1季度	2季度	3季度	4季度
豆饼与豆类籽实（kg）	0.4	0.4～0.6	0.7	0.7	0.3	0.4	0.45～0.5	0.5～0.45
禾本科籽实（kg）	0.2～0.3	0.2～0.3	0.2	0.3～0.4	0.2	0.2	0.2	0.2
糠麸类（kg）	0.3	0.3	0.3	0.3	0.3	0.3	0.3	0.3
酒糟类（kg）	0.3～0.4	0.4～0.5	—	0.4～0.5	0.3～0.4	0.4～0.5	—	0.4～0.5
食盐（g）	10	15	15	20	10	15	15	20
碳酸钙（g）	15	15	15	15	10	15	15	15

表6－28 育成马鹿精料日饲喂量

饲料种类	育成公马鹿				育成母马鹿			
	1季度	2季度	3季度	4季度	1季度	2季度	3季度	4季度
豆饼与豆类籽实（kg）	0.7～0.8	0.8～0.9	0.9～1.0	0.9～1.0	0.7～0.8	0.8	0.8	0.8～0.7
禾本科籽实（kg）	0.3～0.4	0.4～0.5	0.5	0.5～0.3	0.3	0.3～0.4	0.4	0.4
糠麸类（kg）	0.6	0.6	0.6	0.6	0.5	0.5～0.6	0.6	0.6
酒糟类（kg）	0.5	0.5～0.6	—	0.5～1.0	0.5	0.5～0.6	—	0.5～1.0
食盐（g）	15	20	20	25	15	20	20	25
碳酸钙（g）	15	15	20	25	15	15	20	25

2. 育成鹿的管理

（1）*调整鹿群* 育成鹿应按性别和体况于3月底之前进行分群，并养在能充分运动、休息和采食，面积较大的圈舍内。

（2）*加强育成母鹿的管理* 育成母鹿初配期应根据育成母鹿的出生月龄和发情情况确定是否参加配种。参加配种前，必须加强饲养管理，提高日粮营养水平，保证正常发情排卵，使配种期达到适宜的繁殖体况。

（3）防止乱配　育成公鹿配种期也有相互爬跨现象，容易造成不必要的体力消耗，可能导致直肠穿孔而死亡。在管理上必须制止个别早熟鹿乱配，以免影响正常发育。

（4）破桃墩基础　发育好的育成公鹿 3 月份即可长出椎角。当椎角长至 3～5cm 时，要适时采取破桃墩基础技术。这样不但在秋季可以再锯一次椎角再生茸，还可使角基部增粗，有利于次年鹿茸增产。

（5）加强运动　加强运动是幼鹿一项经常性的措施，它对增加采食量、增强体质、预防疾病都有重要意义，可结合放牧达此目的。不具备放牧条件的鹿场，每天在圈内也必须保证 1～2 小时的哄赶运动。

（6）调教驯化　继续加强调教驯化，巩固原有的驯化成果，建立新的更复杂的条件反射，增强对各种复杂环境的适应能力，为确保安全生产打好基础。

第七节　鹿产品加工

鹿产品主要是指鹿茸，其次是鹿胎、鹿尾、鹿筋、鹿鞭、鹿皮、鹿心、鹿角等。鹿产品既是药材，也是商品，因此收获是否适时，加工方法是否得当，对产品质量和经济效益都有直接影响。为了确保鹿产品质量的不断提高，保持我国鹿茸在国际市场上的信誉，研究和掌握鹿产品的收获和加工技术就显得十分重要和必要。

一、收茸

（一）鹿茸收获、加工的准备与合理收获

1. 鹿茸收获与加工的准备　鹿茸是养鹿的主要产品，鹿场的经济收入主要靠鹿茸。对鹿茸的收获一向十分重视，收茸的准备工作是其中的重要环节。

（1）收茸组织领导　组织准备是鹿茸收获准备工作中最主要的一步。只有组织健全，领导重视，并排在议事日程上来，鹿茸收获与加工才能有条不紊地进行。因此，在收茸期到来之前，一般由技术场长牵头成立鹿茸收获领导小组，其成员有技术员、队长、饲养班长、加工班长等。

（2）收茸的物资准备　收获鹿茸的物资与备品的准备，是鹿茸收获与加工的物质基础，要求一要及时，二要数量足，三要质量好。

圈舍与保定设备的准备：首先要检查和清除圈舍墙壁、栅栏等是否有伤损鹿茸的突出物，如铁钉、铁丝断头、尖木桩等，防止伤鹿伤茸。其次是对保定设备进行维修，尤其要注意保定器的夹板、踏板、附属拨鹿设备的小

门、推板的润滑与加固，使其坚固、运转灵活。

鹿茸收获所需物资准备：收茸所需物资包括保定绳、锯茸锯、止血药、止血带、接茸血的器皿以及装鹿茸的器具（皮兜、铁盆、木箱等）、化学保定药物等。

鹿茸加工所需物资准备：鹿茸加工用的物资备品较多，应事先准备齐全，并由专人妥善保管，如煮茸用的水锅、烫茸器，烘烤用的电烤箱或土烤箱，排血用的减压真空泵、减压瓶、胶管、漏斗，封血用的烙铁，砍茸用的各种刀、铲、凿、锉，以及面粉、鸡蛋、石灰、针线、茸夹、温度计等。

（3）*收茸的技术准备*　技术准备是诸项准备工作中的关键。因为即使有了较高水平的组织领导，完善的物资设备，没有高精技术照样不能加工出高质量的鹿茸。技术准备实际是技术人才、知识、技术技能的准备，新建鹿场尤其重要。

目前，鹿茸的加工还存在某些加工质量问题，其原因是技术不过关所至。因此，各鹿场要通过各种形式、各种渠道学习鹿茸收获加工方面的新技术、新知识，还要做好技术人才贮备，这样才能不断地将鹿茸加工技术推向更高的水平。

2. 收茸规格　收茸规格，梅花鹿茸分为二杠锯茸、三杈锯茸、二杠砍茸、再生茸、初角茸等。马鹿茸分为三杈锯茸、四杈锯茸、再生茸、初角茸等。

鹿茸的种类、规格既与鹿的种类、年龄、个体健康状况有关，也与药用价值、医疗效果有关，还与价值有关，所以应视市场需求情况以及鹿场的经营管理水平，合理地掌握鹿茸收获的种类规格，对于提高产量增加收入至关重要。

一般3岁（头锯）梅花公鹿虽绝大部分能生长出三杈型鹿茸，可比二杠型鹿茸增重10%～50%，但由于其年龄小，脱盘晚，生茸期相对短，所生产的三杈型鹿茸一般都干瘦细小，达不到高等级要求，价值也低，所以应收二杠型鹿茸；4岁（2锯）公鹿大部分可收三杈型鹿茸，但对鹿茸干瘦细小的可收取二杠型鹿茸；5岁（3锯）以上的公鹿基本达到体成熟，所生鹿茸粗大肥嫩，应收取三杈型鹿茸。对于那些茸型不整、分枝不规则等非规格形状的鹿茸，应在枝杈顶端饱满时收取畸形（怪角）茸。收获怪角茸时应防止"穿尖子"，骨化程度过大。

马鹿（白唇鹿）一般以收三杈型鹿茸为主，但对于长势旺盛、茸体粗大、茸形规整、肥嫩、嘴头粗壮的鹿茸也可收四杈型茸。

水鹿主要收取二杠或三杈型茸。

3. 收茸适期　收茸适期是指最佳收茸时间而言。因为鹿茸的价格与形状、质量有关，而鹿茸形状、质量每天都在变化。适时合理地收茸是保证鹿茸产量和质量、取得养鹿最大经济效益的重要技术措施。所以鹿茸收获领导小组在收茸期内必须每天定时到鹿群内检查每个鹿的鹿茸生长情况，确定该鹿具体的收茸规格和时间。

鹿茸是药，虽然目前还没确定鹿茸的有效活性成分，但大量研究表明，鹿茸中的氨基酸、脂肪酸、多糖类等有机化合物以及其他活性物质都是鹿茸尖部含量高，根部含量低，但根部含钙、磷等矿物质多。这就是嫩茸如二杠型茸价格比三杈型茸高的原因。但二杠茸、含水分多，尚没十分成熟，影响鹿茸产量，所以鹿茸科学合理的规格还有研究的余地。就目前传统规格看，二锯以上的鹿收三杈型茸，头锯鹿收二杠型茸。不论二杠型茸还是三杈型茸都要求嘴头饱满，以“不拧嘴”为原则。但对茸大、形好、嘴头肥嫩的茸应收“大嘴三杈”，对于底老、穿尖、长势弱的鹿茸应适当早收。对于“顶沟长”、“掌状茸”和其他畸形茸可适当延长收茸的日期。

马鹿三杈型锯茸，如茸大型美、嘴头肥壮时可收“大嘴三杈”，如头、二锯鹿茸主干细瘦者，则嘴头不宜放得过长，可适当早收；马鹿四杈型茸应在第四、五分枝顶端肥满时收取。

初角茸现在大部分采取“锯尖子搓”两次收茸法，第一次在茸长到5～10cm高时，一般5月下旬至6月上、中旬，将茸尖锯掉，以刺激鹿茸的生长点，使角基变粗，为以后鹿茸高产打下基础，经过平搓的鹿，有的能生长出三杈型或二杠型茸，于7～8月可分批收取。

再生茸，7月以前收茸的鹿部分能生长出不同高度与不同形状的再生茸，在8月上中旬，应视其老嫩分批收取。

（二）收茸方法

1. 收茸保定方法

（1）机械保定法

夹板式保定器保定：利用夹板式保定器收茸需要9人操作，其中拨鹿2人，掌握操纵压杆腰杠1人，压脖杠1人，保定头部2人，锯茸1人，接血1人，止血1人。拨鹿时首先将待取茸公鹿由原舍拨到小圈，拨鹿时要注意稳定。在工作人员准备妥当后，将小群内的公鹿逐头经过“转门”拨入通道，用推板迅速推入保定器内。当鹿的四肢完全站立在升降踏板上时，由推板人发动保定信号，掌握操纵杆的人向上猛推操纵杆，通过滑动铁架的连动作用，夹板捧起鹿体，踏板下降使鹿的四肢处于悬空状态，用腰鞍压鹿背，保定人员推开上滑动门后抓住茸根（注意勿使鹿头左右摇摆，以防伤茸），借助副夹板的滑动作用将鹿透露出自动门外，用脖杠压住颈部。收茸、上止血药后，发出放鹿信号，其他几个人同时操作，动作协调一致，松开要鞍把手，将操纵杆猛压向下方，此时，保定设备复员，前门自动开动，鹿便从保定器中跳出。

吊索式保定器保定：需 8 人操作。拨鹿、接血、止血 2 人，吊鹿 2 人，保定鹿头、戴笼头 3 人，锯茸 1 人，拨鹿方法同上。当鹿进入保定器站稳后，吊鹿人员从鹿的一侧放下铁环，由保定头部人员协助，从保定器的另一侧搭钩孔，用小钩把铁环从鹿腹下拉向前方，吊鹿人员伸下长钩将吊环挂住提起，把吊绳头穿过铁环，以快而稳的动作放下铁环拉紧吊绳，再用长钩将绳套调整在腹部。此时，一人抓住吊绳用力上提，另一人将绳头绕过吊梁下拉，至鹿的后蹄离地 30cm 左右时，把绳头压住固定，通知下面开门，保定人员抓住茸根，把鹿头拉出门外，另一人把住脖子，迅速戴好笼头，保定住鹿头，便可开始锯茸。上止血药后，解开笼头，保定人员将其抱住轻轻向上一提，把鹿送回保定器内，关闭前门，松开吊绳后开门放鹿。

吊索式保定器是一种较原始的保定设备，操作麻烦费力，易伤人或伤鹿。

（2）*药物保定* 目前，常用的化学保定药物有两类：一是肌肉松弛剂，其代表性药物为司可林（氯化琥珀酰胆碱）；另一类为全身麻醉剂，其代表性药物为近年来研制成功的眠乃宁注射液。

司可林：本药为去极化类肌肉松弛剂，保定梅花鹿剂量为每千克体重 0.07～0.1mg，成年公梅花鹿 10～13mg/只，成年母梅花鹿 6～8mg/只；保定马鹿剂量为每千克体重 0.065～0.09mg，成年公马鹿 18～22mg/只，成年母马鹿 15～18mg/只。用司可林的使用剂量与中毒剂量相差很小，稍有不慎就会发生中毒，且没有特效解救药。因此在使用时，必须准确估测鹿的体重以便精确确定用药量。

眠乃宁：是近年来研制成功的鹿科动物特效制动药，具有较大的安全系数。眠乃宁（肌肉注射）保定梅花鹿剂量为每 100kg 体重 1.5～2.0ml，马鹿每 100kg 体重 1.2～1.5mg，年幼体壮动物适当增量，年老体弱动物适当减量，易按推荐剂量的上限给药，便于一针麻倒，如给药后 15min 达到理想制动效果，可追加首次用量的 1/2 至全量。应当空腹条件下（禁食12～24h）使用本品，鹿倒地后应将头颈抬高，防止瘤胃内容物逆流时误吸入肺，造成窒息。给药后应安静诱导，避免外界刺激，待鹿平躺 3～5min 后，再进行相应处置。由于本品作用剧烈，不可短时间内连续使用，用药间隔应在 24h 以上。

2. 收茸方法 收获鹿茸是养鹿生产中极其重要的生产环节，锯茸方法是否得当、安全，不仅涉及鹿茸的产量和质量，也关系到安全生产和鹿的再生产能力，所以收茸中的每一个环节均不可粗心大意。

（1）收茸工具 收茸工具主要是锯茸锯，这是收获鹿茸的必备工具。可以用医用骨锯、工业用铁锯或木工用刀锯、条锯均可。但要求锯条要薄、锯齿锋利，由于“料”小，所以一方面要减小锯口宽度，不致造成浪费，另一方面也能减少对组织的刺激，以利封口，锯齿锋利有利于锯茸。

（2）收茸时间 鹿的收茸时节正值夏季，天气炎热，为了保证鹿安全，锯茸时，一是要空腹进行，二是要在凉爽时进行，还要给加工鹿茸留有充足的时间，以及便于对锯茸鹿的观察护理等。所以锯茸一般在早饲前，上午5～7点钟进行。

也有的鹿场在晚饲前锯茸，鹿茸第二天加工，理由是锯茸、加工时间都充足，尤其不致因收茸推迟早饲时间。

（3）收茸技术 鹿被保定后，要切实固定住鹿头，锯茸者一手持锯，一手握住茸体迅速将茸锯下，有以下几点要求。

①留茬要适当：锯茸时首先要选准下锯位置，因下锯位置涉及留茬高低问题，如留茬过高，部分鹿茸留在角柄上影响产量，造成不必要的浪费；留茬过低，容易损伤角柄，影响第二年生茸，甚至会生产畸形茸。

正确的下锯位置是在角冠上方最细处，即头茬茸距角柄（留茬）1.5cm，再生茸距角柄（留茬）2cm，初角茸距角柄（留茬）2.5～3cm。

②锯口要平：要求锯口断面与角冠平行，即残留在角柄上的茸周围高度一致。锯口不平的原因是持锯不平所致，如偏上过多，会造成浪费；偏下则会损伤角柄，影响第二年生茸，甚至产生畸形茸。

③锯茸时要做好记录。

3. 止血 鹿茸是血液循环旺盛的器官，鹿茸被锯下后必然要出血，有的鹿会因出血过多而死亡。因此确实地止血是收茸技术的组成部分，不可忽视。

（1）药物止血

止血药：现行的收茸止血药剂不下30余种，有的是制药工厂正式产品，有的是民间验方。这些止血药主要有：七厘散、七厘散氧化锌等量合剂、白鲜皮粉、松香明珠粉、兽用外科止血粉、玉贞散、止血粉、结晶磺胺粉、云南白药（云南制药厂）、庐山止血粉、甲型25号外科止血粉（南京军区总医院）、明松胺粉（明矾、松香、磺胺）、鲜仙鹤草泥、鲜茜草草泥、明胶海绵（上海制药三厂）、止血纤维素（武汉制药三厂）、可吸收止血棉花（上海制药七厂）、草木灰、百草霜（锅底灰）、炒面粉、炒藕粉、炒黄土、枯矾粉、海漂屑凡士林、腐植酸钠（温州助剂厂）、鹿用止血粉（佳木斯）、龙骨粉、安得利斯（醋酸铅、明矾、樟脑、薄荷脑、白陶土）、磺胺软膏等，还有注射用的肾上腺素、止血敏等。这说明目前鹿茸止血药尚处于混乱状态，也说明鹿茸止血知识宣传普及不够，应当引起注意。

止血方法：通常采用的止血方法是：将上述止血药剂撒在底物上（布、塑料布、牛皮纸、白纸等），托于手掌上，当鹿茸锯下后，迅速按在留茬鹿茸的断面上，一般要求按压 2min，使药剂和血液接触，抑制血小板释放出凝血酶原，加速血凝，或吸附或黏着，总之促使血液凝固而达到止血的目的。但是实际上一般按压不到 2min，仅一按一拧几秒钟，因此上述任何药剂均达不到止血的目的。所以有的鹿场采取鹿茸鲜重 2.5kg 以下的鹿，锯茸不作任何止血处理，因这些鹿茸的重量低，茸血管细，自己能止血；2.5kg 茸以上的鹿采取结扎止血。但是上述止血药有的确能起到消炎、加速伤口愈合作用。问题是现在还缺乏互相比较，还未能筛选出最佳的消炎封口药。这也是有待继续研究的问题。

（2）结扎止血　结扎止血是确实有效的止血方法，尤其对马鹿茸、大的畸形茸，多半用结扎、药物相结合止血。基本方法是：一是在锯茸前，在角柄处结扎，然后锯茸，二是将上述药物撒在塑料布上，当鹿茸锯下后，迅速将药物扣在留下鹿茸的断面上，连同塑料布一起于角柄处结扎。一般 2～4h 解下。

布带结扎：包括布带、寸带、绷带、鞋带、绳等。结扎时要结活扣以便解下。

橡皮筋结扎：因橡皮筋有弹性，结扎确实，而且能重复使用，也较廉价。但橡皮筋结扎需要 30min 前解下，不然压迫局部血管，影响血液循环会造成局部坏死，严重者会造成鹿死亡，或严重影响以后的生茸。

马兰止血：马兰是鸢尾科植物，有弹性和韧性。用其止血方便廉价，能自行解脱。方法是：锯茸时将干燥的马兰润湿，2～3 个叶片搓成一绳，长约 50cm。锯茸前，在角柄处用马兰绳结扎，锯口涂 2.5%碘酊。由于鹿体温作用或外界阳光作用使马兰内水分层迅速蒸发，变得干燥，使绳套松结或断裂，自行脱落，省去解绳的麻烦。但阴雨天马兰不会脱落，亦需解下。

另外，也有人试图用烧烙止血，对鹿刺激大，伤口愈合慢；用注射止血药止血，因止血药大体需通过肝产生凝血酶原或产生血小板等，需 30min 才能发挥药效，锯茸 30min 前注药又不方便，锯茸时注药效果不显著，所以实际意义不大。

（三）鹿茸加工设备

因为鹿茸加工技术复杂，而鹿茸又很贵重，所以各养鹿场无不将鹿茸加工作为生产重点，创造良好的环境条件和设备。主要包括鹿茸加工与风干车间（室），水煮、烘烤、封口、排血等设备。

1. 加工车间（室）　鹿茸加工车间应地势干燥，环境幽雅。要求砖瓦结构的房屋，墙内壁最好镶上瓷砖，天棚有排气孔，水泥地面，有上、下水。面积视鹿场规模而定，1 000 头鹿大约 100m²。

2. 水煮设备

（1）水煮锅　一般锅的直径 80～100cm，上面用水泥砌成高 30cm 的"锅沿口"加深锅的深度，以适合煮马鹿茸的要求。也有不少鹿场用铁板焊成长 100～150cm、宽 80～100cm、深 60～70cm 的水槽代替锅。锅台高 100cm，锅台宽 15～20cm。锅台要外高内低，表面光滑。

（2）煮（烫）茸器　煮茸器实际是个大的电煮锅，长 60～100cm，宽 60cm，深 70cm，电压 380V，功率 6kW，自动控温。所占面积小，可移动，操作方便，减轻了加工人员的劳动强度，改善了作业条件。

3. 烘烤设备

（1）土烤箱　土烤箱实际是在煮茸锅的烟道上安装的玻璃罩或木板罩。一般长 100～200cm（或更长），宽 80～100cm，高 60～80cm，前面有拉门或对开门，内有木板制成的两层茸架。这种土烤箱升温快，因密闭不好而散湿力强。但温度不够恒定，需经常观察。温度低时可在壁炉加热，温度高时可打开前门散热。这种土烤箱适用于条件较差的小型鹿场或个体户，大型鹿场已不使用。

（2）电热干燥箱　电热干燥箱主要是以电阻丝为热源，自动控温，有排湿装置，容积自 0.5～1.5m³ 不等。因其密封性能好，排湿性能差，干燥鹿茸效果并不理想，造价也高，现多用远红外线干燥箱代替。

（3）远红外线干燥箱　有的鹿场使用电阻带式远红外辐射器自制成远红外线鹿茸烘干箱，成本低，效果好。

（4）微波加热器　微波设备主要有微波功率发生器和微波炉组成。微波炉有隧道式和箱式，鹿茸加工常使用箱式的。

4. 风干车间（室）**与风干设备**　风干车间一般设在加工车间楼上，既通风良好，又较为安全。面积大致每 10 头鹿 1m²。要求通风干燥，有防虫防鼠防盗装置。

风干设备主要是电风扇，电风扇的安装形式有三种：一是将电风扇安装在天棚上，由上往下吹风；二是将电风扇安装在地板上，由下向上吹风；三是将电风扇安装在风干车间的某侧，由侧面吹风。目的是加强空气流动，加快鹿茸表面水分子蒸发速度。

5. 排、封血设备

（1）排血设备　有减压泵（真空泵）、气筒、注水排血设备等。

（2）封血设备　有铁烙铁、电吹风、电炉等。

（3）其他设备用品　其他设备有锯茸茸夹，砍茸茸夹，修整砍茸的尖刃刀、斜刃刀、双刃刀、单刃刀、骨刮、骨凿、茸钎子、缝衣针、棉线、面粉、鸡蛋、50～100℃的温度计等。

二、鹿茸加工技术

（一）鹿茸水煮前的处理

鹿茸水煮之前，除了常规的登记、称重、拴标之外，还要进行刷洗、抽血、封血、对破伤的缝合、固定等处理。

1. 刷洗　鹿茸刷洗通常在锯茸后水煮前 2～6h 进行，这时鹿茸尚未出现尸僵或没完全尸僵（动物尸僵是死后 3～6h）。洗刷时用 30～40℃温碱水，软毛刷刷洗除掉鹿茸表面的污垢，以使茸清洁卫生，增加茸表的通透性，便于水分散失，并可减少对煮茸水的污染。如果是加工排血茸，应在刷洗的同时，用手指沿着茸表皮血管由尖部向根部挤压，可排除部分鹿茸皮肤血液，使鹿茸皮色鲜艳。

2. 排血　加工排血茸时，首先应该用机械排血。

（1）真空泵抽血　首先要对真空泵进行检查，如运转正常，真空度良好，可进行抽血。

减压抽血：抽血时操作人员一手握住茸体，另一只手将抽血橡胶漏斗扣在锯口上，攥住接触部位。减压瓶内的空气被吸出形成负压，茸内的血液被吸入到减压瓶内。每抽 1min 左右，当减压瓶内的血液气沫浮起时，将漏斗拔开放入空气。如此反复数次。当血液断流，抽出血沫时，即可停止抽血。

循环抽血：为加速排血速度，可在真空泵的排气孔上安装一根 50～60cm 的橡胶管，橡胶管另一端安装一支 14 号注射针头，开始抽血时将针头插入茸尖的髓质部，这样使减压瓶内的空气通过茸体进行循环，从而加快了排血速度。

（2）注气加压排血　即利用打气筒或喷雾器向茸内注气排血的方法。在打气筒或喷雾器胶管上安装一个 14 号注射针头，将针头插进茸尖髓质内约 2cm，一人右手握住针头，左手握住虎口，另一人缓慢注气，注气时切勿操之过急，否则易造成虎口或其他部位臌皮或淤血。待从锯口流出血沫时则停止注气。此法操作简单，适用于偏僻的无电源鹿场或个体鹿场，对砍、锯茸均适用。

（3）排血适度　无论哪种排血方法，都要掌握好排血量，如排血过度，则茸的组织液也被排出，加工后失重多，影响产量和产值；如排血太少，则降低排血的作用。所以要根据茸的老嫩、肥瘦灵活掌握，见锯口流出血沫时即可停止抽血。一般嫩茸肥大、含血量高，老茸、干瘦茸含量低。梅花鹿三杈茸能抽出茸重4%～5%的血液，如3 000g花鹿三杈茸能抽出125～150g血液；因二杠茸含血量低，只能抽出茸重2%～3%的血液，如750g花鹿二杠茸只能抽出18～20g血液。为熟练掌握排血技术和排血量，应由专人负责抽血。

3. 淤血处理　在锯茸过程中由于碰撞而引起的鹿茸局部淤血或皮下出血，主要表现是鹿茸某处皮肤颜色发暗，呈暗紫色或暗红色，如不处理，加工后鹿茸局部皮色乌暗。处理办法一是将茸放在40～50℃温水中浸泡10～20min；二是用50℃的湿毛巾热敷，并应多次更换毛巾，可使淤血散开，减轻乌皮程度。如果皮下出血，可用注射器抽出。

4. 折断茸的处理

（1）*鹿茸的折断*　一是开放性折断，即皮肤和茸组织皆折断，如果局部折断可进行调整复位，用缝衣服大针固定，缝合茸皮，在伤口涂上干面粉，绑扎布带后水煮。二是非开放性折断，即茸组织折断而茸皮完好。可在折断处周围用3～4根缝衣大针固定水煮。

（2）*茸皮破损*　对于茸皮组织破损而无折断的茸，用清水洗净创面，整复茸皮用棉线缝合，水煮时在破损处涂以干面粉。如茸皮破损面积大而无法缝合时，可用布带缠绕绊压，然后水煮。

5. 封锯口　加工带血茸时，为了防止血液流失应将锯口封住。方法是在锯口上撒一薄层（2～3mm）面粉，或用鹿茸血（锯茸时接的）与面粉调成糊状涂在锯口上，然后将烧红的烙铁放锯口处约5～8s，锯口处形成黑色结痂。如结痂不牢可再烙一次或二次。也可用吹发器直接烤锯口大约5～8min，时间长耗能大。也有的在头水水煮结束后，将锯口煮一下，也可达到封锯口的目的。

6. 上夹固定　鹿茸水煮时，为了避免热气熏手，操作方便，可将鹿茸固定在茸夹上。过去在锯口周围钉上四根铁钉，然后用绳将茸绑在茸夹上，此种方法现多不采用。多使用带铁板卡子的茸夹，直接将茸卡在茸夹上，拧紧螺旋固定住，即可水煮。

（二）排血茸加工技术

1. 水煮的基本方法

（1）*水煮方式*　鹿茸水煮采取多次反复、间歇式水煮方式。所谓多次反复，即每付鹿茸均需水煮数十次以上；所谓间歇，即鹿茸水煮一定时间后需使其离开水面进行冷凉。间歇的目的，一是为了使热量由外向内传导，鹿茸水煮3～4次，茸皮温度可达95℃，茸内最高可达73℃，使茸体受热均匀；二是为了使茸皮降温，避免因连续受热茸皮过度收缩而破裂；三是间歇期还可对鹿茸进行检查，发现问题，如臌皮等，以便处理。

（2）水煮深度　鹿茸水煮深度因水煮次数不同而变化。水煮时锯口朝上，头1～2水锯口露出水面0.5cm，煮茸的全部；第3～4水可煮茸的上1/2；5～6水时可煮茸的上1/3；7～8水之后只煮茸尖部。

（3）水温　一般需沸水煮茸，我国除了高原地区外，沸水温度在98～100℃。

（4）水煮方法　水煮时，一是要求锯口与水面平行，因为鹿茸锯口与茸体往往不是垂直的，有时甚至呈20°～30°角。水煮时，茸体可以与水面呈各种角度，但锯口与水面却是平行的；二是要求鹿茸在水中要不断摆动，或前后推拉或圆形晃动。在第一排水煮时，往往将茸的上1/3浸入水中，并前后推拉2～3次，也叫“带水”，意在使茸尖部预先受热，有利于排血。

具体的方法是将茸浸入沸水中（锯口外露）5～10s，取出检查是否有暗伤，因鹿茸经暂短的水煮，茸皮稍有收缩，微小的伤损易暴露，如发现伤痕或虎口封的不严，则需要涂上约2～3mm的蛋清面固着，下水片刻使蛋清面变性固着，对茸局部形成保护膜，以增强抗力，可防止在水煮过程中破裂。

蛋清面制法是：新鲜鸡蛋的蛋清，按1∶0.5加入精面粉，边混入边搅拌，直到呈糊状为止。蛋清面的干稀程度要适当，一般较稀薄的蛋清面与茸皮茸毛固着良好，若较干则固着程度差。

（5）煮好的标准　鹿茸水煮到何种程度算好？目前还缺乏生物物理、生物化学方面的更科学的指标，但公认的感观指标是：茸毛耸立，沟楞清晰，有熟蛋黄香味。

茸毛耸立是因鹿茸加热后蛋白质变性，毛囊收缩，改变了茸毛角度，使其稍直立；茸毛也由角质蛋白组成，受热后也收缩变硬，所以触摸时有“爽手”的感觉。

沟楞清晰，是因为加热后茸皮失水收缩，加之茸毛耸立，使得鹿茸的骨痘、棱脊等突出清晰。

熟蛋黄香味，是受热后氨基酸分解所产生的气味。

以上茸毛耸立、沟楞清晰是以感观为依据，熟蛋黄香味是依化学物质为根据的重要标准。

2. 水煮时间　第一水水煮时间是鹿茸加工中灵活性最大、最难掌握、最为关键的技术。如水煮时间不足，茸皮蛋白质没有充分变性易出现槽皮，同时排血不良，影响排血茸的质量；如水煮过度，最明显的危害是破皮，还可使茸内有机物流失，即影响产量也影响质量。而且水煮时间因鹿茸的种类、大小、老嫩、肥瘦、加工规格、性质（带血排血）、水煮次数等不同又有很大差异（表6-29）。

表 6－29　排血茸第一水经验时间

茸别	鲜重（g）	第一次排水		间歇冷凉	第二排水	
		下水次数	每次时间（s）		下水次数	每次时间（s）
花二杠锯　重	500～1 000	6～7	15～20	10～15	3～4	15～10
	1 000～1 500	8～9	20～30	10～15	4～5	20～15
	1 500～2 000	10～11	30～40	15～20	5～6	30～20
花三杈锯　重	1 500～2 500	6～7	30～50	15～20	4～5	15～10
	2 500～3 500	7～8	50～60	20～25	5～6	15～10
	3 500～4 500	9～10	60～70	25～30	6～7	15～10

一般马鹿茸比梅花鹿茸耐热，三杈茸比二杠茸耐热，在相同规格的茸中，粗大肥嫩的茸比细小老瘦的茸耐热，茸毛细短茸皮致密坚韧的耐热。总之，在加工过程中，要根据锯口排血情况、茸皮收缩程度和鹿茸发出的气味等，因茸而异，灵活掌握，尤其是第一水水煮是关系到鹿茸的排血程度、皮色是否鲜艳的关键工序。

（1）*梅花鹿二杠锯茸水煮时间*　梅花鹿二杠锯茸体积小，重量轻，含血量少，水煮的时间也相对短。一般锯二杠每 50g 鲜重茸第一水的第一排水每次水煮 1.5s。如鲜重 750g 二杠茸，即每次水煮约 20s（750/50×1.5），间歇 20s，如此反复水煮 3～4 次，可见锯口冒出大血，第一排水结束。经 10～20min 的间歇冷凉之后开始第二排水水煮，第二排水水煮 4～5 次，每次 10～15s，见锯口流出红色血沫、直至流出泛白色血沫或气泡可结束第二排水水煮。在水煮的过程中，如发现臌皮可用缝衣针刺破茸皮放出气体或液体，如发现破皮应立即停止水煮，冷却后直接烘烤或用布条缠裹后再水煮。水煮结束后，用软毛刷刷净茸表，再用毛巾或纱布擦干，卸夹，准备烘烤。

（2）*梅花鹿三杈锯茸水煮时间*　梅花鹿三杈锯茸（含畸形茸），茸体大，含血量高，较二杠茸水煮时间长。一般每 50g 鲜重水煮 1s，如鲜重 2 500g 三杈锯茸，第一水的第一排水的每次水煮 50s（2 500/50×1），间歇 50s，水煮 3～4 次时可见锯口冒出大血。在排血过程中，可用长针挑去锯口处血管口的血栓，或疏通髓质部的血道，或用毛刷刷锯口，以利排血。如发现臌皮等应立即采取措施。再水煮 3～4 次，锯口流出粉红色血沫，可结束第一排水水煮。间歇冷凉 20～25min。第二排水水煮 5～6 次，可见锯口流出粉红的血沫或气泡，则停止水煮，将茸刷净擦干，准备烘烤。

（3）*再生茸与初角茸水煮时间*　再生茸和初角茸体积小，骨化程度偏大，含血量偏低，较容易加工。一般水煮 3～5 次，见锯口流出血液即可停止水煮，然后烘烤。

3. 烘烤技术

(1) *烘烤时间与温度* 鹿茸经第1～4水水煮之后需冷凉1～2h后再烘烤。第四水水煮后擦干茸体即可烘烤。

头4水需连日烘烤，4水之后可连日烘烤或隔日或隔数日烘烤。这主要取决空气相对湿度和鹿茸干燥程度，如6月份空气相对湿度低，鹿茸失水快，可隔日烘烤。7月份雨季空气湿度相对大，鹿茸失水慢，可连日烘烤，但每次烘烤前必须回水。

每天烘烤一次，二杠锯茸每次烘烤1～1.5h，三杈锯茸每次烘烤1.5～2.0h，如茸小干瘦，烘烤时间相对短，如茸大，肥嫩，则烘烤时间相对长。

鹿茸烘烤温度要求70～75℃，一般控制在73℃。温度高烘烤时间短，温度低烘烤时间则可适当延长。

(2) *烘烤方法* 不论是土烤箱、电烤箱还是远红外线烤箱，鹿茸入箱前需事先预热至烘烤所要求的温度（65℃以上)，鹿茸方可入箱，否则，易引起糟皮。

烘烤过程中需对鹿茸进行检查，发现臌皮时应立即针刺放出气体和液体。烘烤排血茸时，鹿茸锯口朝下立放，如有血液可顺利排出；但应注意锯口不可离热源太近，以防烤焦。鹿茸应放在烘箱中部，距箱壁3～5cm，以利空气流动。

(3) *烘烤标准* 目前，还缺乏鹿茸烘烤的科学标准，平时所说的烘烤标准，只是一种直观感觉，主要是观察鹿茸表面是否布满“汗珠”。头三水烘烤特别明显。这种所谓“汗珠”主要是指脂肪滴。因脂肪在50℃即可融化，70℃时使结缔组织胶体蛋白变性收缩，脂肪细胞受压迫而破裂，脂肪溢出，溢于鹿茸表面。烘烤时也可嗅到熟蛋黄香味。

4. 回水煮头技术 回水的目的是对鹿茸消毒防腐，也起加速干燥作用。1～3水回水要连日进行，4水以后可连日进行，也可隔日或隔数日进行。

(1) *第二水水煮与烘烤* 二水回水在第二天进行，所以也叫第二水。水煮时间比头水略减，一般两排水，有时也可煮一排水，见锯口流出粉红色血沫即可停止水煮，说明已经煮透。在水煮过程中，如发现臌皮仍需针刺放出气体和液体。如头水已针刺放气，回水时要注意针眼变化，如针眼过大，可涂蛋清面或敷上干面粉，防止进水引起糟皮或臭茸。

回水结束后，如涂蛋清面的要立即轻轻地剥掉、擦干，并应用毛刷刷净茸表污物，准备烘烤。

(2) *第三水水煮与烘烤* 第三水可煮茸的上2/3，不必上夹，手拿茸根即可。不论三杈或二杠茸均水煮一排水。二杠锯茸每次水煮20～30s，冷凉10～20s，三杈锯茸每次水煮30～40s，冷凉15～20s。开始水煮时茸头较硬，经水煮之后茸头变软，随着水煮次数的增多，茸头又变硬并有弹性即可停止水煮。擦干烘烤。三水仍需注意检查，观察针眼是否进水，是否有臌皮等。

（3）*第四水水煮与烘烤*　鹿茸经过3次水煮，3次烘烤，茸的下半部分已脱水50%左右，第四水回水时可煮茸的上半部，重点煮嘴头。水煮深度约为茸的1/2～1/3，第四水时已很少破裂，水煮时间可延长些，煮至茸头有弹性时为止，擦干烘烤。

（4）*煮头*　鹿茸经过4～5水之后，含水量已比鲜茸时减少约50%～60%。但鹿茸尖部仍含水分较多，所以四水之后，只水煮茸的上1/4～1/5的尖部，称为煮头。

煮头的作用一是防腐，二是延缓干燥速度。因鹿茸尖部含骨质较少，含蛋白质、胶质较多，急骤收缩会造成鹿茸空头、瘪头。经常水煮可使其缓慢收缩、茸头饱满。

煮头时间每次20～30s，冷凉10～20s，以煮透为标准。煮透的标准是：开始水煮时茸头较硬，随着水煮茸头变软，再煮茸头又变硬，即所谓的硬一软一硬变化，最后达到茸头有弹性时为止。煮头茸如天气晴好，可以不烘烤。

过去煮头后二杠茸需顶头加工，但顶头会改变茸尖部的组织结构，影响切片质量，现已不进行顶头加工。

5. 风干技术　鹿茸每经过水煮、烘烤一次之后，都需送风干室风干，使其自然干燥。

（1）*风干方法*　送到风干室的鹿茸，一是挂起来放置，挂的高度1.5～2.0m，要挂得高低错落，免得互相碰撞造成伤损，并应将不同天数的鹿茸分别挂在不同位置；二是平放，即将鹿茸平放在案板上或木架上。一般头三水茸锯口朝下立放，四水以后茸挂放。

（2）*风干时间*　鹿茸除水煮和烘烤时间外，其他时间全部为风干时间，大约20～25d，干燥结束则风干结束。

（3）*风干时注意事项*　①要勤检查，尤其阴雨天空气相对湿度大，水分蒸发率小，如发现鹿茸表面特别是嘴头虎口处潮湿，要立即回水烘烤；②要注意安全，防虫蛀、防盗、防火、防鼠害。为防止雨淋，挂茸时要远离窗口。

（三）带血茸加工技术

带血茸加工，既要保持茸内的血液，又要脱水干燥，脱水的关键在烘烤。所以俗话说，加工排血茸在水工，加工带血茸靠火（烘烤）工，但回水煮头仍不可忽视（表6-30）。

表 6－30 带血茸加工水煮烘烤时间

	马鹿茸				花三杈锯茸				花二杠锯茸			
	水煮		烘烤		水煮		烘烤		水煮		烘烤	
	下水次数	时间（s）	温度（℃）	时间（s）	下水次数	时间（s）	温度（℃）	时间（h）	下水次数	时间（s）	温度（℃）	时间（h）
第一天	3～4	60～80	73	2～3 2～2.5	3～4	50～60	73	2～2.5 2～2.5	3～4	40～80	73	1.5～2
第二天	5～7	40～50	73	1.5～2 1.5～2	4～5	30～40	73	2～3 2～3	3～4	10～20	73	1～2
第三天	4～5	40～50	73	1.5～2 1.5～2	4～5	20～30	73	1～1.5	3～4	10～20	73	1～2
第四天	3～4	50～60	73	1.5～1.5 1.5～1.5	3～4	10～20	73	1～1.5	3～4	10～20	73	1～1.5

1. 水煮技术 鹿茸经过封血等处理之后，不用上夹，用布带系在虎口主干部，手提着水煮即可。第一水的水煮时间比排血茸短，次数少，煮透即可。目的是使茸皮急骤收缩，压迫皮血管排出皮血，使茸色鲜艳。水煮时不必如排血茸那样带水，只有规律地前后推拉或左右晃动，稍稍晃动或不动即可。

（1）*梅花鹿二杠锯茸水煮时间* 梅花鹿二杠锯茸水煮一排水，共 2～3 次，第一次水煮 50～60s，间歇 50～60s，再水煮 50～60s，见锯口中心将要流出血液即可结束水煮。

（2）*梅花鹿三杈锯茸水煮时间* 梅花鹿三杈锯茸（包括畸形茸）一般也水煮一排水。首先水煮 10～20s，检查是否有暗伤或采取相应处理。之后，每次下水 60～80s，间歇冷凉 50～60s，连续 3～4 次，这时由锯口中心可流出血液即可结束水煮。因水煮次数少，时间短，所以不会破皮。

（3）*马鹿茸水煮时间* 马鹿茸比梅花鹿茸体大，抗水力强，不论马鹿茸三杈茸还是四杈茸，均首先水煮 10～20s，检查是否有暗伤或采取适当处理之后，每次水煮 60～80s，冷凉 60s，连续 3～4 次，可见锯口中心流出血即可结束水煮。准备烘烤。

2. 回水与煮头技术 带血茸回水与排血一样，1～3 水要连日进行，不过带血茸回水技术比排血茸难度大。因带血茸头水水煮程度轻，茸皮尚未充分熟化变性，韧性低，容易破，尤其 2～3 水要十分小心。所以要求勤水煮，勤检查，勤冷凉。马鹿茸每次水煮 40～50s，冷凉 30s，梅花鹿茸每次水煮 30～40s，冷凉 30s，直至茸毛耸立、茸头有弹性、有熟蛋黄香味为止，然后准备烘烤。

三水可煮茸的上 2/3，水煮仍需小心。水煮时间与二水相同或略长些。

四水可煮茸的上 1/2，四水之后，可煮茸的尖部，俗称煮头，煮头的时间和下水次数不限，主要是把干硬的茸头煮软，进而煮至较硬且有了弹性的程度。

3. 烘烤技术 带血茸的脱水主要靠烘烤，1～4 水每天烘烤 1 或 2 次。即每次水煮结束，擦干即可烘烤，温度 70～75℃，时间 2～3h，每次烘烤结束，擦去油脂冷凉，送入风干室。

带血茸在烤箱内的放置方式，一般应平放，为了血液分布均匀，应在 1～4 水烘烤时中间翻转一次。

带血茸在烘烤过程中，由于鹿茸中水分内扩散能力大于外扩散能力，水气沉积于茸皮下，易造成臌皮。所以要经常观察和检查，一旦发现臌皮，应立即针刺放出气体和液体，待鹿茸冷凉后在臌皮处垫上纸，用绷带轻轻缠压，然后继续烘烤。

三、鹿副产品的加工

（一）鹿尾的加工

鹿尾是由尾椎、腱、肌肉纤维、脂肪组织、尾腺、结缔组织被膜和皮肤组成。因鹿的种类不同，其形状、大小也不尽相同，马鹿尾型体肥厚、较短、宽，尾尖部钝圆，是鹿尾中的上等佳品；而梅花鹿尾型体较长，呈锥形。母鹿尾型体较短、粗，公鹿尾型体较长。

鹿尾远在我国古代就已作为珍贵的滋补强壮剂使用，也是一种十分鲜美的佳肴。中医学认为，鹿尾有益精补虚、滋补壮阳之功效。一些国家医学界认为鹿尾可治疗贫血、体液失调、肾脏病和阳痿等。鹿尾加工可分为去毛、封口、风干和整形 4 个步骤。

1. 去毛 去毛是将鲜鹿尾放入盆内，用沸水烫至能拔掉尾毛时止，取出后迅速拔掉尾毛，再用镊子和刀拔净和刮净绒毛和表皮即可。

2. 封口 过去封口大都是将去毛后的鹿尾用刀子去掉尾根上多余的脂肪和残肉，然后用线缝合尾根部皮肤。近年来，有人提出在取尾时将尾皮留得多些，去掉多余的残肉、脂肪，然后将尾端拉直，在尾根部的开口处分别用铁夹从开口底端、紧贴尾端斜向上方将内外侧尾皮夹合在一起，再将夹外的皮肤用线穿起，吊挂 20～30min 后去掉铁夹，用刀紧贴着铁夹线外切去多余的皮肤，此时内外侧的尾皮即可封合成一体。

3. 风干 鹿尾一般靠自然脱水风干，即挂在阴凉通风处风干，不宜用烘烤法风干。如果只靠烤干，会使尾内的腺体、脂肪熔化变焦，成为瘪尾。生物活性物质也会被破坏，从而降低鹿尾的质量。但是，在炎热的夏季，为了防止其腐臭，也应不时地将其放入烘干箱内（温度为 70℃）烘烤，每次时间不得超过 30min。风干和保管期间要防止虫蛀。

4. 整形 梅花鹿尾无需整形。马鹿尾在半干时应进行整形，使其边缘肥厚，背部微隆起，腹面微凹陷。

（二）鹿胎的加工

鹿胎是指从母鹿腹中取出的胎儿（包括流产的胎儿）和出生 3 天内的仔鹿。以肥大齐全、不腐烂、无毛、胎衣不破的鹿胎为佳品。

1. 取胎 取胎即是从母体腹中取出胎儿。可分两种情况。

（1）对于没有生长被毛的胎儿，开腹切开子宫壁后，不要把胎盘破坏，将胎盘、胎儿连同羊水一并取出。

（2）已生有被毛的胎儿，将子宫和胎盘切开后，取出胎儿即可。

2. 鹿胎的加工方法

（1）*酒浸* 将生有被毛的鹿胎用清水洗净，晾干毛后放入 60°的白酒中浸泡 2～3d，目的在于防止加工期间腐败。

（2）*整形* 取出酒浸的鹿胎风干 2～3h，将胎儿姿势调整为初生仔鹿卧睡的状态，四肢折回压在腹下，头弯曲向后方，嘴巴插到左臂下，然后用细麻绳固定好。

（3）*烘烤* 将整形好的鹿胎放入烘箱内烘干，开始时的温度在 90～100℃之间，烘烤 2h 左右后，当胎儿的腹围膨大时，要及时用细竹签在肋间或腹侧扎孔放出气体，接近全熟时暂停烘烤。此时切不可移动触摸，防止伤皮掉毛。冷凉后取出放在通风良好处风干，以后风干与烘烤交替进行，直至彻底干燥时为止。干燥后将其妥善保管，防止潮湿发霉。对于没生被毛的鹿胎，无需酒浸与整形，直接烘烤即可。

烤鹿胎要求胎形完整不破碎，水蹄明显，皮毛呈深黄色或褐色，纯干、不焦、不臭，具有腥香气味。

3. 鹿胎膏的制作方法

（1）*煎煮（指新鲜鹿胎）* 先用开水浇烫胎儿，摘除胎儿的被毛，用清水洗净放入锅内煎煮。待胎儿肉骨分离，煎煮胎儿的水（称胎浆）剩 4kg 左右（胎儿大小不同其剩下的水也不同）时停止煎煮。将骨肉捞出，用纱布过滤胎浆，将胎浆放于通风阴凉处，低温保存备用。

（2）*烘干* 将捞出的骨肉分别放入烘干箱内（箱内温度 80℃左右）烘干（也可放入锅内用文火焙干），头骨和长轴骨可砸碎后再烘干，直至骨肉均已酥黄纯干。

（3）*粉碎* 将纯干的骨肉粉碎成 80～100 目的鹿胎粉（加工干的鹿胎可直接粉碎），称重后保存。

（4）*熬膏* 先将煮胎的原浆入锅煮，放入胎粉，搅拌均匀，再按胎粉与红糖 1.0∶1.5 的比例加入红糖，拌匀，用文火煎熬浓缩，不断搅拌，熬至呈牵缕状不沾手时即可出锅。倒入抹有豆油的方瓷盘内，置于阴凉处，冷却凝固后即成为鹿胎膏。

生后 3 日龄内夭折的仔鹿熬成膏，称为乳鹿膏（一般统称鹿胎膏）。其制法基本同上。首先，为了容易去掉被毛，在仔鹿蹄部切一小口，通过该孔向胎儿皮下充气，膨胀后结扎切口，而后置于 70℃左右的水中浸烫，取出后刮净被毛。将其分割成几大块，放入锅内，加水煮至骨肉分离，捞出烘干，碾成细粉，煮胎原浆保存备用。熬膏时将原浆烧开，徐徐加入胎粉，并按胎粉与红糖 1∶3 的比例加入红糖，不断搅拌，熬成膏状，倒入事先抹有豆油的瓷盘内，冷凝后即成为乳鹿膏。鹿胎膏也有加入某些中药后制成的。

优质的鹿胎膏应为色黑亮而富有弹性，切面光滑无胎毛，不发霉变质。

（三）鹿筋的加工

1. 鹿筋的剔取　鹿筋即是鹿的四肢和背部的肌腱。以下为其剔取方法。

（1）前肢是用刀从掌骨后侧与肌腱之间挑开，挑至副蹄以下蹄踵部切断，副蹄及种子骨留在筋上，沿筋槽再向上挑至腕骨上端筋膜终止部切下。前侧的筋腱也在掌骨前腱与骨的中间挑开，向下至蹄冠部带一块约 5cm 长的皮切断，向上剔至腕骨的上端，沿筋膜终止处切下。

（2）后肢是从蹬骨与筋腱中间挑开至副蹄，于蹄踵部切下，副蹄与种子骨留在筋上，再沿筋槽向上通过跟骨挑至胫骨肌腱终止处切下。后肢前侧的筋腱剔取是从踏骨前与筋腱中间挑开至蹄冠以上，留一块 5cm 长的皮肤切断，再向上剔至踏骨上端到跗关节以上切开深厚的肌群，直至筋膜的终止处切下。

（3）背部的肌腱系指背最长肌外侧筋膜，用其包裹挂接筋腱。先将背最长肌取下，内侧朝上平铺在桌案上，然后用刀剔取完整筋膜。

2. 刮洗与浸泡　将剔取的筋腱放在桌案上，把连有大块肌肉的筋膜逐层剥离，刮去残肉，连在长筋上的零碎肌肉暂不剔掉。将剔好的鹿筋用清洁的冷水洗 2～3 遍后，放入水盆里置于阴凉处浸泡 1～2d，每天早晚各换 1 次水，直泡至筋腱上无血色的程度，然后刮洗加工。刮洗加工需 2～3 次，每次之间需用冷水浸泡 1～2d，直至将筋腱上的肌肉刮净为止。

3. 挂接与风干　鹿筋腱通过上述加工后，在副蹄和留皮处穿一小孔，用树棍穿上挂起，把零星小块筋腱分成 8 份，分别附在四肢的 8 根长筋上，背最长肌筋膜分成 4 条，包在不带副蹄的 4 根长筋外面。要使接好后的 8 条鹿筋腱的长短、粗细基本一致，整齐美观。阴干 30min 左右，挂起风干，必要时可在 80～90℃的烤箱内烤干为止，然后将干好的鹿筋捆成小捆，入库保存。

(四) 鹿鞭等副产品的加工

1. 鹿鞭的加工 鹿鞭系由公鹿的阴茎和睾丸组成。公鹿宰杀剥皮之后取出阴茎和睾丸，用清水洗净，将阴茎适度拉长，连同睾丸钉在一条木板上，最好用沸水烫煮一下，放在阴凉通风处自然风干。但在炎热的夏季，为防止腐臭要适当的烘烤，且每次时间不得超过 30min。

2. 鹿茸血和鹿血的加工 鹿茸血是锯茸或加工过程中收集的鲜茸血。加工的方法：①是在鹿茸血中加入 9 倍量的 50°白酒，装瓶密封，制成茸血酒；②是将新鲜茸血倒入瓷盘中，摊成薄薄的一层，在日光下晾晒，防止腐臭，至全干时收集起来存放。

加工的鹿血是指健康鹿屠宰后的血液。加工的方法：将凝固的血块切成小块，连同析出的血浆一起倒入瓷盘或木盘中，在日光下晾晒（夏天为防止腐臭可适度烘烤），干后收集起来存放。

3. 鹿心鹿肝鹿肾的加工

(1) *鹿心* 取心前将心脏所有动、静脉全部扎好，防止心内血液流失。切下后去掉心包膜和心冠上的脂肪，挂在 80℃烘干箱内连续烘烤，直至烤干为止，但要防止烤焦。

(2) *鹿肝和鹿肾* 将新鲜的鹿肝和鹿肾放入沸水中煮，到针刺不冒血时取出，然后切成小块或薄片，放到 80℃的烘箱内烘干为止，要防止烤焦。

4. 鹿肉的加工 这里所指的是加工成肉干供药用的鹿肉。加工方法是，将剔下的鹿肉去掉大块脂肪，切成 1.0～1.5kg 的块，放入锅或笼屉里蒸至六七成熟时取出，切成薄片。然后送入 85～90℃烘箱内烘干成肉干。另外，将带肉的骨头放入锅内，煮熟后摘净残肉，将这些肉撕成丝或切成碎块，放入锅中用文火烘炒成黄色，晾晒风干（或在烘箱内烤干）即成鹿肉干。

5. 鹿骨的加工 鹿骨除净皮肉后，将四肢骨锯成小段，去骨髓，洗净。有条件的地方可直接冻存，以便做成鹿骨的针剂或加工成鹿骨膏；没有冻存条件的，可直接放入 80℃的烘箱中烘干，备用。

第八节 鹿场舍建筑与设计

一、场址的选择

鹿场场址应选地势较高燥、向南或偏向东南、有 2°～10°坡度的沙质或沙石土场所。山区要选在不受山水威胁、避风、向阳、排水良好的地方。鹿场最好有足够的饲料地或者有可靠的供应各种饲料的基地（圈养鹿年需要精粗料量参见 6-31）。在确定放牧场之前，必须进行牧地植物学和饲料产量的调查。鹿场的场址，应注意不要选择在工矿区和公共设施附近，更不要在被牛羊传染病污染过的地方或畜牧场址上建场。鹿群要有与牛羊分开的放牧场和草场。建场前要对场内的地下水位、自然水源进行必要的勘测和调查，对水质要进行理化和生物学检验。建场地点应以距离公路 1.0～1.5km、距离铁路 5～10km 为宜，以便于设备、饲料的供应及产品的发送，便利职工生活。同时电力要充足，距离电源较近。鹿场要在当地居民区的下风向、下水向 3km 以上，以避免各种复杂环境造成对鹿群的惊扰或传染疾病。

表 6-31　圈养鹿年需要粗料量（kg）

鹿的种类	性别	精料量	粗料量
梅花鹿	公	450	2 000
	母	320	1 500
马　鹿	公	1 100	4 500
	母	650	3 000

二、主要建筑设施的布局

根据鹿场独特的经营特点、发展规模和定型饲养只数，结合场地的风向、水向、坡度和饲养卫生要求，要对鹿场的各种建筑物进行合理配置。

（一）场内的区域划分

专业鹿场一般分为养鹿生产区、辅助生产区、经营管理区、职工生活区。

1. 养鹿生产区建筑物　包括：鹿舍、精粗饲料库房、饲料加工调制室、青贮窖（壕）、鹿茸和鹿其他产品加工室、兽医室、其他副业生产用的建筑。

2. 辅助生产区　包括：农机库、役畜舍等。

3. 经营管理区的建筑　包括：办公室、物资仓库、集体宿舍、食堂、招待所。

4. 职工生活区　包括：家属宿舍、卫生所、学校、托儿所、商店等。

（二）建筑布局

最好在东西宽广的场地安排鹿场建筑，应按住宅区、管理区、辅助区、养鹿区，依次由西向东平行排列，或向东北方向上交错排列。

管理区距离养鹿区不少于 200m，各区内的建筑物之间不宜过于密集。通往公路、城镇、农村的主干道路要直通管理区，不能先经过生产区而进入管理区，运送饲料的车和道路应直接运入生产区。

养鹿生产区内建筑布局：鹿舍在中心，采取多列式建筑。以驯养 500 只梅花鹿的鹿舍布局为例，东西各并列 1 栋，南北 3～4 栋，鹿舍的正面朝阳。

运动场设在南面，避开主风，保证光照，各栋之间应有宽敞的走廊，以便于拨鹿及驯化。精料库、粉碎室、调料间应方便饲料加工等。青贮窖（壕）、粗饲料棚、干草垛安排在鹿舍上坡或平行的下风处，以便于取用并有利于防火、防粪尿污染。粪场的位置应在本区一切建筑物的下风处，与鹿舍距离应在 30m 以上，以有利于卫生防疫。若圈养放牧时，鹿舍应直通放牧道。

三、鹿舍设计

（一）鹿舍

鹿舍建筑包括：圈棚、寝床、运动场、围栏、保定圈等。

1. 面积 鹿舍及其运动场的建筑面积因鹿的种类、性别、饲养方式、年龄、地区、经营管理体制、种用价值和生产性能的不同而异（表 6-32）。

表 6-32 圈养鹿占地面积（m^2/只）

群 别	梅花鹿		马 鹿	
	圈舍	运动场	圈舍	运动场
公鹿	2.1～2.5	9～11	4.2	21
母鹿	2.5～3.2	11～14	5.2	26
育成鹿	1.6～1.8	7～8	3.0	15

2. 采光和通风 鹿舍的光线应充足，一般为三壁式砖瓦结合的敞圈，人字形房盖，前面无墙壁，仅有圆形水泥柱。房前檐距地面 2.1～2.2m，后前檐距地面 1.8m，棚舍后留后窗，冬季堵上，春夏秋季打开。水槽（设在中间）和饲槽（设在水槽两侧），上方为铁筋栅栏，槽与栅栏之间距离 20cm 左右，槽上缘距地面 80cm 左右，铁筋栅栏高 1.5m 左右，以水泥柱或钢管固定栅栏。围墙为石座花墙，高度应为 1.8～2.1m。马鹿舍外墙应高些，为 2.3～2.4m，上砌实砖墙到 1.2m，以上为花砖墙，墙头应闪檐，并用水泥抹成脊型。养马鹿则应为 37cm 厚砖墙，一砌到顶，不要花墙。养梅花鹿可用花砖墙。

3. 排水与防风 由圈外到走廊，再从走廊到运动场，最后到鹿舍（寝床）的地面应渐高，具有 3°～5°的坡度，以便粪尿污水能通畅地排出舍外。在各栋走廊里最好有用砖砌并加盖的通往粪坑的排水沟。为了保持舍内地面平整，地面要铺砖；地下水位高、易返浆的地方，最好铺上预制的水泥板，或用白灰、黏土、沙砾三合土夯实地面。

4. 通道与圈门设置

（1）走廊 每栋鹿舍运动场前壁墙外设有 3～4m 宽的横道，它是平时拨鹿、驯化鹿、鹿出牧的主要通道，也是防止跑鹿、保证安全生产的防护设备。前栋鹿舍的后壁墙为后栋走廊的外墙，每个走廊两端设有 2.5m 宽的大门。

(2) 腰隔　在母鹿舍和大部分公鹿舍寝床前 2～3m 处的运动场上，往往设一道活动的木栅栏，或筑有花砖墙，平时敞开，拨鹿时将栅栏两侧或中间的门关闭，与运动场隔开，这样圈棚间和运动场间能形成两条拨鹿通道，在腰隔的一边留门，供舍内外拨鹿用。

(3) 圈门　鹿舍前圈门设在前墙一侧或中间，宽 1.5～1.7m，高 1.8～2.0m。运动场之间的腰隔门距离运动场前墙约 5m。圈棚间的门设在中间或前 1/3 处，宽 1.3～1.5m，高 1.8m。每栋鹿舍的每 2～3 个圈留有 1 个后门，通往后栋走廊，也有圈圈都留后门的，以便于拨鹿和管理。

(二) 喂饮设备

1. 饮水槽　为了使鹿在冬季能随时饮上温水，可把铁板焊制的长方形槽或大铁锅固定在锅台上，以便加温。水槽或水锅最好设在前壁墙下方，或置于运动场中间的饲槽下端，也有的伸出走廊少部分，这样可在走廊直接上水和加温，省时省工又安全。水槽长 2m（穿过墙，两个圈用）、宽 0.6m、深 0.35m。锅灶要坚实，烟囱高 1.2～1.5m。有条件的鹿场，最好实行饮水自流化。

2. 喂料槽　常用较宽深的水泥槽、木头槽等。不管应用那一种，喂料槽的表面必须光滑，不要棱角。采用木制料槽时，须安装牢固。喂料槽最好安放在前墙铁筋栅栏的下方，或纵向固定于运动场中间。料槽长 4～5m，上口宽 0.6～0.8m，底为弧形，深 0.25～0.30m。料槽底距离地面高度，根据鹿种不同而不同，梅花鹿为 0.3～0.4m，这样的料槽可喂成年鹿 10～15 只，幼鹿 20～30 只，一般每个圈舍内至少设置这样的料槽两个。

(三) 保定设备

鹿场鹿的保定设备包括锯茸保定设备，如吊圈；母鹿难产助产的保定设备，如助产箱；鹿的疾病治疗和人工授精（采精和输精等）保定设备。

1. 机械保定设备　机械保定设备俗称“吊圈”，可用于收茸、助产、预防注射、疾病治疗、装运鹿等。保定设备有附属设备（小圈或相应设备）、保定器及连接两者之间的通道三部分组成。在我国养鹿场，应用的保定器有吊索式保定器、抬杆式保定器和半自动夹板式保定器 3 种。

2. 医疗保定器　近年来有关单位研究了一种专门用于医疗用的“鹿医疗保定器”，每保定 1 只病鹿需要 3～4 人、3～5min，安全、迅速、省人、省力，为医疗保定提供了较大方便。

3. 母鹿助产箱　助产箱长 110～120cm、前高 60cm、后高 130cm，内壁

光滑的木箱，留有前后门。在后门中央留一助产小门，长50cm、宽30cm，小门底口距箱底为40cm。

（四）产仔设备

1. 产圈 产圈是对母鹿产仔和对初生仔鹿进行护理的必要设备。一般建在舍中较僻静、平时鹿又好集散的一角。产圈为4m×6m的木制小圈，设有简易防雨棚和寝床。产圈以2～3个相连为好，其间有相通的门，分别通往两侧的运动场或鹿舍。

2. 仔鹿保护栏 仔鹿保护栏是确保初生仔鹿安全成活的关键设备。通常用高1.2～1.3m、粗4～5cm的圆木杆或铁筋制成间距12～13cm的栅栏，再用4～5根立柱固定于房架上。栅栏距离鹿设备墙根1.4m，栅栏一端或两端设有小门，供人员进出检查、护理、治疗、补饲时用。

（五）鹿场的其他主要设备

1. 粗饲料棚 主要用于贮存干树叶、豆荚皮、铡短的玉米秸、鲜枝叶和杂草等粗饲料。粗饲料棚应建在地势高燥、通风排水良好、地面坚实、利于防火的地方。并设有牢固的房盖，严防漏雨。粉碎机或铡草机可安装于棚内或棚的附近，以便于加工饲草。

2. 精饲料库 贮存精饲料的仓库应干燥、通风、防鼠。饲料库每间面积约100～200m^2，间数视饲养规模而定。其容量以贮备全群鹿4～6个月的精料量为宜。

3. 饲料加工室和调料室 饲料加工室应设在精饲料库附近和调料室之间。室内为水泥地面，设有豆饼粉碎机、小地中衡等饲料加工设备。调料室要做到保温、通风、防鼠、防蝇。

4. 青贮窖和饲草存放场 青贮窖是用来贮存青绿多汁饲料（如全株玉米秸或嫩枝叶等）的基础设备。青贮窖以长形半地下式的永久窖较为常见。窖内壁用石头砌成，水泥抹面，其大小主要根据鹿群规模而定。

饲草存放场，主要为秋、冬、春三季（约8个月）用的粗饲料存放场地。

5. 机械设备 鹿场常用的机械设备有：汽车、拖拉机或链轨拖拉机、豆饼粉碎机、磨浆机、玉米粉碎机、大豆冷轧机、青干饲料粉碎机、青贮或青绿饲料粉碎机、块根饲料洗涤切片机、潜水泵、5～10t地中衡、真空泵、鼓风机、电烘箱、冰柜、烫茸器、电扇、鹿茸切片机、电动机等。

6. 水塔和水箱 鹿场每日需要大量饮水和生活用水，故需建立自来水的水塔或水箱。水塔的建筑规格需根据鹿场规模而定。

第七章 犬

第一节 概 述

一、犬的动物学分类地位

按照自然分类系统，犬属于脊椎动物门（Vertebrata）哺乳纲（Mammalia）肉食目（Carnivora）裂脚亚目（Fissipeda）犬科（Canidae）犬属（*Canis*）犬种（*Canis familaris lineaus*）。犬亦名狗，有时被称作地羊或黄耳。达尔文认为狗的祖先是狼，最早是由狼、狐和胡狼彼此杂交而产生狗。经过人们长期自然培育和适当的选种，终于驯育出体型各异、性情相差较大的各种狗。

二、犬业的发展概况

人类养犬的历史是漫长的，考古学家在人类遗址中所发现的家犬骨骼化石表明，人类养犬可以追溯到大约距今 3.5 万年以前，那时就已经把野生犬驯养成家犬了。在这漫长的发展过程中，养犬业根据人类的需求和适应人类要求的方向有了很多重要的发展变化。因此，现在我们探索养犬业的发展史，对于我们了解过去、分析研究现状、预测未来是十分必要的。

在犬的发展过程中，首先是人类把野生犬驯化成家犬，经历了从不自觉到自觉的过程。当时人们的生活形态是从采集、狩猎、捕捞等方面来获取食物的。随着人类智慧的增加和劳动工具的改进，人类所获得的食物出现了好转，甚至有时会出现剩余，在居住的洞穴里有时丢有少量吃剩下的肉或骨头，这时聚集在附近的野生犬就会过来觅食，久而久之，犬和人类有了接触的机会，有时人类也捕获野生犬，将捕获的野生仔犬当作宠物喂养起来，与其逗乐或以备后用。经过长时间的相互接触，野生仔犬于是就对人类产生了依恋性和驯服性。同时，人类发现犬的听觉、嗅觉和暗视觉十分敏锐，能及早地预知危险，并向同伴狂吠。于是人们利用犬的高度警戒心态来防御野兽的偷袭，从此野生犬就成为人类看家警卫的对象了。随着人与犬关系的持续发展，犬也加入了狩猎的行列，成为猎人得力的助手。当人们渐渐认识到犬的作用后，开始有意识地饲养野生犬，并依据人类劳动的需要训教野生犬，逐步实现先训而后选良（即驯养和驯化两个阶段）。人类把野生犬驯化成家犬具有重要的意义，它不仅为人类劳动找到了助手，而且为驯养其他野生动物成为家畜开拓了思路，提供了经验。

人类通过驯养、控制与选择性的繁殖，将野生犬身上的遗传基因转移到家犬身上，使野生犬的某些特征得到了加强，同时也削弱了野生犬的某些其他特征。我们在改变犬身体大小与体形的同时，也改变了犬的某些行为，从而产生了体形、外貌、毛色、品质等各不相同、数目众多的品种。

早期犬的品种繁育是建立在犬自然倾向以及狩猎、畜牧、守卫、生活伴侣等各种用途基础上的，甚至在 19 世纪早期，多数犬仅仅是体形与大小不等的杂种犬，后来狩猎者为追求优秀的猎犬进行了杂交试验。目前，我们所见到的一些优秀品种除少数是古老的品种外，绝大多数都是 19 世纪人工选择杂交的产物。

现代众多犬品种的出现，并不是因为适者生存，而是人们的兴趣所致。人类在通过对犬进行选择性的繁殖，对其原型的某些方面加以改进，创造了众多品种的同时，也给犬身体结构与健康造成了影响。犬在遗传上畸形的发展与医疗上存在的健康问题，比世界上任何其他动物要多得多。

三、犬的价值

犬是人类忠实的朋友，伴随人类文明的发展而发展。只要生活环境发生变化，人类就会用不同犬种培育出优良的犬，并充分利用它的能力及多方面的特性，更好地为人类服务。所以说，犬的发展史也是人类利用犬的历史。在这一过程中，一个品种的兴与衰，一个新品种的诞生和发展，无不体现出这个品种是否对人类有更多的利用价值。犬的用途大致可以概括如下。

（一）狩猎

狩猎是犬最原始的用途，是犬先天遗传的本能，犬主带犬外出狩猎，只要获得一次成功，犬的狩猎能力就可基本形成。犬在狩猎时可以担任各种角色：发现猎物；指示猎物所在；追踪猎物；赶出隐蔽的猎物；衔回落在各种地方的猎物；找回丢失的猎物；看守猎物及一些猎人需要帮助看管的物品；发现猎人可能丢失的东西；保护猎人；防止偷猎等。这类犬有金毛猎犬、拉布拉多猎犬、史宾格犬等。

（二）牧畜

使用犬根据犬主指挥，按照指定方向行动，养成犬集结、驱赶和搜寻牧群的能力。由于它们忠于职守，是牧民的好帮手，牧民对它们十分爱护和信任，常把它们当作家庭的成员。用于牧畜的犬应体壮、兴奋、体能良好。目前，澳大利亚牧羊犬和澳大利亚牧牛犬仍然是畜牧场上牧人不可缺少的帮手。

（三）护卫

护卫是指使用犬对所看护的区域严格监视，发现异常动静或他人来犯能主动吠叫报警，直至追咬来犯者。护卫也是犬最原始的用途，正是因为犬具有警戒心态，古人类才逐渐认识到犬的作用。用犬作护卫的形式很多，如看家护院，看守果园和物品，护送犬主及其家人外出，保护人类的安全和财产。这类犬有大丹犬、獒犬、杜伯文犬、罗威纳犬等。

（四）救援

使用犬独特的功能，以救护和援助受难的特定对象。如寻找因生病、醉酒等意外原因未能及时回家的犬主；咬断捆绳，解救被捆绑的犬主；救护溺水者；在火灾中寻找被困人员；寻找地震、雪崩后的受难者等。这类犬有圣伯纳犬、伯恩犬、纽芬兰犬等。

（五）导盲

培养犬主动引导盲人避开行人、车辆及各种障碍物，以便行走固定路线到达目的地。总之，在主人有残疾而需要帮助的情况下，犬愿意填补主人无能的空白。这类犬有拉布拉多犬、德国牧羊犬等。

（六）拉拽

利用犬良好的驰骋力，帮助犬主托运驾车或拉雪橇等。例如，阿拉斯加雪橇犬能在冰天雪地中拉雪橇，日本的秋田犬和纪州犬能够拉车。培养犬的拉拽能力，应具备专门的套具及驾具。

（七）竞技

通常用于娱乐场所，如跑马场、马戏团等，犬的某些高超技能，远胜于其他动物，甚至连人类也无法比拟，如贵妇犬、巴哥犬。

（八）伴侣

利用犬良好的依恋性和服从性及对犬主无限的忠诚性，可以把犬作为生活中的伴侣。因为玩赏犬有着逗人喜爱的长相和性格，可以驱走人们生活中的寂寞，给生活带来欢乐，所以很容易成为家庭的宠物，如北京犬、西施犬、博美犬等。

（九）搜索

利用犬敏锐的嗅觉、良好的猎取反射和防御反射，现已广泛地使用犬搜索特定的人或物。如警察用犬搜索犯罪嫌疑人，搜爆、缉毒；民间用犬寻找遗失物品、探矿、煤气查漏、搜查输油管道漏油等。这类犬有德国牧羊犬、史宾格犬、拉布拉多犬等。

（十）实验

这类犬用于医学、生物学、航天科学等科学实验。尤其是犬对人类医学研究的贡献是其他动物无法比拟的。犬是人类医学研究的实验动物中，用得最早、最多，研究结果最难确、最可靠，最具有代表性的动物。历史上许多著名的医学工作者，都是先以犬为研究对象进行研究。尤其是近 30 年来，犬在人类疾病动物模型的开发研究中做出了卓越的贡献，大大推动了人类医学的发展。正是因为如此，俄罗斯圣彼得堡建有一座“无名犬”纪念碑，以纪念犬的功绩和可贵的奉献精神，同时也鼓励人们善待犬、爱护犬。这类犬有比格犬、拳师犬、墨西哥无毛犬等。

（十一）赛展

有些人参加赛展是为了消遣，有些人是出于酷爱。但无论如何都是希望犬获胜，予以满足人们争强斗胜的心理。

（十二）食用

由于狗肉鲜嫩，并具有多种药用价值，因此深得人们的喜爱。但在世界上许多国家，犬是受动物保护法保护的，他们宁可不食用，也不愿去残害人类的朋友。

（十三）其他用途

犬的功能和用途是多方面的，除了以上用途之外，还可以用来火光报警、送物取物、捕鼠、捕蚁等。我们可以预见，随着社会养犬业的不断发展，犬的应用渠道将会日益拓宽。

第二节　犬生物学特性

一、犬的外部形态

犬的品种繁多，体态各异，大小不一，但犬在外形上基本上是相似的，犬体是两侧对称的，可分为头、躯干、四肢三部分。

（一）头

头部包括颅部和面部，有嘴、鼻、眼和耳。头部外形有其品种特征，按其长度可分为长头型、中头型和短头型。不同品种的犬，耳廓也有不同形状，有直立耳、半直立耳、垂耳、蝙蝠耳、纽扣耳、蔷薇耳、断形耳等。

（二）躯干

躯干包括颈部、胸部、腰腹部和尾部。犬的颈部应肌肉丰满，长度大约与头的长度相等（短头型犬除外）。胸部分为鬐甲、背部和胸廓。发育良好者，鬐甲高，背部平直而宽阔，胸廓呈椭圆形、容量大且具活动性。腰部应短、宽，肌肉发达，稍微凸起。尾部是犬品种特征之一，有卷尾、鼠尾、钩状尾、螺旋尾、直立尾、旗状尾、丛状尾和镰状尾。

（三）四肢

包括前肢和后肢。一般前脚 5 趾，后肢拇指退化只剩 4 趾。运动型猎犬的体格健壮、四肢较长而灵活，而观赏犬的四肢较短，体型大多矮小。

二、犬的生活习性

（一）犬为杂食或素食动物

犬本为肉食动物，但经过几千年的人工驯养，食性亦有所改变。但犬仍然保持着肉食动物的某些特点，如上下颌各长着一对尖锐的犬齿，吃食时总是囫囵吞下。消化道短，食物通过消化道时间短。

（二）对生存环境适应性强，但怕高温和骤然变化的环境条件

犬能承受炎热酷暑和严寒冬季的气候，尤其是对严寒的耐受能力强，即使冰天雪地也丝毫不影响狗的活动。但犬对高温忍受力较差，犬的正常体温（肛温）为 39～40℃；高于人类。狗无汗腺，主要通过呼吸排出体内多余热量。如狗张口伸舌，则表明环境温度太高，应及时采取降温措施。

（三）犬的神经系统发达，记忆力强

犬的神经系统发达，反应灵敏，容易建立起条件反射。经过训练的犬，可根据主人的语言、命令、表情和手势等，作出各种各样的动作、表演，完成一定的任务。犬的时间观念和记忆力都很强，是地球上最聪明的动物之一。犬的记忆能力和归家本领很强，一只犬即使多年不见也能很好的记住主人的声音。

（四）犬有到固定地点排便的习惯

在进行犬的饲养时可以利用这个特性进行如厕训练，有利于保持犬舍的清洁卫生工作。

（五）犬的嗅觉灵敏

犬的嗅黏膜面积达 160cm^2，其内有约 2 亿多个嗅觉细胞，为人类的 40 倍。能辨别空气中的细微气味。犬在认识和辨别食物时，总是首先表现为嗅觉行为，如丢给犬食物时，犬总是先嗅几遍，然后才确定是否吃掉。初生仔犬也是依靠嗅觉来寻找母乳的。

（六）犬的听觉敏锐

犬的听觉可分辨极为细小与高频的声音，且对声源的分辨能力也很强。犬还能分辨出 32 个方向的声音，而人最多只能分辨来自 16 个方向的声音，晚上即使睡觉时也能对半径在 1 000m 之内的各种声音分辨清楚。

（七）犬的味觉迟钝

犬的味觉细胞位于舌上，但感觉不灵敏，仅靠味觉根本不能辨别食物的种类，新鲜或腐败。仅能靠灵敏的嗅觉来完成这些，所以，在配制犬食时要

特别注意食物气味的调理。

（八）犬的视觉不发达

犬眼的调节能力只及人眼的 1/5～1/3，对于固定目标，在 50m 以外就不能辨别主人的动作；对于运动的目标，犬可以感觉到 825m 远的距离。犬是色盲，但暗视野发达，在夜晚微弱光线下，辨别物体的能力很强，故具夜行性。犬是色盲，对颜色辨别能力很差。外界环境颜色在犬的眼睛中均为黑色的。

（九）犬忠诚于主人

犬对主人的忠诚和依恋是任何其他动物所无法比拟的，犬对主人绝对服从，有强烈的责任心，总是千方百计地完成主人交给的任务。

（十）犬的恐惧感

犬对突然出现的巨大声响和闪光有强烈的恐惧感。对于军警犬和狩猎犬的恐惧感必须通过训练加以解决，当出现突然的巨大声响和闪光（包括点火柴燃烧的一刹那）都会使犬惊恐不安，胆小的犬会夹着尾巴躲藏起来，犬对死亡有着强烈的恐惧感。这主要是指对同类的死亡而言。犬死后发出的气味，对活着的犬具有强烈的恐怖性刺激，即使平时最为亲密的犬伴侣及其后代也不敢靠近，表现出被毛耸立、步步后退、浑身颤抖的恐惧症状。

（十一）领地行为

犬具有极强的领地行为，有守卫自己领地的习性。犬在其生活和活动场所经常撒尿作标记，以显示自己占据这个地方。当别的犬进入其领地时，犬将做出猛烈的咬赶行为，以示保护自己的领地。犬不仅对饲养地视为领地，同时也把饲养人员（或自己的主人）、自己的食具作为领地，有极强的占有欲，会将其视为自己的势力范围而加以保护。

（十二）犬的休息时间是间歇性的

犬在野生时是夜行性动物。白天睡觉，晚上活动，经过人类的长时间驯化后，与人类基本保持一致，但犬只睡眠与人类不同，不是一觉睡到天亮，而是分无数次阶段性进行的，睡觉时始终保持着警惕状态，犬一天累计睡觉时间可达到 14～15h。

（十三）犬喜欢人摸其头、颈、背、前胸等部位，但尾部、臀部忌摸。

（十四）犬的寿命

一般在 10～15 岁之间，最高纪录达 34 岁，2～5 岁为壮年时期，7 岁时开始衰老，10 岁时生殖能力停止，老年犬一般会出现白内障。

三、犬的消化特点和食性

犬的祖先以幼小动物为食，但经过人类的长期驯化，变成了杂食性的肉食动物。但犬还保持着肉食动物的某些特征，第一，犬的犬齿特别发达，善撕咬猎物和啃骨头，但不善于咀嚼，犬吃食总表现为狼吞虎咽状；第二，犬唾液腺特别发达，分泌大量唾液以湿润口腔食物，便于吞咽；第三，犬胃液中盐酸含量约 0.4%～0.6%，居家畜中首位，以便于蛋白质变性膨胀，利于消化，这也是肉食性动物的主要生理基础；第四，犬呕吐中枢发达，当吃进有毒食物或腐败变质食物后，能引起强烈的呕吐反射，为一种防御保护本能；第五，犬肠壁很厚，肝脏功能很强（肝脏约占体重 3%），特别有利于脂肪的消化吸收。

第三节　犬的分类与品种

一、犬的分类

犬分布于世界各地，由于环境差异，风土各异，致使犬种产生了变化，同时，犬可以伴随人类到达世界各地，由于与当地的犬种交配，加上人为的选择，犬的种类繁多，可谓家畜之冠。

犬的品种分类尚无统一标准，由于分类依据不同，分类方法也就各异。一般可按体型大小和用途进行分类。

（一）按体型大小进行分类

1. 超小型犬　体重＜4kg，体高＜25cm。又称“袖犬”、“口袋犬”，如吉娃娃、博美犬、贵妇犬等。

2. 小型犬　体重 4～10kg，体高 25～40cm，如北京犬、拉萨犬、腊肠犬。

3. 中型犬　体重 11～30kg，体高 41～60cm，如松狮犬、斗牛犬、纪州犬。

4. 大型犬　体重 30～40kg，体高 60～70cm，如德国牧羊犬、秋田犬、波音达犬。

5. 超大型犬　体重＞41kg，体高＞71cm，如大丹犬、圣伯纳犬、大白熊犬、俄国牧羊犬。

（二）按用途分类

按用途分类是国际上公认的一种分类方法，国内外根据犬的不同用途一般可分为六大类。

1. 玩赏犬（toy group）　玩赏犬的共同特点是体型娇小，姿态优美，被毛华丽，聪明伶俐，善解人意。因体型小巧玲珑，逗人喜爱，常养在家庭中。可调教出各种动作，深受老人、妇女、儿童喜爱，可作为宠物伴侣。

2. 㹴类（terrier group） 又称“鼠猎犬”。㹴（terrier）是一类用于狩猎穴熊、野兔、水獭等小动物的一类小猎犬。它们多数都具有聪明活泼、行动敏捷、勇敢顽强、勤劳忠实的性格。㹴类活泼好动的本性至今仍然存在，因此在以㹴类作为玩赏犬时，应充分注意到这点。除少数几种㹴外，绝大部分产于英国。因此，英国可谓㹴的王国。

3. 枪猎犬（gundogs group） 又称“獚”，还有运动犬（sportingdog group）之称。这类犬多由猎犬发展而成，猎取雁雀时，能为猎手指示猎物和衔回猎物。但现在此类犬的某些品种已改作他用，如拉布拉多犬被用来训作导盲犬；英国的活打猎犬被养作家庭犬等。

在猎枪未发明之前，猎鸟犬具有从树林中逐出鸟类的本领，并使鸟类掉入陷阱或为鹰所捕获，为了达到此目的，猎鸟犬必须具备较快的奔跑速度。

猎枪发明之后，猎鸟犬的主要功能也随之发生了某些改变。这时猎鸟犬的主要任务，就是首先寻找猎物，然后向主人指示猎物的位置，进而将猎物惊起，供猎人射击，待猎物被射落后，猎鸟犬再把猎物衔回主人身边。

4. 猩（hounds group） 猩，也称之为猎兽犬，猩和猎鸟犬一样，可以帮助人们打猎。

在远古时代，狩猎活动是人们生活的主要形式，那时人们就知道凭借犬优秀的视觉及灵敏的嗅觉来捕获猎物。因此猩类大多都有着悠久的历史。

猩类根据其中狩猎时的特长可以分为“视觉猩”和“嗅觉猩”两大类。

（1）视觉 猩是凭借着其优秀的视觉和优良的脚力追捕猎物。就生物特性而言，犬的视力并不很好。但是由于长期选种培育的结果，视觉猩的视力极为优秀，在光线暗淡的情况下，即可发现猎物。又由于其体型的特殊结构，它们都具有极快的奔跑速度。因此，一旦猎物被它们发现，多半难逃其手。

（2）嗅觉 猩是具有极为灵敏的嗅觉，由于自幼即进行严格的训练，因此它们可轻而易举地捕获到猎物的气味并跟踪追击。它们大多以群猎为主，又由于不同的地区与猎物，嗅觉猩又分很多种，如身体细小、脚很短的腊肠犬，最善入洞捕伤獾、穴熊等小动物。比格犬（beagle）在围猎野兔时，会边跳边叫，高亢的叫声在森林中回荡，使野兔惊慌不已。猎狐犬的嗅神经对狐狸的气味最为敏感，它很容易发现狐狸的踪迹。

不过目前猎兽犬用于狩猎的已经很少了，大多都饲养于家中作为伴侣犬，所以其性格也变得温顺多了。

5. 工作犬（working dogs group） 1923 年，美国养犬俱乐部（AKC）将用来工作的犬单独列为工作犬，以与其他犬类相区别。工作犬是指专门从事狩猎以外的各种劳动作业的犬。这类犬大都具有强壮的体魄、持久的耐力、忠实勤劳的性格，它是所有犬类中范围最广的一种，人们给予了它们很多任务。根据其用途，大致可以分为以下几种：畜牧犬、牧羊犬、雪撬犬、拖曳犬、军警犬、救助犬、导盲犬、看门、护卫犬。

6. 非猎犬（non-sporting dogs group）　非猎犬也有称之为实用犬（utility group）或伴侣犬（companion group）。该类犬在过去都有其专门的功能，但是由于各方面的原因，致使其原有功能丧失，从而衍变为人们的宠物。如被定为英国国犬的斗牛犬（Bull Dog），过去是斗牛场上的高手，其威武的雄姿曾显赫一时，但随着斗牛的禁止，它一改过去凶猛好斗的性格，变得十分温顺，具有一对蝙蝠状大耳的法国斗牛犬（french bull dog），是恶作剧的高手，它会经常炮制出让你意想不到的恶作剧。波士顿㹴（boston terrier）样子很似法国斗牛犬。但其情趣高尚，深得人们的喜爱。据说具有除魔降妖本领的拉萨狮子犬（lhasa apso）自古即是西藏的圣犬，深受人们的青睐。大麦町犬（ dalmatian）由于其白色被毛上面点缀着黑色斑点，因此又称斑点犬，是吉普赛人的掌上明珠，它在军事、狩猎、护卫等方面也具有出色的本领。

二、主要犬品种

目前，世界上的家犬品种已达450多个。它们大小不一，面貌和毛色各不相同，五花八门，千姿百态，几乎使人难以相信它们是同种动物。在我国，从2006年编的《中国畜禽遗传资源目录》看我国现有犬的地方品种11个（藏獒、西藏狮子犬、西藏、拉萨狮子犬、中国冠毛犬、松狮犬、中国沙皮犬、山东细犬、下司犬、重庆犬、蒙古犬），犬的引进品种有96个（连著名的“北京犬”、“西施犬”也变成引进品种），2007年5月昆明犬通过了国家畜禽遗传资源委员会审定，成为第一个培育品种。其中被列入《国家畜禽遗传资源保护名录》的只有藏獒和山东细犬。下面就国内常见或比较名贵的犬种特别是中国名犬加以简介。

（一）北京犬（pekingese）

北京犬，又称宫廷狮子犬，是中国古老的犬种。身高20～25cm，体重3.2～5.5kg。

北京犬原产于中国，在宋朝时该犬被称为罗红犬或罗江犬，在元朝称为金丝犬，在明、清两朝称为牡丹犬。北京犬在历代王朝中均备受宠爱，被视为珍宝，只在宫廷内繁殖，供皇亲国戚、朝廷大臣官吏玩赏。由于长期深禁宫廷环境之中，使北京犬保持了难能可贵的纯正血统，同时也带有几分高雅神秘的贵族色彩。

北京犬头部宽大，两耳间宽阔平坦，两眼间亦宽阔。鼻短而阔，色黑，鼻孔大、开阔。额段深，吻部宽短，多皱纹，闭嘴时看不见齿和舌。下须坚实，宽阔而突出，钳式咬合。眼睛大而圆，微凸，色黑，明亮。肢短，前腕与爪之间弓状弯曲，肩部坚实。颈短而粗。身躯短而有力，肋骨适度张开，胸宽，后躯渐细并下垂，背部水平。毛色有白色、红色、黑色、褐色、奶油色等单色毛色和分布均匀的杂色。

北京犬下毛丰厚，最好每天梳理一次；最好每天定时户外运动或随主人外出散步；牙齿必须经常保持清洁，避免过早脱落。北京犬属于阔面扁鼻犬，易缺氧，天气闷热常会导致呼吸困难，故天气炎热时应注意防晒以免中暑。此外，北京犬眼球大，外露多，与外界接触面大，易感染细菌而发生角膜炎或角膜溃疡。为防止角膜感染，可用2%硼酸水洗眼，每天或隔天洗1次。

北京犬小巧玲珑，俊秀，它不仅形如狮子，也具有男子的勇气、顽强而独立的性格，故又称为“狮子犬”。北京犬气质高贵、聪慧、机灵、勇敢、倔强，性情温顺可爱，对主人极有感情，对陌生人则易猜疑。

（二）中国藏獒（china tibetan mastiff）

中国藏獒属于獒犬系，历史悠久，数千年前便活跃在喜马拉雅山麓，青藏高原地区，目前，它的足迹遍及全球。美国有“美国藏獒协会”。标准的纯种藏獒，河曲地区较多。

中国藏獒主产地为中国西藏。体重70～95kg，身高超过70cm。西藏獒犬属大型犬，长相头部大而方，额面较宽，黑黄色的眼睛。耳末端稍圆低垂，耳部被毛短而柔顺。体格强健，四肢发达，尾巴高扬并卷曲于背上，可长达20～30cm。颜色以黑为多，也有黄色、白色、青色和灰色等。性格刚毅忠诚，凶猛有力，野性较强，耐寒怕热，使人望而生畏。但对主人忠心亲热，是极好的护卫犬和看门犬。善于攻击敌人。听见其震撼的吼吠声，熊和豹都会避其三分。马可波罗曾形容该犬“拥有如骡般的高大体魄与如狮子般雄壮的声音之犬”。

（三）中国沙皮犬（chinese shar-pei）

中国沙皮犬又称大沥犬、斗犬，原产于我国广东省南海县大沥乡，被毛短而硬，似砂纸而得名。身高35～45cm，体重15～25kg。

相传2 000年前就有人饲养，100年前，由中国香港输入英国，公开展出，1971年输入美国。并成立了“中国沙皮犬俱乐部”。

中国沙皮犬毛色呈黄色或黄褐色，头肥大笨拙似河马，嘴长大，唇宽厚，面部有许多皱褶，头、颈、肩、皮肤厚韧松弛，多皱褶，富有弹性，用手可抓起10～20cm，幼犬可达30cm。耳呈圆三角形，半立半垂，尾似辣椒状向上翘起，胸深宽，臀平直，两前肢间距大，肘稍外展，后肢强健有力，脚趾并拢似虎蹄。

（四）山东细犬（shandong thin dog）

山东细犬产于我国山东省和河北省，在山东聊城、梁山一带数量较多，并将其称为山东细犬。是典型的利用视觉追踪猎物的狩猎犬种，已有一千多年的历史。此犬不只是优秀的猎犬，还是忠诚的看家犬。细犬体型与灵提、威贝特等跑犬相似，是我国很有潜力的跑犬品种。细犬被毛特别短且细密，紧贴皮肤，一般毛长 1cm 左右，有着绸缎般的光彩。头呈长楔形，吻尖细而长，耳朵不大，薄而下垂。胸深腰细，腹收起。四肢细长，前直后弓，后肢肌肉发达，蹄瓣紧密坚硬，足垫厚实。尾细长，自然下垂，稍有弯度。体高 58～67cm，体重 16～26kg。细犬爆发力强，跳得高，跑得快，柔韧灵活，毫不逊色于国外著名的跑犬。但目前细犬的数量已经很少，亟待开发拯救。身高：公犬 65cm 以上，母犬 60cm 以上。

（五）昆明犬（kunming dog）

昆明犬是自 1950 年开始选择云南民间的狼种犬，经 38 年精心培育而成的一个新的优良品种。体重：公犬 35～40kg，母犬 30～35kg；身高：公犬 65～70cm，母犬 60～65cm。

昆明犬行动敏捷；工作性能好、繁殖力强，遗传性稳定，适应性强，抗病性强。狼青品系：沉着活泼，兴奋与抑制比较容易达到平衡，鉴别、追踪、扑咬三个方面的成绩和工作能力比较全面，用途广泛，依恋性很强。

（六）德国牧羊犬（greman sheepherd dog）

德国牧羊犬，体高 56～66cm，体重 31～38kg。体型发达，为最具有才能的工作犬种。德国牧羊犬同时还是极受欢迎的家庭犬，对主人极其忠诚，可与其建立亲密关系。优秀的德国牧羊犬聪明、自信，勇敢但不敌对，感情丰富，在任何情况下都服从主人的命令。

从古时候起，就被从欧洲许多牧羊犬中选出优良的品种加以繁殖，不但可作牧羊犬，而且也是优秀的军用犬。此犬种留有古代牧羊犬的特征，于 1899 年在德国交配而成。原来该犬被驯养的主要目的是看管羊群，由于其强壮的体魄和聪明勇敢的性格，人们对其强化了训练。第一次世界大战时，它参与侦察敌情、捕抓俘虏、救护伤员等方面的工作，更被人们所重视。现在又被作为警犬、缉毒犬、导盲犬使用。

（七）西施犬（shih tzu）

西施犬又称中国狮子犬、狮子犬。因其产于中国，外形像狮子，故又叫中国狮子犬。又因其被毛华丽、纯真可爱，以中国古代美人西施的名字命名。约在 17 世纪，由北京犬和拉萨犬交配繁育而来。Shih Tzll 即为狮子二字的罗马拼写。1920 年输入英国，1934 年被正式承认。

西施犬身高：27cm以下，体重：4.5～8kg。西施犬与拉萨犬外貌极为相似，不易区分。因此规定：鼻子及四肢较长者称为拉萨犬，头圆鼻短腿短者称为西施犬。此犬被毛长而浓密，不卷曲，毛色颇多，但以头部、尾部有白色者较佳。头宽而圆，眼大距离宽，常被鬓毛遮挡。吻短鼻黑，耳大且下垂，饰毛较多，尾部饰毛多，向背部卷曲。胸宽背平，前肢垂直，关节弯曲，后肢短而强硕。

（八）喜乐蒂牧羊犬（shetland sheepdog）

又称谢德蓝牧羊犬。喜乐蒂是该犬的昵称，因其产于英国谢德蓝群岛而得名。

喜乐蒂牧羊犬身高为33～41cm，体重6.0～7.0kg。该犬上毛长粗，下毛短柔软。颈长胸深，背部平直，腰呈拱形。颈、前胸及尾部有装饰毛。毛色有黑色混杂白色及黑色两种。头呈楔形，吻部长，三角形小耳，呈半竖柱状，杏仁眼，呈暗褐色，尾下垂。整个身体好似长毛柯利犬的缩小型。个性温和，活泼好动，易于训练，属智慧型犬种。过去多作为牧羊犬饲养，目前主要用作玩赏犬和看门犬。

（九）圣伯纳犬（saint bernard）

圣伯纳原产瑞士，属超大型犬。体高为65～70cm以上，体重55～91kg。它的祖先被认为是西藏獒犬，在公元初年经意大利带到欧洲。1830年以前，所有圣伯纳犬都是短毛的，但那年又引入了纽芬兰犬血统使圣伯纳犬更加高大。现在的圣伯纳既有短毛种又有长毛种。

1810年，一头名叫狮子的圣伯纳被带至英国，此后在1863年，该犬种首次参展。1887年，圣伯纳的国际评判标准于伯尔尼诞生。因在阿尔卑斯山中的圣伯纳教堂担任救人犬而闻名。救助雪崩遇难者始于1707年，19世纪初，当时法国巴黎一号遇难，圣伯纳犬抢救遇难者40人以上。

毛色多为白底、红色或其他颜色的斑纹，毛质分为长毛与短毛，长毛品种被毛浓密平直，颈毛中厚，大腿有装饰毛。短毛品种被毛似灵狼，大腿及尾部有装饰毛。头大呈凸状，垂耳，垂尾，眼小呈暗褐色。

圣伯纳犬聪明、忠诚而且很温顺。它喜欢儿童，因为体型大，则需大空间和大量喂食。圣伯纳犬体型虽大，但性格十分温顺，容易亲近，对儿童特别宽容，如有合适的家庭环境，此犬是最好的首选宠物。

（十）拉布拉多犬（labrador retriever）

此犬原产于加拿大拉布拉多半岛。19世纪初输入英国，在英国经过改良而成为今日的拉布拉多猎犬，1903年该犬得到英国养犬俱乐部的承认。最近，拉布拉多犬作为护卫犬和警犬，因成绩突出而名誉大振。

拉布拉多犬身高：公56～62cm、母54～59cm；体重：公27～34kg、

母 25～32kg。被毛短而密生，具有很好的防雨御寒的性能，适于在冰天雪地工作，毛色有黑黄、巧克力色等。头大额小，鼻宽吻长，耳根偏后，小耳下垂，紧贴头部，眼中等，呈褐色、黄色或浅褐色等。胸深肋宽，背直结实。四肢强健但不过粗，脚趾并拢呈圆形。尾短粗，下垂多毛。

此犬嗅觉敏锐，警觉活泼，尽职尽责，是优秀的衔取犬，如加强训练，亦是出色的警犬和导盲犬。

此外，在国内市场上常见的名贵犬品种还有西藏狮子犬、拉萨狮子犬、中国冠毛犬、松狮犬、下司犬、重庆犬、喜乐蒂牧羊犬、拳师犬、斗牛犬、杜宾犬、大丹犬、纽芬兰犬、博美犬、寻血猎犬、贵宾犬、八哥犬、苏俄牧羊犬等 100 多种，由于篇幅所限，这里就不一一介绍。

第四节　犬的育种与繁殖

一、犬的选种选配

犬的繁殖首先要注意选种。俗话说："种瓜得瓜，种豆得豆"，"好种出好苗"。因此，选种一定要选择体质健壮，生长发育快，遗传无退化现象，神经类型稳定，易于育肥，抗病力强，繁殖率高的公母犬作种用。

（一）选种条件

1. 合乎品种标准要求　即种犬体质外形，体重，繁殖，抗病力等要符合品种要求。

2. 毛衣紧披，体成线条，膝距适中，头形端正，耳宽长，头部较肩部略高，肩胛肉丰富，颈长短适度，背平直，胸围宽，腹部紧，尾部摆动有力，鼻镜湿润有凉感。

3. 种公犬　要求雄性强，生殖器官发育正常，精力充沛。另外，还要根据其后代品质进行检查，选后代数量多、品种好的种公犬。

4. 种母犬　要求产仔多，带仔好，泌乳能力强，母性好，乳头不得少于 4～5 对。母性好主要表现在分娩之前会絮窝，产后能定时哺乳。一定不能要有吃仔和在窝内拉屎尿的母犬。在圈养条件下，一般适龄母犬每年发情两次，产两胎，胎产仔 4～6 只。

俗话说："公犬好好一坡，母犬好好一窝"，因此，在种公犬的选择上，要严格把好关。

（二）选种方法

1. 初选　选优良犬种的第二代到第五代的后代。断奶后转入育种群。为了避免近交亲配，初选时可采用同一公犬所产生的后代，选公不选母，选母不选公的办法，种犬要有记录卡。

2. 复选 将选出的育种群每隔半年再选择一次，选择生长发育良好，身体健壮、外生殖器无缺陷的留作种用，其余不合格的转入待发。

3. 定种 犬交配生产之后看其交配的受孕率、产仔的多少以及仔犬的成活率如何，再进一步选择，将生产性能好的留作种用。生产性能差的转入商品。

二、犬的繁殖特点

（一）性成熟

小犬生长发育到一定时期后，公犬便产生具有受精能力的精子，母犬排出成熟的卵子，其他副生殖器官也发育完全，这就叫性成熟。一般来说，小型犬性成熟时间较早，大型犬性成熟时间相对较晚，我国饲养肉犬的性成熟大多数在 8～12 月龄。

性成熟并不意味着到了合适繁殖的年龄，因为此时犬身体未完全发育成熟，过早配种繁殖，无论对种犬或仔犬都没有多大好处。繁殖的合适年龄：雄性为 1.5～2 岁，母犬为 1～1.5 岁（第二次发情）后比较合适。种犬使用年限：一般种公犬为 7～8 年，种母犬为 5～6 年较为合适，如发现性能特别好，身体健壮者可适当延长。

（二）发情周期

犬为季节性单情期动物，正常情况下每年发情两次，春秋季各发情一次，春季发情时间一般在 3～5 月份，秋季在 9～11 月份，发情持续为三周之久，个别的持续 4～5 周。

发情周期一般是指从这次发情开始到下一次发情开始这一段时间，犬的发情期可分为发情前期（preoestrum）、发情期（oestrum）、发情后期（metoestrum）和乏情期（anoestrum）。犬的发情期比一般家畜长约 10 倍，表现为各期都比较长，以发情期尤为突出。

1. 发情前期 发情前期指从阴门开始水肿和阴道排出黏液到接受交配前的一段时期，平均为 9d（7～10d）表现：阴门水肿、体积增大，阴门下角悬垂有液体小滴，其水分使周围毛发及尾根毛发湿润，并可能粘在一起。2～4d 后阴门有血样黏液流出，此时母犬表现不安，对周围环境反应冷漠，不服从饲养员命令。有些雌犬相互爬跨，饮水量增加，排尿频繁，此时对公犬不感兴趣，甚至在公犬接近时攻击公犬。此期对年龄较大的犬来说，开始时外部特征不太明显，因此对大龄犬要注意观察，避免错过交配日期。

2. 发情期 指从开始接受交配之日起到最后接受交配日的这段时间。时间约为 9d（4～12d）。表现：外阴红肿，阴道分泌物由血红色转变为无色透明或淡黄色。母犬此时愿意亲近并吸引公犬。母犬屁股对着公犬头部，腰部凹陷，骨盆区抬高以露出会阴区，尾巴弯向一侧，阴门开张。母犬一般在发情开始后 2～3d 内排卵，排卵时间受年龄影响，青年母犬排卵较早，老龄母犬排卵较迟，在开始排卵后这段时间是最佳交配时间。

3. 发情后期 发情后期指最后一次接受交配到黄体退化的一段时期，平均为 75d（60～90d）。在发情后期，阴门水肿迅速消失，阴道仅少量黏液排出。母犬表现为安静、松弛，对公犬的吸引作用很快降低。

4. 乏情期 卵巢没有生理活动的一段较长时间：平均为 3 个月左右。正常情况下，乏情期阴道不排黏液。

（三）公犬的发情表现

公犬全年均可发情，但多数是闻到母犬阴道排出的气味而导致发情。尤其是在附近有发情的母犬，其阴道流出的分泌物的特殊气味刺激公犬，引起其食欲减退、兴奋不安、狂叫不已。

三、繁育方法

（一）最适配种时间的确定

犬排卵时间因个体不同而异，新排出的卵子只有经过 2～5d 的成熟分裂后才能够受精。而且，精子能够在母犬的生殖道内存活相当长的时间，因此，在发情第一天进入雌犬生殖道的精子，在发情期的大部分时间都有受精能力。精子在雌犬的生殖道成活时间如此之久，可能是造成复孕的原因。

在自然条件下，把一只雌犬和一只公犬放在一起任意交配，一般不会有什么困难。但在单独圈养或人工授精的情况下，确定最适配种时间非常重要，可采用不同的方法进行发情鉴定，如可通过观察雌犬的行为、阴道黏液及进行阴道细胞学检查等来确定最适配种时间。

通常母犬是在发情开始后 2～3d 开始排卵，因此，最适配种时间是母犬首次对公犬表现亲近后 3～5d，或首次接受交配后的 2～3d。接受交配是发情最可靠的反映。母犬最适配种时间详见表 7-1。

表 7-1 雌犬最佳配种时间

	临床表现	最佳配种时间
行为	（1）首次对公犬表现兴趣	3～5d 后
	（2）首次接受交配	
	（3）愿意把尾倒向一侧	2～3d 后
临床表现	（1）阴道排出血红色黏液	13（8～14）d 后
	（2）黏液由红色变黄色	2～3d 后
	（3）葡萄糖反应（检验是否有葡萄糖）	第二次阳性反应时

（续）

	临床表现	最佳配种时间
阴道细胞涂片	（1）无核表皮细胞	100%时
	（2）白细胞	重新出现时
	（3）角化指数（CI）	超过80%时
	（4）嗜酸性细胞指数（EI）	60%时

注：角化指数＝（角化细胞总数/上皮细胞总数）×100%

嗜酸性细胞指数＝（嗜酸性细胞总数/上皮细胞总数）×100%。

（二）配种方法

犬的配种方法有两种，一种是自然交配法，另外一种是人工授精法。

1. 自然交配法 自然交配就是公母犬直接交配。为提高母犬的受胎率和产仔率，一般采取用同一公犬2～3次交配，也就是进行复配，每次交配要间隔12～24h；还一种方法就是双亲交配法，用二公一母交配，一只公犬交配完之后间隔12～24h，再用另一只公犬进行交配。

如果有的发情母犬拒绝交配，可换另一只公犬试试，因为有些母犬有选择公犬的习性。如仍配不上，可将公母犬同关在一间犬舍让其互相熟悉，直到配上为止。是否配上，可检查母犬阴户外翻程度，如交配后外翻很明显，则证明已配上。

在自然交配中，公犬的射精过程分三次完成。第一次是在阴茎尚未完全勃起时，第二次是在阴茎前后抽动刚停止时，第三次是在公犬刚完全扭转180°角，头朝向与雌犬相反的方向时。公犬一次交配完之后，性欲消失，休息片刻后，公犬性欲恢复，可再次进行配种，如不加控制，公犬一天可交配5次。

2. 人工授精 人工授精是指用人工的方法采取公犬精液，经检查与处理后，注入发情母犬的生殖道内，使其受胎的方法。这是一种先进的繁育技术，对于有效提高公犬的配种效果、扩大良种公犬的应用范围、防止犬生殖道疾病的传播均有很大作用。

四、犬的妊娠与产仔

（一）胚胎的早期发育

排卵后卵子进入输卵管并与精子结合，即为受精。约在排卵后24～48h，受精卵转移到输卵管中部，在72h后开始分裂，在96、120、144、168和192h受精卵分别发育到2、2～5、8、8～16、16个细胞，并转移到输卵管子宫端，在204～216h后，桑椹胚进入子宫。在子宫里，桑椹胚很快发育成囊胚，再经约一周的发育，即在配种后大约17～22d，胚胎附植在子宫里，即胚胎与母体间建立了胎盘联系，从而可从母体血液中吸收营养，并把代谢废物排入母体血液中。

（二）妊娠期及妊娠表现

如果从第一次交配算起，妊娠期平均为60（58～63）d，因此，知道第一次交配的日子，有利于预测分娩日期。因为交配后犬的精子并不能马上受精，如果做细胞学检查，受精发生在阴道涂片中以表皮细胞为主转化为以中间型细胞为主时的3天前，这时可认定。根据犬的第一次交配时间我们可以大致地推算出肉犬的预产期，其方法为：从交配的那一天开始算起：1～2月份交配，其预产期为月加2、日加4；3～6月份、8～11月份交配，其预产期为月加2、日加2；7月、12月交配，其预产期为月加2、日加1。

交配后判断母犬是否妊娠的方法很多，比如说有触摸法、血液学检查、阴道样品涂片法等，但在实际生产中应用较多的靠眼看手摸：看母犬外阴唇外翻程度，外翻明显的可能已经配上；若交配后仍呈自然闭合状态，则未配上。已配上的母犬食欲旺盛，在交配后15～20d，母犬的胸部乳头红胀，30d后腹部开始逐渐膨大，用手轻按腹部，可触到瘤状物。通常在交配后10d内，以静为宜。适宜的运动方法是由人牵着散步。妊娠40d后也需要安静，一般在妊娠58～63d分娩者较多。

（三）犬的分娩

1. 分娩前的准备工作　犬妊娠50d后，就要准备产床和产箱，并把犬转移到产床或产箱中去，以便其熟悉和适应产箱周围环境。产箱应安置于安静、温暖、空气新鲜、不太干燥并且远离其他犬的地方，产箱高度以生下的小犬爬不出来为宜。产箱底部可铺上软草或报纸，并定时更换，在产箱的一边开一出入口。

预产期前2～3d，应当少喂一些，避免饲喂容易引起便秘的食物。

2. 分娩预兆　分娩前，雌犬生殖器官及骨盆会发生一系列变化。雌犬的行为也有所改变，通常把这些变化称分娩预兆。

分娩前，犬大部分时间在休息，临产前，食欲减少或不吃，行动急躁，表现不安、造窝，外阴部或乳房肿胀，阴门分泌黏液，分娩前一天直肠温度下降0.5～1℃，分娩多在夜间或清晨。

尽管分娩是一个连续性的过程，但为了描述方便，可把分娩过程分为分娩前期、中期和后期三个阶段。

（1）分娩前期（又称为开口期）　其子宫开始收缩到子宫颈完全张开的这段时期，这个时期首先破裂的是尿膜，尿膜破裂流出尿水；其次破裂的是羊膜，羊膜破裂流出羊水，胎水从阴道流出。

（2）产出期（中期）　胎儿进入产道，子宫肌、腹肌进一步收缩，腹内压急剧升高，在子宫收缩和强烈努责推动下，胎儿自产道排出体外。此时可见母犬阴部膨胀，从阴道排出一个椭圆形的胎膜，膜内包着一个仔犬胎儿。

（3）*后期* 指胎儿产后胎膜排出期，一般持续时间 5～10min。

（四）母犬的助产

母犬出现分娩症状时，用温水、肥皂水将母犬外阴部、肛门及尾根、后躯洗净擦干。再用 1%的来苏儿溶液清洗外阴部。助产人员的手臂应用 0.5%的新洁尔灭溶液消毒。母犬分娩多数可自然产出，若有异常现象，应及时采取相应措施助产。

如母犬阵痛流出胎水 1h 左右，仍未生下一只仔犬，应检查胎位是否正常，可注射子宫收缩剂或催产素。注射后 2h 还没有生产，应该立即进行剖腹产取胎术，否则会造成胎儿死亡。如四肢位置不正，不要硬拉，应该顺势将胎儿推回子宫，矫正胎位，调整为先出头的正产，然后随着母犬的努责则将胎儿排除。若倒生时，待两后肢产出后，应及早拉出胎儿，胎儿腹部进入产道后，压迫脐带引起胎儿窒息死亡，如两后肢不能产出，则应进行剖腹手术取出胎儿。

若胎儿头部和前肢露出阴门，而胎膜迟迟不破。可用手指将胎膜轻轻撕破，并轻轻揩净胎儿口腔和鼻腔中的黏液。必要时，用口吸仔犬的口鼻，使其吐出残留在口腔内的胎水，以利胎儿的产出和呼吸。

若母犬阵痛，努责无力或破水时间过长，而胎儿仍滞留产道内，应迅速组织助产，用产科绳拴住胎儿前面两肢趾部，助产者将手伸进阴道，紧紧握住胎儿下颌，待母犬努责时用力向外拉出。当胎儿头部通过阴门时，助手要用双手捂住阴唇，以免撑破阴门上下角或会阴。头拉出后，脚向外拉时要缓慢，因势利导，防止引起子宫脱出或内翻。夏天将新生仔犬放在母犬腹部，让仔犬吮吸初乳；冬天要注意保暖，若仔犬吸乳后，放入 30℃左右的保育箱内，上面用灯泡照射或垫热水袋。箱上用棉布掩盖以防风保湿。如果母犬产仔较多，应派专人轮班护理，协助新生仔犬吸奶，一般 2h 喂奶一次，如发现仔犬不正常，要及时采取措施，以便提高出生仔犬的成活率。

五、提高犬繁殖力的措施

为了提高繁殖率和生产管理水平，可用现代繁殖技术，人为地控制和调节母犬的发情，以缩短发情周期，提高繁殖率。主要包括以下几种技术措施。

（一）诱发发情

是用人工的方法引起母犬发情的一种繁殖技术。在母犬休情期内，利用外源激素（如促性腺激素）或某些生理活性物质及环境条件的刺激，引起母犬正常发情并进行交配，缩短母犬的繁殖周期，使之比自然情况下提前配种，增加胎次，提高繁殖率。对间情期过长、初情期推迟的母犬，均可以采用诱发发情措施使母犬发情配种。一般情况下，可应用孕马血清促性腺激素(PGSM)，若有条件配合使用人绒毛膜促性腺激素（HCG）效果更好。

（二）超数排卵

在母犬发情期内，注射促性腺激素，使卵巢中比在一般情况下有较多的卵泡发育成熟并排卵。超数排卵一般在两种情况下使用：一是为了提高产仔数，有些母犬各方面条件均很好，但产仔数太少，或是想让它比正常情况多产仔，可用此法提高产仔数；二是结合胚胎移植时进行。母犬施行超数排卵时，可能会有不同的反应。这种反应可因品种，体重，体况，年龄，季节，营养状况，发情周期的阶段，产后时期的阶段，激素的效能、用量和比例，注射程序等的不同而异。

（三）同期发情

又称“同步发情”。主要用于群体饲养。就是利用某些激素制剂人为地调整一群母犬发情周期，使之在预定的时间集中发情。该项技术措施有利于推广人工授精，便于组织生产，减少不孕，提高繁殖率。现行的同期发情技术主要有两种途径：一种是对要施行同期发情的一群母犬同时施用孕激素，抑制卵巢中卵泡的生长发育和发情，经过一定时期同时停药，随之引起同时发情；另一个途径是利用性质完全不同的另一种激素（前列腺素）使黄体溶解，中断黄体期，降低孕酮水平，从而促进垂体促性腺激素的释放，引起发情。

（四）催情

指用人工的方法促进母犬发情、排卵的措施。目的是使母犬及时发情配种，减少空怀，提高犬的繁殖率。常采用的方法主要有加强饲养管理，使母犬营养合理、不肥不瘦，辅以公犬逗引，用药物刺激等，以增强母犬的性机能。

第五节 犬的营养需要及饲料配方

一、犬的营养需要

犬作为一种食肉目的杂食动物，它对食物的质和量适应性都比较强，但它同样需要多种营养以满足机体的需求。只有犬体营养平衡时，才能健康成长。所以，营养丰富的食物对犬的健康发育至关重要。犬因品种、年龄及个体特征不同，所需的营养物质也有差别。但总的说来，犬的食物中必须具备蛋白质、脂肪、碳水化合物、维生素、水、矿物质（无机盐）等基础物质，因为这些物质是犬赖以生存和生长发育的必需养料。

（一）水

在犬的食物中，水占绝大部分。体内水分损失若达5%时，就会引起食欲减退；损失10%，则会引起生理失常；当水分损失20%左右，可能导致犬的死亡。

犬体水一部分来自食物或代谢产生的水，另外一部分来自饮水，在饲养过程中单凭食物或代谢产生的水是满足不了犬体需要的。因此，养犬时必须时常提供清洁的饮水，正常情况下，成年犬每天每千克体重约需水100mL，幼犬则需水150mL，高温季节还应在此基础上增加饮水量。

（二）粗蛋白质

粗蛋白质主要由蛋白质和含氮化合物两大类组成，蛋白质包括单蛋白质、复蛋白质、酶、色素等，含氮化合物主要包括氨基酸、酰胺、有机碱、生物碱等。

蛋白质是犬生命活动的基础，是构成机体的重要组成部分，是维持犬体正常新陈代谢所必需的物质，是犬体内除水分以外含量最高的物质，约占犬体干重50%左右。成年犬的皮肤、被毛、趾甲的形成及受伤组织的修复均需蛋白质，幼犬的肌肉生长需要蛋白质，此外，过剩的蛋白质还能为犬体提供能量。在一般情况下，成年犬每千克体重约需蛋白质4.8g；幼犬多一些，约占9.6g蛋白质。

犬对蛋白质的需要量依据犬的生长发育阶段及体重来决定，一般占日粮17%～28%，对后备种犬蛋白质含量为日粮中的17%时，就能满足其生长发育需要；对怀孕后期、哺乳期的犬及断奶的仔犬，蛋白质含量应为17%～25%才能满足其体内需要。如果额外增加蛋白质需要量，一方面经济上不合算，另一方面会导致犬的消化系统负担过重，引起消化不良、腹泻等疾病。蛋白质缺乏时，首先表现为消瘦，如长期处在缺乏蛋白质的营养状况下，就会导致血浆蛋白过低和血红蛋白减少的贫血症，幼犬生长迟缓出现水肿、消瘦等状况；种公犬精液品质下降；母犬性周期失常，不易怀孕；已怀孕的胎儿发育不良，产生死胎、弱胎等。

（三）粗脂肪

是机体重要能量来源之一，犬体脂肪含量约占体重的10%～20%左右，脂肪是构成细胞、组织的主要部分，饲料中的脂溶性维生素A、维生素D、维生素E、维生素K及胡萝卜素，必须要经脂肪溶解后才能被吸收，并需要靠脂肪在犬体内部将其运送到所需要的部位。脂肪又是机体制造维生素和脂肪的来源，贮存于皮下的脂肪还具有保温作用。幼犬的日脂肪需要量为每千克体重 1.1g，成年犬为每千克体重 1g 左右。成年犬日需脂肪量按饲料干物质计算，约占干物质的 3%～7%。

（四）碳水化合物

碳水化合物由碳、氢、氧三种元素组成，包括无氮浸出物和粗纤维两类物质。无氮浸出物不含氮素，包括淀粉和糖。犬饲料中主要是淀粉，淀粉是多糖物质，在犬体内被消化成最终产物单糖、葡萄糖才能被吸收利用。

粗纤维主要包括纤维素、半纤维素和木质素等，是植物细胞壁的主要成分，是不能溶解的碳水化合物，犬饲料存在难以消化的粗纤维素，但在犬的饲养实践中，饲料粗纤维对犬是不可缺少的，它起到填充胃肠道、刺激肠黏膜、促进肠胃里蠕动和粪便排泄的作用。在饲料中的粗纤维含量应控制在 3%～5%比较合适。如果含量过高，在消化过程中需要消耗较多的能量，用于运送和排泄吃进的粗纤维，反而提高了饲料总量的消耗，提高了饲养成本。

碳水化合物在体内主要用来供给热量，维持体温，以及作为各种器官活动和运动的能量来源，多余的碳水化合物可转变成脂肪贮存起来。一般来说，幼犬每日每千克体重约需要碳水化合物为 17.6g。成年犬每日所需碳水化合物以占其饲料的 44%～49%为较合适。

（五）维生素

维生素种类很多，化学结构不同，生理功能也不一样，但它在体内不能合成或合成很少，必须由饲料供给。维生素是犬生长发育和保持健康所不可缺少的物质，如缺乏维生素，营养物质代谢会发生障碍，从而影响犬的正常生长，甚至导致犬的死亡。

（六）矿物质（无机盐）和微量元素

矿物质和微量元素是构成机体组织细胞的成分，它能维持体内酸碱平衡和渗透压，也是许多酶、激素和维生素的组成成分。矿物质主要是指钙、磷、钾、硫、钠、氯和镁，又称常量元素；微量元素是指食物中含量在 0.01%以下的元素，如铁、铜、锰、锌、碘、钴、硒等。

钙、磷、镁是构成身体最重要的矿物质，犬体内钙、磷占矿物质总量的 70%以上，约有 99%的钙和 80%的磷存在于骨骼中，其余的钙、磷均存在于淋巴液和其他组织中；磷存在于各器官组织中，所以钙、磷在体内的每个反应中都不可缺少。钾、钠、氯主要分布在体液即软组织中，钠对维持体内酸碱平衡、保持细胞和血液间的渗透压起重要作用。锰、锌、铜、碘、钴是构成酶、激素与某些维生素的成分。铁、铜、锰、钴与造血机能有关，碘是构成甲状腺素的重要原料，与机体的基础代谢有关。因此，矿物质在调节体液的酸碱度、渗透压以及对神经、肌肉的活动等方面起着重大作用，是保证犬健康正常生长、繁殖、育肥、泌乳不可缺少的营养物质。

二、犬的营养标准

目前，在美国常用的犬营养需要标准是 NRC 的 1985 年和 1986 年的版本，它是基于犬生长的最低营养需要量制订的。另外一个重要的参考标准是 1974 年的 NRC 标准，因为该标准对营养建议量留有一个约 20%的安全界限。因此，美国玩赏动物食品研究所等单位目前仍然继续应用 1974 年版本的 NRC 标准。

我国除部队、公安部门饲养的军犬和警犬以及杂技团饲养的玩赏犬营养标准较高外，其他犬营养水平都比较低，我国到目前为止没有制定犬的营养标准，为了使犬能够健康生长，必须根据营养需要，参照国外标准，将各种饲料按一定比例配合在一起，制成营养比较全面的日粮。

下面介绍一种适合于中型犬的饲养标准供参考（表 7－2）。

表 7－2　犬的饲养标准

营养物质	含　量	营养物质	含　量
蛋白质	17%～25%	Na	0.3%
脂肪	3%～7%	Cl	0.45%
纤维素	3%～4.5%	K	0.5%～0.8%
灰分	8%～10%	Mg	0.1%～0.21%
碳水化合物	44%～49.5%	维生素 A（IU/g）	8～10
Ca	1.5%～1.8%	维生素 D（IU/g）	2～3
P	1.1%～1.2%		

三、犬常用饲料

犬的食性很广，根据食物的营养价值和特性可分为以下几类。

（一）动物性饲料

指来源于动物机体的一类食物，是犬的动物性蛋白质的主要来源。包括各种畜禽肉、内脏、鱼粉、骨粉、奶类、蛋类及其加工副产品等。动物性饲料蛋白质含量高，氨基酸组成完全，富含 B 族维生素，Ca、P 比例适宜，是犬的优良蛋白质和 Ca、P 的补充料。饲喂蛋白饲料要注意清洁卫生以及疾病传染。

（二）植物性饲料

在肉犬饲养中，植物性饲料是占比例最大的一类饲料，这类饲料来源广，价格低廉，种类多，营养丰富，主要包括农作物籽实及其加工副产品；

块根、块茎、瓜类、蔬菜、青饲料等，如玉米、小麦、大麦等谷物是主要的基础饲料，含大量的碳水化合物，能提供能量。而豆类籽实及其加工副产品有较多的蛋白质。植物性饲料还含有较多的纤维素，这些纤维素犬不易消化，但是纤维素含量合理时，可刺激肠壁，促进蠕动，并可减少腹泻和便秘的发生。植物性饲料只要搭配合理，是完全可以满足犬的营养需要的。

（三）矿物质饲料

是以提供无机物为目的的一类饲料。如石粉、磷酸钙、食盐、骨粉、贝壳粉等，对调节体液的酸碱度，渗透压以及神经、肌肉的活动等方面起着重大作用。是保证犬健康正常生长、繁殖、育肥、泌乳不可缺少的营养物质。

（四）添加剂饲料

包括微量元素、维生素、必需氨基酸、促生长剂、驱虫抗菌保健剂、防霉剂等。这些物质具有保健、促生长、增进食欲、防止饲料变质等作用。

包括食盐、酱油、味精等一类可以改变饲料适口性、改善口味、增强犬食欲的物质。

四、犬的日粮配合

虽然犬属于肉食类哺乳动物，但它具有杂食性，完全可以利用不同原料为犬配制一种全价饲料，满足犬的需要。在配合日粮时可参照表7-3进行。

表7-3　日粮干物质应含养分（%）

状　态	最低代谢能（418kJ/g）	蛋白质（g）	脂肪（g）	粗纤维（g）	钙（g）	磷（g）	钠（g）
维持	3.5	12～15	>8	<5	0.5～0.9	0.4～0.8	0.2～0.5
发育、妊娠哺乳	3.9	>29	≥17	<5	1.0～1.8	0.8～1.6	0.3～0.9
环境应激 精神应激	4.2	>25	>23	≤4	0.8～1.5	0.6～1.2	0.3～0.6
老龄	3.75	14～21	>10	<4	0.5～0.8	0.4～0.7	0.2～0.4

要根据犬对营养的需求配制犬日粮，同时还要考虑饲料原料的种类和来源，营养成分和适口性，犬的消化、生理特点，饲料加工方式、饲喂方式以及配制量、使用量和贮存等方面的因素。

在养犬的数量少（如家庭豢养的玩赏犬、护卫犬等），饲料的来源广、种类经常变化的情况下，犬的日粮中各种营养成分的掌握要求不是十分严格，更多的是从适口性方面考虑。

由于犬的日粮中原料成分经常变化，只要保证犬能采食到足够的食物，犬就极少发生某种营养成分的缺乏和失衡的情况。犬饲养场（户）在配制犬的日粮时，主要考虑饲料的营养，必须要求饲料的原料来源要稳定，准确掌握、计算营养成分和原料种类的比例要接近和达到营养全价。常用的计算方法有“试差法”和“四角法”。通过计算制定出犬的日粮配方。下面介绍几种犬的饲料配方供参考。

配方1（适用于成年犬）：大米30%，玉米面30%，麸皮10%，高粱面10%，豆饼面10%，骨粉2%，鱼粉6%，青菜2%，另加食盐、各种维生素及添加剂。

配方2（适用于成年犬）：玉米面40%，麸皮30%，豆饼面15%，鱼粉7%，骨粉5%，石粉2%，食盐1%。

配方3（适用于3月龄以上的育成犬）：玉米面40%，大米20%，麸皮10%，豆饼面15%，鱼粉8%，骨粉5%，石粉1.5%，食盐0.5%。

配方4（适用于断奶前后的幼犬）：玉米20%，大米20%，麸皮5%，豆饼15%，鱼粉5%，蛋类10%，鲜奶20%，骨粉4%，食盐0.7%，其他矿物质及维生素0.3%。

配方5（适用于青年犬）：玉米面50%，麸皮20%，米糠5%，豆饼15%，鱼粉5.0%，骨粉4%，食盐0.5%，生长素0.5%。

上述配方以制成颗粒料或其他固形饲料使用为佳。

第六节　犬的饲养管理

一、犬舍形式及用具

（一）犬舍

选择犬舍，理想的应该能足够犬只进入、转身和平躺身体。任何多出来的空间都会在寒冷的日子里增加热量的消耗。

选择正确尺寸的犬舍才能确保犬住得舒服。我们最经常使用的方法就是用犬只的重量来决定屋子的尺寸。但是有些犬只是高大型的，所以高度因素也是必须考虑的。选用犬舍是要注意以下几点。

1. 犬舍的门口高度一定不能低于犬只肩高的3/4，请参照图7-1中的A线段；门口的大小要让犬只低下头正好钻进屋子里为最好。

2. 狗屋的长度和宽度应该不大于犬只鼻子到腰部的25%，请参考图7-1中的B线段（尾巴不在考虑之内）。例如，如果犬只的B线段长60cm，狗屋的宽度和长度应该在60cm和75cm之间。

3. 狗屋的高度应该大于犬从头到脚高度的25%～50%，如C线段。这样才能保证犬只在寒冷岁月里不流失多余的热量。例如，如果犬只的身高是约 55cm，那么狗屋的整体高度应该大约在 70～75cm 之间。

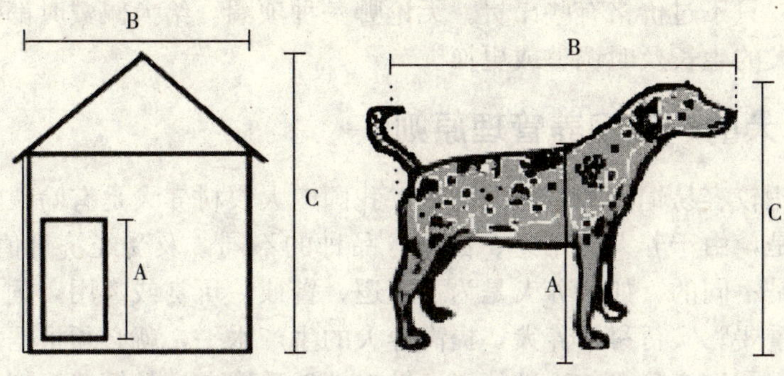

图 7-1 犬舍建造尺寸选择

（二）犬的饲喂用具

犬的饲喂用具有食盆、食盘和水碗，这些用具最好是铝或不锈钢制品。不能用易碎的陶瓷制品或易生锈的铁制器皿。另外，这些用具表面要求光滑，易于洗刷；饲喂用具要底重、边厚，防止吃食时打翻；用具也不能太浅，以免食物和水飞溅。具体要根据犬的大小和品种准备好相应形状的饲喂用具。对于家庭的观赏犬，如果是短吻型的犬我们要选择浅盆；如果是长吻型而且耳朵较大的犬，我们可以选择盆沿较高的食盆。还要注意这些饲喂用具要固定给某只犬，最好不要随意更换。

（三）犬的洗刷用具

洗刷用具主要是梳子和刷子等。刷子的种类很多，有长有短，有软有硬，有尼龙刷、鬃刷、钢丝刷等。尼龙刷用来刷灰尘，钢丝刷用来刷皮屑，鬃刷用于被毛整理疏光，还有油刷用来给某些小型犬或长毛犬抹油用。梳子有稀齿、密齿和齿稀密适中等类型，稀齿疏用于梳理长毛品种的犬，适中型梳子用来梳理粗毛品种的犬，密齿梳用来捉拿跳蚤或润饰毛。另外，还要备美容和洗澡的用具，如剃刀、剪子、电推剪、浴盆、棉球、毛巾、洗发剂和电吹风等。

（四）犬的玩具和项圈的准备

准备一些玩具，供幼犬啃咬和追捕，这样既能防止幼犬损坏室内其他物品，又能锻炼幼犬。但这类用具质量一定要好，易碎、有毛、能吞下的东西不能作玩具，以免幼犬误食。犬通过啃咬有助于幼犬牙齿和牙床健康，清洗牙齿；追捕有助于幼犬学会追逐、逮住并衔回物品。

项圈和狗绳是带狗上街和训练时的必要用具，要让犬从小养成带项圈的习惯，以便犬长大后外出时牵引和控制。项圈在质地、结构和用途上各不相同，他们通常是皮制、尼龙制或金属制的。皮制项圈是犬的理想之物，既舒适又耐用，只不过价格有些昂贵。无论哪一种项圈，给犬佩戴时都要松紧适度，并随犬的生长及时调整或更换。

二、犬的一般饲养管理原则

犬是比较容易饲养和管理的动物。我国广大农村养犬是有啥喂啥，粗放管理。但是，由于养犬的用途、数量、品种的不同，及受经济价值的影响，其要求也是不同的。如果养犬是为了巡逻、警戒、玩赏或肉用，饲养管理就显得非常重要。实行科学养犬，提高养犬的生产水平，就必须根据犬的生物学特征和不同生产阶段的生理特点，针对性地采取有效的饲养管理与护理措施，才能收到事半功倍的效果。

（一）选择适当的饲养方案

为了保证各类犬获得其生长与生产所需的营养物质，应根据各犬群的生理阶段及体况和具体表现，按饲养标准的规定，分别拟定一个合理使用饲料、保证营养水平的饲养方案。如妊娠期，体况较好的母犬，供给以高能量水平的日粮，则易导致胚胎早期死亡；而对体况较差的妊娠母犬则需能量较多。对不同时期生长发育的幼犬及未成年的犬，能量的供给也是不一样的。故应根据各类犬群制定不同的饲养方案。

（二）饲料多样搭配

科学配制适口性好、营养全面、容易消化吸收的日粮。

（三）充分运动，增强体质

运动可使犬新陈代谢旺盛、增进食欲、增强抵抗力，但喂食前后均不应进行剧烈活动。犬每天要晒太阳，使皮肤中的7-脱氢胆固醇转化为维生素 D_3，调节钙、磷的代谢。

（四）注意卫生

饲料应现做现吃，最好不过夜，发霉变质的食品不能再喂犬。喂食前后要停止做剧烈运动，饮用水要用清洁的自来水或井水，不能用厨房里的泔水和地表水，以免引起食物中毒、寄生虫病和消化器官疾病。要保证犬体和环境的清洁卫生，做到定期免疫、定期驱虫。

（五）建立稳定的生活制度

根据犬的习性做到饲喂六定（定时、定量、定温、定质、定食具、定场所）的稳定生活制度。

1. 定时　指每天饲喂时间要固定，不能错前拖后。定时饲喂能使犬形成条件反射，促进消化腺定时活动，有利于提高饲料的利用率。如果不定时饲喂，则将破坏这一规律，不但影响采食和消化，还易患消化道疾病。一般成年犬每日喂2次，1岁以内的犬每日喂3次，3个月以内的仔犬每日喂4次，2个月以内的仔犬每日喂5次，1个月以内的仔犬每日喂6次。孕犬、哺乳犬和病犬可酌情掌握。

2. 定量 指每天饲喂的饲料量要相对稳定，不可时多时少，避免犬只饱一顿或饥一顿的现象，喂得过多，会引起消化不良；喂得太少则使犬感到饥饿，不能安静休息。但要注意不同个体间的食量。可能有很大差异，还要靠饲喂者自己的观察来确定。

3. 定温 根据不同季节气温的变化，调节饲料及饮水的温度，做到"冬暖、夏凉、春秋温"。饲喂饲料的温度不能过高或过低，否则会影响犬的食欲及引起消化道等疾病。

4. 定质 指日粮的配制不要变动太大，喂用的饲料质量一定要保持清洁新鲜，变更饲料时要逐步改变，防止吃霉烂腐败的饲料。

5. 定食具 指每只犬食具专用，不得串换食具。用后清洗干净，放置时防止苍蝇乱飞乱落，保持清洁，定期煮沸消毒。防止传染疾病。

6. 定场所 指犬在固定的地点睡觉、进食的习性。犬床要固定，不可随意改变位置，饲喂场所要相对固定，不可到处乱喂，有些犬在更换饲喂场所以后，常会拒食或食欲明显下降。

（六）改善饲喂方法

不同的饲喂方法，对饲料的利用率有一定的影响。自由采食的犬肥胖，限量饲养可提高饲料利用率。一些人认为，颗粒饲料优于干粉料，干粉料及稠粥料优于稀饲料。因此要大力发展颗粒饲料。

（七）注意观察犬的吃食情况

如剩食或不吃等应查明原因，采取措施。影响犬食欲的原因很多。但主要有如下几个方面：首先是饲料方面：①饲料单一，不新鲜，有异味等，犬不愿采食；②饲料中含有大量化学调味品，或含芳香、辣味等有刺激性气味的物质，以及特别甜或咸的食物，均影响犬的食欲；③喂食的场所不合适，如强光、喧闹、几只犬在一起争食，有陌生人在场或其他动物干扰等；④疾病。如果上述原因都排除了，食欲仍不见好转，应考虑疾病问题，要注意观察犬体各部有无异常表现。发现问题，及时请兽医诊疗，在饲喂时，食盆应取走或过一段时间再放，不能长时期放在犬舍里，既不卫生，又易养成犬的坏习惯。

（八）犬管理的一般原则

1. 搞好环境卫生 环境卫生包括犬舍的卫生，环境的温度、湿度，器具的消毒等。

2. 搞好犬体卫生 犬体的卫生工作必须经常认真地去做，这对于犬的健康有重要意义。如果不保持犬体卫生，在犬的皮肤上存有污垢，会使新陈代谢的作用减弱，容易传染皮肤病，甚至使犬的抵抗力下降，体质衰弱，影响犬的优良品质的发挥。犬体卫生主要包括犬的皮肤卫生和散放运动两方面。

（1）犬的皮肤卫生　犬的皮肤清洗护理方法，主要是梳刷、洗澡和冲洗。

（2）散放和运动　对犬正确地施行散放和运动，可以培养犬的良好习性，增强犬的体质和各种器官的机能，以及调整犬的神经活动等。这不仅是日常管理的必要内容，而且与训练和使用有着密切的关系。在一定意义上讲，散放和运动本身也是一种训练。有的训练员往往因忽视这一点，给训练和使用带来了不好影响。因此，要把散放、运动与训练、使用结合起来。

三、种公犬的饲养管理

种公犬体况适中是犬繁殖配种的最基本的条件，如果种公犬的体况过肥或过瘦，对犬的繁殖均有不利影响，因此，在种犬的饲养过程中都要严格控制，按饲养标准针对具体情况进行调整。种公犬在出生 12～14 个月就可配种，小型犬比大型犬的饲料上应加大蛋白质类饲料如肉奶蛋的补饲。以补充配种的体力消耗。对公犬的管理应从以下几个方面进行。

1. 加强犬只运动，定期把犬赶出犬舍，让其在运动场上活动。

2. 定期观察种公犬的体况，不要让其过肥或过瘦。

3. 对犬要定期梳洗，减少皮肤病的发生。

4. 对种公犬的配种要合理安排，配种次数不要太多，在母犬发情期，一天不要超过两次。配种之后休息，并加强营养。

5. 采用均衡较高水平的饲养方法，配种季节要进一步加强营养，饲料中蛋白质、维生素 A、维生素 E 及矿物质含量要略高于一般情况。可加喂鸡蛋、肉类等。饲喂定时、定量、定质。不可喂得太饱，要供给充足清洁饮水。

四、种母犬的饲养管理

母犬的妊娠期为 60d 左右，在妊娠期中为满足母犬本身和胎儿的需要，首先要加强营养，喂优质饲料以保证胎儿发育和母体健康。妊娠头一个月胎儿较小，不必给母犬特殊的饲养，但要注意按时喂食，不可早一餐，晚一餐。一般妊娠母犬在妊娠初期都有不同程度的妊娠反应，如呕吐、食欲不好，此时，应调配适口性好的饲料进行饲喂。一个月后，胎儿发育迅速，对各种营养物质需要量增加，这时除了维持食物正常供给量外，还应该适当增加肉类、鱼类、豆类、牛奶、杂食和新鲜蔬菜等营养丰富的饲料。到妊娠后期还应该注意补充钙或骨粉和适量的鱼肝油，以促进胎儿的发育。当胎儿长大，腹腔胀满时，即 35～45d 时，应改为每天三餐，至临产时每天四餐，少食多餐，避免采食过量，引起消化不良，并减轻腹压。不喂发霉变质饲料，不喂冷饮冷食，以免刺激肠胃甚至引起流产。

在管理上应注意以下几点。

1. 妊娠母犬应每天适当运动，每天运动 4～5 次，每次不得少于 30min。运动采取自由活动方式，严禁抽打、跨越障碍物，避免做剧烈运动。避免流产、胎儿死亡和早产现象发生。

2. 妊娠母犬的卫生，经常给母犬刷拭身体，保持犬体卫生，在分娩前几天用肥皂水擦洗乳房，再用清水洗净擦干。

3. 妊娠后期，要让犬多晒太阳，一方面可杀死体表细菌，促进血液循环；另一方面，母犬皮毛中的麦角固醇和 7-脱氢固醇在紫外线的照射下，能产生维生素 D 原，促进骨质生成，对孕犬腹中的胎儿有极大好处。

4. 在妊娠期间，如果发现母犬患病，要及时请兽医治疗，不可自己乱投医，以免引起流产和胎儿畸形。

5. 妊娠 50d 后，为其准备产箱（木质结构，冬季垫草）。

五、哺乳母犬的饲养管理

哺乳母犬不但要满足自身的需要，还要保证泌乳的需要，除分娩后最初几天母犬食欲不好外，在整个哺乳期间都要加强饲料量，每天喂三次（比原来增加一次），而且营养要求比较丰富。还要经常检查母犬的喂奶情况，如发现仔犬哀鸣、四处乱爬、寻找母乳时，说明母犬泌乳不足。除了要给母犬增加营养外，可饲喂红糖水、牛奶等，或将亚麻仁煮熟，同食物一起饲喂母犬，以增加泌乳能力，并对仔犬进行人工哺乳。

在管理上主要从以下几个方面注意。

1. 经常给母犬做清洁和梳理工作，经常检查乳房，可防止乳房炎的发生，最好每天用消毒药水擦洗乳房。

2. 每天适当运动，但不可做剧烈运动。

3. 对泌乳不足或缺乳的母犬，除加强营养外，还要喂给有催乳作用的药物，并经常按摩乳房，促进乳房发育。

六、仔犬的饲养管理

从出生到断奶（45 日龄左右）的小犬称仔犬，此期间仔犬被毛稀疏，皮下脂肪少，保温能力差，大脑尚未发育完全，体温调节能力低，适应性差，特别怕冷。因此，对仔犬的饲养管理要特别精细。

（一）尽快吃到初乳

初乳是指母体分娩后头三天分泌的乳汁。初乳中含有丰富的免疫球蛋白，高达15%（常乳中仅0.05%～0.11%），维生素A、维生素C是常乳的9倍，维生素D是常乳的3倍，还有较多的镁、抗氧化物以及酶类、激素等，具有轻泻和抗病作用，可促进胎便的排除，尽早的吃到初乳，可增强仔犬的机体免疫力，促进其健康发育，提高成活率。

（二）保温防压

仔犬保温和调温的能力比较差，因此易受到冻害，特别是冬季，对环境的温度要求比较高，一般仔犬对环境要求：第一周29～32℃，第二周23～26℃，第三周23～26℃，第四周23℃。仔犬箱应放在圈舍比较暖和的地方，12～13d的仔犬由于未睁开眼睛，行动缓慢，易被母犬压死，饲养员应昼夜值班，加强防护。

（三）固定乳头

仔犬刚刚出生强弱就有所不同，若任其自由哺乳，常会发生争斗，瘦小的仔犬就不能吃饱乳汁，因此，从生下刚开始就要由人工辅助固定乳头，养成习惯，把瘦小的仔犬放在排乳汁较多的前部乳头上。

（四）细心观察仔犬的发育情况

饲养人员每天应观察仔犬哺乳的情况。排粪、生长发育和脐带断端情况。同时称重，做好记录。一般母犬产仔4～6只，泌乳比较正常时，仔犬早期生长发育比较缓慢，在仔犬生后5d内，每天平均增重不得少于50g，6～10d内日增重不得少于70g。

（五）补乳和补饲

随着仔犬的生长，其需奶量日益增加，母乳不能满足需要，则需补乳。补乳以牛奶和羊奶为好。奶温27～30℃，15d内每天补喂50mL，15～19d仔犬每天补给100mL，20d的仔犬则为每天200mL，每天分3～4次喂给。20日龄以上，补奶的同时应开始补饲，以锻炼其采食能力，早期可在牛奶中加少量的米汤、稀粥，25日龄后可加一些浓稠的肉汤，并逐渐过渡到补饲期。补饲食物有牛奶、鸡蛋、碎肉、粥。可拌成半流质，加适量的鱼肝油、酵母、骨粉或钙片，每天喂4～5次。

（六）寄养与人工哺乳

如遇母犬产仔过多，仔犬常吃不上乳，或因其他原因造成母犬无乳，为了让仔犬正常发育成长，这时就可施行人工哺乳，或把仔犬放到保姆犬处寄养。

1. 寄养 选择泌乳充分，分娩时间大致相同的哺乳犬作为“保姆犬”，挤一些奶汁涂抹在要寄养的仔犬身体上，或把待寄犬与保姆犬的仔犬放在同一窝中相混，然后把保姆犬赶去哺乳即可。

2. 人工哺乳　用瓶盛装 37℃左右的浓牛奶或人工乳喂给。生后 10d 内，白天每 3h 一次，夜间 4～6h 一次，每昼夜每只犬除人工哺乳以外，还要进行补饲。

（七）断奶

视仔犬生长发育情况，一般在 45 日龄断奶。因为这时母犬奶量显著减少，仔犬食量日渐增大，而且仔犬牙齿已经长出，能采食其他饲料。如不及时断奶，会伤害母犬乳头，也不利于仔犬的生长发育。

断奶方法：采用分步断奶法，先把强壮的仔犬断奶，后断较弱小的犬的奶。断奶时，一般将断奶仔犬从母犬处取走，放到离母犬有一定距离的仔犬舍内，使母犬听不到仔犬的吵叫。舍内应保持清洁干燥，室温以 25℃左右为宜，并铺以柔软合适的垫料。喂以营养丰富而易消化的食物。其日粮组成为：牛肉 200g、牛奶 300g、鸡蛋 2 个、大米 200g、蔬菜 200g、食盐少许，另补给适量鱼肝油、骨粉或钙片或给以熟骨。

（八）仔犬的日常管理

1. 日光浴　仔犬出生后 3～4d 后，在无风暖和的日子里，将仔犬和母犬一同抱到室外避风向阳处晒太阳，每日 2～3 次，每次 20～30min。

2. 运动　12 日龄左右仔犬睁眼后，自己可以站稳时，可以让其在室内自由活动，加强体质锻炼。再长 12 日龄，则让其在室外活动、游戏。活动时间和活动量视其体质发育状况而定。

3. 修剪趾甲　仔犬趾甲生长快，过长会有不适感，且易在哺乳时抓伤其他仔犬以及母犬乳房，因此，要经常进行趾甲修剪。

七、幼犬的饲养管理

从生理的角度来说幼犬通常是指 45 日龄到性成熟阶段的犬。此期犬性情活泼好动、甚至贪玩，消化器官发育尚不发达、免疫系统发育不全、体温调节能力差，对饲养员及生存环境依赖性较大，因此，在饲养管理方面与成年犬存在着较大的不同。了解幼犬的生理行为特性，制定科学合理的饲养管理措施，对于保证幼犬正常的生长发育尤为重要。

（一）创造适合幼犬特点的生活环境条件

幼犬喜欢群居游戏，需要较大面积的幼犬犬舍，一般每头幼犬至少需要 $4m^2$ 的活动空间。犬舍地面最好以水泥地面为主，便于犬舍的卫生维护和消毒工作，犬舍之间要有较好的隔离设施，避免幼犬阶级行为产生后的争斗及利于犬舍内防疫工作的开展。

（二）对犬舍内温度进行调控，保证犬舍内适宜幼犬生活的温度

幼犬体温调节能力差，通常在犬舍内铺垫垫草和铺设犬床，既保证犬舍内适宜的温度，又利于犬舍内的环境卫生。如条件允许，可在犬舍内安装空调等设备。除此之外，消除必要的噪音及有害气体，对促进幼犬的正常生长发育很有必要。

（三）保证幼犬充足的营养需要

幼犬处于生长发育最为旺盛的时期，对营养物质的数量及质量都有较高的要求，但此期幼犬消化器官尚不发达，所以保证幼犬充足的营养需要显得尤为重要。一般来说，幼犬在前3个月主要是躯体及体重的增长；在4～6月龄阶段，主要是体长的生长；7月龄后主要是体高的增长。因此应根据幼犬发育的不同阶段来确定幼犬的营养需求。

从幼犬脱离母体而进入独立生活以后，均需供给幼犬充足而又丰富的蛋白质、脂肪、碳水化合物、矿物质及维生素，通常使用全价配合饲料对幼犬进行饲喂，以满足幼犬的营养需要。由于幼犬阶段体躯骨骼增长较快，常采用猪肝、蔬菜、肉汤等营养食物做成的消化性和适口性好的流质食物，对幼犬进行补充饲喂，以满足幼犬阶段对钙、磷、维生素D等矿物质及维生素的大量需求，可防止幼犬佝偻病或软骨病的发生。

（四）科学合理的饲养管理

管理的好坏不仅对幼犬体质发育有着相当大的关系，而且对于幼犬神经系统活动的正常发育具有直接的影响。

（五）饲喂方式

在幼犬阶级性行为出现之前，鉴于幼犬天生的群居和游戏行为，最好采用群体饲喂方式，可促进幼犬的食欲。又由于幼犬的消化机能尚不完善，应对幼犬采用少喂多餐的饲喂方式，一般4月龄之前每天4餐，4～6月龄每天3餐，6月龄后至少每天2餐。同时，做到定时、定温、定量、定场所、定餐具。

（六）分窝管理

为了防止幼犬间因阶级行为而出现相互的争斗，应及时对幼犬进行分窝管理，一般3月龄前可采取整窝管理的方式；3月龄后应及时进行分窝管理。在分窝初期，应严格观察及安慰幼犬，以免幼犬因分窝形成孤独心理。

（七）保证良好的卫生

做好幼犬的卫生是预防幼犬疾病、增进健康的重要措施。对幼犬经常的梳刷和洗澡，除可保持犬体的卫生外，对于促进幼犬血液循环及新陈代谢、调节幼犬体温、增强犬的抗病力都具有好处。

（八）及时驱虫

幼犬 20 日龄首次驱虫，每月 1 次直至半岁，半岁开始每季度 1 次，成年后每半年 1 次。经常对粪便进行检查化验，加强内、外寄生虫的驱除。

（九）预防接种

因为新生幼犬可通过胎盘、母乳获得一定量的免疫抗体，可以保护幼犬在一定时间内免受某些传染源的侵袭。但这又会受到初乳摄入时间及量的影响，通常 8 周龄左右幼犬体内的母源抗体浓度已低于免疫保护所需要的浓度。而对“犬瘟热”和“犬细小病毒病”起免疫作用的母源抗体，在 6～7 周时已经下降到较低的水平，此时可接种小犬二联苗。但此时仍有别的母源抗体在发挥作用，所以不能注射六联苗，但可于 50 日龄至 3 月龄第 1 次接种，以后每 4 周接种 1 次，肌肉注射，连续 3 次。狂犬病疫苗 3 月龄时接种，每年 1 次。以后每年追加 1 次六联苗加狂犬苗。

（十）加强运动

幼犬阶段处于生长发育最为旺盛时期，经常对幼犬进行散放和运动对于增强机体骨骼、肌肉组织，改善内脏器官机能，促进新陈代谢，适应不同气候及环境条件均有极大作用。

应根据幼犬的体质及环境而定，一般 3 月龄以下幼犬每日连续散放运动时间不宜超过 1h，随着月龄段的增长可不断增加幼犬散放运动的时间和强度，一般以幼犬不产生疲劳为宜。散放可以采取自由散放或骑车带犬运动等方式，但在散放过程中，应严格观察幼犬，防止乱捡异物或其他安全事故的发生，培养幼犬良好的行为习惯，可保证幼犬的散放安全。

第八章 狐 狸

狐（*VuLpesvulpes*）皮是毛皮业的三大支柱之一，是比较流行的高档裘皮原料。狐的人工饲养在北美和俄罗斯较早，但规模化养殖的历史也只有100多年。1860年，加拿大Dalton和Oarton开始试养由野外捕获的银黑狐，1883年人工繁殖获得成功。1894年，在爱德华王子岛上创办了第一个养狐场。1912年后，加拿大各地建立了许多养狐场，实行了规模化养殖。到1924年，养狐场发展到1 500处，银黑狐年终存栏数达3.5万多只。以后挪威（1914）、日本（1915）、瑞典（1924）、俄罗斯（1927）等国先后从北美引种，将银黑狐从北美洲传到了亚洲和欧洲。

挪威在1973年曾经是世界上最大的狐皮生产国，该国初期发展较为缓慢，但自1937年新培育了铂色狐（platinum fox）以来，因狐皮价格昂贵，刺激了养狐业的迅速发展，当时一张狐皮平均售价550美元，铂色狐皮则高达2 000美元。目前，北欧养狐业十分发达。1980年，挪威、芬兰、瑞典、丹麦的银、蓝狐皮产量为184.5万张，1986—1987年为382.6万张，约占世界总产量的85%。其中芬兰居领先地位，其次是俄罗斯和挪威等国。

第一节 我国养狐业的历史与现状及其经济价值

一、养狐业的历史与现状

在我国，狐皮的利用虽然也有着悠久的历史，但是规模化的养狐业还是在新中国成立以后发展起来的。1956年，根据国务院“关于创办野生动物饲养业”的指示精神，开始从前苏联引进水貂、银黑狐、北极狐等种兽，先后在黑龙江、吉林、辽宁、内蒙古、北京、甘肃、陕西、青海等地创建饲养场，这是我国养狐业发展的开端。

随着改革开放的发展，我国又从美、英、挪威、丹麦、瑞典等国引进银黑狐和北极狐。近20年来，我国的养狐业有了长足的发展，现已发展到黑龙江、吉林、辽宁、山东、河北、天津、北京、山西、陕西、内蒙古、新疆、甘肃、河南、青海、宁夏等18个省、市、自治区的2 000多个市、县、乡、镇，共有9万个饲养户。但进入20世纪90年代后，我国人工养殖的狐狸品种退化严重，毛皮质量下降，大大地影响了生产效益和广大养殖户的经济收入。而芬兰已经培育出大体型蓝狐，其皮张的质量和尺码远远超过我国的地产蓝狐。因此，我国每年从芬兰引进大体型种狐数量累计数万只，通过人工授精技术进行扩繁与改良本地狐，取得了显著的效益。

近几年来，世界裘皮市场上已出现 40 余种彩色狐狸皮，彩色狐的培育正在蓬勃发展中。

二、狐狸的经济价值

狐狸是一种珍贵的毛皮动物，狐皮毛细绒厚，色泽光润，御寒性强，美观保暖，为高级的毛皮之一，宜制作大衣、皮帽、围巾、衣袖等。狐肉是难得的山珍野味。狐毛还可制作高级画笔和毛笔，狐油是高级化妆品的原料。狐狸的头、足、心、肝、胆、肠可供药用。

第二节 狐的生物学特性

一、分类学地位与地理分布

狐在动物分类学上属于哺乳纲（Mammalia）食肉目（Carivora）、犬科（Canidae）动物。目前人工饲养的狐狸主要有银黑狐（*Vulpes falva*，又称银狐）和北极狐（*Alopex lagopus*，又称蓝狐）等，它们分属于狐属（*Vulpes*）和北极狐属（*Alopex*）

狐属世界上共有 9 个种。广泛分布于亚洲、非洲和北美洲大陆，但马达加斯加、东南亚、南美洲、大洋洲和一些大洋岛屿不见其分布。适应性强，分布很广，为广布动物。

我国有 3 个种，即赤狐、沙狐和藏狐。狐在中国主要分布在东北、内蒙古、新疆、河北、山西、陕西、山东、甘肃、四川、湖南、湖北、浙江、青海等地。

二、生活习性

（一）适应性强

狐属食肉动物，自然野生狐多栖居于森林、草原、丘陵、平原、沙漠、高山等处，常以石缝、树洞、土穴或灌木丛为窝巢。

（二）食性广

狐狸的食性很杂，喜食老鼠、野兔、各种野禽；此外，亦食昆虫、蛙、鱼、虾、小型哺乳动物、软体动物及野菜、野果，有时盗食家禽，有时还吃黄鼬、鸟、两栖和爬行动物的尸体。人工饲养的狐可食各种动物的肉、鱼及其下杂，还可食植物籽实类和青菜等。

（三）嗅觉和听觉灵敏

狐的嗅觉和听觉发达，能听见百米之内老鼠轻微的吱吱叫声，能发现0.5m深雪下埋藏于草堆的田鼠。

（四）捕食行动特殊

狐昼伏夜出，行动敏捷。白天常伏卧于土穴或树洞中；夜间出来活动、觅食，以偷袭方式猎取食物。

（五）怕热不怕冷

汗腺不发达，常以张口伸舌和快速呼吸的方式调节体温。狐被毛由针毛和绒毛组成，绒毛密稠、丰厚，冬季不怕冷、极耐寒，但夏季怕热、易发生中暑。

（六）有防卫器官

狐肛门附近有一对臭腺，能分泌难闻可憎的狐臊气味。当遇天敌时，可释放臭腺分泌的狐臊气味来保护自己。

（七）聪明狡猾

狐是非常聪明的动物，能沿峭壁爬行，会游泳，还能爬倾斜的树，平时喜独居。

（八）繁殖力强

狐狸属季节性发情动物，每年发情一次。不同狐种发情期不同，同一种狐分布在不同地区，发情期也不一致。幼龄狐一般9～10月达到性成熟。蓝狐的寿命为8～10年，繁殖年限为4～5年；赤狐的寿命和繁殖年限分别为10～14年和6～8年；银狐的寿命和繁殖年限分别为10～12年和5～6年。

三、狐的分类与品种

（一）狐的形态

狐体型在犬科动物中属于中等偏小，即小于狼和豺。吻尖而长，耳较大，四肢较强健，体躯修长。尾长而粗圆，等于或超过主体长的一半，尾毛长而密，尾端毛为白色。狐眼神情灵活，瞳孔呈直缝状。具有尾下腺，在危急时能释放狐臭。掌垫后端生毛，趾垫和掌垫之间有一腺窝。

人工饲养的狐主要有狐属的赤狐、银黑狐（本身就是赤狐的变种狐），北极狐属的北极狐和它的变种彩狐。

（二）狐的分类

目前，人工饲养的狐狸主要有银黑狐和北极狐等，它们分属于狐属和北极狐属。

1. 狐属 世界上现存9种，其中3种分布于我国。

（1）赤狐 是狐属中分布最广、数量最多的一种。通常也称为草狐、红狐、狐或狐狸。我国有5个亚种分布：蒙新亚种、西藏亚种、华南亚种、东北亚种和华北亚种。

（2）沙狐 体型较赤狐小，国内分布有两个亚种：指明亚种、北疆亚种。

（3）藏狐 体型与沙狐相似，主要分布于海拔3 600m的高原地区。

（4）银黑狐 又名银狐，是北美赤狐的一个突变色型，原产于北美大陆的北部和西伯利亚的东部地区，是狐属动物中人工养殖最多的一种，野生银黑狐比较少见。

2. 北极狐属 北极狐（*Alopex lagopus*）产于亚、欧和北美北部近北冰洋一带，及北美南部沼泽地区和部分森林沼泽地区。野生北极狐有两种毛色的类型：一种为白色北极狐，其毛色在冬季为白色，在夏季变深；另一种是浅蓝色北极狐，其毛色有较大变异，由浅黄色到深褐色，从浅灰、浅蓝到接近黑色，它有时可生下白色北极狐。

（三）狐的主要人工养殖品种

1. 赤狐 赤狐（*Velpes vulpes*，也称草狐、红狐、狐或狐狸）。赤狐颜面长，吻尖，耳直立，双耳背面及四肢为黑色，体修长，四脚略短（与狼和豺相比而言），尾较长，为体长的一半以上。被毛以棕红色为基本毛色，但因地理环境的不同，差异较大。背部毛色棕黄或棕红色，双耳背面及四肢为黑色。吻部为黄褐色。喉部、前胸、腹部的毛色浅淡而呈白色或乌白色。尾蓬松，上部毛为红褐带黑色，尾尖为白色，仔狐毛色呈浅灰褐色。一般个体，体长60～90cm，体重5kg，尾长40～60cm。赤狐在我国分布很广，有蒙新、西藏、华南、东北、华北5个亚种。

2. 银黑狐 银黑狐（*Vulpes fulva*，又称银狐）体躯较赤狐小。

银黑狐又名银狐，原产于北美洲北部和西伯利亚东部地区，它是赤狐在野生自然条件下的毛毡突变种。因此，它的体型外貌与赤狐相同，只是毛色有极大的差异。银黑狐的吻部、双耳的背面、腹部和四肢毛色均为黑色；背部和体侧呈黑白相间的银黑色。银色的毛被是由针毛的颜色决定的，体表的针毛纤维分为3个色段，即毛尖端为黑色，接近毛尖的一小段为白色，其他大部分呈黑色。全身被毛均匀地生有白色针毛，绒毛灰色，尾尖端毛呈白色，是人工养殖最多的一种。该品种经多年人工培育，体型增大。一般在良好的饲养条件下，成年公狐体重一般为5.8～7.8kg，体长66～75cm；母狐体重5.2～7.2kg，体长62～70cm。目前，野生银黑狐较少见，而人工养殖的较多，现在已成为世界各国养殖的主要品种。据资料介绍，1986—1987年，世界银黑狐皮年产量为70万张。银黑狐经过100多年的人工培育，体型增大了，适应性也强了，而且毛绒品质有了较大的提高。

3. 北极狐 北极狐（*Alopex Lagopus*，又称蓝狐）。北极狐在野生条件下就有两种毛色，一种为浅蓝色型，常年保持较深的颜色；另一种冬季为白色，其他季节毛色变深。北极狐比狐属的赤狐、银黑狐体型略小、吻短，耳宽而圆，四肢也短，体态圆胖，被毛丰厚，针毛短，绒毛稠密，脐部有密毛，以适应寒冷气候。一般成年公狐体重为5.5～7.0kg，体长58～70cm，尾长25～30cm；成年母狐体重为4.5～6.0kg，体长60cm左右，尾长25～30cm。

北极狐主要分布于欧洲、亚洲、北美洲北部和接近北冰洋地区及西伯利亚南部。北极狐是多产动物，胎平均8～10只，在笼养条件下，曾有胎产22只的记录。繁殖年限为4～6年，寿命8～10年多。

4. 彩色北极狐 北极狐在长期家养过程中，也出现了许多新的突变种，如影狐、北极珍珠狐、蓝宝石狐等。这些彩狐，除毛色具有本型特征外，体型与北极狐基本上相似。

（1）北极珍珠狐　它是北极狐的隐性突变型，被毛尖端呈珍珠色，鼻镜为粉红色。

（2）蓝宝石北极狐　为蓝色北极狐隐性突变种，被毛呈浅蓝色。

（3）影狐　它是蓝色北极狐显性突变种。影狐的背部、额部、肩部被毛有斑纹。其他部位均为白色。当显性基因纯合时，可导致胚胎早期死亡。因此，不能纯种繁育。现在所见到的彩狐，均为杂合个体。

（4）白狐　为蓝色北极狐的隐性变种。幼狐毛色呈灰褐色，冬天为白色，绒毛为灰色。

（5）白化北极狐　它是蓝色北极狐的隐性突变种。毛色为白色，裸露的皮肤及黏膜为淡红色，生命力弱。

第三节　狐的繁殖

一、狐的繁殖特点

（一）性成熟

性成熟期是指幼狐长到9～11月龄，生殖器官生长发育基本完成，开始产生具有生殖能力的性细胞（精子和卵子）并分泌性激素的时期。也就是从这个时期起狐就具备了繁殖后代的能力。狐的性成熟期受许多因素的影响，如遗传、营养、健康等，一般情况下公狐的性成熟期比母狐稍早。

（二）性周期

狐属于季节性单次发情动物，每年只有在繁殖季节里才能表现出发情、交配、排卵、射精、受孕等性行为。而在非繁殖季节，公狐的睾丸和母狐的卵巢都处于静止状态。公母狐生殖器官和性行为的这种周期性变化称为性周期。在性周期内生殖器官和性行为表现出以下繁殖特点。

公狐的睾丸在5～8月份处于静止状态，在夏季睾丸很小，重量仅为1.2～2g，直径5～10mm，质地坚硬，精原细胞不能发育产生成熟精子，阴囊满布被毛并贴于腹侧，外观不明显。8月末至9月初，睾丸开始逐渐发育，到11月份睾丸明显增大，翌年1月时重量达到3.7～4.3g，并可见到成熟的精子，但此时尚不能配种，因为前列腺的发育比睾丸还迟。1～2月初睾丸直径可达2.5cm左右，质地松软，富有弹性，附睾中有成熟精子，此时阴囊被毛稀疏，松弛下垂，明显易见，有性欲要求，可进行配种。整个配种期约延续60～70天，但后期性欲逐渐降低，性情暴躁。由3月底到4月上旬睾丸逐渐萎缩，性欲也随之减退，至5月恢复到原来大小。

母狐的生殖器官在夏季（6~8月份）也处于静止状态，卵巢、子宫和阴道在夏季处于萎缩状态，8月末至10月中旬卵巢的体积逐渐增大，卵泡开始发育，黄体开始退化，到11月黄体消失，卵泡逐渐增大，翌年1月后发情排卵。子宫和阴道也随卵巢的发育而变化，此期体积、重量亦明显增大。

（三）发情与排卵

不同品种的狐发情时间不同，银黑狐1月末至3月中旬发情，发情旺期在2月份；北极狐2月末至4月发情，发情旺期在3月份；赤狐1～2月份发情。应该注意的是发情配种时期还受气候、光照及饲养管理条件的影响，特别是光照时间与配种关系十分密切。因此，不同纬度地区要根据所养狐品种及其自然条件和管理水平，确定出最适配种日期，以减少空怀率。

二、狐的繁殖技术

（一）狐的发情鉴定

狐的发情期：银黑狐一般在1月中旬到3月中旬；北极狐在2月中旬至4月下旬。因此，银狐体况的调整要在12月份，北极狐体况的调整要在12月末至翌年1月份。公狐要保持中上等肥度，母狐要保持中等肥度。

公狐的发情易于掌握。进入发情期的公狐，表现活跃，趋向异性，采食量有所下降，并频频排尿，尿中的“狐香”味加浓，放入母狐时，公狐对其表现出极大的兴趣，公狐配种能力可持续60～90d。但因公狐的年龄、体质及饲养条件等不同，个体之间差异很大。

母狐的发情鉴定较为复杂。常用的鉴定方法有外阴部观察法、试情法、阴道涂片法和测情器法等。

1. 外阴部观察法 银黑狐排卵发生在发情后的第 1d 下午或第 2d 早上，(发情后 12～24h)，北极狐排卵发生于发情后的第 2d（发情后的 60～72h)。精子在母狐生殖道内存活时间仅为 24h。母狐发情，除观察其行为表现外，主要是看外阴部的变化，母狐发情后，外阴部的变化分几个阶段，即发情前期、发情期和发情后期。为了便于观察母狐发情变化，通常将发情前期分为发情前一期和发情前二期。

（1）*发情前一期* 发情母狐阴门开始肿胀，阴毛分开，露出阴门，阴道流出具有特殊气味的分泌物，表现不安、活跃。此期一般能持续 2～3d。但也有的母狐持续达 1 周左右或更长的时间。

（2）*发情前二期* 母狐阴门高度肿胀，肿胀面平而光亮，触摸时硬而无弹性。阴道分泌物颜色浅淡。当放对时，相互追逐，嬉戏玩要。公狐欲交配爬跨时，母狐不抬尾，并回头扑咬公狐，拒绝交配。此期可持续 1～2d。

（3）*发情期* 阴门肿胀程度有所变化，肿胀面光亮消失而出现皱纹，触摸时柔软不硬，富有弹性，颜色变。阴道流出较浓稠的白色分泌物。母狐食欲下降，有的母狐停止吃食 1～2d。这时公母狐放对时，母狐表现安静，当公狐走近时，母狐主动把尾抬向一侧，接受交配，此时为最适宜的交配时期。银黑狐可持续 2～3d，北极狐可持续 3～5d。当然也有特殊情况，幼龄初次发情的母狐，就不像上述情况那样典型，可根据试情放对情况灵活掌握。

（4）*发情后期* 外阴部逐渐萎缩，颜色变白。放对时，对公狐表现出戒备状态，拒绝交配。此时可停止放对。

（5）*静止期* 阴门被阴毛所覆盖。如不扒开看不到。阴裂很小。

银黑狐和北极狐发情期的变化基本相似，但北极狐较银黑狐更明显。

2. 试情法 试情法是将母狐放到公狐笼舍内。根据母狐的行为来判断母狐的发情程度。用来试情的公狐应该是性情温顺、不扑咬母狐的。试情时，当发现母狐嗅闻公狐的阴部，抬尾并频频排尿，互相爬跨时，可认为母狐进入配种适期。这时可将母狐与试情公狐分出，放到预配的种公狐笼内进行试配。如发现母狐仍未达到发情适期而拒配时，应立即将母狐分出，避免母狐惊恐。可隔日再放对，或放入其他种公狐笼内试配。

有些狐或初次发情狐，外阴部发情变化不明显，这叫隐性发情或安静发情。另外，也有些狐发情时间特别短，即外阴部发情变化不太明显就达到了发情期，称之为短促发情。这两种狐利用试情放对更为适宜，免得错过发情时机。试情放对有促进母狐发情的作用，尤其对银黑狐（发情持续期短）更有必要。

3. 阴道内容物涂片法　此法用灭菌棉签蘸取母狐的阴道内容物制作涂片，并在200～400倍显微镜下观察阴道内容物的白细胞、有核角化细胞和无核角化细胞所占的比例变化，从而来判定母狐是否发情。

（1）静止期　阴道内容物涂片可见到白细胞（白血球），很少有角化细胞。

（2）发情前期　阴道内容物涂片可看到有核角化细胞不断增加，以后可见到大量有核角化细胞和无核角化细胞。

（3）发情期　可看到大量的无核角化细胞和少量的有核角化细胞。

（4）发情后期　阴道内容物涂片又出现白细胞和较多有核角化细胞。

阴道涂片法适用于狐的人工授精时，自然交配时多不采用。

4. 测情器法　利用测情器测试母狐的排卵期，以确定最佳配种时间。这种方法，目前，在世界养狐业比较发达的北美和北欧国家进行狐的人工授精时使用较多。

具体方法：将测情器探头插入母狐的阴道内，读取测情器表上的数据，每天测定一次（同一时间）。要求检测人员操作迅速，读数准确，并注意探头的卫生消毒等。根据每天测定的数值做成曲线图，当测定值上升到顶峰后开始下降时，为最佳配种或人工授精期。

（二）狐的配种

1. 配种日期　狐的配种日期依所在地区的地理位置、日照长短、饲养管理条件以及幼狐（种幼狐）出生早晚、气候等因素而异。合理的饲养管理，适宜的繁殖体况，会提早配种，反之则会推迟。幼龄种狐比成年种狐配种要晚1～2周。此外，配种期间长途运输，或饲养管理条件突然改变，都会使配种时间延后。

狐在自然界的配种日期是12月份至翌年3月份。笼养的银黑狐配种期在1月中旬至3月下旬；北极狐为2月中旬至4月下旬。过早或过晚发情的母狐，一般空怀率较高。

2. 配种方法　包括自然交配和人工授精两种。狐在自然交配时，公狐比母狐主动。交配前公、母玩耍一段时间，公狐用嘴部嗅闻母狐的外阴部，母狐站立不动，将尾巴歪向一侧，等候公狐交配。公狐很快举起两前肢爬跨于母狐后背上，将鼠蹊部紧贴于母狐臀部。公狐射精时两前肢紧抱母狐腰部，公狐腰荐部与地面成直角，臀部用力向前推进，睾丸向上抖动，后肢微微颤动，尾根部下陷且轻轻扇动；母狐发出低微叫声。射精后，公狐立即从母狐身上转身滑下，背向母狐，出现“连裆”现象，“连裆”时间通常为20～40min，短者几分钟，长者1～2h。自然交配又可分为以下两种。

（1）合笼饲养交配　指在整个配种季节，将选配好的公母狐放在同一个笼饲养，任其自由交配。其优点是节省人员，工作量小；缺点是使用种公狐较多，易造成饲料浪费，且不易掌握母狐的预产期，也无法掌握公狐交配能力的好坏，不能检查精液品质，多不采用。

（2）人工放对配种　在准确断定母狐发情后，把母狐放入公狐笼内，将公、母狐放在一起交配称为放对。狐在交配期间易受外界的干扰，因此对环境的要求较高。只有在环境安静、气温较低、空气新鲜的条件下，才能保证狐性欲旺盛，容易完成交配。交配活动应选择在双方性欲最旺盛的早晨或傍晚进行，初配阶段最好在清晨饲喂前放对，初配过后可以在早饲后 1h 或下午放对。

狐的交配时间因品种和个体不同存在一定的差异。银黑狐和彩狐一般为 15～20min；北极狐为 20～30min。当发现 1h 仍未达成交配，要立即更换公狐。

3. 母狐的配种方式　分为以下四种。

（1）一次配种法　母狐只交配一次，不再接受交配。这种方式受胎率只能达到 70％。

（2）两次配种法（1＋1 或 1＋0＋1）　母狐初配后，次日或隔日复配一次。这种方式多用于发情较晚或发情时间短（即复配一次不再接受交配）的母狐。

（3）隔日复配法（1＋0＋1＋1）　母狐初配后停配 1d，再连续 2d 复配 2 次。这种方式适于发情和排卵时间持续长的母狐，如蓝狐。

（4）连续重复配种法（1＋1＋1 或 1＋2）　即在发情母狐第一次交配后，于第 2d 和第 3d 连续复配 2 次。在繁殖后期，母狐初配后，也可在第二天复配两次（上、下午各一次）。这种方法受胎率高。

4. 狐的人工授精　人工授精是用器械或其他人为方式采取公狐的精液，再用器械将精液输入发情好的母狐的子宫内，以代替公母狐自然交配的方法。人工授精技术的优点：①可提高优良种公狐的配种能力，公狐自然交配时顶多交配 3～5 头母狐，而采用人工授精时，1 头公狐可交配 50～100 头母狐；②可加快优良种群的扩繁速度，加快种狐改良和新品种、新色型扩繁培育的速度；③可节约一部分饲养公狐的饲料费；④可以进行种间杂交，如狐属与北极狐属之间的杂交；⑤可减少疾病传播的机会；⑥可解决自然交配中的一些困难，如拒配、阴道狭窄、畸形等。但人工授精目前尚未普及。有些技术问题尚未解决，如采精技术、精液稀释方法等。另外，人工授精的繁殖力目前尚不理想，还有待于提高。

（1）采精

1）需要器材　狐的保定架、集精杯、显微镜、电刺激采精器、冰箱、水浴锅、液氮罐、采精室、紫外线灯及消毒器材等。

2）采精方法　人工采精方法有按摩采精、电器采精和假阴道采精 3 种。

按摩采精：将公狐放在保定架内，或辅助人员将狐保定好，使呈站立姿势。操作人员用手有规律地快速按摩公狐的阴茎及睾丸部，也可按摩睾丸，使阴茎勃起，然后捋开包皮把阴茎向后侧转，另一只手拇指和食指轻轻挤压龟头部刺激排精，用无名指和掌心握住集精杯，收集精液。按摩采精法比较简单，但要求操作人员技术熟练。

电刺激采精：是人工授精常采用的方法。国内使用的电刺激采精器，一般用牛羊的采精器稍加改制即可。具体方法是，把采精器插头涂上已消毒的润滑油，插入公狐直肠内约 10cm 处，然后继续通电。由于不同个体反应不一，电压和电流可适当调节。一般性成熟好的公狐均能采出精液。

假阴道采精法：经过调教的公狐，可用假阴道采精法采精．一般使用改进的羊的假阴道。用发情好的母狐作台狐，诱使公狐阴茎勃起。人工将其导入假阴道内，让公狐在假阴道内排精。由于调教公狐困难，故此法较少采用。

人工采精每日 1 次，狐每次排精量为 0.5～2.5mL，精子数目为 3 亿～6 亿个。连续采精 2～3d 应休息 1～2d。可根据公狐体况灵活掌握。

3）精液品质检查　要求对精子密度、活力及形态进行检查。当活力低于 0.7 级，畸形精子占 10%以上时。受胎率明显下降。因此，在人工授精时要求输入优良品质的精液。

4）精液的稀释及贮存采出的精液通过镜检后要进行稀释，具体稀释倍数可根据精液品质和采精量来确定。每只母狐 1 次输精数应不少于 3 000 万个精子。稀释液配方见表 8-1。

表 8-1　狐精液常温保存的稀释液配方

配　方	成　分	剂　量
1	氨基乙酸（g）	1.82
	柠檬酸钠（g）	0.72
	蛋黄（mL）	5.00
	蒸馏水（mL）	100.00
2	氨基乙酸（g）	2.10
	蛋黄（mL）	30.00
	蒸馏水（mL）	70.00
	青霉素（IU/mL）	1 000

（续）

配　方	成　分	剂　量
3	葡萄糖（g）	6.80
	甘油（mL）	2.50
	蛋黄（mL）	0.50
	蒸馏水（mL）	97.00

精液保存分为常温保存和低温保存两种。前者保存在保温瓶内，温度要求为39～40℃，保存时间越短越好，一般不超过2h。如超过2h，由于精子活力降低，授精时会使受胎率下降。低温保存一是放在0～4℃的冰箱内保存，但时间不能超过3d；二是低温冷冻保存，就是把稀释后的精液放到液氮罐中，可长期保存，用时解冻后输精。

（2）输精

1）器材准备　输精前要准备好输精器、保定架、水浴锅等，输精器材要煮沸消毒。如果用冷冻精液，要先在水浴锅中升温至10～40℃后分装，还要再次镜检，精子活力不能低于0.4。

2）输精方法　一种是用输精针法输精，另一种是用气泡式输精法输精。

针式输精法：用开庭器将阴道撑开，将输精针轻轻插入子宫，再用注射器将精液注入子宫内。用此法要事先将狐麻醉，使肌肉处于松弛状态，以便于输精操作。由于精液直接进入子宫内，所以能提高母狐的受胎率。

气泡式输精法：将输精器（人们模拟狐交配的连锁现象而制成的输精器材）事先送到母狐的阴道内，通过通气孔注入空气，然后关闭气孔，由输精孔注入精液。此法不用麻醉母狐。但由于输精孔难以对准子宫颈口。精子进入子宫的机会较少，所以受精率较低。

3）输精量　每次最少不低于3 000万个精子。约0.5～1.5mL。

4）输精时间　根据阴道涂片检查无核角化细胞的比例或试情器数据曲线，并结合试情放对时母狐的性行为而定。即无核角化细胞占优势、试情器测定读数曲线高峰过后、试情放对时母狐主动接受公狐交配时，为最佳输精时机。

5）输精次数　如果精液品质好，第一次输精后，过24h再输第二次即可；倘若精液品质稍差，可连续3d，每天1次。

5. 狐的妊娠　银黑狐妊娠期为50～61d，北极狐为50～58d，平均妊娠期为51～52d,。母狐妊娠后，采食量增加，喜睡而不愿活动，毛色光亮，性情温顺。妊娠前期胚胎发育慢而后期胎儿发育较快，前30d时约为1g，35d时约为5g，40d时约为10g，48d时约为65～70g。妊娠后20～25d，可看到母狐的腹部膨大，稍微下垂。临产前，母狐侧卧时可见到胎动，乳房发育迅速，乳头突出，颜色变深，有拔乳房周围的毛或衔草垫窝的现象。

6. 狐的产仔、哺乳和仔狐保活　银黑狐产仔期从3月中旬开始，多集中在3月下旬至4月上旬，北极狐则多集中在4月下旬至5月上旬。根据预产期，母狐在产前2～3d均有临产表现，产前一般停食，除自行拔毛絮窝外，有的母狐还有叼草现象。母性较强的狐，遇到风寒天气常用草将产箱门封上。

产仔时间多数集中在夜间和清晨，也有在白天产仔的。分娩过程持续1～6h，多数为2～3h。产前母狐多表现不安，频繁出入产箱。胎儿出生后，多数母狐都能将胎衣吃掉，并舔干仔狐身上的黏液。个别初产狐不会护理，往往不食胎衣。

初生仔狐眼紧闭，无齿，无听觉，身上披有黑褐色胎毛，而且毛较稀疏，银黑狐尾尖为白色。初生重为80～100g，体长10～12cm，体重和体长的大小取决于胎产仔数的多少，产仔数多，体重和体长就小些，反之则大些。银黑狐胎平均产仔为4～5头，最多8头。北极狐胎平均产仔6～8头，最多24头。

仔狐出生后即能吮乳，哺乳期为55～60d，大多数母狐在正常营养条件下都能精心照顾仔狐，但个别初产、无乳或缺乳的母狐，则有不照顾仔狐的现象。因此，要求饲养人员要及时查看母狐产仔情况，包括母狐是否将胎衣吃掉，脐带是否已咬断，有无脐带缠身的现象，母狐是否将乳房周围的毛拔掉，仔狐是否吃上奶等。如果发现胎衣没吃掉，要人工扒掉，并把仔狐身上的黏液用脱脂棉擦干。脐带没断或缠身的，要用消毒好的剪刀剪断，并做消毒止血处置。母狐有奶而未拔掉乳房周围毛绒的，要人工协助拔毛。拔毛时方向由后向前拔比较容易。死胎要及时捡出，产出的仔狐数查清后要做好记录。更为重要的是，对那些不照顾仔狐或弃仔的母狐、无奶的母狐、产仔多的母狐等，要采取措施保活仔狐，找“保姆狐”代养。“保姆狐”应选择母性强而且产仔数少，仔狐大小与代养仔狐大致相同的。银狐产仔8头以上，北极狐产仔13头以上的，其多余仔狐一般都应采用代养的方式。为了代养成功，要用代养在母狐窝中的草或粪尿，擦拭被代养仔狐，以求得与保姆狐窝中气味一致，争取一次代养成功。如果狐群小，多余仔狐找不到保姆狐，也可采用产仔适时的母猫、狗、貉等代养。实在没有别的办法，也可人工哺乳。哺乳的器具用10mL的注射器，套上作气门芯用的胶管，喂给经巴氏消毒后保持在40～42℃的牛乳或羊乳，每天4～6次。对于因母狐不会照顾仔狐而使仔狐未吃上奶的，实施人工强制哺乳。对因未吃上奶分散在产箱各处或笼网上而冻僵的仔狐，要及时用保温箱暖活后，人工给予少量乳汁或葡萄糖后，找保姆狐及时代养。人工哺乳的仔狐，由于未吃到母狐的初乳及母乳，一般发育较为滞后，最后仍以找保姆狐代养才是上策。

三、提高狐繁殖力的综合性技术措施

影响狐繁殖力的因素较多，但主要为遗传、营养及环境等因素。若想提高狐的繁殖力，必须采取综合性技术措施。

（一）引进优质高产的优良种狐群

首先在建场日子就应引入高产的优良种狐，只有良种才能产出优秀后代。实践中往往引入的种狐并不理想，这就需要在实际工作中自己不断选育提高。具体做法是：不断淘汰那些生产性能低、母性差、毛色差的种狐及其后裔，保留那些生产性能优良的种狐及其后裔，经过3～5年的精选和淘汰，就会使种群品质大大提高。种群的年龄组成对繁殖有直接关系，适宜的年龄组成应为2～4岁的种狐占70%左右，幼狐占30%左右。

（二）加强饲养管理

好的种狐，如果饲养管理跟不上去，也不会有好的生产效果，不能充分发挥良种的潜力和效益。因此，按狐不同生理时期的不同饲养标准，进行适宜的饲养管理，是提高狐繁殖力必备的条件之一，使狐在配种前达到正常的繁殖体况。体况一般用体重指数（肥度）来表示，体重指数等于狐的体重（g）与体长（cm）之比。银黑狐正常体重指数应为（80～100）：1，北极狐正常体重指数应为（80～90）：1。实践已证明，凡能按上述原则进行饲养管理的，生产就顺利，效果就显著，否则配种和产仔均不顺利，生产效果也不会理想。

（三）饲养环境因素要适应狐的繁殖特性

适宜的光照条件、安静和良好的卫生环境，均是保持正常繁殖的重要因素。因此，在建场时就要根据狐的生态条件建舍、布局。为了便于清理和冲洗粪便，要有上下水道和蓄粪池，还要有病尸处理坑等。

（四）增强母狐排卵和卵子受精的能力

要在母狐准备配种期给予合理的饲养管理，使母狐正常发情和排卵。为增加母狐的排卵数，可试用外源激素对母狐进行处理。适宜的处理时间和剂量，可以提高胎平均产仔数方法可参考“生殖激素在狐繁殖中的应用”（但应该注意切勿滥用激素）。

（五）减少胚胎死亡和流产

影响胚胎发育的因素很多，但主要因素还是饲养管理的好坏。因此，在狐妊娠期间饲养水平要适宜，特别是要保证饲料品质，一定要新鲜。变质或发霉的饲料决不能喂给妊娠狐，以防止发生死胎、烂胎或胚胎被吸收的现象。

（六）防止狐发生疾病

加德那氏杆菌症、布鲁氏菌病及钩端螺旋体病等，都是直接影响狐繁殖力的重要疾病。因此，要通过检疫和免疫接种，淘汰病狐，净化狐群，以减少疾病对提高繁殖力的影响。

（七）按照狐属和北极狐属的不同繁殖特点采取不同的繁殖技术措施

狐属种狐较北极狐属种狐发情时间早，发情进程快，而且持续时间短（银黑狐 2～3d，北极狐 3～5d）。发情征候不明显，产仔数少。另外，狐属种狐在非发情持续期时难以达成交配。因此，交配的准确性较高，故狐属种狐的发情鉴定要及时准确，并结合试情放对达成初配，初配后要求连日复配 1～2 次。北极狐由于发情持续期和排卵持续时间均较狐属长，发情前期又易达成交配（但属无效交配），故交配准确性低。因此，对北极狐发情鉴定要严格、准确。杜绝提早交配，初配后必须连日或隔日复配 2～3 次。北极狐属较狐属增加复配次数，可提高受胎率和胎产仔数，但复配次数过多，容易使母狐生殖道损伤而增加细菌感染的机会，易引起子宫内膜炎，造成流产或空怀。

四、狐的育种

（一）育种的意义

银黑狐在 1883 年繁殖成功时，并不像现在银黑狐这样的标准，是经过 100 多年的精心培育才育成现在的标准型的。不仅毛皮质量在原来基础上大大改进，而且体型大而健壮，繁殖力也大幅度提高。世界养狐业比较发达的国家，都制定有狐选择和育种的标准。如前苏联在 20 世纪 50 年代提出银黑狐的鉴定标准，培育出苏联银黑狐。他们不仅重视毛绒品质、生产指标，而且对银黑狐尾部白色毛都有要求（色泽、长短及形状）。加拿大制定了种狐的活体测定标准，对毛的色泽、清晰度、质地、密度划分了等级。美国也有类似标准。但北美选种标准对躯体毛绒品质较为重视，对尾巴没有具体要求。美国在选择母狐时把哺乳能力作为选择的主要内容之一。我国在 20 世纪 50 年代养狐时采用前苏联标准，在育种过程中，胎平均产仔数比前苏联标准有所提高，银黑狐由 4.31 头提高到 4.62 头，体重和体长也有所增加。总之，经过 100 多年的培育，狐逐渐适应了家养环境，繁殖力提高了，体型大了，并按着人们需要的方向，毛绒品质大有改善，出现了几个种彩狐新类型。

（二）育种的目的和方向

1. 育种目的 提高种群品质，不断改善和扩大现有良种，增加优良个体的数量，培育新的品种。最终目的是改进毛皮品质。

2. 育种方向 引入的种狐，有很多不尽人意的地方，如毛色杂、繁殖力低、适应性差及体型小等。育种方向就是通过合理的饲养管理，采用合理的选种选配或杂交等手段，培育出毛绒品质好、体型大、繁殖力高、生命力强和适应性强的优良种群，进而培育出我国狐的新品种。

（三）狐的选择标准

选择是指选那些需要保留类型的个体，使其不断增加繁殖机会；让淘汰类型的狐繁殖机会减少或完全被剥夺。换句话说，就是使选留类型的个体基因频率增多，淘汰类型个体基因频率降低，逐渐使群体优良的类型不断增加和改善。

尺码（自鼻尖到尾根）：	00 级	106cm 以上
	0 级	97～106cm
	1 级	88～97cm
	2 级	79～88cm
	3 级	70～79cm

（四）狐的选择程序

狐的个体选择步骤，分为初选、复选和精选。

1. 初选 在断乳后，主要根据其祖先生产性能进行选择，将双亲生产性能优良、出生早且发育正常的留作种用。初选幼银黑狐公狐应是 4 月 5 日前出生的，母狐应是 4 月 10 日前出生的；初选幼北极狐应是 5 月 20 日前出生的。初选时应按留种计划多留 40%的数量。

成年公狐的选种在配种后进行，成年母狐的选择在产仔狐分窝后进行。对那些配种能力差、精液品质不良的种公狐应该淘汰。种母狐要选那些产仔多（银黑狐在 5 头以上，北极狐在 8 头以上），母性强，泌乳力强，哺育的幼狐发育正常，而且发情较早（银黑狐在 2 月，北极狐在 3 月）的，留作种用。反之，应该淘汰。

2. 复选 应在 8～9 月进行，此时对那些体力恢复差的成年狐应列在淘汰群；选择发育良好的幼狐留种。此期应注意观察秋季换毛情况，选留换毛早、换毛快的个体，此期夏毛尚未脱净的成年种狐，翌年不能留种。其选留数也应比计划留种数多 20%～30%。

3. 精选 大型饲养场可采用群体选择方法，即从某些优秀种群在取皮前进行。根据个体品质、祖先记录和后裔品质好坏，并侧重于毛皮品质，严格选留，不合要求者一律淘汰。

（五）狐的选配

选配是有意识、有计划决定的交配组合，而不是胡交乱配。选配的主要意义和作用在于避开近亲交配，并为培育新品种创造条件。如交配双亲亲缘关系较远，遗传基础差别较大，产生的后代与双亲性状不同，从而发生变异，这有可能创造出新的类型；对遗传基础相近的公母交配，可继续稳定其遗传性。当出现某种有益的变异时，可通过选配来强化这种变异，久之亦可培育出新的类型。

1. 品质选配　品质选配是依狐的毛绒品质、体型和生产性能等进行选配。

（1）同质选配　同质选配，是选用性状相同、性能表现一致，或育种值相似的优秀公母狐进行交配，以获得相似的后代。换句话说，就是优质与优质的公母狐进行交配，其主要目的是使亲本的优良性状稳定地传给后代。当然也有保存、巩固和提高的作用。

不过，要考虑表型性状与基因型的关系，有些二者是一致的，有些二者是不一致的。因此，选配后还要检验选配的效果，使其尽量达到合理选配的目的。

（2）异质选配　异质选配，是不同性状个体间的选配。它可分为两种，一种是选择具有不同优异性状的公母狐交配，以期将两个优异性状表现在同一个体上，而获得兼有双亲优点的后代；另一种是选择同一性状的、优劣差异较大的公母狐交配，以期用良好性状纠正不良性状，使后代得到较大程度的改善。例如，选用毛绒密度好的狐与被毛平齐的狐相配，期望获得毛绒丰厚、被毛平齐的后代。这属于前者；又如用一只体型小的狐，与其他性状同样优秀的、体型大的个体相配，目的是使后代体型有所增大，属于后者。

2. 亲缘选配　亲缘选配是指交配双方血缘关系远近的选配。近则称为近亲交配；远则称为远亲交配。在生产实践中，为防止因近亲交配而出现繁殖力降低、后代生命力弱、体型变小、畸形怪胎及死亡率高等现象，一般不采用近亲交配。但在育种过程中，为了固定优良性状，去掉有害基因，必要时也常采用近亲选配这种方式。

第四节　狐的营养需要和饲养标准

一、狐的营养需要

狐与其他动物一样，所需要的营养物质是从所吃的食物中获得的，而各种饲料（食物）中也不外乎含有蛋白质、脂肪、碳水化合物、维生素和无机盐、水等。

（一）蛋白质和氨基酸

蛋白质在狐的饲料中必须保持一定的数量，因为蛋白质是生命的源泉，它是构成狐机体中不可代替的材料，也是狐机体酶的组成部分，还是狐能量的来源之一。所以，对蛋白质的供给要适量，少了满足不了狐的机体需要，多了在经济上不合算。

蛋白质的质量，取决于各种氨基酸的含量，而氨基酸又分为必需氨基酸和非必需氨基酸。

对狐来讲，必需氨基酸有 11 种，它们是赖氨酸、色氨酸、组氨酸、苯丙氨酸、亮氨酸、异亮氨酸、苏氨酸、蛋氨酸、缬氨酸、精氨酸和胱氨酸。

狐对蛋白质的需要，取决于它的生物学特性，日粮中其他营养物质（脂肪、碳水化合物）的含量，以及狐的年龄和生理状态等。日粮中的脂肪和碳水化合物是狐供给能量需要的，而蛋白质主要是用来维持狐机体生命活动和形成组织蛋白的。狐对可消化蛋白质的需要量在母狐妊娠、哺乳期，幼狐生长期和公狐配种期最高。

幼年银黑狐从 2 个月龄到屠宰（7 个月龄），要求每 418kJ 代谢能中保证有 7～8g 可消化蛋白质，适当含量的脂肪。日粮中蛋氨酸加胱氨酸不少于 200mg。色氨酸不少于 65mg 时。对生长和换毛均有良好效果。幼狐生长期，上述氨基酸不足会导致翌年繁殖率下降。

成年银黑狐及其后备狐在夏季每 418kJ 代谢能要保证有 7.5～8.0g 可消化蛋白质，而冬季则要求 9.5～10.5g。在上述情况下，7～10 月份每 418kJ 代谢能中蛋氨酸加胱氨酸不少于 245mg，而色氨酸不少于 70mg，就可保证翌年繁殖正常。

幼龄北极狐，每 418kJ 代谢能要求达到 7g 可消化蛋白质，5g 左右的脂肪，而且蛋白质氨基酸达到平衡，就可以保证生长正常，获得优质毛皮。在上述情况下，要保证每 418kJ 代谢能有蛋氨酸 200mg，色氨酸 70mg。氨基酸不足，或比例不适当，会延缓毛的生长，减少毛皮的毛绒厚度、密度，而且使毛蓬松。

种用北极狐，1～5 月间每 418kJ（100kcal）代谢能要保证有 9～10g 可消化蛋白质。

（二）脂肪

饲料中由有机溶剂提取的有机质称为粗脂肪，其中除了真脂肪外，还有磷脂、蜡脂、固醇、树脂、叶绿素及其他不含氮的有机化合物等，这些化合物称为类脂肪。

在狐的饲料中的脂肪，大部分是三酸甘油，亦称为中性脂肪，它由脂肪酸和甘油构成。现已发现的脂肪酸有 35 种左右，构成种类繁多、结构复杂的混合甘油脂。如牛油、羊油、猪油、鱼油及许多植物油，皆为狐的重要能量来源。

根据狐的日粮中蛋白质和碳水化合物水平，其脂肪量可在每418kJ代谢能2.5～2.7g的范围之内。在混合饲料中。每418kJ代谢能中增加到5.0～5.7g脂肪。在能量意义上可减少蛋白质的消耗，保证蛋白质在体内迅速沉积。

狐在繁殖期适宜的脂肪供给量不超过12%（占干物质），在幼狐生长期，脂肪量要达到17%，或者日粮中每418kJ（100kcal）代谢能按3.5或5g脂肪给予。大量脂肪（占干物质的20%～22%）虽然能促进狐的快速增长，但对毛绒质量有不良影响。

日粮中含有大量不饱和脂肪酸时，机体对维生素E的需要量增加。如果此时恰好在饲料中维生素E含量少时，会使狐的繁殖机能受阻和产仔率下降。因此，给狐饲喂富含不饱和脂肪酸的日粮时，必须在日粮中增加维生素E的量（每100g饲料中10～15mg）。为了预防不饱和脂肪酸被氧化破坏，需加抗氧化剂，防止脂肪氧化。即添加维生素E（每100g饲料10～15mg）、维生素C（每100g饲料加20～30mg）磷脂或其他抗氧化物质。

（三）碳水化合物

碳水化合物分为易消化吸收的（淀粉、糖）及难消化的（粗纤维）两种。供给毛皮兽易消化的碳水化合物具有重要意义。它们主要含有无氮浸出物，来源于禾本科、豆类作物的果实和马铃薯类。淀粉和糖是狐的重要能量来源之一，而且是便宜的能源。

为了保证蛋白质和脂肪完全氧化，动物有机体需要碳水化合物，当易消化碳水化合物长期供给不足时，会破坏机体的物质代谢，产生酸中毒，使狐泌乳量下降。狐一般可接受的碳水化合物的量，应控制在日粮的25%左右。

植物性粗纤维饲料对狐来讲并不能被消化，但少量的粗纤维还是必要的，因为它能使饲料松散，混入较多的消化液，促进肠的正常蠕动，一般控制在每418kJ代谢能0.3～0.7g以内。当粗纤维过剩时，会降低狐对饲料的利用率，增加肠蠕动，出现机械性下痢。

（四）无机盐

维持动物机体生命活动的无机盐有：钙（Ca）、磷（P）、钠（Na）、钾（K）、氯（Cl）、硫（S）以及微量元素铁（Fe），碘（I）、铜（Cu）、锌（Zn）等。饲料和动物体的这些无机盐多数都以盐类形式存在，少数与有机物合成复杂的高分子化合物存在。

泌乳母狐和幼狐需要的钙和磷，每418kJ分别为0.15～0.25g和0.12～0.18g。饲料中最适宜的钙和磷的比例为（1～1.7）：1。狐最理想的钙、磷供给量为每418kJ代谢能中供给5～7g新鲜的碎骨（饲喂骨产品或带骨肉、鱼）。饲料中平均含骨率为：整个鱼为15%～20%，动物胴体为20%～

30%，动物头为50%，脚为70%左右。

按钙和磷的含量，5g新鲜碎骨相当于1.5g骨粉、1.4g磷酸三钙或0.5g白垩粉。

一般情况下，在经济日粮中，骨的含量为每418kJ（100kcal）代谢能12～15g，过量的钙和磷则只能从粪便中排出。骨骼必须加工成碎骨，否则不能被充分利用。

钠和氯在机体内能够调节渗透压、酸碱平衡和水的代谢等，氯还是胃液中盐酸的组成成分。狐对食盐的需要量，平均为饲料的0.2%～0.3%，一般从肉、鱼饲料中即可得到满足。但狐在哺乳期中需要按每418kJ（100kcal）代谢能补加食盐0.2～0.3g。

铁在有机体组织的呼吸和氧化过程中有重要作用，它在血液中的红细胞和血红素中占50%。饲料中缺铁或铁的吸收失调时，可使狐发生贫血症，幼狐生长停滞。当狐出现贫血时，食欲丧失，生长受抑制，绒毛和外皮细胞膜脱色，因此，使毛皮品质大大下降。成年狐患贫血症时，繁殖力下降。

（五）维生素

维生素是动物营养、生长所必需的、重要的微量有机化合物，对机体的新陈代谢、生长、发育、健康有极重要的作用。维生素是许多酶类的组成成分。因此，维生素对狐的营养是决不可少的部分。

维生素不足时，各种酶的合成和一些营养物的吸收被破坏，引发各种疾病，即维生素缺乏症。维生素缺乏症有时不是因为维生素的喂量不足，而是饲料中脂肪氧化破坏了维生素或者与抗维生素酶类有关。在各种疾病发生的条件下，会影响维生素的吸收。

很多淡水鱼（鲤鱼、鲫鱼、红鳕、鳙鱼等）和海鱼（毛鳞鱼、远东沙丁、沙丁、银鲑、田鹬鱼和梭鱼等）含有硫胺素酶，大量饲喂这些鱼时，可导致维生素B_1被破坏．因而发生维生素B_1缺乏症，狐表现为丧失食欲，仔狐生长停滞。为了预防维生素B_1缺乏症。第一，可使含硫胺素酶鱼类的喂量限制在20%以下，而用其他鱼类代替；第二，在大量喂饲含硫胺素酶的鱼类时，可采取生、熟周期（7～10d）间喂的办法。喂给熟鱼时，要补给富含维生素B_1的饲料。

日粮中海鱼、肉产品、鱼粉按可消化蛋白质之比为1∶1.1，并供给酵母，每418kJ（100kcal）代谢能1.5～2.0g时，基本上能保证维生素A、维生素D和B族维生素的需要（维生素B_1除外）。

在日粮中，往往是维生素E和维生素B_1不足（饲料酵母内维生素B_1很少）。由于饲料中维生素含量常有较大的变化，因此，维生素的补给量要达到饲料中含量的一倍以上。在这一点上，狐与大家畜的饲养有明显的不同。维生素E、维生素B_1、维生素B_2、维生素B_6和维生素C在冬春两季补充，维生素E、维生素B_1在夏季和秋季补充。冬季是狐维生素的需要的高峰时期。

饲养中维生素含量丰富的有：肝、奶、酵母和鱼肝油。为了补充狐对维生素的需要，可使用医用维生素精制品或多种维生素制品。

（六）能量需要

饲料中有机营养物质是狐的能量来源，这些营养物质在狐机体内代谢过程中能放出能量。现通常用代谢能计量饲料日粮总的营养价值和动物能的需要。毛皮兽饲料能的营养价值的惯例单位是以418kJ代谢能为1份。

成年狐每千克体重每昼夜基础代谢能变动范围是：6～8月份为255～280kJ；9～10月份为209～243kJ；11月份为176～218kJ；12月份为172～197kJ。狐为了维持生命的基础代谢能约占总能量的72%。也就是能量利用比例为100∶72，即1.39。因此，成年狐的维持饲养，每千克体重每昼夜平均代谢能是：7～8月份为389kJ；9～10月份为339kJ；11月份为301kJ；12月份为272kJ。

狐妊娠期对能量的需要平均是2 341kJ/头·日，妊娠前半期要丰富饲养，而后半期则应适度饲养。

对北极狐能量需要研究得较少。根据现有资料证明，北极狐物质代谢的形成及食性特点与狐相似。但北极狐具有多胎特点，青年北极狐迅速生长时，较狐具有强大的代谢能力，平均增加能量33%～34%。

成年北极狐每千克体重每昼夜代谢能是：12月至翌年2月份为552kJ；3～5月份为623kJ；6～8月份为678kJ；9～11月份为594kJ。北极狐体重增长1g需要的代谢能可采用与银黑狐相等的量。

（七）水

水分对狐在夏季调节体温具有重要作用。狐汗腺不发达，主要通过口腔黏膜、舌面和呼吸道等部位的水分蒸发而散发热量。据研究，每蒸发1mL水，可散失2.26kJ的热量。所以，夏季给狐多饮水，是预防中暑的有效措施。

妊娠和哺乳的母狐，由于代谢旺盛，需增加水的供给量，产仔期由于体内水分流失，体内空虚，易口渴，要特别供给饮水。生长期的幼狐，食量较大，代谢旺盛，也需要较多的水分。配种期的公狐，由于性活动旺盛，同时运动量大，体力消耗也大，如不注意供给饮水，将会过早丧失性欲。

冬季北方寒冷地区，虽然需水量少，但仍要保持每天饮水1次，当然最好供给温水。低纬度的河北、山东、河南北部地区的夏季，每天要经常供给饮水，地面也要洒水，保持湿润，这是防止中暑最有效的方法。

在长途运输狐时，要少喂饲料，但饮水不可缺少，要少给勤饮，这对安全运输具有重要意义。

二、狐的饲养标准和日粮配合比例

表 8-2　狐的饲养标准

饲养时期	代谢能（MJ）	热量比（%）				
		肉、鱼类	乳类	谷物类	果、蔬类	其他
银　黑　狐						
6～8 月份	2.1～2.3	40～50	5	50～40	3	2
9～10 月份	2～2.4	45～60	5	45～30	3	2
11～1 月份	2.4～2.5	50～60	5	40～30	3～4	2
配种期	2.1*	60～65	5～7	25	3	3～4
妊娠期	2.3～2.5	50	10	34	3	3
妊娠后期	2.9～3.1	50	10	34	3	3
哺乳期	2.1	45	15	34	3	3
北　极　狐						
8～9 月份	2.5	50	—	42	8	—
10～12 月份	2.9	60	—	30	8	2
1～2 月份	2.9	65	5	21	5	4
配种期	2.5	70	5	18	5	2
妊娠期	2.9～3.1	65	5	23	5	2
妊娠后期	3.4～3.6	65	10	20	3	2
哺乳期	2.7	55	13	25	5	2

* 根据胎产仔数和仔狐的日龄以及食欲情况，每天按比例量增量。

（引自朴厚坤，王树志，丁群山编著．实用养狐技术．北京：中国农业出版社，2006，第二版，P96）

表 8-3　狐的经验饲养标准

饲养时期	代谢能（MJ）	饲料量（g／只）	粗蛋白质（g）	重量比（%）				
				海杂鱼	肉类	谷物窝头	蔬菜	乳类＋水
准备配种期	2.2～2.3	540～550	60～63	50～52	5～6	13～14	12～13	13～15
配种期	2.1～2.2	500	60～65	57～60	5	12～13	10～12	10～12
妊娠期	2.2～2.3	530	65～70	52～55	5～6	10～11	10～12	12～16
产仔泌乳期	2.7～2.9	620～800	73～75	53～55	7～8	11～12	12～13	15～18

（续）

添加饲料（g／只）								
酵母	食盐	骨粉	添加剂	维生素 B_1 (mg)	维生素 C (mg)	维生素 E (mg)	鱼肝油 (IU)	脑 (g)
7	1.5	5	1.5	2	20	20	1 500	5
6	1.5	5	1.5	3	25	25	1 800	—
8	2.5	1 012	2.5	5	35	25	2 000	—
8	2.5	5	2	5	30	—	1 500	—

（引自朴厚坤，王树志，丁群山编著．实用养狐技术．北京：中国农业出版社，2006，第二版，P97）

三、狐的饲料种类及评价

（一）动物性饲料

1. 肉类饲料　马、牛、羊和鸡等畜禽的肉类是贵重的饲料。它们含有全部必需氨基酸。所以，为提高饲料中蛋白质的生物学全价性。常把肉类饲料列为狐最重要生理时期（妊娠期和哺乳期）日粮中的主要成分。但各种畜禽肉又具有各自的特点。

马肉中的脂肪易于氧化，其过氧化物及氧化的二次产物有毒，能够破坏维生素的合成。为了使马肉脂肪不至于很快氧化，必须将马胴体切成 1/4～1/8 块，在低于－15℃的速冻间内冻实后，保存在冷藏库中，而且保存期不超过 9 个月。

除牧区外，很少将牛、羊肉作为狐的主要饲料。用老弱病畜作为饲料时，为了防止狐发生疾病，饲喂时要经煮熟处理。

公鸡雏营养价值全面，是很好的狐饲料，如果配合海鱼喂用效果良好，可占日粮的 25％～30％，用时要蒸煮熟制。

全羊羔肉也是全价饲料，在牧区，或养山羊多的山东、河北及江苏、安徽北部地区产量较大。用时要将内脏去掉，煮熟处理后再喂，可占日粮的 30％～40％。

2. 畜禽副产品饲料　根据营养价值分为两种：第一种有肝脏、心脏、肾脏、肉的边角余料、横膈膜、红肠（食道）和乳房等，属全价蛋白质饲料；第二类是牛、羊的瘤胃、重瓣胃、蜂巢胃、真胃，猪胃及牛、羊、猪头，肺脏，脾脏，气管，脚和耳以及鸡架和鸡肠等，这类饲料的蛋白质不全价。

肝脏属于贵重的屠宰副产品，它是水溶性和脂溶性维生素及微量元素最丰富的来源。肝脏要在狐重要的生物学时期（交配、妊娠和哺乳期）使用。

家畜肝脏或鸡肝脏以及海兽的肝脏营养价值相同，不过海兽的肝脏含维生素 A 最高，每克含量达 6 000IU，而家畜和鸡的肝脏则少于 500IU。

冬春季节，肝脏在基础群日粮中应占 5%，或每 418 千焦（100 千卡）代谢能 5g 左右。肉的边角余料及红肠，含肉量较多，其营养价值与马肉相同。心脏、肾脏亦属全价蛋白质饲料。

软下水，即瘤胃、蜂巢胃、重瓣胃和真胃及肠（小肠、大肠及直肠）等，蛋白质不全价。品质新鲜的可占狐日粮中动物饲料蛋白质的 60%～70%，其余部分补充全价的蛋白质饲料，而且必须补充钙和磷，一般下水类均要煮熟再喂。鸡肠含脂肪量高，而且有寄生虫，更要煮熟来喂。

健康动物的脾脏，蛋白质全价性不及肝脏和肌肉。脾脏又名沙肝。在基础群和青年狐日粮中加入适量脾脏有益处。

肺脏的营养价值较低，必需氨基酸含量少（30%）。狐食后容易引起呕吐，可少量利用，而且用时应由少到多，逐渐增加用量。

气管、耳、唇等下脚料，蛋白质生物价值不高。这些饲料要与肉鱼饲料少量掺配利用。绝不能当作主要饲料。

血是营养价值很高的饲料，依其蛋白质的质和量，它比很多肉类副产品的营养价值高，不过它含脂肪量低（0.1%）。新鲜的血在狐整个生产期日粮中可占动物蛋白质总量的 10%，喂多了易引起下痢。牛羊血及马血，新鲜时可生喂，凝固的血只能煮熟喂。为保证血的质量，在保存时常加氨水或乙酸，冷冻或烘干。

牛、羊头，因为一般常将咬肌、脑和舌剔出，营养价值较低，它通常缺少色氨酸、蛋氨酸和胱氨酸。为了有效地利用此饲料，必须在混合料中添加全价的蛋白质饲料，如鱼、鱼粉、肌肉类和酸凝乳等。在保证上述全价营养的条件下，牛、羊头可占动物蛋白质的 30%～40%，但必须将其精细粉碎成馅或肉粥时，才能给狐饲喂。

猪头的蛋白质同样缺少蛋氨酸、色氨酸和精氨酸，而且比牛、羊头还少，但猪头含脂肪量丰富，如果在狐日粮中加入猪头量充足时，可不必在日粮中另加脂肪。为了预防阿氏病（伪狂犬病）要预先煮熟，粉碎加工。

3. 鱼类饲料　中小海杂鱼，其主要氨基酸含量，即蛋氨酸、色氨酸、精氨酸、赖氨酸、异亮氨酸含量与热血动物蛋白质相似，可用来作为狐（特别是北极狐）的主要动物性饲料，且价格比较便宜。但其副产品，如鱼头、鱼排中必需氨基酸含量很少，可以少量喂用，占动物性饲料蛋白质的10%～15%，而且必须要保证其他全价饲料的供应。如果大量喂这种饲料，则保证不了蛋白质的需要，会严重影响生产。

鱼肉中富含不饱和脂肪酸，而且很容易氧化，因此，保管鱼的条件比保管其他饲料要严格得多。保管鱼的冷库。温度不高于－20℃，保管期不超过6个月。

鱼是维生素A、维生素D、维生素B_{12}和钙、磷饲料的重要来源，其中钴、碘含量相当丰富。但铁、铜、锰、锌含量较少。不去内脏的海鱼占饲料总量的30%，能够保证维生素A、维生素D和维生素B_{12}的一般需要。

狭鳕、绿鳕、牙鳕、狗鳕等鳕雪科鱼含有三甲胺化氧，可使铁变成不能消化吸收的形式，北极狐饲喂这类鱼的量不能超过动物性蛋白的40%，否则会引起贫血症。因吃上述鱼类而引起贫血时，狐表现食欲丧失，消化不良，幼狐生长停滞。种公狐性欲降低或无性欲，母狐空怀率增高。为避免贫血症，鳕鱼的喂量不能过大，喂鳕鱼时要配合其他饲料。大量饲喂时要掺葡萄糖亚铁，以补充铁的不足。

某些海鱼如毛鳞鱼、沙丁鱼、远东沙丁鱼、银鲑、梭鱼等，以及某些淡水鱼（鲤鱼、胡瓜鱼、鲫鱼、红鳕、鳙鱼等）含有硫胺素酶，可以破坏维生素B_1。利用时应把鱼煮熟，并持续几分钟，以使硫胺素酶失活。

4. 乳品和蛋类饲料　乳品饲料，按其蛋白质氨基酸的含量来讲，是价值很高的饲料。在养狐时常利用全乳、脱脂乳、奶粉及奶酶等。

牛奶、羊奶或奶粉中的蛋白质、脂肪、碳水化合物、无机盐、维生素比任何饲料都丰富，在狐饲料中少量给予，能够提高营养价值，改善饲料的可消化性和适口性。妊娠和哺乳期母狐每头应供给20～30mL全乳。如果喂奶粉时，可8倍稀释后给予，喂量与全乳量相同。

给狐喂乳产品，在冬春季节具有重要意义。于妊娠和哺乳期在狐的饲料中加入乳产品，不仅能补充蛋白质的全价性，而且能防止母狐缺乳，还能中和部分饲料中的有害物质。

各种禽蛋类（鸡、鸭、鹅）是营养价值较高的全价饲料，主要用于配种的公狐，妊娠和哺乳期的母狐，一般可占动物性饲料的5%～10%。另外孵化中甩出的石蛋，1～3照的毛蛋，营养价值亦不逊于原蛋，可充分利用。但喂蛋类要煮熟，一方面能杀灭病原微生物，另一方面可避免蛋类中的抗生物素物质破坏饲料中的B族维生素。

5. 干动物性饲料　在我国毛皮兽饲养业中，常用的干饲料主要是鱼粉，还有肉骨粉（熟羊羔肉干粉）。鱼粉是全价的营养饲料。狐最适于用含灰分不高于20%，或粗蛋白质不少于50%（即消化率不低于40%），脂肪不高于10%的鱼粉。鱼排、鱼头和鱼的其他废料加工的鱼粉，灰分含量常超过22%，这样的鱼粉，蛋白质消化率低，营养价值不高，不适于喂狐，在饲养中或加工干饲料时，常采用秘鲁鱼粉，因其粗蛋白质含量可达到60%。不管用哪种鱼粉，含盐量均不应超过5%。

鱼粉必须松散，没有团块，颜色要灰色或淡黄色，具有特殊的鱼香味，没有发霉和酸败。

饲喂优质鱼粉，夏季狐和北极狐可占动物蛋白质的70%，冬季可占50%～30%，其余必须喂鲜鱼或肉类副产品。

鱼粉的质量评价，可用氨基氨态氮和挥发脂肪酸等指标来评定。评定鱼粉氨基氨态氮的指标是：一等鱼粉氨基氨态氮不高于200mg/100g；二等鱼粉不高于200～300mg/100g；三等鱼粉则高于301mg/100g以上；三等以下的鱼粉不能喂狐。评定鱼粉挥发脂肪酸的指标是：一等鱼粉含挥发脂肪酸7mg/100g以内；二等为7.1～12mg/100g；三等在12.1mg/100g以上；三等以下不能喂狐。

鱼粉质量亦可用它的脂肪分解产物——醛的多少来判断。每100g鱼粉不应超过5mg醛。

鱼粉在原料加工处理中，由于中和反应的结果，不含有硫胺素酶和三甲胺化氧，因此在利用时不存在缺少维生素 B_1 和铁的问题。

在我国鲁西、冀南、江苏和皖北地区，由于养山羊较多。常将羊羔肉搅碎晒干，做成肉骨粉或骨肉粉，营养价值很高，与鱼粉不相上下。可在狐日粮中占动物蛋白质的30%～50%。

蚕蛹和蚕蛹粉，其营养价值较高，而且是较容易吸收的全价蛋白质，相当于同数量的优质鱼粉。蚕蛹或蛹粉在狐和北极狐日粮中可占动物蛋白质的50%～70%。但蚕蛹缺少无机盐和维生素。而且因含不饱和脂肪酸的量高，非常容易氧化。因此，在饲喂蛹类时，在日粮中应补足无机盐和维生素A及维生素D，同时还应保证维生素E与维生素C的供给。

6. 毛皮兽的肉产品和残料的再利用 因一般养兽场都不是饲养一种动物，大多数是狐、北极狐、貉和水貂综合经营。秋冬季屠宰取皮后的大量胴体，具有很高的营养价值。如100g不开膛的北极狐胴体碎馅中。含可消化蛋白质12.5g，可消化脂肪34.2g，代谢能1 563kJ（374kcal）。

实践证明，用野兽胴体加工的肉骨粉，可占日粮蛋白质的25%。近年来，通常在屠宰期交叉喂给毛皮兽鲜胴体碎馅，即小型水貂胴体喂给狐和北极狐及貉；大型狐、貉胴体可喂给水貂。这类饲料最好经兽医检验后煮熟喂用。如有病原微生物感染，应废弃不用。

（二）植物性饲料

1. 谷物饲料 各种谷物粉，如玉米粉、麦粉及其他谷物粉含有大量易消化吸收的碳水化合物，它们是日粮中比较便宜的能源，但含蛋白质较少，而且蛋白质生物学价值不完全。

狐日粮中加入谷物的量，取决于狐所处的生物学时期和混合日粮中脂肪的含量，加入的量一般占日粮热量的15%～30%。给狐喂谷物时，我国多采用将玉米粉煮成粥或加工成窝头的形式，也有以膨化形式来喂的。经过加工熟制的谷物可提高消化率10%～20%。另外，也有炒熟后粉碎利用的。

膨化是一种有前途的加工方法，谷物经过膨化后，使碳水化合物分解出6%的糊精，10%的淀粉变成糖。因此，能够被狐充分消化和吸收。另外，谷物通过热处理后，使有害细菌灭活，可防止狐得胃肠炎、肝脏疾病及影响繁殖的疾病。

狐和北极狐对麸皮的消化率很低，因为麸皮含纤维素较多，但能松散食物，增进肠蠕动，可少量加以利用。在狐和北极狐日粮中，不宜超过10g。

含淀粉很高的甘薯和马铃薯，是很便宜的能量来源，在谷物不足时，可完全代替谷物，但需洗净煮熟后再喂。

2. 饼粕类饲料　植物油加工的副产品是油饼或油粕类。用于狐饲料的有豆饼、豆粕、去皮的葵花籽饼和去皮的花生饼。

夏秋季节狐的日粮中，饼粕饲料允许代替肉鱼饲料40%～50%（占动物蛋白的量），而冬季可达30%。但应用这种饲料时，要增加游离脂肪、脂溶性维生素和酵母。饼粕喂量一般不宜超过谷物饲料量的1/3，否则易引起软便或下痢。

去皮的花生饼可代替50%的以上动物性蛋白质的。所以，我国出产花生的山东、河北一带，可充分利用花生饼。而出产葵花籽的北方，则可充分利用去皮的葵花籽饼。

3. 果蔬类饲料　果蔬饲料主要是补充狐对维生素A、维生素E和维生素C的不足。另外，蔬菜也可起到疏松饲料和提高适口性的作用。我国常用于喂狐的蔬菜饲料有白菜、甘蓝、油菜等；块根饲料有胡萝卜、甜菜、萝卜、球茎甘蓝等，蔬菜要清洁新鲜，有条件的地区可常年喂。青年狐屠宰前1.5～2个月，基础群妊娠和哺乳期的母狐，其果蔬类饲料可占饲料总量的5%～10%。

（三）添加饲料

1. 酵母饲料　在饲养毛皮兽中，经常喂给酵母，作为蛋白质和B族维生素的来源。它的蛋白质含量几乎与鱼粉相似。我国常用的饲料酵母有纸浆废液料酵母、淀粉废液料酵母、啤酒废液料酵母、石油工业中的干饲料酵母等等。

干饲料酵母是从石油烷属烃（蛋白维生素收缩剂或水解蛋白）中取得的。夏季北极狐每418kJ（100kcal）代谢能平均用6g，从7月开始用2～

3g，至10月达到8～10g。干饲料酵母最好加在高脂肪含量的饲料中，即每418kJ（100kcal）代谢能4.5～5.5g脂肪的日粮中，只有在这个水平上，饲喂酵母才能产生良好的作用。

啤酒酵母，维生素最丰富。日粮中每418kJ（100kcal）代谢能加干啤酒酵母1.5g，就能满足B族维生素的需要（维生素B_{12}除外）。干面包酵母比啤酒酵母含维生素B_1少50%～60%，而干饲料酵母则少67%～71%。液体啤酒酵母和压制面包的酵母在喂狐时要煮沸2～3min，主要是杀死酵母菌，防止饲料发酵。

2. 脂肪饲料 脂肪是高浓度的饲料。从家畜及鸡获得的一切形式的脂肪均适合喂狐（均按可消化脂肪计算）。在饲料中脂肪含量低的情况下，才能添加脂肪。特别是在狐生长期应用，对促进狐生长有较好的作用。

马脂肪，在贮存时稳定性小，易于氧化变质。即使是低温贮存，超过9个月的马脂肪也应避免喂繁殖期的基础狐群。

鱼脂肪和植物油，属于高度不饱和脂肪酸，易于氧化，饲喂时要添加抗氧化剂。不饱和脂肪酸可代替畜产品脂肪量的30%～40%。大量喂用脂肪时，须保证多种维生素的供给，特别是维生素E、维生素B_1及维生素C。

贮存在冷库内的脂肪。温度不得高于－8℃，空气相对湿度不超过90%。

（四）全价配合饲料

配合饲料（粉料和颗粒料）是全价性饲料。是按全价饲料配方，将各种动植物饲料干燥粉碎，并添加无机盐和维生素后而成的。这种饲料保存和运输都很方便，对远离沿海、缺少肉类饲料的地区比较适用。狐每天每头喂200～250g，或根据厂家说明书喂给。根据我们的经验，在利用干配合饲料时，适当地搭配一定量的鲜动物性饲料，特别是在繁殖期，对于保证繁殖效果较为理想。另外，在饲喂干饲料时要保证狐的饮水充足，否则会影响适口性，使消化率降低，并使繁殖力下降。目前，我国江苏省镇江市京金水貂饲料有限公司和吉林省公主岭市吉林省农业科学院畜牧研究所配合饲料厂等厂家，生产水貂、狐、貉的干配合饲料。

表8-4　3～4月龄北极狐1份日粮范例

饲料种类	饲料量(g)	可消化营养物质（g）			代谢能 kJ（kcal）
		蛋白质	脂肪	碳水化合物	
海杂鱼	20	2.4	0.4	—	60.6（14.5）
鉴别公鸡雏	20	3.0	1.64	—	120.4（28.8）
毛蛋	10	1.6	0.96	—	67.3（16.1）

（续）

饲料种类	饲料量(g)	可消化营养物质（g）			代谢能 kJ（kcal）
		蛋白质	脂肪	碳水化合物	
玉米粉	12	0.9	0.40	4.8	114.5（27.4）
大白菜	3	—	—	0.09	1.3（0.3）
猪脂肪	0.9	—	0.90	—	34.7（8.3）
酵母	2	0.6	0.02	0.42	19.2（4.58）
水	10	—	—	—	—
合计	77.9	8.5	4.32	5.31	418.0kJ（约 100kcal）

注：动物脂肪一般均按可消化脂肪处理，代谢能求法是：脂肪数×9.3。

第五节　狐的饲养管理

一、狐舍的形式

（一）笼舍

狐宜用笼舍饲养，其笼要放在棚内，一般一个笼舍养一只狐。狐的笼舍由笼和木箱组成。狐笼一般采用镀锌铁丝编织而成，笼底用 12 号或 14 号铁丝，笼眼方格为 2cm×2cm。笼的一端连接木箱（即巢窝），木箱长、宽、高为 60cm×50cm×55cm，箱笼间放活动隔板，出入口为 20cm×25cm，木箱的一侧可做成活板，以便随时取下来清扫里面的脏物，笼内侧悬挂一只水桶，供狐饮水用。

（二）小室和产箱

在狐笼一端连结小室或产箱，小室和产箱可用木板、砖或洋灰板制成，产箱一般可做成长 0.8m、深 0.5m、高 0.5m，产箱板厚为 2.0cm。公狐小室可以小些，长 0.5m、深 0.5m、高 0.45m。木板要光滑，木板衔接处要尽量无缝隙，或用纸或布将缝隙糊严密，以不能漏风为好，并且在产箱门内要有一挡板。

（三）狐棚

狐棚是安放狐笼箱的简易建筑，有遮挡雨雪及烈日暴晒的作用。结构简单，只需棚柱、棚梁和棚顶，不需要建造四壁。可用砖瓦、竹苇或钢筋水泥等制作。修建时根据当地情况，就地取材，因料设计。狐棚既符合狐的生物学特性，又坚固耐用，操作方便。

狐棚方向是东北到西南走向，使夏天能遮挡直射阳光，冬天能获得长时间的温暖光照。一般以长50～100m，宽4～5m（两排笼舍）或8～10m（四排笼舍），脊高2.2～2.5m，檐高1.3～1.5m为宜。

二、狐生产时期的划分

为了获得数量多、质量好的毛皮，必须根据狐狸的生物学特性和生理需要，以饲养优良品种为基础，全面科学地做好狐狸的繁育和饲养管理工作，创造一个有利于狐狸繁育和换毛的自然环境条件和饲养管理条件。根据实践经验现将狐狸一年划分为准备配种期、配种期、妊娠期、产仔泌乳期、种兽恢复期、幼兽育成期、种幼兽冬毛生长期等7个生产时期（表8-5）。

表8-5 狐狸生产时期的划分

性别	狐种	准备配种期	配种期	妊娠期	产仔哺乳期	幼狐育成期		种狐恢复期
						生长期	冬毛期	
♂	北极狐	9月下旬至翌年2月下旬	2月下旬至4月上旬	—	—	6月中旬至9月下旬	9月下旬至12月下旬	4月中旬至9月下旬
♂	银黑狐	9月下旬至翌年1月下旬	1月下旬至3月下旬	—	—	5月上旬至9月下旬	9月下旬至12月下旬	3月下旬至9月下旬
♀	北极狐	9月下旬至翌年2月下旬	2月下旬至4月上旬	3月上旬至6月上旬	4月下旬至7月中旬	6月中旬至9月下旬	9月下旬至12月下旬	6月下旬至9月下旬
♀	银黑狐	9月下旬至翌年1月下旬	1月下旬至4月上旬	1月下旬至5月下旬	4月下旬至5月下旬	5月上旬至9月下旬	9月下旬至12月下旬	5月中旬至9月下旬

（仿自：佟煜仁，谭书岩等．狐标准化生产技术．北京：中国农业出版社，2007，P73～74）

三、狐的饲养管理

因饲养各种狐发情期不尽相同，故在同一时期内有配种、妊娠、产仔泌乳、幼兽育成期的狐同时存在。在选择优良的狐狸品种的前提下，应注意正确识别公母狐的发情特点，搞好配种，提高受胎率，以尽可能地提高其繁殖力和仔狐成活率。各个不同生产时期的饲养管理关键要点如下。

（一）准备配种期的饲养管理

准备配种期又分准备配种前期和准备配种后期。

1. 准备配种前期 饲养管理要以促进生殖器官发育、毛绒生长和保证健康体况安全越冬为目的。饲养管理要点为种、皮兽分群饲养；适时选种；促进冬毛成熟；调控种皮兽体况；做好皮兽取皮工作。

（1）种、皮兽分群饲养 东西走向棚舍宜分群饲养，方便管理；种兽冬至前可养在北侧，冬至后移入南侧光照较充足的位置；皮兽养在北侧光照较低的地方。种兽饲料蛋白质水平较高，但能量水平较低，保持中等略偏上的体况，目的是促冬毛成熟和性器官发育。皮兽饲料蛋白质水平较高，但能量水平亦高。皮兽饲养目的是促冬毛成熟和育肥。

（2）适时选种　秋分季节，如果北极狐全身毛被变白，银狐夏毛长成冬毛，可考虑留种。秋分前后为选种、引种的最佳时期，重点要观察狐头、面部换毛情况。

（3）冬毛成熟时要及时取皮和终选定群　种兽精选时要检查外生殖器官。检查公兽睾丸大小、弹性、下降至阴囊的情况；检查母兽外生殖器位置和形状。淘汰隐睾、单睾和两睾丸粘连的公兽和阴门形状、位置异常的畸形母兽。11月份将最后准备留做种用的种兽群再仔细的核查一遍，要将个别换毛不够好的、体型不够大的、发育不够壮的、毛色不够好的、经产狐中有奶汁不好的、护仔不强的、有吃仔记录的、有自咬症状的狐坚决剔除。

2. 准备配种后期　重点是调控种兽繁殖体况，保持中上等水平；其次是保证光照，严格种兽疫苗防疫，促进性器官生长发育。

（1）调控种兽繁殖体况　瘦狐增料、肥狐减料。技术管理人员要根据群体平均体况，调整饲料量控制种兽平均肥度，进行群体体况调整；饲养员根据种兽个体体况分配饲料量，进行个体体况调整。

种狐体况鉴定一般在12月开始进行，有三种方法：①触摸法：用手触摸狐的背部、肋部和后腹。过肥的狐背平、肋骨不明显，后腹圆、肚皮肉厚；过瘦的狐脊椎和肋骨突起，后腹空松；中等体况介于两者之间；②体重确定法：银狐中等体况一般达到公狐6～7kg、母狐5.5～6.5kg；芬兰原种蓝狐，公狐体重12～15kg、母狐8～10kg；地产蓝狐5～6kg。可采用体重指数法来确定其肥瘦，银狐体重指数为90～100，即平均1cm体长的体重为90～100；蓝狐的体重指数以100～110为适宜，此方法比较准确；③目测法：观察狐体躯，特别是后躯是否丰满，运动是否灵活，皮毛是否光亮，以及精神状态等来判定狐的体况。

（2）保证光照　冬至以后增加棚舍光照度对促进种兽性器官发育有利。

（3）严格种兽疫苗免疫　1月份，应注射犬瘟热、病毒性肠炎、脑炎、阴道加德纳氏菌病和绿脓杆菌疫苗。

（4）促进性器官生长发育　冬至开始给种兽添喂一些全价蛋白质饲料（奶、蛋、瘦肉、心、肝、脾肾、鲜血等），保证维生素A、维生素E的供给，均衡饲养。白天应逗引种公狐运动，提高身体素质。采取公母兽交换笼舍、隔笼引诱等方法进行性刺激。每周向饲料中加入少许葱、蒜、韭菜等2～3次，也能起到性刺激作用。

此外，寒冷季节是治疗蛭螨、癣等皮肤病的适机，至配种前尚未治愈的个体不宜留种。

（二）配种期饲养管理

主要工作是保证全部母狐都达到发情配种，保证配种质量。因此，母狐适时配种和加强种公母狐的饲养管理是这一时期的工作重点。

1. 种狐的日粮要求营养丰富、适口性强、容易消化

此期种狐食欲普遍下降，要供给种狐营养丰富、适口性好、易消化的新鲜动物性饲料（表 8-4），适当增加饲料中微量元素和维生素的比例。公狐中午补喂一次，牛肉 50g、鸡蛋 50g，加少量白糖煮开。

2. 对母狐进行准确的发情鉴定

准确的发情鉴定是确保狐狸在发情期适时配种的关键，也是提高产胎率和产仔数的前提。所以要严格掌握发情期，发情鉴定具体方法见本章第三节。

3. 采用适宜的配种方法

银狐一般采用自然交配；银蓝杂交采用人工授精；蓝狐采用自然交配和人工授精并用，但以人工授精为主。适时初、复配，保证交配质量。对母公狐配种结束后 3～5d 内要检查是否有重复发情。若发现阴门又出现肿胀，说明前期配种失败，应进行第二次配种。

4. 保证公狐精液质量

对每只种公狐经常进行精液品质检查，提高母狐受胎率。种公狐合理利用，公母狐适宜比为银狐 1∶（3～4），北极狐 1∶4。人工授精时，1∶（20～30）。每周采精 2～3 次，最多隔日采精一次。

5. 加强养殖场管理

随时注意关好笼门，防止种狐跑掉，严防咬伤，保证狐场安静，保持狐笼舍、地面、食具等清洁卫生，并要定期消毒。

（三）妊娠期饲养管理

妊娠期饲养管理的中心任务是保证胚胎正常发育。妊娠期营养水平是全年最高时期，要注意供给营养全价、品质优良、易于消化、适口性强的饲料。喂量要适宜，要注意调控母兽体况，并依据妊娠期的进程，逐步提高水平。切忌饲喂霉烂变质和冰冻饲料，以防造成流产。同时还要搞好狐舍及饲养用具的卫生和消毒，保持狐舍的安静，尽量减少惊吓等强应激因素的发生。保证充足、洁净的饮水。注意垫草保温。

1. 妊娠后期营养需要增加

配种后一个月内为妊娠前期，胚胎发育很缓慢，仅重 1g 左右。营养需求无需增加。妊娠后期胎儿生长发育速度加快，母体营养需要增加，应供给母体自身、胎儿和产后哺乳的丰富营养。但喂量要适宜，避免因胎儿体大而造成难产。

妊娠前 4 周，给食量一般控制在 0.55～0.60kg。妊娠后期由于胎儿生长加快，饲料日给量可提高到 0.6～0.7kg，动物性饲料比例占 70%左右。40 天后每只受孕母狐补饲牛奶 50g 鸡蛋一个。此时期饲料重量比见表 8－4、表 8－6。

2. 妊娠期母狐喜静厌惊

要避免噪音等不良刺激。饲养人员要定群饲养，穿着也要经常固定。谢绝外来人员参观。

3. 妊娠母兽抗病力降低

尤其易患消化道、生殖道疾病。妊娠母兽患病容易造成妊娠中断，务必以预防为主。发现母兽患病要尽早尽快治疗。

(四) 产仔哺乳期饲养管理

银狐的产仔期一般在 3 月下旬至 4 月下旬。北极狐的产仔期一般在 4 月中旬至 6 月上旬。产仔泌乳期饲养管理主要任务是产仔保活，确保仔狐多成活快速发育。其成败直接影响到母狐的泌乳力和持续时间以及仔狐的成活率。

母狐哺乳期的日粮应维持在妊娠期的水平，饲料种类上尽可能多样化，要适当增加蛋、奶和肝脏等容易消化的全价饲料。母狐产仔初期食欲较差，最好是少喂勤添。母狐产后一周左右，食欲会迅速增加，应根据其胎产仔数和仔狐的日龄以及母狐的食欲情况，每天按比例增加饲料量（表 8－4、表 8－6）。

产仔前后可实行值班制，发现母兽产仔并做好记录，给产仔母兽添加饮水，抢救落地仔兽，及时处置难产母兽。

1. 采取措施产仔保活 仔兽生活力强、母兽有良好母性、充盈的母乳、适宜的窝温、安全的环境是确保仔兽存活的五个条件，重点是促进母兽泌乳。

(1) *仔兽生活力* 仔兽生活力强表现在仔兽体重适宜，仔兽健康无疾患，仔兽毛被干燥，仔兽体温适宜，仔兽具吮乳能力。

(2) *母性* 母兽需有正常的母性，无弃仔、食仔的恶癖。母兽母性的发挥，以产后身体无异常病患、乳腺发育和泌乳正常为基础。母性与仔兽日龄相关，哺乳后期变得较差。个别母兽母性超强，有过度舔舐仔兽的行为。环境的应激会使母兽惊恐，引起母兽母性异常。

(3) *母乳* 母兽泌乳与仔兽日龄有关。母乳是仔兽三周龄前唯一食物，没有母乳仔兽会饿死。母兽泌乳量、乳汁质量个体间有差别。繁殖期饲养、选种、环境应激都会影响母兽泌乳。

（4）窝温　初生一周内适宜窝温30～35℃，仔兽活力最强；20℃以上时，活力正常；20℃以下时，活力下降；仔兽体温降至12℃时，即呈僵蛰状态。仔兽三周龄以后，忌窝内温度过高。

（5）环境　产仔母兽胆小怕惊，要营造安静的环境。气候的变化会影响窝温和母兽的母性。其他动物窜入场内会造成母兽惊恐。

2. 产仔检查

（1）*初检*　母狐排出胎衣粪便后要进行产仔检查。检查仔兽的健康、吮乳情况和母兽的健康、泌乳情况。健康仔狐大小均匀，身体温暖、干燥，而低于50g的仔狐则难以成活。吃到充足初乳的仔兽腹部饱满，否则腹部干瘪。

通过仔兽吮乳检查可间接判断母乳情况，必要时才捕捉检查。健康母兽产后食欲很快恢复，产后食欲不振为患病表现，要及时对症治疗。不少母兽产后子宫恶露不净，因腹痛而不护仔，可用催产素治疗。母兽缺乳，但乳腺发育较好时，可试用催乳药物——催乳片（4～5片/次，3～4次）催乳。

（2）*复检*　以"听"、"看"为主，通过听仔兽叫声、看母兽行为。检查重点仍是母狐泌乳和仔狐的生长发育。遇有母乳品质欠佳、仔兽生长发育不良者，要及时代养。

代养：母狐弃仔或缺乳时，仔狐要趁生活力强时抓紧代养。仔兽代养前最好吃上母亲初乳，代养要求母兽间产仔日期相近，代养时避免异味。

3. 仔狐补饲　为了提高仔狐成活率和断乳重，仔狐从三周龄开始补饲，每日中午补饲易消化的粥状饲料，补饲时可将新鲜的鱼、肝、蛋、乳等调成糊状，让仔狐采食，补饲后放回原窝。分窝前老幼狐同补，分窝后幼狐单补。

4. 预防仔狐患病　仔狐采食饲料后，母狐不再为其舔舐粪便，产窝卫生变脏，如不及时清理，极易发生仔狐胃肠炎。同时，天气变化的应激，也易诱发仔兽患病。

5. 适时断乳　仔狐40～45日龄断乳。母兽得授乳症时，可提前分窝。过早分窝影响仔兽发育，过晚分窝影响母兽恢复。生产中可根据仔狐的生长发育情况灵活掌握，身体强壮的、有独立生活能力的应早分窝；身体较弱的应推迟分窝时间。

（五）幼兽育成期饲养管理

仔狐分窝后进入育成期，由于该阶段仔狐生长发育较快，后期毛绒生长迅速，需要大量的营养物质，采取饲料不限量、喂稠食的方法，增加干物质营养，以保证仔狐的正常生长发育。

7～8 月是促进仔狐发育的关键时期，要注意防暑降温，防止高温应激对食欲的抑制。而留种母兽（尤其芬兰原种纯繁狐、杂交改良狐）秋分前不要过量饲喂，以免体型过大，大体型母狐繁殖性能降低。育成期疾病多发，要特别注意卫生防疫。

1. 促进幼兽狐生长发育 地产、改良和芬兰原种纯繁北极狐生长发育速度不同（表 8-6），要根据每只个体类型、性别、兽龄、体况、食欲等区别对待（表 8-7）。提高饲料的稠度，干、鲜饲料混合搭配最利于增加饲料中干物质含量。而喂稠食时要增加饮水。

表 8-6 银黑狐、蓝狐体重增长（g）

月龄	银 狐		地产蓝狐		纯繁蓝狐	改良蓝狐
	公	母	公	母		
初生	100	90	80	60	100	90
1	730	670	690	635	—	1 395
2	1 850	1 650	1 640	1 640	2 541	3 328
3	3 140	2 740	3 060	2 720	5 331	4 892
4	4 310	3 700	4 110	3 620	7 870	5 833
5	5 210	4 450	4 860	4 280	10 287	6 752
6	5 660	4 840	5 310	4 640	12 510	7 860
7	5 960	5 080	5 460	4 790	—	8 228

表 8-7 狐各个时期的日粮组成（重量比,%）

时 期	鱼肉类	谷物（熟料）	蔬 菜	水	日粮量（g）
准备配种期	55～60	15～20	10～15	15～20	500～800
配种期	60～65	15～20	10～15	15～20	500
妊娠期	60～65	15～20	5～10	15～20	500～550
幼兽育成期	60～65	20～25	5～10	15～20	500～1 500
皮兽冬毛期	55～60	20～30	5～10	15～20	500～1 500

2. 幼兽逐步分窝 幼兽分窝后，刚开始独立生活，会有 1～2 周时间的不适应期，对养或合养效果比较好。

3. 做好卫生防疫工作 幼兽育成期正处夏季炎热季节，要搞好环境卫生和消毒工作以预防疫病发生。适时进行疫苗免疫接种。幼兽必须在分窝后第三周内适时接种犬瘟热、病毒性肠炎和传染性脑（肝）炎三种疫苗。

4. 严防幼兽中暑 严格控制食盐喂量，供应充足饮水。遇到气候高温时，可向幼兽身体、笼舍、地面喷水降温。加强遮阴防晒。驱赶熟睡幼兽运动。

5. 进行种兽初选 将繁殖性能好的适龄老兽和出生早、遗传性状好的幼兽初选（窝选）留种。给淘汰的老种狐和出生晚的幼狐埋植褪黑激素，以期促进冬皮成熟，提前取皮。

（六）种、皮兽冬毛期饲养管理

秋分以后种、皮兽同时进入冬毛期，种兽又是准备配种前期。冬毛期日粮蛋白质必须满足需要，皮兽还应提高能量催肥。要搞好笼舍卫生，避免出现缠结毛皮、寄生虫病皮，影响皮张质量。

一般在11月底、12月初，毛皮成熟，适时进行宰杀取皮。毛皮成熟的标志为绒毛丰厚，针毛直立，被毛有光泽，尾毛蓬松；翻开毛皮观察，皮板颜色变白，全身冬毛全部成熟（主要观察头、臀部）。正式取皮前，最好先试剥几只观察，确定毛皮成熟情况。

（七）种兽恢复期饲养管理

恢复期的主要任务，是保证产狐在繁殖过程中的体质消耗得以充分地补给和恢复，为以后的生产打下良好的基础。为此，恢复期前1个月的日喂量要保持与繁殖期相同的水平，待体况恢复后，逐渐转入维持期饲养。

种公兽恢复期时间较长，而种母兽恢复期时间很短，体况恢复与换冬毛同步。所以，更要注重老母兽的饲养管理。

1. 恢复期种兽的选种

（1）*初选* 老种兽初选与仔兽分窝同时进行，要选留繁殖力强的个体。患过生殖道疾病的、有食仔咬仔恶癖的、产后无乳缺乳的个体不宜留种。母性好、哺乳好，只是产仔数少的母兽，应酌情选留。

（2）*复选、终选* 注重秋季换毛和冬季冬毛成熟情况，选留秋季换毛和冬毛成熟早的个体。并且选留中等体况以上、健康个体。

2. 加强恢复期种兽的饲养管理

（1）*预治授乳症和乳腺炎* 断乳母兽均有不同程度的授乳症，体质和抗病力均降低，要特别细心饲喂。刚断乳的母兽要少喂饲料，以防乳汁充盈而得淤滞性乳腺炎。患有乳腺炎的母兽要及时治疗。患过乳腺炎的母兽翌年最好不要留种。

（2）*恢复种兽体况* 老母狐断乳后饲养标准不要马上降低，最好和幼兽吃同样饲料。个别高产母兽体况太差时，要特殊对待。应补饲精饲料。老母兽恢复期应坚持到秋分季节。

四、养狐场场址选择与建设

（一）场址选择

养狐场的场址选择直接关系到饲养场的效益与发展。因此，在建场前要认真考察，要求必须符合建场的基本条件。

1. 饲料条件 不管大场还是小场，保证动物性饲料来源是养狐场的基本条件。如养100头种狐，年末总数可达到400～600头（银黑狐、北极狐），全年需要动物性饲料40t，谷物17t，蔬菜8t。因此，养狐场应建设在肉类加工厂附近或肉鱼类饲料来源比较容易的地区，以保证饲料供应。

2. 自然条件 主要是在适合狐生活、繁殖、毛皮成熟的北方地区，即我国三北地区。我国西南地区按垂直分布，高海拔的地方亦可试养。养狐地区的地理纬度以不低于北纬30°为宜。场地除要选在地势高燥、通风向阳、排水良好的地点外，更重要的是有良好的水源和电源。距离公路不远于300m，但要远离村庄和其他养殖场，以便于防疫和饲料运输。如自己不建冷库，则不要离冷库太远，以便于贮存动物性饲料。

3. 技术条件 养狐是一项技术性很强的产业。因此，自己必须事先培养技术力量或外聘技术人员来指导本场的技术工作。实践证明，这是完全必要和不可缺少的重要条件。

（二）狐场建设

1. 必备建筑 从生产角度考虑，必须有笼舍、饲料加工室、技术室、兽医室、皮张加工室、冷库和干饲料仓库等。总之，要根据狐场的规模大小，考虑房舍结构和建筑面积。

2. 笼舍建筑 因各地气候条件不一，经济条件不同，笼舍建筑取材可以不尽一致，但必须具备养狐的狐棚、狐笼和小室。

（1）狐棚 狐棚是遮阳、防雨用的，可因地制宜，就地取材。有条件的场可用三角铁、水泥墩、石棉瓦结构，虽成本高，但耐用；也可用砖木结构。棚舍规格：棚脊高应为2.6～2.8m，前檐高1.5～2m，宽5～5.5m，作业道为1.2m。

（2）狐笼 我国各地养狐笼大小很不一致，但长不应小于1m，宽不应小于70cm，高80～90cm即可，用14号镀铸电焊网，网眼1.5cm×1.5cm。笼要留有活动门（25cm×30cm），水盒要挂在笼网前侧。

（3）小室（产箱） 要用木质板材制作。长60～70cm，宽不小于50cm，高45～50cm。要有活动的盖。小室靠近过道侧一边，要留20cm×20cm的小门，以便于清扫和消毒。小室不能用铁板或水泥板制作。

笼舍建筑要利于清扫、抓狐。饲养人员管理方便。

国内大型专业养狐场多采用木制小室，占地面积少。单位面积载狐量多，且方便管理。山东、河北地区多采用砖砌的窝室，有的是离开地面的，有的是半地下式的。砖砌的窝室造价较低，隔音好，但不宜修得过大，以免占地太多。除种狐外，皮用狐亦应有小室，不提倡无小室饲养，否则不利于提高毛皮质量。

为了保证狐场有安全和安静的环境，场周围要建设围墙，大门口要设消毒石灰槽，狐场周围要进行绿化美化。

第六节 狐皮的初步加工

一、取皮季节和毛皮成熟的鉴别

狐的屠宰时间。主要取决于毛皮的成熟程度。狐每年换毛 1 次。春季 3～4 月份首先是脱换绒毛，在绒毛脱换的同时，针毛也迅速生长与脱换。换毛先从头、颈和前肢开始。其次是两肋和腹部、背部，最后是臀部和尾部。换毛完了并不等于毛皮成熟，还需要有一段毛的生长过程。为了使狐的毛皮尽早成熟和提高毛皮质量。在饲养时需增加蛋白质饲料，特别是含硫氨基酸（蛋氨酸、色氨酸和脱氨酸）的供给量。毛皮成熟与否，可通过皮肤颜色来鉴定。简单的方法是：将毛绒分开，去掉皮肤上的皮屑观察。当皮肤为蓝色时，皮板为浅蓝色；当皮肤呈浅蓝色或玫瑰色时，皮板是白色，皮板洁白是毛皮成熟的标志。

在进入毛皮和皮板成熟期时，可试剥一两张。看毛皮和皮板是否成熟，才是最有把握的。从外表看，毛皮成熟的标志是：全身毛锋长齐。尤其是臀部和尾部，毛长绒厚，被毛丰满，具有光泽，灵活，尾毛蓬松。北极狐来回走动时，毛绒出现明显的毛裂。

毛皮成熟季节大致是每年旧历小雪到冬至前后。银黑狐取皮一般在 12 月中下旬；北极狐略早些，一般在 11 月中下旬。这是按常规的大致时间，由于各个饲养场所在的地理位置及气候条件不一，饲养水平有差异，要根据各自的毛皮成熟程度来决定取皮时间。

二、狐的处死方法

处死狐的方法很多，本着处死迅速，毛皮质量不受损坏和污染，而且经济实用的原则，则以药物处死法、心脏注空气法和电击法等较为实用。

（一）药物处死法

一般常用肌肉松弛剂司可林（氯化琥珀胆碱）处死。剂量为每千克体重 0.5～0.75mg，皮下或肌肉注射。注射后 3～5min 即死亡。死亡前动物无痛苦，不挣扎，因此，不损伤和污染毛皮。残存在体内的药物无毒性，不影响尸体的利用。

(二)心脏注射空气处死法

一人用双手保定住狐。术者左手握住狐的胸腔心脏位置，右手拿注射器。在心脏跳动明显处针刺心脏。如见血液向针管内回流，即可注入空气10～20mL，狐因心脏瓣膜损坏而迅速死亡。

(三)普通电击处死法

将连接220V火线(正极)的电击器金属棒插入狐的肛门内，待狐前爪或吻唇接地时。接通电源。狐立即僵直，5～10s钟死亡。

三、剥皮技术

处死后的尸体，不要堆积在一起，避免闷板脱毛，而应立即剥皮。因冷凉的尸体剥皮十分困难。

狐皮按商品规格要求，剥成筒皮，并保留四肢趾爪完全。以下为具体步骤。

(一)挑裆

用剪刀从一侧后肢掌上部，沿后腿内侧长短毛交界处挑至肛门前缘，横过肛门，再挑至另一后肢，最后由肛门后缘沿尾中央挑至尾中下部，再将肛门周围连接的皮肤挑开。

(二)剥皮

先剥下两侧后肢和尾，要保留足垫和爪在皮板上，切记要把尾骨全部抽出，并将尾皮沿腹面中线全部挑开。然后将后肢挂在固定的钩上，作筒状由后向前翻剥，剥到雄性尿道时，将其剪断。前肢也作筒状剥离，在腋部向前肢内侧挑开3～4cm的开口，以便翻出前肢的爪和足垫。翻剥到头部时，按顺序将耳根、脏、嘴角、鼻皮割开，耳、眼睑、鼻和口唇也要完整无缺地保留在皮上。

(三)刮油和修剪

剥下的鲜皮不要堆放在一起，要及时进行刮油处理。即将狐皮毛朝里、板朝外套在粗一些(直径10cm左右)的胶棒上，用竹刀或钝电工刀将皮板上的脂肪、血及残肉刮掉。刮油的方向必须由后(臀)向前(头)刮，反方向刮时易损伤毛囊。刮时用力要均匀，切勿过猛，避免刮伤毛囊或毛皮。公狐皮的腹部尿道口处或和母狐皮的腹部乳头处较薄，刮到此处时要多加小心。总之，刮油必须把皮板上的油脂全部刮净，但不要损伤毛皮。

头部和后部开裆处的脂肪和残肉不容易刮掉，要专人用剪刀贴皮肤慢慢剪掉。

(四)洗皮

刮完油的毛皮要用杂木锯末(小米粒大小)或粉碎的玉米芯搓洗，先搓洗皮板上的附油。再将皮翻过来洗毛皮上的油和各种污物。洗的方法是：先逆毛搓洗，再顺毛洗。遇到血和油污要用锯末反复搓洗，直到洗净为止，然后抖捧毛皮上的锯末，使毛皮达到清洁、光亮、美观。切记勿用树皮或松木锯末洗皮。

大型饲养场洗皮数量多时，可采用转鼓和转笼洗皮。先将皮板朝外放进装有锯末（半湿状）的转鼓里。转几分钟后，将皮取出，翻转皮筒，使毛朝外再放入转鼓里重新洗。为脱掉锯末，将皮取出后放在转笼里运转 5～10min（转鼓和转笼的速度为每分钟 18～20 转），以甩掉皮毛上的锯末。

四、上楦板和干燥

（一）上楦板

狐皮的楦板规格（cm）见表 8-8。长度宽度为了使商品狐皮规格化。防止干燥后收缩和折皱，洗后的毛皮要毛朝外上到规格的楦板上。头都要摆正，使皮左右对称，下部拉齐，用 6 小钉固定。后腿和尾也要用小钉固定在楦板上。

表 8-8　狐皮楦板规格（cm）

（顶端→末端）

长度	0	5	20	40	60	90	105	124	150
宽度	3	6.4	11	12.4	13.9	13.9	14.4	14.5	14.5

（二）干燥

将上好楦板的皮，移放在具有控温调湿设备的干燥室中，将每张上好楦板的毛皮分层放置在吹风干燥机架上，并将气嘴插入皮张的嘴上。让干气流通过皮筒。在温度 18～25℃，相对湿度 55%～65%，每分钟每个气嘴吹出的空气为 0.28～0.36 米^3 的条件下，狐皮 36h 即可干燥。

因为狐皮较大，为了使其早日干燥，在没有吹风干燥机的条件下，可先将皮板朝外、毛朝里上楦后让其自然干燥，在干至六七成时，再翻板成毛朝外干燥。

从干燥室卸下的皮张，还应在常温下吊起来在室内继续晾干一段时间。

五、整理和包装

干燥好的狐皮要再一次用锯末清洗。也是先逆毛洗，再顺毛洗，遇上缠结毛或大的油污等，要用排针做成的计梳梳开。并用新鲜锯末反复多次清洗，最后使整个皮张蓬松、光亮、灵活美观，给人以活皮感为准。

场内技术人员对生产的毛皮应根据商品规格及毛皮质量（成熟程度、针绒完整性、有无残缺等）初步验等分级，然后分别用包装纸包装后，装箱待售。保管期间要严防虫害、鼠害。

第九章　鳖

第一节　概　述

鳖俗称团鱼、水鱼、甲鱼、脚鱼、王八。是生活在温带、亚热带及热带的两栖爬行动物，在我国大部分地区都有分布。尤以江苏、安徽、湖北、湖南、山东、河北等长江、黄河流域为多。当前我国主要养殖的品种是在我国广为分布的中华鳖。另外，分布于我国贵州、云南、广东、广西和海南等地的山瑞鳖也有少量养殖。

一、鳖的经济价值

人类对鳖类动物的利用历史悠久，鳖味道鲜美、肉质细嫩，其滋补、食疗功效早已被世人所公认，因而人类对鳖的利用已远远超出普通水产品的范畴，已延伸到食品保健业、医药业、美容业等多个领域。

（一）营养价值

鳖是人们喜闻乐见的美味佳肴。鳖的分割和加工产品也受到广大消费者的欢迎，如鳖脂、鳖粉出口价极高。鳖的肌肉、裙边和背甲蛋白质的含量（鲜重的百分比）高达18.33％～23.44％，而脂肪的含量相当低，分别为0.57％～1.29％、0.25％～0.31％、0.30％～0.41％，这些都说明鳖是一种对人类健康非常有益的营养品。鳖体微量元素含量为鳖体的0.1％左右，数量虽少，但却有重要的生理功能，与人体相比较，鳖体微量元素的含量一般都比较高，特别是铁、硒、锌含量更为丰富，是其他食品的几倍至十几倍，是预防贫血、抗抑肿瘤的最佳食品之一。

（二）药用价值

中国鳖作为药用的历史已经很长，最早的医学专著《神龙本草经》就记载了鳖的药用功能，并与朝鲜人参的价值相提并论。历史上最早入药的部分是鳖甲（即鳖背甲），以后鳖头、肉、血、卵和胆等都被列入药用，可以说鳖全身都是宝。正是由于鳖有保健强身等多种功效，鳖的养殖业有着广阔的前景。相信随着养鳖业的进一步拓展，会开发出越来越多的保健品、医药品为人类造福，为提高人们的生活质量做出新的贡献。

二、鳖养殖历史与现状

我国养鳖历史悠久，早在春秋时代范蠡的《养鱼经》（公元前460年）中就有“内鳖则鱼不复去”的记载。当然那个时期的鳖都是自然生长的野生鳖，还没有进入到人工养殖的阶段，主要是通过人工捕捉后利用，或将一定数量的捕获鳖进行暂养或直接投入鱼池混养。进入20世纪，我国人工养鳖已成为一种产业，专门进行饲养，但是把鳖作为一种经济动物进行人工养殖确切地说应该始于20世纪70年代，主要是由于70年代有关中华鳖研究的初步成功打下的基础、国外新技术的影响及居高不下的市场需求刺激的结果。从我国鳖的人工养殖特点可分为4个发展阶段。

第一阶段——缓慢发展期（20世纪60—70年代）：湖南、湖北、浙江、福建等省开始起步。这一时期的主要特点是没有打破鳖的冬眠习性，养殖方式为常温养殖，多停留在3～4年才能养成500g的水平上。

第二阶段——中速发展期（20世纪70—80年代）：以“鳖的养殖生理和人工养殖研究”、“地热水养鳖技术研究”等课题的成功为标志，解决了鳖的快速养成技术；在鳖的繁殖、生态习性、饲料和养殖工艺等方面的大批研究成果及市场需求的日增也为养鳖业提供了依据和发展动力。养殖水平有了极大提高，经12～14个月的养殖可达到400g以上的商品规格，养殖区域也从上述几省发展到沿海、内陆省市。

第三阶段——迅速发展期（20世纪90年代）：90年代初出现了鳖的“消费热”、“养殖热”、“捕捞热”，极大地刺激了全国的养鳖业。养殖热潮从东到西、从南到北席卷除西藏、青海外的全国各地，养殖面积和产量迅速提高。鳖的保健功能和营养价值被世人瞩目，成了人们崇拜和向往的食品，其市场价格也一路狂升，1994—1995年，一只10g的稚鳖可高达35元左右，商品鳖在300元/kg以上，出现了只赚不赔的畸形状况。受高额利润驱使，人们对养鳖业趋之若鹜，一些企业、乡镇、农村都兴建了养鳖场，出现了很多养鳖专业户、专业村，涌现出一批养鳖大王，为活跃农村经济做出了有益贡献。以养殖产量足可以说明这一阶段的发展势态，1993年全国鳖总产量为4 172t，1994年9 360t，1995年17 445t，1996年32 004t，可谓连年翻番，形成了科研、养殖、加工、商贸一条龙的产业结构。

第四阶段——健康稳定发展期（1996年以后）：由于盲目发展，致使产大于销，从1996年下半年开始鳖价出现大幅回落，这是市场经济调节的结果，也是自然规律。在鳖价大幅下降的同时，其消费市场得以扩大，民众消费已初步成为消费的主流，消费市场的多元化使得甲鱼的市场价格越来越趋于平衡，迫于市场的压力，对养鳖企业的科技水平和经营管理提出了更高的要求，从而促进了生产的发展。

目前，已形成全封闭工厂化养殖、温室大棚养殖、池塘精养、鱼鳖混养、稻田养殖等多形式并存的格局。养殖成本大大下降，全周期养殖成活率达到85%，年商品率达到95%以上，进入产量稳定提高、技术水平日臻完善、市场趋于平稳的健康发展期。目前，养鳖的主要任务就是要求我们进一步提高养殖技术，设法降低成本，因地制宜采取适合自己的发展模式，走规模化养殖，搞好生产配套和经营管理，在今后的养鳖生产中仍能获得丰厚的利润回报率，人工养鳖的潜力依然很大。

第二节 鳖的生物学特性

一、分类与分布

鳖在动物学分类上属脊索动物门（*Chordata*）、脊椎动物亚门（*Vertebrata*）爬行纲（*Pepitlia*）龟鳖目（*Testudinata*）鳖科（*Tironychidae*）。由于其生活在水中，多冠以“鱼”之称谓，如甲鱼、团鱼、元鱼、脚鱼，但并非鱼类。鳖科有6属23种，我国有2属3种，即鼋属（*Pelochelys*）和鳖属（*Trionyx*）。鼋属只有一种，即鼋（*P. bibroni*），分布于我国云南、广西、广东、海南、福建、浙江等省。在东南亚缅甸、马来西亚和菲律宾等国家以及几内亚地区都有分布，鼋在我国被列为一级保护动物。鳖属有山瑞鳖（*P. steindachneri*）和中华鳖（*Pelodiscus sinensis*）。山瑞鳖，分布于我国贵州、云南、广东、广西和海南等地，国外见于越南。中华鳖在我国除西北、西南个别省区外，全国其他地区均有分布，国外分布于朝鲜、日本和越南。1991年周工健等在湖南省桃源、平江、汝城、零陵和邵阳等县市境内具有沙砾底质的江河、溪流中，发现一种新的鳖属新种——砂鳖（*Pelodiscus axenaria*），沙鳖的报道可能会使中国鳖类动物原有的分类系统受到一定的冲击。

二、鳖的形态特征

鳖的身体扁平，呈椭圆形或圆形，体表覆盖柔软的革质皮肤；具背腹二甲，背甲呈卵形，扁平，中央线有微凹沟，两侧稍微隆起，背甲边缘向身体周缘由厚到薄形成一圈厚实的结缔组织，当鳖在水中游动时，上下波动如围裙状故称“裙边”。裙边由胶质构成，细腻味美。其光洁、肥满和延展程度与鳖的体质和饲养好坏有关。腹甲发育不完整，由七块不同样式的骨板组成，各骨板间有间隙。鳖的头呈三角形，头的前端突出为吻。吻长，呈管状。两个鼻孔着生在吻的前端，便于伸出水面呼吸。口宽，口内无齿，有颌，颌缘覆有角质硬鞘，行使牙齿的功能，可以咬碎坚硬的螺类。颈长且能收缩，伸长后头颈可达甲长的80%。头伸背一侧时，嘴尖可以触及后肢部。四肢粗短，每肢有五个趾，内侧三趾有锐利如钩的爪，便于在陆地上爬行、攀登和凿洞。趾间有蹼相连。游泳时可起到桨的作用。

鳖体背面呈暗绿或黄褐色，腹面白里透黄，这是由于表皮和真皮里含有色素细胞，背面黑色素细胞很多，夹有黄色素和红色素细胞，腹部主要是黄色素和红色素细胞。同一种鳖，往往因栖息环境不同而导致色素细胞变化，使体色呈现出不同的保护色。一般在黄绿色的肥水中呈黄褐橄榄色，在清绿的水中呈淡绿色，在用湿棚加温饲养的肥水中呈暗黑色。腹部呈乳白色或黄白色，稚鳖、幼鳖呈浅红色，鳖的外部形态如图9-1。

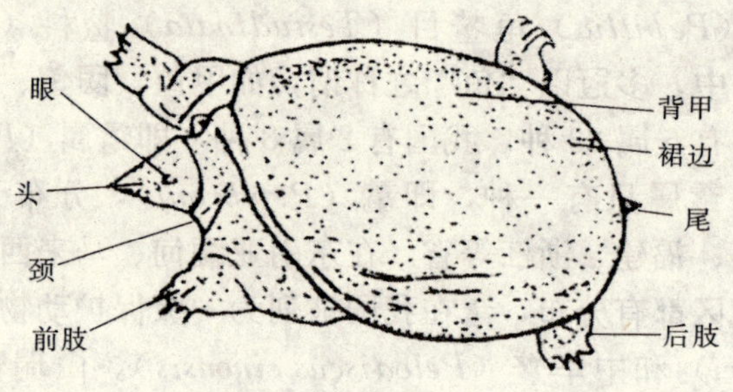

图9-1　鳖的外部形态

三、生态习性

（一）鳖的栖息环境

鳖是生活在淡水中的爬行动物，也可短时间在陆地上生活，野生鳖对各种水域环境有较强的适应能力，且有很强的耐饥饿、耐干旱和抗病能力。主要栖息在环境安静、水质清爽、水体稳定、通气良好、光照充足和饲料丰富的环境中。在所有具有沙泥质或淤泥底质的江河、湖泊、水库、池塘以及山溪石洞里都能发现它的踪迹。喜欢在泥滩上、岸边树阴下、岩石边水草茂盛的浅水处活动、觅食。在污染严重、水体变化频繁的环境中，鳖会进行群体迁移，在肥水中易发生传染病。其活动规律和栖息环境随季节、气温的变化而变化，鳖对水体中的盐度比较敏感，一般养殖水体要求盐度不超过

0.1%。鳖对水体中的碱度、硬度、pH 要求阈值较宽，最适碱度、硬度为 3.0～3.5mmol/L，pH 为 7.8～8.0。

（二）鳖对温度的适应

鳖属于变温动物，它没有调节自己体温的机能，其生存活动完全受环境温度的制约，因而对环境温度的变化尤为敏感。其适宜生长温度为 25～35℃，最适生长温度为 28～30℃。秋天，当水温降到 20℃以下时，代谢强度降低。低于 15℃就停止摄食。12℃开始潜伏于泥沙中。低于 10℃时，则完全停止活动和觅食，进入冬眠状态。春季水温升至 15℃，它才从冬眠中苏醒过来开始活动，两天后开始觅食。20℃以上摄食量增加，以后逐步转入正常生活。当水温超过 35℃，摄食明显减弱，本能地潜居在树阴下、水草丛中或洞穴内避暑，出现“伏暑”现象。“冬眠”或“伏暑”都是鳖对恶劣环境的一种适应。

（三）鳖的生活习性

鳖生性胆小，易受惊吓，在岸上活动时，一般离水很近，一有影子或响声，便迅速潜入水中。如无法躲避时，就会将头、尾、四肢全部缩进壳内。鳖十分凶残好斗，同类之间常常会因争夺食物、配偶、栖息场所而自相残害咬斗，成鳖还会吞食稚幼鳖，但对一直生活在一起的鳖比较友好，很少出现互相攻击现象。因此，在人工养殖中要尽量保持同池鳖的稳定性，以免争斗造成伤残死亡。

鳖喜静怕惊，为了寻找和捕捉食物，同时也是自身安全的需要，在自然界中鳖觅食和活动大多在晚间进行，鳖不怕光，遇光并不回避，因此夜间可用手电筒照射捕捉。

在天气晴朗，风和日丽的天气里，鳖便游到水面或爬上岸滩、石岩，背对阳光，头、颈、四肢充分伸展晒太阳，称之为晒背，这一特殊要求和规律源于漫长的自然选择。晒背能提高体温，加快血液循环，增强新陈代谢，提高抗病力和免疫力；太阳光中的紫外线可促使鳖表皮中的 7-脱氢胆固醇转化为维生素 D_3，是维生素 D 的来源，可杀死附着于体表的寄生虫和其他病原菌，附着在身上的水绵和污物经晒后会脱落，有利于鳖的健康生长；另外还可促进神经系统和生殖系统的发育，因而晒背对鳖来说十分重要。鳖若长时间不晒背，就会因生理机能紊乱而患病，因而在设计建造养鳖场时必须考虑晒背场地。

鳖的这些习性可归纳为“四喜四怕”，即喜静怕惊、喜洁怕脏、喜阳怕风、喜暖怕寒，是长期对环境适应的结果。

（四）鳖的食性

在野生条件下，鳖大多喜食低脂肪高蛋白质的活性饲料。稚幼鳖阶段，主要摄食大型浮游动物、虾的幼体、虾苗、鱼苗、水生昆虫，也摄食鲜嫩的水草类、蔬菜心；成鳖对鱼粉、黄鳝、猪肝的摄食性强，田螺次之，对河蚌、鸡肠、兔肠的摄食性稍差。鳖对于植物性食物在野生条件下较少食用。在人工高密度养殖条件下各种食物均有采食，人工配合饲料、畜禽下脚料、饼粕类、瓜、果、菜等都可进行单一或配合投喂。

（五）鳖的年龄与生长

1. 鳖的年龄 鳖到底能活多久，目前尚无确切的答案。主要原因是人们还没有找到能够准确而明显地判断鳖的年龄的标志。尽管有资料介绍（刘筠，1984）用鳖的肩胛骨上存在的疏密相间的纹理来判断年龄，但这仅限于低龄鳖的判断，对于高龄鳖来说，该方法准确性欠佳。

2. 鳖的生长 鳖是变温杂食性动物，它的生长受多种因素的制约，生态环境、食物营养、品种质量等与鳖生长快慢有密切关系，鳖的不同阶段生长速度也不一样。

（1）生长与环境的关系 鳖是变温动物，其新陈代谢、血液循环与环境密切相关。其中影响最大的是水温、水质和放养密度。鳖的最适生长温度为28～30℃，此时摄食能力最强、生长速度最快。温度高于35℃或低于25℃时，生长均受到抑制。受气候、纬度等因素影响，生长周期、生长速度出现较大的地域性差异。如在三北地区鳖性成熟时间为5年，在台湾、海南只需2年。在同样气候温度条件下，生长与水环境条件的好坏与放养密度的大小关系密切。当水环境的各项水质指标达到养殖要求时，生长就快，反之生长就会停滞或受阻。

（2）生长与营养的关系 饲料中营养结构是否合理、配制原料是否优良，对鳖的生长影响很大。供给营养平衡、适口适量的饲料是人工养鳖获得成功的关键，否则不但会阻碍生长，还会诱发疾病。如饲料中粗脂肪比例过高，会引起亲鳖的脂肪肝，影响亲鳖的繁殖率、卵子质量和孵化结果。鳖苗阶段粗蛋白质低于46%，就极易患萎瘪病；维生素和微量元素不足时，鳖体表现生长不良，畸形率增加。总之，营养对鳖的生长影响，不容忽视。

（3）生长与品种的关系 在同样的营养和环境条件下，品种不同生长速度差异很大，品种越纯正，性状越优良，生长速度亦越快。

此外，不同的个体生长也各有特点，即在不同年龄的生长速度有显著差异；不同性别的鳖生长速度有显著差异；同源稚鳖在相同饲养条件下，生长速度也有差异。

第三节　国内常见鳖的种类

一、鼋

俗称“癞头鼋”。鼋原产于中国南方地区的江苏、浙江、福建、广东、广西、云南、海南等地。从20世纪60年代初开始，我国鼋资源遭到大肆破坏，目前，在我国产量较低，分布较少，比较珍贵，它肉质细嫩味美，营养价值高。鼋的裙边富含胶质，可与熊掌媲美，特别是药用价值极高，因而受到狂捕滥杀。现已面临灭绝，被列为国家一类珍稀保护动物。

鼋的吻突极短，不到眼径的1/2，身体很厚，头部轮廓块面分明，背甲近圆形，散生小疣粒，暗绿色；腹面白色，前肢外缘和蹼均呈白色，一般体重达25～40kg。体长30～70cm，最大个体长达1m以上。

二、山瑞鳖

又名山瑞，属国家二级保护动物，是亚热带种类。在我国主要分布于贵州、云南、广东、广西和海南等地，国外见于越南。山瑞鳖个体较大，生长较快，一般成年体重2～3kg，最大50kg。主要栖息于江河、湖泊、池塘、水库中，对环境适应性很强，耐饥饿能力也强，以鱼、虾、泥鳅、螺蛳、蚯蚓等为食，也吃些水草，3年左右性成熟，繁殖期5～8月，产卵方式与中华鳖大致相同。11月到翌年3月为冬眠期。营养与药用价值略次于中华鳖。

三、中华鳖

中华鳖简称鳖，在我国各地广有分布，产量很高，是鳖类动物中首选的养殖种类，也是我国主要的养殖鳖类。它具有生长快、适应性强、肉味鲜美、经济价值高等特性，是滋补营养和药用佳品。经常食用可增加人体免疫力，起到抗癌防癌作用。

中华鳖比山瑞鳖体扁且薄，背部光滑无疣粒，体色多为青灰、暗绿、褐绿、微黄等，腹部为乳白色或乳黄色。体重一般1～2kg，最大个体可达15kg。

四、砂鳖

湖南境内具有沙砾底质的江河、溪流中出产一种俗称“砂鳖”（又叫“铁壳”、“灰壳”）的鳖类，是一种鳖的新种类，其具有以下特点。

1. 砂鳖体型与中华鳖相似，但较小，一般为 100～300g，很少超过500g。

2. 砂鳖背甲长与宽大致相等，接近圆形，中华鳖长大于宽，为长圆形；沙鳖背部黑褐色，腹部中下有一黑色斑块。

3. 砂鳖稚鳖阶段腹面呈灰黑色，后逐步变为黄白色，中下部黑斑终生保留；中华鳖腹面呈粉红色，后逐步变为黄白或白色；

4. 砂鳖繁殖力强，最小成熟个体100g左右。

5. 砂鳖性情温和，一般不主动攻击对方，以小型藻类为食。

6. 砂鳖卵平均直径和重量、稚鳖的均重仅为中华鳖的2/3。

五、其他种类

应用现代生物学技术，对华东地区中华鳖地方群体形态差异和线粒体DNA（mtDNA）的研究结果表明（李思发等，1997）。无论使用多元分析或mtDNA方法，4个地方群体（南京、绍兴、巢湖和青岛群体）存在着形态和遗传上的差异，而且与地理距离相一致，暗示地理分隔可能是造成中华鳖群体遗传分化的主要原因。

在鳖的分类方面，由于缺乏系统研究，近年来虽有不少发现，但无论是定为地方种群，或是新种，依据都还不充分。

第四节 养鳖场的规划设计与建造

认真选择养鳖场的地理位置，进行合理设计和建造，是关系到养鳖生产的经济效益与发展前景的首要关键之一，必须高度重视。

一、场址选择

场址选择是养鳖场建设的首要条件，鳖属于两栖爬行动物，既具有水生动物的特点，还具有陆生动物的习性，所以在进行养鳖场建设时应该充分考虑到鳖的生态习性、生产方式、建造规模来选择场址，结合场地的地理条件、自然资源。同时还要考虑交通、电力以及市场等因素。养鳖场的建设一般从以下几个方面进行考虑。

（一）养鳖场的方位

养鳖场的场址应选择在交通方便，水源、电力充足，避风向阳，环境安静，有利于池水温度提高，且各项配套设施齐全的地方。要避开有大的声源和城市中心地带。如能靠近有余热的工厂（如热电厂、炼钢厂、轧钢厂、化工厂等）或温泉、地热的地区则更佳。

（二）养鳖场的水源、水量和水质

水是鳖的主要生活环境，要求水源充足，水质良好且排灌方便。鳖的摄食、生长、繁殖、栖息等主要是在水中进行的。因此，水质好坏及水量多少直接关系到鳖的生存、生长以及生产效果。

鳖场的水源可以是地下水、地面水，也可以是工厂温排水。水质必须符合渔业用水标准。使用含浮游生物丰富的江河、湖泊及水库的水作水源最好，因为这种水透明度不大、溶氧量高，鳖生活在其中不但清爽自在，且有安全感，相互干扰少。地下水主要是地热水和井水，一般无污染，全年温度较稳定，透明度高，但地下水含氧量很低，必须经过曝气后才能使用。有些地区的地下水中含铁量较高，在缺氧时，水中的铁以还原态的亚铁离子〔如 $Fe(OH)_2$〕形式存在，铁的这种化合物溶于水。地下水刚抽出时，清晰透明，不见有杂质，而铁的这种化合物一旦接触空气就会生成三价铁沉淀（如 Fe_2O_3），这不仅消耗大量氧气而且形成大量土黄色沉淀物。因此，含铁量高的地下水必须先经增氧机曝气，再经沉淀器沉淀后方能使用。有的地下水还含有硫、砷等无机盐，对养鳖不利。所以，如用地下水作为水源时，应先进行水质分析，以确定能否使用。

（三）养鳖池的土质

养鳖池的土质要求既能保水，又能完全排干。因此，建造室外鳖池，土质以保水性能良好的黏土或壤土为好。沙土不能保水，池子容易干涸，一般不宜建造养鳖池。室内鳖池主要是砖砌水泥池，只要地理位置适宜，一般不计较土质条件。

（四）养鳖场的环境

养鳖场要具有地面平整，排灌自如，环境安静，光照充足，背风向阳的良好环境。因此，要尽可能避开公路、噪声大的工厂及喧闹的场所。

（五）饲料来源充足

饲料是养鳖生产的物质基础，饲料要充足，供应要方便，质量要符合鳖的营养需要，这是建场的先决条件之一。养鳖场一般应设在城镇郊区，以肉类或食品加工厂附近为宜；或在水生动物资源丰富的地区，以及人工配合饲料供应较方便的地方。

二、建筑布局

（一）养鳖场的总体规划

由于鳖有互相撕咬和同类残食的特性，以及鳖在生长发育的各阶段对环境的要求的不同，鳖的养殖必须根据其不同年龄和不同个体大小进行分级、分池饲养。一般养鳖池可分为稚鳖池、幼鳖池、成鳖池和亲鳖池四种类型。

除了养鳖池外，一个比较完善的养鳖场还必须建有排灌水系统、管理房、仓库、饲料加工房和生产用具室等。若利用地热、工厂余热或锅炉加温等温室养鳖，则还需要相应的设备，如冷却塔、导水系统、温室房、锅炉等。一个标准的养鳖场其总体布局如图 9-2。

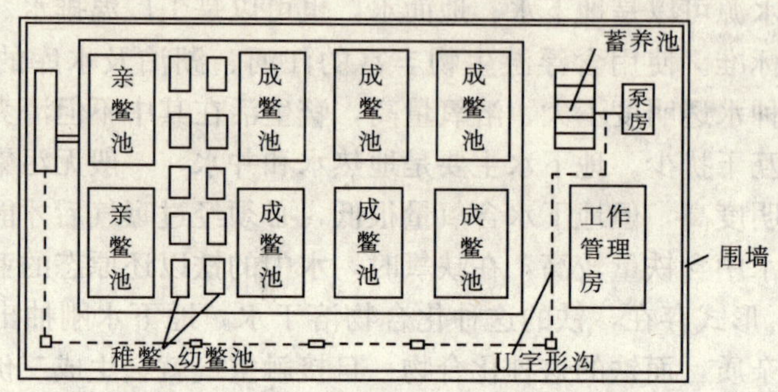

图 9-2　养鳖场总体布局示意

（二）生产规模与养殖池的配比

稚鳖池、幼鳖池、成鳖池和亲鳖池的配比，目前说法很多，没有一个统一的标准，要依据养鳖场的生产规模、设备条件、技术水平以及生产方式的不同而不同。根据国内外养鳖生产经验，一个苗种自给的商品鳖养殖场，各级养鳖池面积所占比例，依生产方式大致可分为：常温自然养殖，稚鳖池、幼鳖池、成鳖池和亲鳖池各类面积之比为 1∶3∶20∶6；稚鳖控温养殖，成鳖在常温下养殖，仔鳖池、幼鳖池、成鳖池和亲鳖池的比例大致为 1∶3∶24∶12；全控温的集约化养殖，仔鳖池、幼鳖池、成鳖池和亲鳖池比例为1∶3∶10∶4。

三、养鳖池的设计与建造

（一）养鳖池的设计

养鳖池要按鳖的生物学特性来设计，养鳖池应具有鳖栖息、晒背、冬眠、摄食场所及防逃防害设施，亲鳖还要具备产卵场所。

养鳖池根据建造用材分为 3 种：一是土池，适宜于养亲鳖和常温下养商品鳖；二是水泥池，适宜于稚、幼鳖以及控温下的成鳖养殖；三是砖石水泥结构和土质池底的池子，各种规格的鳖均可养殖。无论哪种结构的池子必须加设防逃、防害设施。池的形状不限，因地形而建，做到节约土地，合理布局，有利于生产管理。

无论是亲鳖池、成鳖池，还是幼鳖池、稚鳖池，都必须建造晒台和投饵场所。建造的方式有几种：一种是在池子的四周或某几段周边留出一走宽度的埂子，让鳖爬上休息、晒背或摄食；另一种是在池中央建一个小岛；第三种则是在水中放些漂浮物或搭设台子。其中以前两种为好。

养鳖池的面积和深度也无严格的规定和统一标准，但一般来讲，鳖在幼小阶段比较娇嫩，需要精心饲养，放养密度可以高一些，水则要浅些，所以稚、幼鳖池面积应该设计小一些；随着鳖的个体长大，放养密度逐步降低，池的面积逐渐加大，深度也要加深。各类鳖池面积大小可参考表 9－1。

表 9－1　常温条件下养鳖池的设计建造参数

池类	面积（m^2）	池深（m）	防逃墙高（m）	晒背场面积（m^2）	池底沙厚（cm）
稚鳖池	10～30	0.5～0.8	0.3	2～6	10～20
幼鳖池	50～200	0.8～1.2	0.4	10～40	15～25
成鳖池	500～2 000	1～2	0.5	100～400	20～30
亲鳖池	500～2 000	1～2	0.6	100～400	30

（二）养鳖池的建造

1. 稚鳖池　刚孵出的稚鳖比较娇嫩，对环境的适应能力较差，需要饲养者的精心管理。因此，对稚鳖池的修建要求较高，一般采用全部砖石水泥结构，且池的底及四周要求光滑。以免造成稚鳖伤害。目前，一般稚鳖池建在室内，通过加温保持水温稳定，并有通风换气的设备，以保证稚鳖安全越冬。

若将稚鳖池建在住宅外，则应选择背风、向阳、较温暖的地方，在冬季到来之时，还应将稚鳖转移到室内。

稚鳖池的面积有大有小，一般以 10～30m^2 为宜。池深 0.5～0.8m，使用时蓄水深度 0.2～0.5m。池中建食台 1 个，可用木板或水泥板架设，平行于水面，板的面积为 1～3m^2；另加一板斜放入水中作为稚鳖爬上食台的梯子，该板伸入水中 10～15cm，与水面约成 30°。食台也可在池的一边修成斜坡，坡比 1∶3，使稚鳖能爬上去，坡顶留出 20～30cm 宽的平埂。食台既是稚鳖摄食的场所，又是它休息的场地。

池的四周要建防逃防害设施，防逃墙高 0.3m 左右，稚鳖池若建在室外，则整个池应用网将其全部罩起来，以防止鸟、蛇等动物对稚鳖的伤害；若建在室内，则应在防逃墙上加设一圈网围结构，网高 10～20cm，以防止老鼠等敌害生物的侵袭。池子还应有一定的坡度，从进水口至出口坡比一般为 1∶100，以利于将池水排尽，清除污泥。在进出水口没有铁丝网防逃设施，池底铺细沙 10cm 左右。多个稚鳖池以并排修建为宜。

2. 幼鳖池　幼鳖池是饲养 1 岁以上 3 岁以下（即 2 岁鳖）的池子，幼鳖经过1年的饲养后，对环境的适应能力和活动能力逐步增强，因此，没有条件的可将幼鳖池全部建在室外，土池或水泥池均可；有条件的将幼鳖池建在室内则更好。幼鳖池的建造方法与稚鳖池基本相同，只不过面积大些，一般单池面积 50～200 m^2，池深 0.8～1.2m，水深 0.5～1m。池底铺细沙15～25cm厚，越冬期水位应适当加深，以利于冬眠越冬。100 m^2 以上的幼鳖池可在池中用土堆出一个露出水面的小岛，便于幼鳖栖息、晒背和摄食，面积为池水面积的1/10～1/5；小池或较大池也可在一侧留坡，岸边留出长条陆地。面积为水面积的1/5左右。防逃墙高0.4m，防逃墙的顶端要向池内伸出10～15cm的檐。池内壁要求光滑，避免鳖抓攀，墙基尽量多向地下延伸一些，防止鳖打洞逃逸。

幼鳖池建在室内面积要小些，一般 20～50 m^2，池深 0.8～1m，蓄水深度 0.5～0.8m。其他设施与室外的幼鳖池相同。无论室内还是室外的幼鳖池，除了要防逃外，还要防敌害。

3. 商品鳖地 也叫成鳖池，成鳖池用于将3岁以上的鳖养至商品规格或者选为后备亲鳖。进入成鳖饲养阶段的鳖个体都在50g以上，因而对环境的适应能力大大增强，同时它们的逃遁能力也增强，同类残食达到高峰，因此，成鳖池的防逃设施要比稚、幼鳖池更牢固、更完善。同时要建几个成鳖池，以便根据它们的个体大小分池饲养。成鳖对饲养池的要求没有稚、幼鳖高，池子可大可小，一般水泥池 50～200m^2，土池 500～2 000m^2。土池可以是新开挖的，也可以利用养鱼池稍加改造成为成鳖池。水泥池大多建在室内或者建于室外的塑料棚中，以进行成鳖的保温、加温养殖。池的四周墙用砖砌，水泥抹面，池底用混凝土铺面，池深1.5m左右，蓄水深度1m左右，池壁顶端四周向池内伸出15～20cm的檐。同时在池的四个角设三角形防逃板，池底铺细沙20～30cm，池底要有一定的坡度，以利排污，池底在出水口应修拦沙墙，墙高与沙的厚度相当。成鳖的饵料台和晒背、休息场可用水泥板、木板搭设，面积占池水面积的10%～20%。土池池埂内的坡度1∶3。池的四周或某一侧要留出50～150cm宽的长边作为成鳖晒背、摄食和休息的场所。面积为水面的20%左右。池的四周建防逃墙50cm高，同样墙顶要向内伸出15～20cm。防逃墙外若能种些高杆落叶植物或搭架后种些攀缘爬藤植物则更好。这样在炎热的夏天可以为成鳖创造一个凉爽安静的栖息场所。土成鳖池深2m以上，水深1～2m，池底铺沙或沙土330cm。

4. 亲鳖池 已达到性成熟用于繁殖后代的雄鳖和雌鳖统称为亲鳖。饲养亲鳖的池叫亲鳖池。亲鳖的繁殖过程需要非常安静的环境，要避免亲鳖之间相互干扰，这样亲鳖的放养密度就不能大，相对而言其占用的水面积就要大一些。所以很多养殖场把亲鳖池建在室外，而孵化室则建在室内。另外，为防止外界对亲鳖的干扰，亲鳖池要尽可能选在全场最僻静、背风、日照充足、便于管理的地方。

亲鳖池根据其生产规模、亲鳖的数量可大可小，小的 500～2 000m^2，大的 3 000～5 000m^2，池深 2.5～3m，蓄水深 2～2.5m，池底铺沙 30cm。

亲鳖池的建造与成鳖的土池相似，所不同的是由于亲鳖交配后雌鳖要在陆地上产卵，因此，池内必须修建陆地产卵场，产卵场建在池的某一侧，其余三方不留边或不留坡，这样可以防止分散产卵，便于卵的人工收集。产卵场应是坐北朝南，地势较高，不积雨水的一侧，这一侧从池底到池面的坡度为 30 度，便于亲鳖爬上岸，池埂面高出水面 1m 左右，以保持产卵场的干湿度。在池埂面留出 1.5～2m 的长条边，在该边设产卵场。

产卵场一般建成长 2m，宽 50～80cm，沙厚 30cm 长条形沙盘数个。产卵场的面积要根据雌鳖的数量来决定，一般以每只雌鳖占有 0.05～0.1m^2 的产卵场面积为宜。在产卵场的一侧种些阔叶树木，或高秆植物（如向日葵、蓖麻）以及攀缘植物（丝瓜、南瓜），并设棚架，为亲鳖创造一个阴凉的产卵环境。如果亲鳖池较大，面积在 3 000m^2 以上，可在池的中央建造一个露出水面的土质小岛，小岛面积 50～100m^2，岛上种阔叶植物或搭凉棚。亲鳖即可爬上小岛进行日光浴，也可将产卵场设在小岛上。如果亲鳖池较小，面积在 500m^2 以下，亲鳖数量也不多的情况下，可以在亲鳖池的一个角上建小砖房或木房 1 个，面积 10～20 m^2，高 100cm。房子的地板稍向池内倾斜，地面铺净沙 20cm 左右深，面向池的墙装一扇门，门上开一小窗口，在房子的小门安放一块或两块木板，板子的一端伸入房中，搭在地板上，另一端倾斜深入水中。当作梯子，便于雌鳖爬入小房中在沙里产卵。

亲鳖池的其他设施，如防逃墙、进排水系统等与成鳖池相同，只是要加强防害措施，防止蛇、老鼠、鸟类等其他动物进入亲鳖池干扰产卵和伤害鳖卵。

5. 加温养殖池　主要用于稚鳖、幼鳖和商品鳖的集约化养殖。其面积可根据生产用途自行设定。

鳖为变温爬行动物，要实现鳖的快速生长，就是要在保证充足的饲料条件下，通过加温，维持鳖生长的所需最适温度 28～30℃，使之停止冬眠、处于全年生长状态。增温方法通常是利用地热水、太阳能、工厂余热冷却水或锅炉加热等作为热源，建造温室养殖池。温室要求保温性好，最理想的是采用冷库式结构，建筑上要求双层墙壁，双层室顶，仅开小窗等结构，可最大限度地减少热量散失，这种建筑造价高、基础投资大。通常采用一般温室结构。在温室结构上，在培体上还要安装通风换气装置；室内还需安装灯具，以供照明和对鳖的日照不足的补偿。如果利用太阳能加温，应考虑常规能源，即锅炉加热作为热量补充；若用工厂余热废水、应考虑水质是否有毒性物质污染；若是温泉水，应检查水中是否有过多的硫、氟之类对鳖生长、发育的有害物质。

根据生产实践，水温对养殖固然很重要，但环境温度也不可忽视。只有保持稳定的环境温度，鳖池的水温才不易降低。鳖才能上岸摄食、活动。室内养殖池上，再加一层塑料薄膜，有助于小环境的稳定。室外养殖池上，若加上双层塑料膜，则对保持池内水温稳定、减少昼夜间温差及热量的散发具有明显的作用。

采用增温养鳖，有条件的地方最好能采用电热自动调混装置作为辅助，将水温控制在28～30℃。不要时高时低、变化过大，影响正常的生长发育。切忌将水温保持在24℃以下饲养，在这种情况下，虽不发生冬眠，但摄食能力差，体重不能增加，同时还容易发生某些疾病。

增温饲养的管理要求高，饲料的质量要好；要随时注意水质，防止残饵和鳖自身的排泄物污染水体；另外还要注意疾病的预防。若能采取温水循环，能经常更换池水，效果更好。

第五节　鳖的繁殖

一、鳖的生殖习性

鳖是雌雄异体，体内受精，体外孵育，营卵生生殖的动物。在我国大部分地区，4～5龄达到性成熟，成熟最小个体0.5kg，鳖在自然繁殖季节，选择具有一定生态条件的场所进行交配与产卵。

（一）发情交配

1. 交配季节　鳖达性成熟后，便具有两性交配行为。生长在长江以南的鳖，通常于4～5月交配，但也有在产卵后的秋季进行交配的。在3月底4月初水温达15℃左右时，鳖从冬眠中陆续苏醒过来。当水温升到20℃以上时，即4月下旬至5月上旬，达性成熟的鳖开始第一次发情交配，以后一直持续到10月份。交配在晴朗天气进行，一般在下半夜至黎明前，也有在傍晚进行的。

2. 交配行为　鳖的交配多在水中进行，在水池外交尾次数很少。交配有明显的调情过程。先是雌雄个体在一起沿池浅水区潜游、戏水追逐，多为雄性在后面奋起追赶雌性。若同时有其他雄鳖参与则会为争偶而发生撕咬争斗。发情达高潮时，雄鳖就骑在雌鳖的背上，用前肢拥抱雌鳖的前部，尾下垂将交配器插入雌鳖的泄殖腔中，将精液射贮于输卵管内进行体内受精。鳖发情交配可延续 5～6h，而受精过程只需 5～10min 就可完成。交配结束后即各自分开。交配一次后，经 2～3 周后可再行交配。

3. 精子的存活时间与受精能力　雌鳖一年可以多次交配多次产卵，也可以 1 次交配多次产卵。每次交配后，精子可在雌性输卵管中保持存活时间达半年之久还仍具有受精能力。鳖的这种特殊生殖现象对野生鳖后代的繁衍非常有利，对于苗种人工繁殖，可通过合理的搭配雌雄，减少雄鳖饲养量，而获得同样的受精效果。

（二）产卵习性

1. 产卵季节与时间　雌鳖经过第一次交配后，2～3 周时间便开始产卵。产卵期因水温而异，温带、亚热带地区一般在 5～8 月，热带地区可常年产卵。

我国各地在自然条件下的产卵季节：华南为 4～9 月，华中、华东 5～8 月，北方大部分地区（华北、东北）为 6～8 月。华中地区首次产卵最早在 5 月中旬，最迟在 6 月上旬，产卵终止时间均在立秋前后几天内，产卵盛期为 6 月下旬到 7 月底。群体产卵时最长达 98d，就一尾个体而言，产卵期最短为 22 天，最长为 73 天。北方在 6 月下旬至 8 月中旬的产卵季节里盛期为 7 月上、中旬。加温池经长日照处理，甚至可周年产卵。

鳖产卵基本上都在晚上，特别是在深夜 22 时左右至次日凌晨 4 时左右环境安静之时进行。但有时某些个体往往可延迟到上午 11 时。

2. 产卵生态条件　产卵时雌鳖从水中爬上岸寻找适合的产卵场地。鳖对产卵场有一定的要求，它喜欢选择地势不高也不低，有一定坡度，背风向阳，僻静而又荫蔽安全、松软而又略潮湿的沙泥地、草丛或靠近树丛处，作物根部的向阳处作产卵场地。一般在雨水量多的年份，鳖会爬到离水远的高地方产卵；雨水少的干旱年份，则只有在离水边近的低洼地产卵。也发现有的鳖将卵产在草丛中，卵裸露在外，或只有少数土粒和杂草。

亲鳖产卵与温度、气候的关系十分密切。产卵的最适水温为 28～32℃，气温 25～39℃。水温升到 30℃以上时，产卵量显著减少或停产。温度骤然升降，也会造成停产。

3. 产卵行为　产卵前雌鳖先从水中伸出头来探视，确认无危险后才单独悄悄缓慢爬上岸，在陆上爬行时，稍有响动便停止爬行。当选定适宜的产卵场地后，便开始挖洞做穴，用前肢和一后肢稳定身体，用另一后肢在沙地上做圆弧状运动，用力刨动，然后后肢交替进行。挖穴过程中，每隔一段时间就停一会，不断警戒四周有无动静。根据土质的松实程度不同，挖成一个产卵穴一般需要 30～60min，有的 15～20min 即可挖成。

洞穴呈坛形，即洞口略小，中间和底部稍大，洞口倾斜度与地面约成

60°的角，洞穴的大小和深度与雌鳖个体大小和产卵数量有关。一般穴的口径为5～8cm，也有8～12cm的；洞深一般10～15cm。洞穴挖成后，雌鳖在洞旁休息片刻，随后将尾伸入洞穴产卵。产卵时鳖的身体紧张而有节律地收缩，收缩一次产卵一个，顺着内弯的尾部经洞壁滑到洞底。卵落入穴内一般分2～3层排列，多者5层（也有不分层的）。卵与卵间多少保留些间隙。鳖一次将卵全部产入洞穴的时间为6～20min。

鳖产完卵后，休息数分钟，然后用后肢把挖洞时掏出的泥沙再扒入穴内，将洞口盖好，用尾部扫平。并用腹部将盖沙压平，使洞口不留明显痕迹，雌鳖的这种本能保护反应，既可防止阳光直射卵，减少卵内水分蒸发，又可防止敌害对卵的侵袭。此后鳖才沿与原路不同的路线，返回水中，在离开途中还回头张望，但不再回到产卵处保护它的后代，而是任其自然孵化。

4. 产卵次数与产卵间隔时间 一只雌鳖每年在生殖季节平均可产卵2～3批，差的只1批，好的达5批以上。同一雌鳖，前后两批产卵的时间间距一般为15～25天。其中以第一批产的卵质量最好，孵出的仔鳖在当年的生长期也最长。

5. 繁殖力 鳖的怀卵量随亲鳖的年龄、个体大小与营养条件而异，一般说来，年龄大、个体大、营养条件好的怀卵量就多，反之则少；但如果个体太老，怀卵量则会减少，在自然界4～5龄的雌鳖一年怀卵50～100个，20龄左右的雌鳖最高为200个，充分成熟的个体，年怀卵可达300个以上。现将不同体重雌鳖，一年内的成熟卵泡数目，产卵次数列于表9-2。

表9-2 雌鳖体重与怀卵量之间的关系

体重（kg）	一年内成熟卵泡数（个）	产卵次数（窝）
0.50～0.75	30～50	2～3
1.00～1.50	50～70	3～4
2.00～2.50	70～100	4～5

从生殖生理和受精生物学来看，一个成熟卵泡应当产生一个受精的卵子，但由于受生态条件和养殖技术水平等诸因素的影响，怀卵量与产卵量之间往往有一定差距。

二、亲鳖的选择与培育

（一）亲鳖的选择

1. 亲鳖的选择标准 所谓亲鳖是指性成熟后，留作繁殖后代的鳖称为亲鳖。由于各地气候条件和养殖条件不同，因此鳖性成熟的年龄也不尽相同，长江流域4～5年，长江以北5～6年，而华南地区只要3～4年。初性成熟的鳖，产卵数量少，卵小且受精率也不高，所以初性成熟的鳖，不宜选作亲鳖。

亲鳖的选择标准：亲鳖要选择年龄在4～6龄以上、体重达750g以上，外形完整，无伤残、无畸变，体色正常，皮肤光亮，裙边肥厚、有弹性，无病、体质健壮。雌鳖尾短，不能自然伸出裙边，体厚，后腿之间距离较宽；雄鳖尾长而粗壮，能自然伸出裙边，体较薄，两腿之间间距较窄。

2. 亲鳖的雌雄鉴别　选留亲鳖必须准确鉴别雌雄，雌雄比例要选配得当，以实现即能保证交配产卵、受精率和较高的孵化率，又能达到经济消耗最低的目的。鳖的雌雄形态略见差异，故可从外部形态加以鉴别（表9-3），但必须仔细观察，方能鉴别。

表9-3　鳖的雌雄形态鉴别

	雌　鳖	雄　鳖
外形	体形较圆厚	体形较薄而窄
尾部	尾短粗，不露出或稍露出裙边	尾较细长，能自然伸出裙边
肢距	后肢间距较宽	后肢间距较小
泄殖孔	产卵期泄殖孔有红肿现象	泄殖孔无红肿现象

3. 亲鳖的雌雄比例　亲鳖的雌雄比例，一般以（4～5）：1较为适宜，在这种雌雄比例的情况下，鳖卵的平均受精率约为92.6%。

4. 放养密度　亲鳖的放养密度视个体大小，池子的条件而定。池子条件好，换水能力强，1.5～3kg的亲鳖每平方米放1只，1.5kg以下的每平方米放1～2只。

（二）亲鳖培育

在放养亲鳖前，必须提早对亲鳖池进行检查，检查围墙有无破洞、产卵场的细沙是否柔软，并彻底放干池水，用生石灰全池消毒。放养量一般为300～400只/亩，最好在水温15～17℃时放养。为了提早鳖的产卵期，可在鳖池上架放塑料大棚以提高水温，或在亲鳖池中直接加入热水（如发电厂的冷却水、温泉水等）。为了防止热水中有害物质的污染，可采用热水管加温的方法。有条件的地方，可兴建人工调温的工厂化亲鳖培育车间，可使产卵期提早2个月。培育亲鳖的技术关键是要供给质优量足的饲料。鳖是以动物性食物为主的杂食性动物，主要以小鱼虾、蚯蚓、动物内脏、蝇蛆、螺蚌肉、鼠肉为食，也摄食一些瓜菜、麦粒等植物性食物。投饲量一般为亲鳖重量的15%～20%。为了保持食物的新鲜，并便于掌握鳖的摄食情况，可在池边搭建稍低于水面的带边框饲料台或将饲料串在铁丝上挂入水中。为了解决天然饲料的不足，各地都研制出一些鳖用人工配合颗粒饲料，基本配方与鳗鱼饲料相似，主要是饲料的蛋白质含量应在40%以上，以利于鳖的性腺发育和产卵。特别是在春季产卵前，应进行强化培育，增强亲鳖的体质，提高产卵率。亲鳖培育中要加强管理，捞除残渣，注意水质。如发现病鳖，死鳖，应及时捞出处理掉。

1. 亲鳖的饲养与管理

（1）亲鳖的饲养　亲鳖饲养的好坏直接关系到产卵数量、质量和批次。亲鳖产前产后需要大量的蛋白质和其他营养物质，所以要求饲料中蛋白质的含量在40%～50%，脂肪含量越低越好，一般在1%以下，但在冬眠前可提高到3%～5%，而碳水化合物最高不超过20%。饲料中蛋白质应以动物性蛋白为主，占80%以上，因此，饲料原料的组成要以含蛋白质丰富的动物性饲料为主，适当辅以少量植物性饲料。

在产卵繁殖季节，亲鳖需要消耗大量的钙、磷等，因而应适当向饲料中添加钙、磷等元素，当然还有维生素。同时，还应投喂一些鲜活饲料，如鱼、虾、蚌、螺、蚯蚓等，特别是要在繁殖季节投喂一定数量的螺蛳，既能满足鳖对营养的要求，又能增加对钙的吸收。螺蛳可分批投喂，也可1次放足，每100 m^2 放50kg左右，若亲鳖一时吃不完，螺蛳既可在池中生长繁殖，增加数量，又可清除池中废物，净化水质。此外，还应经常投喂一些肉类加工后的副产品以及少量植物性饵料。

投喂的时间在开春后，因为水温在18℃以上鳖才开始摄食。此时投饵量要小，可投些鲜活饵料，如鱼、螺、蚯蚓等进行诱食，使它早开口摄食。水温在20～25℃时，每天只下午4时左右投喂1次；水温25℃以上时，每天投喂2次，即上午9时和下午5时各投喂1次。鲜活饲料可投在水中，但要定点，配合饲料应投在饵料台上。投喂量要视饲料种类而定，鲜活饵料每天喂食量占鳖总体重的15%～20%，干的全价配合饲料为1%～1.5%。同时，投喂量还要视天气、水温、鳖的摄食强度变化而略有不同。

（2）日常管理　日常管理包括水位的调节、水质的控制、防病、防害等工作。亲鳖池的水位在春秋季控制在0.8～1.2m，夏冬季控制在1.5～2m，无论什么季节，在一段时间内要保持池水水位稳定。池水水质应保持肥沃清新，使水色呈淡绿色或茶褐色，透明度30～40cm为宜，这样能加强鳖在水中的安全感。同时要定期注水，1周注水1次，1月换水1次，遇水质变坏时要及时换水。换水时注意不要有流水声响，尤其是在亲鳖的交配、产卵期。每天要打扫食台，清除废渣，保持水质和周围环境清洁。每月投放生石灰1次，每立方米水投放10～15g，既可消毒鳖池，防病、控制水质变肥，又可增加水中钙质。要经常巡池，发现病鳖要隔离治疗，发现防逃设施损坏要及时修好。另外，防止蛇、老鼠、鸟类对鳖的侵袭，以及蚊虫的叮咬。

要使亲鳖生长迅速，发育正常，产大卵，孵大苗，必须加强对亲鳖的饲养管理。亲鳖的饲养管理贯穿于整个亲鳖活动期。8月中旬亲鳖产卵刚结束，体质较弱，体内营养不足，加之温度逐步下降，亲鳖仅能利用一个多月时间摄食。且雌鳖产卵后，性腺发育很快转入下一个周期。亲鳖产卵后，必须及时投喂蛋白质含量较高、营养丰富的饲料，以保证亲鳖冬眠时的营养供给并促使其性腺发育良好，确保来年产卵量多体质好。

10月下旬至翌年4月上旬，亲鳖进入冬眠期，应加深池水，保持水深1.3～1.5m，以使其安然越冬。越冬期间不要经常调换池水，以免惊扰正在越冬的鳖。为保持池水清新，一般每半个月至1个月调换池水1次，每次换水量1/4～1/5为宜。

4月中旬，当水温达到20℃以上时，亲鳖苏醒活动，开始发情交配，应注意水质变化，及时进行池塘消毒，适当降低水位，以提高池塘水温，并投入一定数量的活动栖息。

5月上旬，水温上升22℃以上，鳖开始觅食，此时宜投喂少量营养丰富、易于消化吸收的新鲜动物性为主的饲料，以后随水温上升，再相应增加投喂量。5月下旬开始，鳖进入产卵期，除应注意投饲外，还须注意池塘水质的变化，要求池内池水保持新鲜、溶氧性好，以投喂动物性饲料为主，辅以植物性的饲料，以满足亲鳖对营养物质的需要，促其生长迅速，加快发育，提早产卵，多产卵。

6月中旬到7月下旬，是一年中气温最高的时期，也是鳖产卵的旺季，此时产卵量一般占全年总产卵数的80%以上。由于鳖属多次产卵型动物，因此，需要从外界源源不断地摄取营养，才能保证卵子的发育成熟。一方面须强化投饲，由1日1次逐步增加到1日2～3次；另一方面饲料营养结构要求多元化，可以螺、蚌、动物内脏、人工配合饲料为主，再适当喂些植物性饲料。日给饵量为鳖体重的6%～12%，人工配合饲料3%～5%。同时应注意池塘水质变化，因为此时鳖的活动频繁，摄食量大，排泄物多，加之天气热、水温高，池底腐殖质易腐烂分解，产生有害气体如甲烷、硫化氢等，对鳖的生长发育极为不利，因此，要经常加注新水，保持水质清新。5～9月份，每半个月用生石灰化浆泼洒1次，以改善水质及防止鳖病的发生与流行。

2. 亲鳖常用饲料

（1）配合饲料　即市场出售的养亲（成）鳖专用饲料。饲料蛋白质的含量应在45%左右。但在使用调配这些饲料时，不是用水，而是用打浆机打成汁液的蔬菜，然后再添加一定量的鲜活饲料和维生素。

（2）鲜活饲料　有鱼、虾、蚌、螺、蚯蚓、禽、畜内脏及各种植物性饲料。根据雌鳖在产卵季节需要消耗大量钙质这一特点，投喂的饵料应含有丰富的钙质。因此，在每年的4月底至5月初向亲鳖池中均匀投放一定量的活体螺蛳，既可满足鳖对营养的要求，又能提供生长所需的钙质。如每亩投放福寿螺300kg，一次投放或分次投放都可。20℃摄食基本正常，投饵量酌增；25℃以上摄食旺盛，可按正常标准投饵。一般每天投饵两次是适宜的，即上午9～10时，下午4～5时，而在产卵高峰6～7月份，每天可投饵3次。

（3）人工配合饲料　每天的投饵量（干重）为1.5%～3%，鲜活饲料的投饵量为10%～20%。无论哪种饲料，其投喂量均应根据气候状况、鳖的摄食强度不断进行调整，另外，在高温季节投喂的饲料经5～6个小时就会腐败变质，所以每次投饵量不能过多，通常能在投饵后两小时内吃完，即为适宜的投饵量。

3. 引食与投饵　开始投喂新鲜的动物性饲料，如小鱼、畜、禽的肝、肺等。将上述饵料挂在沿池四周水下10cm左右处，投喂量不一定很大，但投喂点要多一些，使鳖有较多的摄食机会，以后逐渐减少投饵点，缩小投饵范围，并逐步由水下转到水边摄食场，直至鳖每天在固定的时间到摄食场索食为止，才算驯饵完成。通常从驯饵的第二周开始，由每天投饵1次改为2次，以后进入正常。

三、鳖卵的人工孵化

（一）鳖卵的形态结构

1. 鳖卵的形状、大小及色泽　鳖卵为圆形，少数为微椭圆形（图9-3）。卵径为1.70～2.20cm。卵重为3.2～5.4 g。卵径在1.70 cm以上的圆形或微椭圆形鳖卵可视为正常型卵。鳖卵刚产下时呈淡黄白色，色泽均一，或淡黄色，偶有杂斑。

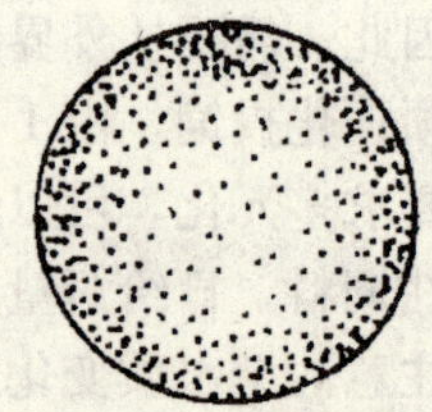

图9-3　鳖卵的正常型

2. 鳖卵的结构　鳖卵蛋白质含量少，卵黄含量多，属多黄卵，见图9-4。卵的最外层是卵壳，约占卵重的20%，钙质，上密布气孔，是气体进出鳖卵的门户、鳖胚呼吸的通道。向内为两层壳膜，无气室。蛋白质含量少，约占卵重的21%，黏稠均一，无浓蛋白和稀蛋白之分，且位于卵的动物极和卵的周围。卵黄含量多，约占59%，几乎占据卵的整个空间，是鳖胚发育的营养物质。无蛋白系带，因此在孵化过程中不能翻动卵。卵刚产出时，胚盘位于动物极一端卵黄的表面、蛋白之下。在产出8～48 h之后，胚盘移至动物极的壳膜之下、蛋白之上，并逐渐发育成稚鳖。

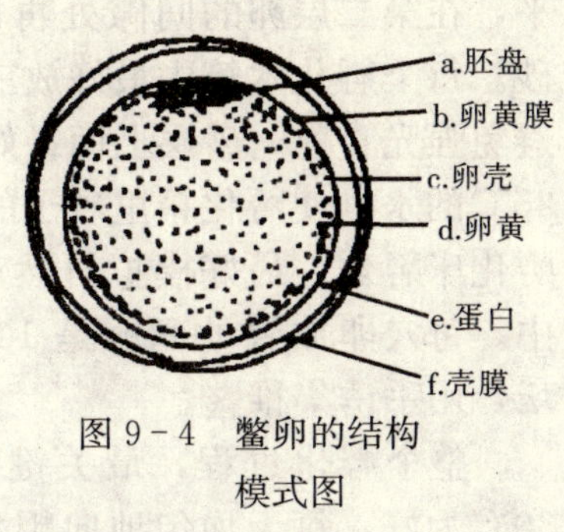

图 9-4 鳖卵的结构模式图

3. 受精卵与非受精卵的区别 鳖卵在产出 8～48 h 后，在鳖卵一端出现白色圆形亮区并逐渐向下扩展的，为受精卵，无此白色圆形亮区的，为非受精卵。

4. 畸形鳖卵 亲鳖产出的卵一般为圆形，少数为微椭圆形，卵径 1.40～2.70 cm，卵重 1.12～7.08 g。微型卵、哑铃卵、椭圆卵和冬瓜卵为畸形卵。由于受养殖环境、饲料等因素的影响，亲鳖有时会产下畸形卵。

（二）鳖卵的收集

水温在 22℃以上时，鳖开始交配产卵。从 6 月下旬到 8 月中旬，是亲鳖产卵的盛期，应注意适时收取。

每天早晨应巡塘一次，仔细检查产卵场地，看是否有雌鳖产卵的痕迹。若发现已有产卵，不可随意掰动或搬运卵，因为此时胚胎还未固定，震动会影响胚胎的发育。应待 14～30h 待胚胎固定，动物极一端出现圆形小白点，就可收集了。一般第一天发现有卵，应做好标志，第二天收取为宜。收卵箱以宽 45cm、长 45cm、高 8cm 为宜。四周底部有滤水孔。收卵前应先在箱底铺一层砂，厚度为 2cm。收卵前，先将收卵工具清洗干净，进入产卵场，依标志将洞口泥沙挖开，用镊子取卵粒。取时应注意受精状况，卵壳上有白点，边缘清晰圆滑，卵粒颜色鲜而亮呈粉红色或乳白色，卵质大而圆，即为受精发育良好的卵；反之，若卵壳外无白点斑，即为未受精或受精发育差的卵。

（三）鳖卵的孵化

鳖卵的孵化一般多样，大致可分为室内孵化和室外孵化。

1. 室内孵化 室内孵化是把卵装在孵化箱中在孵化室内进行孵化。孵化室要求光线充足，空气流通。孵化室的温度控制在 26～33℃，相对湿度控制在 75%～85%。可用人工洒水来调节温湿度，也可用红外线灯泡照明加温。孵化器多种多样，一般采用木箱、木盘、瓷盆、小钵等。孵化箱规格应根据孵化室具体情况而定，应以便于观察，方便搬动为原则。一般长宽各 1m，高 10～20cm。箱底钻若干个滤水孔，在箱底铺 3～5cm 的细砂（砂直径 0.5～0.6mm 为宜），所有用于孵化的砂子，都要反复用清水冲洗干净，日光曝晒几日消毒再用。若不冲洗，常因砂子中混油泥土在一定的湿度下易黏附在卵壳上，影响胚胎正常发育与出壳。然后把鳖卵按 1cm 的间距，动物极朝上，植物极朝下放，其上撒一层砂子与卵相平，然后在第一层卵的间隙处再放置第二层卵，放完再撒一层细砂与第二层卵相平，在第二层卵的间隙处再放第三层卵，最后卵上覆盖 3～4cm 厚的细砂。每个孵化木箱中最好放三层卵，放置层数过多，会影响孵化率。为了避免强光直射，砂层上面最好再铺一层 1cm 左右厚的稻壳。然后均匀喷洒 25℃的水，使孵化箱里砂子的湿度一样，其含水率为 7%～10%。若采用孵化床孵化，最好模拟自然产卵状态，一穴卵按原样取出再放置孵化床中。每穴卵放置的间距是 10cm，方圆 0.5 m^2 的砂床中，埋放一个集水坛，用手诱集稚鳖。

整个孵化过程，最关键的是始终保持孵化器里砂子的温度为 25～30℃为好，每天均匀地向孵化器（箱）中喷洒一遍 25～30℃的水，使孵化器中的砂子保持合适的湿度，既不过干，又不过湿。当积温值达到 36 000℃/h 左右，卵壳由红色完全转变为黑色，黑色再进一步消失时，稚鳖即出壳。整个孵化期为 50～60d。刚孵出的稚鳖长为 2.5～3cm，体重3.5～4.3g。

2. 室外孵化 室外孵化场宜选在背风向阳，地势高、排水条件好的地方。面积一般以 3～4 m^2 为宜，长宽之比为 2∶1，四周砌上约 1.2m 高的围墙，墙角四周设排水孔和通气孔。孵化场地从上至下呈 5°～100° 的倾斜度，底层铺 10cm 厚的碎石或粗砂，以增强孵化床的滤水能力。然后在其上铺 5cm 厚的细砂，在孵化场的最低处，设置一个水缸或盆，其缸口面与砂面一致或略低于砂面，内装 2/3 的清水，以引诱稚鳖自然爬入其中。孵化场可加简易棚顶。受精卵按产卵先后顺序从高向低处依次排列整齐，卵间距 1cm，上面覆盖 2cm 厚的细砂。孵化场温度保持在 26～35℃之间，湿度控制在 80%左右。干旱季节每 3～5 天洒水一次，使孵化场保持合适湿度。洒水必须均匀，不宜过多，严防积水。鳖卵对震动极为敏感，因此在整个孵化期中，不宜轻易翻动鳖卵。防止蛇、鼠等天敌伤害鳖卵。

稚鳖出壳后应先放入暂养池中暂养 1～2 天，待卵黄全部吸收后，再转至稚鳖池中进行饲养。

第六节 鳖的饲养管理

鳖的生长发育有明显的阶段性，每个生长阶段对环境、饲料、及其日常管理等均有不同的要求。因此人们在生产中，为便于生产管理，人为地按鳖的个体大小分别称稚鳖、幼鳖、成鳖三个阶段。体重 50g 以下的鳖称为稚鳖，50～250g 的鳖称为幼鳖，250g 以上的鳖统称为成鳖，但 750g 以上，用作繁殖的鳖又称亲鳖。

一、稚、幼鳖的饲养

（一）稚鳖的暂养

稚鳖的暂养是稚鳖孵出后，各种养殖方式开始之前第一个和不可缺少的养殖阶段。刚出壳的稚鳖常带有脐带和浆膜，甚至还有少量卵黄，这时应让其在自由活动中自行断掉脐带、浆膜，自己爬入水中。这时饲养人员只需每天将出壳池的稚鳖捞出，放入大脸盆中，用0.1%的高锰酸钾溶液浸洗消毒15min。然后再放入室内容器（盆、箱）中暂养一天。其具体方法是容器中放3cm厚的沙，加5cm深的水，然后将稚鳖放入，其目的是使稚鳖尽快适应水环境，减少死亡。这样经过一天的暂养适应，就可以将其放入孵化室外的稚鳖池集中暂养。

稚鳖放入池中第二天开始喂食，投喂营养全面、适口性好的开口饵料，对提高稚鳖的成活率有重要作用。开口饵料以鲜活鱼虫和丝蚯蚓为最佳，可直接投入水中，投饵量为体重的15%，每天投喂2次。人工饵料以熟蛋黄、市售的稚鳖专用配合饲料为好，熟蛋黄应掰碎后放在浮于水面的饵料台上紧贴水面处，每100只稚鳖一次喂一个蛋黄，上下午各投喂一次。倘若采用配合饲料，做成面团状，再加些肉糜、鱼糜投喂稚鳖效果更好，投饵量约为体重的10%左右，无论投喂哪种饵料，均以稚鳖在3h内能将其吃完为原则。

经过15～20天的暂养，3～4g的稚鳖体重可达到6～7g，体色由土灰色逐渐变深，身体饱满，体质强壮，暂养阶段结束，转入正常的稚鳖饲养阶段。

（二）稚、幼鳖的饲养方式及放养前的准备工作

饲养稚、幼鳖较常用的饲养方式有两种，即常温饲养和加温饲养。

1. 常温饲养　在天然条件下，稚、幼鳖阶段生长较慢，尤其是稚鳖阶段生长最慢且成活率最低，在华北一带稚鳖生长到200～250g，需要3年时间。7～10月份孵出的稚鳖体重3～5g，至10月份生长至10～20g，即进入越冬期，到翌年的5月结束冬眠，进入摄食生长期，到9月底生长到100～150g，10月份进入第2个越冬阶段，第3年的5月结束冬眠又进入摄食生长期，到9月底生长到200～250g，然后进入第三个越冬期。

2. 加温饲养　稚鳖、幼鳖加温饲养主要是利用温室或热水条件，改变其冬眠习性，使温度控制在最适生长的温度范围内，达到全年生长，加温时间一般为10月份到翌年4月底。也就是使当年孵出的稚鳖在翌年5月份就能生长到200g左右，然后这样的鳖倒入常温池继续养成商品规格（500g/只以上），整个养成时间需要10～12个月即可。加温养殖大大缩短了养殖周期，提高了养殖经济效益，目前这一饲养方式已在全国普遍推广。

（三）稚、幼鳖的放养密度

1. 常温养殖稚、幼鳖的放养密度 由于常温饲养的养殖周期长，每年的生长期较短，因此密度不宜过大，具体放养密度参考表9-4。

表9-4 常温条件下稚幼、鳖的放养密度

平均体重（g）	放养密度（只/m^2）
10	50
50	25
100	3～8

2. 加温养殖稚、幼鳖的放养密度 稚、幼鳖经过半年的加温养殖，实际上达到了在常温条件下将近两年的生长量。也就是稚鳖在半年内体重由3～5g增加到250g左右，其饲养密度也应由高到低加以调整。由于各地技术水平、养殖设施和水质调控等方面的条件不同，各地放养的密度差别很大（表9-5）。

表9-5 加温养殖稚、幼鳖的放养密度

月 份	平均体重（g）	放养密度（只/m^2）	总重量（kg/m^2）
8～10	3～10	60	0.18～0.6
11～1	25～100	30	0.75～2.25
2～4	120～200	15	1.8～3.0

上表是根据锅炉加温、静水养殖条件下确定的标准，如换水质量有保证，还可以适当提高放养密度。

（四）稚、幼鳖的放养

1. 稚、幼鳖的选择 无论是从外地购进的，还是在自己暂养池中培育的，运到后都要进行严格挑选。挑选时尽量在同批中将规格大小相同，有活力，体重3g以上，外观无病灶或伤残健康者放到一起。而对有病残伤畸形者放到病鳖隔离池中，切忌大小不分同池饲养。

2. 鳖体消毒 经过挑选后的鳖分别用万分之一的高锰酸钾溶液、2.5％的食盐水溶液进行药浴消毒，防止将病原体带入新池。具体方法主要是：第一，用大盆等容器盛装新池的水，分别按要求配制两种药液的浓度；第二是把运来的鳖先放入高锰酸钾溶液中浸泡，药浴5～10min，然后捞入盛装清水的大盆中（无药液）2～3min，最后捞入盛食盐药液的大盆中浸浴5min，整个消毒过程结束。

3. 放养 消毒后，把鳖连盆端到要放养的池边，用手轻轻捞出并放在食台上，让其从食台上自行爬到水中游走。切忌往水中扔或悬空倒鳖，因这样做极易使鳖产生应激，乱撞乱游造成损伤。

（五）稚、幼鳖的饲养管理

1. 饵料选择与投喂 在水温适宜条件下（30℃左右），稚、幼鳖摄食旺盛，生长较快，因此对饵料要求很高。在大规模集约化养殖生产中应以鲜活饵料为辅，主要投喂人工配合饵料。

根据稚、幼鳖的生长特点和全池鳖的总体重及时调整日饵量，不同体重的稚、幼鳖的日饵量（干物质）一般为其总重量的3%～5%。

原则上以投喂的饲料能在2～3h吃完为宜。具体每餐的投饲量，应根据上餐吃食情况及水温、气温变化随时调整，尤其是采光温室受外界气候影响较大，如晴天，白天阳光充足，室内气温高，摄食量就会增加，否则反之。但每次投饵量的调整幅度不宜过大，应以5%的幅度增减。

2. 稚、幼鳖的分养 稚鳖初放养时由于个体小，放养密度较大，随着鳖体的增大，生存空间相对缩小，影响鳖的生活活动。即使是同一天出壳的稚鳖，由于卵的大小不同稚鳖个体也有大有小，再加上体质和摄食强弱的不同，必然会出现生长差异，使得同池鳖大小参差不齐，这样同池鳖会恃强欺弱，以大欺小，相互撕咬，发生外伤甚至感染疾病，因此经过一段时间饲养后，必须按大小进行分池，并将放养密度调整合适。

3. 保持温室空气清新 鳖是用肺呼吸的爬行动物，因此，温室必须定期通风换气，更换室内污浊空气，保持室内空气新鲜。室内空气新鲜度最直接的检查方法是人进入温室内，感觉不到氨臭味扑鼻，人呼吸没有不舒服感即为适宜。生态型温室应充分利用每一个晴天，在晴天午后气温高时，开窗、打开换气扇进行通风换气，以利提高温室空气含氧量，降低室内湿度。

4. 水质管理 稚幼鳖池面积小、蓄水浅，但放养密度大。特别是加温养殖，在为鳖制造一个优越条件的同时，也加深了部分环境的恶性循环，阳光不足，温度较高，放养密度大，强化投饵，残饵和排泄物沉积，水质恶化较快。虽然不断地换水，但随着饲养时间的不断延长，每次换水所起的作用越来越少，这样就会直接影响稚幼鳖的生长发育，同时诱发疾病。因此，水质管理在鳖的整个饲养过程中显得非常重要。

（1）调节水温 加温饲养时，必须使水温保持在30℃左右，室温33～35℃，在饲养过程中要随时监测水温的变化，及时调节，勿使水温突升突降。尤其应避免出现20～25℃这一水温范围，因为在这一温度范围内鳖活动量大、摄食很少，体质消耗大，很容易引发疾病死亡。调节水温时应逐渐调节，防止温度大幅度变化，使鳖有一个适应的过程。突然的升温和降温都会使鳖产生应激反应，引起鳖体代谢紊乱，从而导致疾病的发生或影响生长。

常温饲养时，调节水温的主要任务是在盛夏季节，防止池水因曝晒而使水温急剧升高，应适当将水深加到 50～80cm。

（2）水深　稚鳖池水深一般保持在 30～50cm，幼鳖池应随着个体增长而逐渐加深水位，最终水深通常为 50～80cm。

（3）调节水质　定期换水是改善水质的主要措施。由于稚、幼鳖饲养阶段的鳖池水体较小，缓冲能力低，放养密度较大，残饵和排泄物极易使水变质发臭，因此，必须经常换水，使水质保持肥而不臭。但是，水质过清也容易使鳖患病，尤其是锥形虫病、毛霉病等，要注意换水也不能过勤。一般在饲养后期，鳖个体和密度较大，应每周换水 2～3 次。

适当的光照对调节水质也有重要作用。光照使水中的藻类繁衍，通过光合作用增加水中溶氧，加速池内有机物的分解，保持水质稳定。

定期泼洒药物也是常用的改善水质的方法。定期用浓度为（30～40）$\times 10^{-6}$生石灰和浓度为（0.3～0.5）$\times 10^{-6}$三氯异氰尿酸交替泼洒，进行池水消毒。保持水体 pH 在 7.4～8.2，如果水体 pH 一次调节不到位，可隔天后再重复泼洒生石灰。

另外，在稚、幼鳖养殖池内种植一些水生植物，如水葫芦、水浮莲、浮萍等也能起到改良水质的作用。因为这些水生植物以吸收鳖池内丰富的有机物作为营养，并且还可以通过光合作用产生氧气，增加水中溶氧，加速有毒物质的分解，为鳖创造一个良好的水环境。

5. 巡塘　温室巡塘第一次应在早晨投饵以前，首先观察食台，了解鳖的吃食情况，以便确定下餐的投饵量，然后观察池中鳖有无病死现象，或活动异常者，最后观察水色，测量水温、室温，有明显异常的还要测 pH、溶氧量等，每一项、每一池都要逐一填写日记，以便找出问题对症下药。晚上巡塘时间一般在 21：00 进行，进温室时不要开灯，光着脚，用手电筒照亮，逐池仔细观察，主要看鳖的活动情况，如发现情况及时处理。所以巡塘一定要按时、认真仔细，做到及时发现问题及时采取措施，决不能马虎粗心。

6. 疾病防治　稚、幼鳖个体小，抵抗疾病的能力较弱，且发病后传染率、死亡率均高，治疗难度大，因此应以预防为主。如发现疾病后应及时采取有效措施，控制病情，防止病情扩散蔓延。

防治方法除外用水体消毒剂如三氯异氰尿酸 0.5～0.8mg/L 或漂白粉 2～4mg/L 全池泼洒等外，还应坚持定期投喂药饵。根据鳖病的发生规律，在疾病好发季节，有针对性地配制药饵，一般预防药物多选择中草药，磨碎后熬制汤药，掺在饲料中投喂效果较好。一般选择的中草药多为金银花、板蓝根、大黄、连翘、鱼腥草、黄连等，一般选择的西药有土霉素、呋喃唑酮、环丙沙星等。

7. 稚、幼鳖的自然越冬　在没有条件进行加温饲养的地方，应做好稚、幼鳖自然越冬的准备工作。首先池底要铺设10～15cm厚的沙层，池水加深到0.8～1.0m，水位要稳定。有条件的地方可移到塑料棚内越冬，越冬期间避免大量换水、泼药而惊动稚、幼鳖。如果池子有渗漏水现象，慢慢补充新水即可。

二、成鳖养殖

成鳖养殖是把250g左右的幼鳖养成500g以上的商品鳖的生产过程。随着养鳖生产的快速发展，全国各地根据当地生产特点总结出了很多高产高效的养殖方式，但较普遍有代表性的是控温快速集约化养殖和露天池塘常温养殖，而其他养殖方式的主要管理技术与这两种差不多，因此这里重点介绍这两种。

（一）成鳖养殖方式

1. 控温快速集约化养殖　通过加温与塑料棚保温相结合，使成鳖全年处于生长适宜的温度范围内，达到快速生长的目的，这种养殖方式是目前较完善的养殖工艺，其养殖周期最短，效益最好，全国各地都可借鉴采用。

在夏季自然条件下水温能稳定在鳖生长适温范围（25～30℃）超过3～4个月的地方，幼鳖规格在200g以上的，分养时可倒入室外自然池，但其放养密度较大，并实施强化饲养管理，仍属集约化养殖范畴；幼鳖规格在200g以下的，应留在温棚继续养殖，但不需再加温，而是采用利用塑料大棚采光增温的形式。

在夏天自然水温能达到鳖生长适温范围时间很短的地方，即使幼鳖规格较大，也应采用塑料棚保温的养殖方式。塑料棚保温养殖不仅适合于我国中、北部的春、秋季节，更适合于我国南方冬季养鳖池采用，这些地方冬季水温极不利于鳖的生长，因为这些地区冬季水温低于鳖的生长适温，但又高于冬眠温度，所以鳖频繁活动，摄食又少，极易患病，因此多数地区采用塑料棚保温，水温可达到27℃以上，这样就完全可以进行正常养殖。

2. 常温露天养殖　常温露天养殖有两种方式：单养和混养。单养即以养鳖为主，不混养其他鱼类或其他水生动物。常温单养的密度介于控温集约化养殖和鱼鳖混养之间。鱼鳖混养符合生态学原理，是一种综合的养殖方式。鳖、鱼混养能保持水体上、下层溶氧均衡，加速物质的转化。从效益和发展趋势看，混养很有前途。常温露天养殖又可分为全程常温和阶段性常温养殖，前者从稚鳖开始就采用常温养殖，到成鳖阶段已经进入第三年到第四年，后者是稚、幼鳖阶段加温养殖，第二年进入常温成鳖养殖，这种养殖方式养成商品规格只需要10～12个月，生长快，成活率也高，有条件的养殖场应采取这种养殖形式。露天常温养殖，一般鱼池只要具备防逃设施、进排水系统、一定的水深和良好底质、安静的环境、摄食和休栖的场地等就可用来进行常温养鳖。

（二）成鳖的放养

1. 成鳖放养前的准备工作

（1）鳖池的整修　控温集约化养成鳖的设施与养殖幼鳖的设施基本相同，常温露天养鳖池一般是利用养鱼池进行改造而成。首先要认真检查防逃设施，进、排水系统并进行修整；检查食台、晒台旋转角度、面积大小是否合适。

（2）成鳖池底质改善与消毒　目前无沙养殖技术在全国已经广泛推广，它减少了池中有机物的富集，切断了污染源，为鳖生长提供了良好的生态环境，同时也减少了水质恶化时的高频换水强度，无沙养殖推广前景广阔。但有些养殖场还采用局部铺沙（占池底面积 1/4～1/5）的形式养殖，如果采取这种养殖方法时，需在鳖放养前 10～15 天铺上 10～15cm 的细沙，一般在放养前 7～10 天注水养水，先用浓度为（40～50）$\times 10^{-6}$的生石灰调节水的酸碱度，使池水 pH 达 7.2～8.2 为宜。如果是常温露天池养殖则需进行清塘消毒。

2. 成鳖放养方法

（1）适时放养　放养时间应选在 5 月中旬到 6 月初，也就是当地自然水温稳定在 25℃左右时进行。

（2）放养密度　在一定范围内，放养密度和产量之间呈正相关关系。随着放养密度的增加，单产也相应提高，但密度过大，产量和个体增重受到抑制，患病几率明显增大。现将成鳖阶段不同养殖方式的放养密度归纳于表9-6。

表 9-6　成鳖各种养殖方式的放养密度

养殖方式	规格（g/只）	放养密度（只/m²）
控温快速集约化养殖	150g 以上	6～8
露天池塘常温养殖	150g 以上	3～5
常温鱼鳖混养	100～150g	2～4
	150～200g	1～2
	500g 以下	0.65～0.75

（3）鳖体消毒　放养前应对幼鳖进行药物浸洗消毒。消毒时，应针对不

同的病原体采用不同的药物。

（三）成鳖的饲料及投喂

对成鳖阶段的饲料和投饲方法，同样要坚持“四定”的投饲方法。投喂的饲料应采用动物性饲料或人工配合饲料搭喂少量蔬菜、瓜果等植物性饲料，以提高饲料的利用率，国内使用的动物性饲料有螺、蚌、野杂鱼、蚯蚓、小虾、禽、畜等加工副产品等。人工配合饲料要求蛋白质含量为45%。天然动物性饲料和畜禽加工副产品的饲料系数一般为8～15，人工配合饲料系数为2左右。在生产中按下列要求调配饲料效果较好：即每千克人工配合饲料（干重），加2～4kg（湿重）的鲜鱼或畜禽下脚料等，加1%～2%的蔬菜、3%～5%的植物油（或等量的全脂奶粉），充分混合，加水搅拌成面团，捏成饼状，每天按上下午各一次，定点投喂。

在生产中，饲料增减一般根据以下原则：随鳖体重的逐步增加而增加投饵量；当水温稳定在30℃和晴天时应适当增加投饵量，阴雨天则酌情减少等，露天池如遇阴雨连绵，饲料台上方最好搭设遮雨棚（表9-7）。

表9-7　常温养殖成鳖各月份的投饵率

月　份	4	5	6	7	8	9	10
投饵率（鳖体重的%）	0.5～1.0	2～3	3～3.5	3～3.5	3～3.5	2～3	0.5～1.0

还必须引起注意的是，鳖在吃惯某一饲料后，如突然变更另一种饲料时，往往因不习惯而减少摄食量，影响生长，因此，鳖的饲料更换应该坚持逐渐更换的原则。

三、鳖的越冬管理

鳖是变温动物，其生活习性与外界温度有着密切的关系。常温养殖下，每年10月下旬到翌年的4月中、下旬，鳖停止摄食、活动，进入冬眠期。近年来各地区的越冬病害的死亡损失很大，已引起了养鳖业同行对鳖安全越冬管理的高度重视。

（一）越冬鳖的生理与越冬环境的关系

1. 越冬水温　当水温降到15℃以下时，鳖完全停止摄食，12℃以下开始进入冬眠，这是鳖对自然环境变化的一种适应。冬眠时鳖潜伏于池底泥砂中，呼吸方式由肺呼吸为主转为靠鳃状组织和其他辅助呼吸方式为主，吸收水中溶氧来维持其极微弱的新陈代谢活动，这时如有环境方面的突变或惊扰都会影响其安全越冬。如冬眠时温度波动很大或冬眠时人为搬动等都会使鳖冬眠又复苏，复苏又冬眠，反复无常，这样使鳖体能消耗太大，就会造成损伤，以至死亡。

2. 越冬池水位 水位变化会引起池底水压、水温的变化。鳖对水压变化很敏感，水压突变会使其从冬眠中复苏。越冬池水深达到 1.5～2.0m 时，尽管池表面已结冰，但池底水温一般保持在 4～5℃，相对恒定，对鳖越冬没有影响，但水过浅，如气温昼夜突降，就会使池底水温低于 4℃，使鳖产生冻伤。

3. 鳖在越冬前后的生理变化 鳖在越冬前以生存最适水温 30℃为例，水温每下降 1℃摄食量大约减少 5%～10%，直到 15℃，完全停食，进入冬眠，新陈代谢降到最低点。越冬后，随着水温回升，新陈代谢不断加强，由于刚复苏还不能正常摄食，只能继续靠消耗体内储存的能量来维持生命，鳖的体质因越冬消耗虚弱致极，这时池底氧债和环境毒素积累也达到了极点，各种病原体也开始活跃起来，乘虚而入。通过漫漫长冬，体重一般减少 10%～15%，但性腺发育正是通过越冬期间的卵黄沉积和复苏后一个月左右的摄食发育成熟的。因此，不能简单地将越冬看作是鳖对环境温度的适应，通过严酷的环境选择对其种群的延续和提高种群质量也有一定关系。

（二）安全越冬的措施

1. 根据鳖越冬生理变化特点，为保证其安全越冬，最重要的是通过强化培育，提高饲料营养，增强自身的抗应激能力。首先是越冬前加强能量和蛋白质饲料的补充，将脂肪的含量再提高 3%～5%，同时多投喂一些鲜活饲料，如屠宰场下脚料、鱼虾、螺等；其次有针对性地补充维生素，因为冬季阳光不足易缺钙，性腺发育时卵黄沉积需要更多的磷，鳖在越冬期间对大部分 B 族维生素、维生素 A、维生素 D、维生素 E 以及胆碱等，需要量大于正常饲养期，适量增加这些物质，有利于提高抗病力。

2. 越冬池应选择阳光充足、避风、温暖、环境安静的地方，池底经过严格清塘消毒后，铺设 30cm 厚的土沙供其越冬潜伏。

亲鳖进入冬眠前要更换一次池水，使鳖池水质保持清新，如果越冬池在气温较低的地区，池水深度要保持 1.5～2.0m；如果处于气温较高的地区，池水深度保持在 1.2～1.5m 即可。通常 20～30 天换一次水，每次换水量控制在 1/4～1/5，以防池水污染，换水时，动作要轻，避免惊扰鳖。翌年春天亲鳖复苏后，应把水深降到 0.8～1.0m，以利提高水温，促进性腺发育，提早产卵。

稚鳖不提倡常温自然越冬。前些年各地常温越冬的稚鳖成活率不到 30%，因此稚鳖应在室内池中越冬，或露天池加盖塑料大棚，越冬密度为每平方米 100 只左右。室内越冬注意保温，防止冻伤造成损失，但也应注意温度不能太高，适宜的越冬水温应以 3～5℃为宜。此外越冬同样要注意空气的流通。

幼鳖的越冬可在天然常温条件下进行，幼鳖对环境的适应能力较强，只要水深保持 1.5m 左右，并且池塘周围环境安静，即可安全越冬。

3. 对于水质过分清瘦的越冬池，可以少量追施无机肥或从肥水池中引进藻类，促使池水变肥。不能使用有机肥肥水，因为有机肥分解需消耗大量氧气，使池底溶氧减少，引起鳖缺氧窒息。

第七节　鳖的捕捉与产品初加工

一、鳖的捕捉

鳖全年均可捕捉，一般在 3～10 月间，尤以 6～8 月效果最佳。人工饲养的鳖体重需达到 0.5kg 以上方可捕捉上市。捕捉方法有多种。

（一）捕捉工具

人工养殖鳖捕捉时为尽量减少外伤，提高产品质量，一般不选用野生鳖的捕捉工具，除用于直接捕捉外，主要选取以下两种工具。

1. 捕网　鳖的捕网和渔网相似，也为尼龙织成，所不同的是网眼较大。

2. 齿耙　为避免伤及鳖体，齿耙多为木质或竹板制成，耙柄长 1.5cm 左右，耙齿间 10cm 左右，齿长 20cm 左右，齿尖端钝圆，不能锋利。

（二）捕捉方法

人工养殖的鳖生长到一定龄期或规格时，需要分池或捕捞上市，无论用何种方法捕捉，都必须小心操作，勿使鳖体受伤。捕捉方法介绍如下。

1. 手捉　是最常用的捕鳖方法。捕捉成鳖，经常采用的方法是把池水放掉或抽掉一大部分，池底仅留下少部分水，然后，赤脚入池，用脚尖探到鳖时，便将其踩住，再用手把鳖掀入收苗网或水桶中。若未抓住鳖壳就有可能被咬住，这时，应立即把鳖放入水中，它就会马上松口。

2. 网捕　将网轻轻撒在鳖池中，放网及收网的动作要轻巧迅速。因稍有响动，鳖就会钻入泥砂，而难于捕捉。网住后捉鳖时，用手掐住其后端，或先使其腹部朝天，再用大拇指和食指掐住两个后肢窝，从水中提出，迅速放入事先准备好的容器中。

3. 齿耙探测捕捉　可将木质齿耙深插泥中，根据手感和齿尖碰到的“咚咚”响声，判断泥砂中是否有鳖，再用于捕捉，这种捕捉方法适用于捕捉成鳖、亲鳖及越冬后的鳖。

4. 干池捕捉　如果捕捉量较大或需全池盘点，则采用排干池水晚上沿池四周用灯光照明拣捕的方法。这种方法一般在 10 月中旬前进行，白天抽干池水，晚上拣捕，捕获率可达 70%～80%。然后再用齿耙逐块翻开泥沙进行最后的搜捕，这种方法既不会使鳖受伤，也会捕捉彻底。当然这种方法只适合 1 500m² 左右的小池子，过大不宜采用。

5. 抄网捕捉 身体较小的稚鳖或幼鳖在捕捉时应使用捞鱼用的收苗网，每次可捕捞几只。不要用手直接抓捕，除非有一定的经验。

无论何种方法捕捉的鳖都要应用适温（25～30℃）的清水清洗干净，去掉身上的泥砂。

二、鳖产品的初加工

（一）鳖甲

将鳖身置沸水中略煮片刻，至甲壳上硬皮能脱落时，取出剥下背甲，刮净残肉筋，洗净，晒干即可。此法切不可在沸水中煮得太久，以防背甲散裂及质量下降。

（二）鳖甲胶

取漂净鳖甲，置锅中加水煎取胶汁，大约煎 3～5 次，至胶汁充分煎出为度。各次煎汁过滤合并（或加明矾粉少许），静置后滤取清胶汁，再用文火加热，不断搅拌，浓缩（或加适量冰糖、黄酒）成膏状，倾入凝膏槽内，让其自然冷凝。取出后切成小块阴干。

（三）鲜肉

鲜用，煮食或入丸剂。

（四）鳖血

断头取血，鲜用，生饮，外涂。

（五）鳖卵

鳖卵中富含高蛋白和卵磷脂，煮食或盐腌，具有滋补保健功效。

（六）鳖胆

鲜用，生胆汁和药外用，或冲入汤中饮服。

（七）鳖头

加工鳖甲时割下之鳖头，洗净晒干。

（八）鳖脂

取出四肢基部的脂肪，放入煎锅中，用温火加热 10～15min 即溶解，鳖脂冷却放入容器中保存。

三、药用鳖的炮制技术

中药炮制具有非常悠久的历史，它是在中医辨证用药的基础上发展而成的，是中国制备中药饮片的一门独特的传统技术。它是在中医药基础理论指导下，将商品药材通过净选、切制和炮炙三大工序，制成一定规格的薄片（或粗粒），商品通称为“中药饮片”，以适应处方调配、成药配制以及中医临床诊疗的需要，保证中医药用药的安全和有效。关于鳖甲的炮制，历代本草著作均有记载，现代又进行了科学研究，已基本形成一整套成熟的工艺技术。

（一）古代炮制技术

1. 生鳖甲　《雷公炮炙论》：“去裙并肋骨弓。”《外台》：“捣筛为散。”《全生指迷方》：“刮去筋膜。”《本草蒙筌》：“入臼中杵细成霜。”

2. 醋鳖甲　《博济方》：“醋煮三五十沸，净去裙澜，另用好醋煮令香。”《局方》：“凡使，先用醋浸三日，去裙，慢火中反复炙，令黄赤色为度。如急用，只蘸醋炙，候黄色便可用。”《世医得效方》：“炙黄，醋淬五七次。”

3. 制鳖甲　取沙子置锅内，用武火炒热，放入鳖甲，拌炒至表面呈淡黄色时，取出，筛去沙子，放凉即可。

（二）现代炮制技术

1. 生鳖甲　将原药材去除杂质，放入热水中，少顷，用硬刷刷去净皮肉，至外观清洁，洗净，晒干。或置蒸锅内，沸水蒸 45min，取出刷净残留皮肉，日晒夜露至无臭味，洗净，干燥。

2. 醋鳖甲　取沙子置锅内，用武火炒热，放入净鳖甲，拌炒至表面呈黄色时，取出，筛去沙子，趁热醋淬，捞出、干燥、捣碎。每 100kg 鳖甲，用醋 20kg。

饮片性状　鳖甲呈不规则的碎片，质坚硬，气腥，味淡。醋鳖甲形如鳖甲，深黄色，质酥脆，略具醋味。制鳖甲形如鳖甲，黄色，质酥脆。

第十章 蛇

第一节 概 述

蛇类是蜥蜴在进化过程中高度特化的一个分支，在种系发生上与蜥蜴的亲缘关系较密切。蛇的价值主要体现在以下几个方面。

首先，蛇在维持自然界的生态平衡中的地位和作用不容忽视。蛇类通过大量捕食鼠类等摄入能量而有益于农牧业生产，在生态系统中充当次级消费者的角色。同时许多蛇类又是猛禽和食肉兽的食物和能量来源之一，在生态系统能量的流转过程中，又处于次级生产力的地位。因此，蛇类对维持陆地生态系统的稳定性，以及为自然界提供能量贮存来说，具有不可忽视的作用。

第二，许多蛇类具有较高的药用价值。早在公元前2世纪前后的东汉年间出版的《神农本草经》就已有蛇蜕入药的记载，此后历代本草均有记述，到明代李时珍《本草纲目》中记载了蛇类药物17种，经赵尔宓（1978）考证《本草纲目》中共载有12种蛇的药用价值。现代中医药学的发展更丰富了蛇类药物的内容。目前，除蛇的全体入药外，蛇毒、蛇蜕、蛇胆、蛇骨、蛇油、蛇鞭、蛇肝等，甚至蛇粪均可分别入药。

第三，食用价值。蛇餐、蛇宴是我国饮食文化的重要组成部分，近年来国内食用蛇类已较普遍，研究表明蛇肉不仅质地细滑、味美，更重要的是它富有较高的营养价值。

第四，制革价值。蛇皮制成腰带、钱包等是国际市场上受欢迎的名贵商品。

其他方面，蛇的观赏价值很高，根据观赏方式和角度不同，蛇类可用于生态观赏、艺术观赏和工艺观赏等，通过蛇类的展出，可普及蛇类知识，加强人们的环保意识等。蛇类在地震预测研究、仿生学研究方面均具有较大的经济价值。

第二节 蛇类生物学特性

一、分类学与分布

蛇是脊索动物门（Chordata）脊椎动物亚门（Vertebrata）爬行纲

(Reptilia)蛇目(Serpentiformes)动物的总称。目前，全世界现存蛇类约有3 200种，分别隶属于13个科，广布于各大洲。我国产蛇218种，其中有毒蛇66种(及亚种)，占世界蛇类的7%～10%。这些蛇类分布于高山、平原、森林、草地、湖泊及近海区域中。

二、蛇类的生活习性

(一)栖息环境

蛇的栖息环境，因种类的不同而各不相同。蛇的栖息环境由海拔高度、植被状况、水域条件、食物对象等多种因素决定。蛇的分布地域是在适宜的生存环境条件下形成的。它的形态结构是与其环境条件和生存方式相适应的。

1. 穴居生活 穴居生活的蛇，一般是一些较原始和低等的中小型蛇类。穴居生活的蛇白天居于洞穴中，仅在晚上或阴暗天气时才到地面上活动觅食，如盲蛇。这些蛇都是无毒蛇。

2. 地面生活 地面生活的蛇，也栖居在洞穴里。但它们在地面上行动迅速，觅食活动不仅仅限于晚上，白天也到地面上活动。如蝮蛇、烙铁头、紫砂蛇、白唇竹叶青、金环蛇等，它们一般分布较广，平原、山区、丘陵地带及沙漠中都有分布。

3. 树栖生活 树栖生活的蛇，大部分时间都栖居于乔木或灌木上，如竹叶青、金花蛇、绿瘦蛇等。

4. 水栖生活 水栖生活的蛇类，依其生活水域的不同，又有淡水生活和海水生活之分。大部分时间在稻田、池塘、溪流等淡水水域生活觅食的蛇类，称为淡水生活，如中国水蛇、铅色水蛇等。终生生活在海水中的蛇，称为海水生活，如海蛇科的前沟牙类毒蛇。

(二)蛇的活动规律

蛇具有昼伏夜出的特征，其活动有很大的差别。一般可以分为三类：第一类是白天活动的蛇，主要在白天活动觅食，如眼镜蛇、眼镜王蛇等，此类蛇也称为昼行性蛇类，其特点是视网膜的视细胞以大单视锥细胞和双视锥细胞为主，适应白天视物；第二类是夜晚活动的蛇，主要在夜间外出活动觅食，如银环蛇、金环蛇等，称为夜行性蛇类，其视网膜的视细胞以视杆细胞为主，适应夜间活动；第三类是晨昏活动的蛇，这类蛇多在早晨和傍晚时外出活动觅食，如尖吻蝮、竹叶青、蝮蛇等，其视网膜的视细胞二者兼有。决定蛇昼夜活动规律的因素是相当复杂的，气温可以对其规律产生明显的影响。如昼行性的眼镜蛇，虽能耐受40℃的高温，但在盛夏季节也常于傍晚出来活动。光照的强弱对于蛇的活动也有一定的影响。夜行性的蛇类在秋季天凉时，日照变短也常出来晒太阳。饵料对蛇活动亦有影响，如华东地区的蝮蛇多于晚上捕食蛙及鼠类，蛇岛蝮蛇则常于白天在向阳的树枝上等候捕食鸟类，新疆西部的蝮蛇也常于白天捕食蜥蜴。沙蟒是夜晚出来活动的蛇，白天基本上躲在隐蔽场所，但幼蛇吃昆虫，上午常见其在外活动。另外，湿度对蛇昼夜活动也有影响，天气闷热的雷阵雨前后或阴雨连绵后骤晴，以及湿度较大的天气，蛇外出活动频繁。蛇自身无做窝打洞的能力，多栖息在鼠洞、岩石缝隙、坟墓、废旧房屋和废弃窑洞中。

（三）蛇的食性和取食方式

1. 蛇的食性 蛇类嗜吃食物的种类范围，称为蛇的食性。一般来说，蛇主要以活的动物为食。蛇类食物的范围很广，包括从低等的无脊椎动物如蚯蚓、昆虫，到各类脊椎动物如鱼、蛙、蛇、鼠、鸟类及小型兽类等。但每种蛇的食性又不完全相同，有的专食一或几种食物，有的则嗜食多种类型的食物。专食一种或几种食物的称为狭食性蛇，吃食食物种类较多的称为广食性蛇。

2. 蛇的摄食方法 蛇主要借助于视觉和嗅觉捕食。通常情况下，视力强的陆栖和树栖蛇类，在觅食中视觉比嗅觉起了更重要的作用；而视觉不发达的穴居和半水栖蛇类，却是嗅觉起了更主要的作用。

蛇一般以被动捕食方式来猎取食物。当蛇看到或嗅到猎物时，往往是隐藏在猎物附近，待猎物进入其可猎取的范围之内时，才突然袭击而捕之。但尖吻蝮在可捕食的动物稀少时，往往会采用跟踪追击法捕食猎物。

蛇在捕捉猎物时先将其咬住，然后直接吞食。毒蛇咬住猎物后立即注入毒液，然后衔住或扔下，待猎物中毒死亡后再咬住其慢慢地吞食。而无毒蛇往往用自己的身体紧紧地缠绕在猎物上，使其窒息后再慢慢吞食。吞食时，一般先从头部吞入，也有从尾部或身体中部吞入的。

3. 摄食频率 蛇的摄食频率与消化的速度、食物需求量有着直接的关系。在自然条件下，蛇的忍饥耐饿能力很强，常常可以几个月、甚至一年以上不食。但是，在饲养条件下，依据饲养目的的差异，可在1～3周投喂一次。

（四）蛇的运动与感觉

1. 蛇的运动 蛇类没有四肢，是靠其特化的一些器官相互配合，以直线、波状、侧向、伸缩、跳跃等方式运动。

（1）直线运动 如躯体较大的蟒蛇、蝮蛇、水律蛇等，常常采取直线运动。这类蛇的特点是腹鳞与其下方的组织之间较疏松，由于肋骨与腹鳞间的肋皮有节奏地收缩，使宽大的腹鳞能依次竖立起来支持于地面，于是蛇体就不停顿地呈一直线向前运动。银环蛇、眼镜蛇及蝮蛇等躯体较小的蛇类，因腹鳞与其下方的组织之间较紧密，则不能进行这种运动。

（2）伸缩运动　腹鳞与其下方组织之间较紧密的银环蛇、蝮蛇等躯体较小的蛇类，若遇到地面较光滑或在狭窄空间内，则以伸缩的方式运动。即先将躯体的前半部抬起尽力前伸，接触到某一物体作为支持后，躯体的后半部随之收缩上去；然后又重新抬起前部，取得支持后，躯体后半部再缩上去，交替伸缩、不断前进。上述两种运动都是蛇在地面上运动的方式，在高处爬坡或攀缘等，也都是地面运动方式的变化，在水中则不能进行伸缩运动。

蛇类运动的速度一般并不很快，据测定，发现在平地上，毒蛇的最大速度是 1.8～3.2km/h；无毒蛇最大速度是 4.8～7.2km/h。此外，蛇运动的速度与地表结构有关，如在草丛中和粗糙的地面比在光滑的地面快；下坡的地方比上坡的地方快。

2. 蛇的感觉　蛇的感觉是指蛇的视觉、听觉、嗅觉和热感觉等。

（1）视觉　蛇类的眼没有能活动的上下眼睑，蛇的眼球被由上下眼睑在眼球前方愈合而成的、一层透明的皮膜罩盖，在蛇蜕皮的时候，透明膜表面的角质层同时蜕去。盲蛇科蛇的眼隐藏在鳞片之下，只能感觉到光亮或黑暗。其他穴居蛇类的眼也比较小，视觉不发达。

（2）听觉　蛇类中耳腔、耳咽管、鼓膜均已退化，仅有听骨和内耳。因此，蛇不能接受通过空气传来的任何声音。但能敏锐地听到地面振动传来的声波，从而产生听觉。据测定，蛇类能接受的声波的频率是很低的，一般在100～700Hz（人的听觉范围是15～20 000Hz）。

（3）嗅觉　蛇类的嗅觉器官是由鼻腔、舌和犁鼻器三部分组成，而主要的是犁鼻器和舌。犁鼻器内壁布满嗅黏膜，通过嗅神经与脑相连，是一种化学感受器。蛇的舌头有细而分叉的舌尖，舌尖经常从吻鳞的缺刻伸出，搜集空气中的各种化学物质。当舌尖缩回口腔后，进入犁鼻器的两个囊内，从而使蛇产生嗅觉。

（4）红外线感受器　蝮亚科蛇类的鼻孔和眼之间各有一个陷窝，位置相对于颊部，故称为颊窝。颊窝对于波长为 0.01～0.015 mm的红外线最为敏感，这种波长的红外线相当于一般恒温动物身体向外界发射的红外线。蝮亚科蛇类具有极其敏锐的、能感知人与动物身体发出的、极其微量的红外线的功能。

三、蛇类的冬眠

蛇是变温动物，其活动、采食、饮水、繁殖和生长发育都与环境温度有关。气温在 13～30℃，空气相对湿度在 50%以上是最适合蛇类活动的。

蛇到秋冬气温开始变冷时，体温也随之下降，机体的功能减退。据测定，当外界温度下降到6～8℃时，蛇就会停止活动；气温降到2～3℃时，蛇就会处于麻痹状态；如果蛇体温度下降至－4～－6℃时就会死亡。在自然条件下，蛇通过冬眠死亡率35%。人工越冬则不然。在冬眠期间蛇处于昏迷状态，代谢水平非常低。主要靠蓄存的养料来供给自身有限的消耗，维持生命活动。到翌年春的4～5月份，天气变暖后才苏醒过来，再回到大自然活动。为了成功地进行冬眠，穴居蛇类和一些具有钻洞习性的蛇类能把洞扩展得更深，可是大多数蛇只能利用天然的裂缝或其他动物造好的洞穴过冬。冬眠场所需要的深度取决于气候和土壤的导热率、洞口的方向。洞的大小、主要风向以及周围植被的性质和数量等。

第三节　我国主要经济蛇类简介

一、我国常见的经济类毒蛇简介

(一) 眼镜蛇

1. 分类与分布　眼镜蛇（*Naja naja Linnaeus*，1758）又名膨颈蛇、吹风蛇、五毒蛇，蝙蝠蛇、琵琶蛇、犁头蛇、白颈乌、万蛇、扁头风、饭铲头、白颈丫、扁头蛇、犁头扑等，是眼镜蛇科（Elapidae）眼镜蛇属（*Naja*）蛇类，是我国南方分布较广的一种毒蛇。分布于安徽、浙江、江西、贵州、云南、福建、台湾、湖南、广东、海南等地。

2. 生物学特性　眼镜蛇上颌的前部有沟状的毒牙1对，背面棕褐色或黑褐色，颈部背面有白色圈纹，形状如眼镜，但颈部扁平扩展时相当明显。眼镜蛇体长一般在97～200cm，体重1kg左右。

眼镜蛇生活在海拔30～1 250m的平原、丘陵、山地的灌木丛或竹林中，也常在溪沟、鱼塘边、坟堆、稻田、公路、住宅附近活动，是典型的昼出性活动的蛇类。眼镜蛇春秋两季多在洞穴附近活动，而夏季至秋初则分散到田野、沟旁、菜园、稻田、路边、墙角等处活动，有时甚至可在居室内见到。活动高峰期在上午10时至下午2时。天气闷热时，多在黄昏出洞活动。

眼镜蛇嗜食鼠类、鸟类和鸟蛋、蜥蜴、蛇类、蛙类和鱼等，也喜食蟾蜍。在人工饲养条件下，喂小鼠，平均每条蛇1周吃鼠2～3只。

眼镜蛇有剧毒，性较凶猛，但一般不主动袭击人。当其受到惊扰而激怒时，体前部1/4～1/3能竖起，略向后仰，颈部膨扁，头平直向前，随竖起的身体前部摆动，并发出“呼呼”声，攻击人、畜。据观察，眼镜蛇被激怒时，能喷射毒液，喷射距离达1～2m。若毒液进入人眼或体表破损处，会引起中毒，养殖或捕蛇时应加以注意。

眼镜蛇为卵生，每次产卵 8～18 枚，一般 5～6 月份进行交配，6～8 月份产卵，经 47～57 天孵出小蛇。初出壳的仔蛇体长 21cm 左右。

（二）眼镜王蛇

1. 分类与分布 眼镜王蛇（*Ophioph. gusburmah Cantor*，1836）又名山万蛇、过山风、大扁颈蛇、大眼镜蛇、王眼镜蛇、扁颈蛇、大膨颈蛇、大扁头风、吹风蛇、过山标、麻骨乌、大饭匙倩、过山峰等。是眼镜蛇科（Elapidae）眼镜王蛇属（*Ophiophagus*）唯一的一种蛇。分布于云南、贵州、浙江、福建、广东、广西、海南、江西、西藏、湖南等地。

2. 生物学特性 眼镜王蛇有沟牙，头部呈椭圆形，颈部能膨大，但无眼镜状斑纹。其与眼镜蛇的明显区别是头部顶鳞后面有一对大枕鳞。眼镜王蛇体色乌黑色或黑褐色，具有 40～54 条较窄而色淡的横带，喉部为土黄色，腹部灰褐色，有黑色线状斑纹。眼镜王蛇是剧毒蛇类，体长 120～400cm，体重 2～8kg。

眼镜王蛇生活在平原至高山树林中，常在山区溪流附近出现，林区村落附近也时有发现。一般隐匿在岩缝或树洞里，有时也能爬树，往往是后半身缠绕在树枝上，前半身悬空下垂或昂起。眼镜王蛇昼夜均活动。

眼镜王蛇嗜食蛇类，尤其喜食灰鼠蛇，也吃蜥蜴、鸟蛋和鼠类。若食物匮乏时，有相互吞食的现象，对此养殖中应加以注意。

眼镜王蛇有剧毒，是我国最凶猛的一种毒蛇。当受惊发怒时，颈部膨扁，能将身体前部 1/3 竖立起来，突然攻击人、畜。毒性为“混合性毒”，一条成年蛇一次排毒量为 300 多 mg，对人、畜危害较大。

眼镜王蛇为卵生，一般在 6 月产卵，经常将卵产在枯腐的树叶里。每次产卵数为 21～40 枚，多者可达 50 多枚。母蛇有护卵的习性，盘伏在上层的落叶堆上，有时雄蛇也参与护卵。护卵期是眼镜王蛇最凶猛的时期，如受到侵扰，它将主动攻击。初出壳仔蛇长 46～64cm。

（三）金环蛇

1. 分类与分布 金环蛇（*Bungarus fasciata Schneider*）又名金脚带、金报应、铁包金、黄金甲、黄节蛇、包铁、金蛇、玄南鞭、国公棍、佛蛇等，是眼镜蛇科（Elapidae）环蛇属（*Bungarus*）蛇类，是分布在我国南方湿热地带的一种剧毒蛇。分布与云南、福建、广东、海南和广西五省区。

2. 生物学特性 金环蛇体表具有黑色和黄色相间的环纹，黑色横带较黄色横带为宽，腹面颜色略淡。金环蛇体长 100cm 左右，最长者可达 180cm。体重一般在 750g 左右。

金环蛇生活在湿热地带的平原或山地丘陵的丛林中，常在水边和田间活动，有时在岩穴中或住宅附近也可见到。一般多在黄昏出洞，是较为典型的夜出性活动的蛇。

金环蛇嗜食蛇类，有时也食蜥蜴、蛙类、鱼类和鼠类或蛇卵。在人工饲养条件下，当食饵不足时，常有互相吞食的现象。

金环蛇有剧毒，为神经性毒。每条蛇咬物一次的毒液为 90mg 左右，可以致人死亡。但一般来说，成蛇性情温和，动作较迟缓，不主动袭击人。受到惊扰时，蛇体作不规则盘曲状。将头隐埋在体下；或将身体做扁平扩展，急剧摆动体后段和尾部，挣脱而逃。但其幼蛇性凶猛，活跃。

金环蛇为卵生，一般 4 月份出洞，6～7 月份产卵，产卵 8～12 枚，靠自然温度孵化，50 天左右幼蛇出壳。雌蛇具有护卵行为。

（四）银环蛇

1. 分类与分布 银环蛇（*Bungrus multicinctus multicinctus Blyth*）又名银脚带、过基甲、白花蛇、百步蛇、桶箍蛇、金钱百花蛇、寸白蛇、白节黑、簸箕甲、白节蛇、白菊花、银包铁、银报应、节节乌、手巾蛇、断肌甲、雨伞蛇、四十八节、小白花蛇、破基甲、竹节蛇等，是眼镜蛇科（Elapidae）环蛇属（*Bungarus*）银环蛇的指名亚种。分布于四川、云南、贵州、湖北、福建、台湾、广东、广西和海南等省、自治区。

2. 生物学特性 银环蛇体表具有黑白相间的环纹，体背面黑色、腹面白色，头部较小且圆。银环蛇体长一般在 100～140cm，体最大者可达 170cm，体重 350g 左右。

银环蛇生活在平原、山区、丘陵地带多水之处，常栖息在稀疏树木或山坡草丛、坟堆、石头堆下、路边、田埂、树下、溪涧、河滨渔场旁、倒塌较多的土房子下、菜地及农家住宅附近。活动高峰期在晚间 6 时到夜里 12 时，为典型的夜行性活动蛇类，尤其是闷热天气，雷雨前活动更为频繁，偶尔可见白天出洞活动。银环蛇在 11 月中旬开始入蛰，至翌年 5 月上旬出蛰。野外常见一或多条银环蛇在同一洞穴内。

银环蛇嗜食蛇类与鱼类。银环蛇也食蛙类、蜥蜴、蛇卵、鼠类等。在人工饲养条件下，银环蛇最喜食红点锦蛇类的小蛇。也有人认为活鳝鱼是银环蛇最喜食的。

银环蛇为极毒性蛇类，但性情怯弱、胆小，受到惊扰时，或逃走或将头藏于身体下面，很少主动袭击人。但与金环蛇相比较敏感，人稍接近，也会采取袭击动作，并易张口咬人。银环蛇属于沟牙类神经毒的毒蛇，排毒量一般 4～5mg，但毒性极强。人被咬伤后，只有类似于蚂蚁叮咬的麻木感或微痒感觉，伤口不红、不肿、不痛，常被误认为是无毒蛇咬伤。一般在被咬 1～4 小时后，即引起全身中毒反应，一发现症状，后果严重，常因呼吸麻痹而致死。因此，在捕捉或饲养中应特别加以注意。

银环蛇为卵生，每年4～11月份为活动季节，5～8月份产卵，每次产8～16枚卵，孵化期在40天左右。出壳后的仔蛇体长25cm左右。仔蛇出壳后，经7～10天即开始蜕皮。在人工饲养条件下，常见成蛇8～9月份交配。

（五）日本蝮

1. 分类与分布 日本蝮（*Agkistrodon blomhoffii*）又名蝮蛇、草上飞、七寸子、土公蛇、烂土蛇、烂肚蛇等，是蝰科（Viperidae）蝮亚科（Crotalinae）蝮属（*Agkistrodon*）蛇类。分布于我国的蝮蛇有两个亚种，即短尾日本蝮（*Agkistrodon blomhoffii brevicaudus Stejneger*）和乌苏里日本蝮（*Agkistrodon blomhoffii ussuriensis Emelianov*）。短尾日本蝮分布于辽宁、河北、陕西、甘肃、四川、贵州、湖北、安徽、江苏、浙江、江西、福建、台湾等地；乌苏里日本蝮仅分布在辽宁、黑龙江、吉林和内蒙古。

2. 生物学特性 蝮蛇头呈三角形，头顶被大型对称的鳞片，鼻与眼间具颊窝。背部灰褐到深褐色，体侧具黑褐色斑纹，腹部灰白至灰褐。此色泽与周围环境相一致，不易被发现，如若发现食物，当即缩回前半部身体，突然伸出咬上一口，吞食之。蝮蛇体长54～80cm，个别较大型者可达94cm。

除了长江沿岸各省的蝮蛇生活在潮湿的环境中外，一般都居于平原或较低山区和丘陵的杂草丛、乱石堆中，或草原、沙漠边缘，也栖居于坟穴或到田野里活动。栖息在地面上，常盘呈圆盘状或扭曲呈波状，也常盘踞在树上。夏秋两季常到稻田、菜园、路旁活动，或远离水源活动。黄昏时候，尤其是热天，从晚8时到次日凌晨活动频繁。蛇洞一般在坟穴或田埂向阳坡面。

蝮蛇嗜食蛙类、蜥蜴、鸟类和鼠类，有时也食鱼类和蛇类。人工饲养中多以小鼠作为食饵，每周饲喂一次，每次每条蛇投鼠2～3只。

蝮蛇有剧毒，性情凶猛，但平时行动迟缓，不主动袭击人、畜。当受到惊扰时，体变平，尾尖颤动。

蝮蛇为卵胎生，一般5～6月份开始交配，6～8月份产仔，每胎4～14条；有的地区5月份和9月份可见蝮蛇交配，8～10月份产仔。刚出生的仔蛇就具毒牙，且很灵活，性喜咬人。

（六）尖吻蝮

1. 分类与分布 尖吻蝮（*Deinagkistrodon acutus*）又名五步蛇，这个名称在许多书籍上经常使用。尖吻蝮又称为蕲蛇、百花蛇、大白花蛇、塞鼻蛇、棋盘蛇、翘鼻蛇、盘蛇、翻身花、犁头蛇、放丝蛇、吊灯扑、步龙、聋婆蛇、棋盘格、牛屎盖等，是蝰科（Viperidae）蝮亚科（Crotalinae）尖吻蝮属（*Deinagkistrodon*）唯一的一种蛇。分布于四川、贵州、湖北、安徽、浙江、福建、台湾、广东、广西。

2. 生物学特性 尖吻蝮头大，三角形，吻尖细向上翘起，背部有灰白色的方形块斑，两侧有“∧”形暗色的大斑纹。头背棕黑色，头侧土黄色，两者截然分明。体色与环境较为和谐，虽不太活跃，但对人、畜危害较大。尖吻蝮体长一般为120～200cm，体重可达1.5kg左右。

尖吻蝮生活在山区树林及溪涧岩石或落叶下、杂草地、沟边、路边、村子住宅附近、柴草堆、住宅内或厕所附近。尖吻蝮昼夜均出来活动，但夜间活动更为频繁。阴天比较活跃，有时可见其在雨中昂首不动。一般来说，在大热天有太阳时，常隐藏在阴暗的地方，很少活动。尖吻蝮经常在落叶堆或山溪旁阴湿的岩石上盘曲成团，因体色与环境相似，不易被发现。

尖吻蝮嗜食蛙类、鼠类、蜥蜴和鸟类，也食蛇类。在室内笼养条件下，主要饲喂小鼠和蟾蜍。成蛇每周饲喂一次，每次每条蛇可食3～5只小鼠。尖吻蝮常因吞食较大食物后连续3～4天盘踞不动，故有“懒蛇”之称。此时捕捉也相对比较容易。

尖吻蝮是我国主要的毒蛇之一，具有以血循毒为主的“混合性毒”，毒性强。尖吻蝮常盘蜷不动，头位于体中昂起，吻尖向上，颤动其尾。当人、畜迫近时，往往会突然袭击。具有扑火习性，见到火光会向火光进行袭击。

尖吻蝮为卵生，一般在6～8月份产卵，每次产15～16枚，多者可达26枚。雌蛇产卵后经常盘绕在卵旁，似有护卵习性。孵化期为20～30天。幼蛇出壳后长约20cm，行动灵活，即能咬人。幼蛇出壳后10天可发现蜕皮。

（七）烙铁头

1. 分类与分布 烙铁头（*Trimeresurus mucrosquamatus Cantor*，1893）又名龟壳花蛇、野猫种、蕲蛇盖、笋壳斑、老鼠蛇钱斑、吊树猫、厘戥蛇、龟壳花等，是蝰科（Viperidae）蝮亚科（Crotalinae）烙铁头属（*Trimeresurus*）蛇类。分布于甘肃、四川、云南、贵州、安徽、浙江、江西、湖南、福建、台湾、广东、广西和海南等省区。

2. 生物学特性 烙铁头，头呈三角形，颈细，吻较窄，体前部与头尤如“火烙铁”，故名烙铁头。其头顶具细鳞，并有“∧”形褐色斑纹。体背面棕褐色，背中央两侧具并列的褐色斑纹，左右相连而成链状，该斑纹下面还具不规则的小斑纹。腹部灰褐，具斑点若干。烙铁头体长70～100cm。

烙铁头生活在海拔200～1 400m的丘陵山区灌木林、竹林、溪边、住宅附近的阴湿环境中。有时能盘缠在树上或竹子上，或在住宅附近的草丛、垃圾堆、柴草堆、石缝中活动。烙铁头多在夜间活动，偶尔在白天也能见到，有人曾见到白天在山溪内游动。常利用树洞或竹洞作为越冬场所。

烙铁头嗜食鼠类与鸟类，也食鱼类、蛙类或蜥蜴。在人工饲养条件下，常以鼠类作为食饵，一般每周投喂一次，每次每条蛇投喂1～2只老鼠。

烙铁头是管牙类毒蛇，由于身体瘦长，捕捉食物或攻击人、畜都比较灵活。有时在晚间寻找食物而侵入住宅时，有攻击性。当人、畜接近时，容易被它突然咬伤。但一般不主动袭击人。烙铁头的蛇毒主要是血循毒，被咬伤后，伤口流血不止、疼痛难忍，症状明显，来势凶猛，若治疗不及时，易造成死亡。

烙铁头为卵生，每次产卵3～15枚，靠自然温度孵化，孵化期35～45d。

（八）竹叶青

1. 分类与分布 竹叶青（*Trimeresurus stejnegeri stejnegeri Schmidt*，1925）又名青竹蛇、小青蛇、小青虫、焦尾巴、刁竹青、红蓝蛇、青竹标、白线连、红线连、赤尾殆、红眼蜻蜓蛇、青竹丝、金线连等，是蝰科（Viperidae）蝮亚科（Crotalinae）烙铁头属（*Trimeresurus*）蛇类。分布于吉林、甘肃、四川、云南、贵州、湖北徽、江苏、浙江、江西、湖南、福建、台湾、广东、海南西等省区。

2. 生物学特性 竹叶青通身绿色，头三角形，其顶部青绿色，眼红色，体侧具白色或淡黄色纵线，或白纵线下伴有一条红色纵线。有的双条白线，再加红线。尾端呈焦红色。竹叶青体长60～90cm，体重60～100g。

竹叶青生活在海拔200～2 320m山区的树丛及竹林中，也栖息在山区阴湿溪边、杂草灌木丛中及岩石上。竹叶青纯绿的体色和适于缠绕的尾部，适宜树栖生活，其昼夜均能出洞活动，但以夜间活动更为频繁，常吊挂或缠绕在溪边的树枝上；有时盘曲在石头上，头朝着溪流。由于竹叶青数量多，活动场所多样，且又具保护色，故也是主要的毒蛇之一。

竹叶青嗜食蛙类和蝌蚪、鸟类、鼠类，也食蜥蜴。人工饲养下往往喂以个体较小的小鼠，每次2～3只。

竹叶青是我国长江以南地区常见的毒蛇，性情较怯弱，受到惊扰时，若盘曲在溪边岩石上，就缓缓向水中游去。但因其具有保护色，不易被人发现，人们往往被其咬伤。竹叶青咬物一次排出毒液为28mg左右，一般对人来说并不十分严重，但若治疗不当，也有可能造成生命危险。

竹叶青为卵胎生，一般5月份出洞，7～8月份产仔，每次产3～15条。刚出生的竹叶青的仔蛇具有毒牙，也能咬伤人，养殖中要特别加以注意。

二、我国常见无毒经济蛇类简介

（一）蟒蛇

1. 分类与分布 蟒蛇（*Python molurus bivittatus Schlegel*）又名蚺蛇、

琴蛇、南蛇、金花大蟒等，古时称其为巴蛇，是蟒科（Boidae）蟒蛇亚科（Boinae）蟒属（*Python*）蛇类。本属在全球已知有 7 种，产于我国的仅蟒蛇 1 种。分布于云南、福建、广东、广西、贵州和海南等地。

2. 生物学特性　蟒蛇头颈区分明显，吻扁平而钝圆，在吻鳞及前两枚长唇鳞间具唇窝。头背部除有对称的大鳞片外，覆盖的其他鳞片形小而多，体鳞也较小，光滑无棱，腹鳞狭窄。体背和两侧由 2～3 条金黄色的横纹构成许多大斑，腹面为褐色和草黄色的混合色。尾下鳞为双行，尾短而粗，有缠绕性。肛门前面两侧各有一矩状的后肢痕迹。蟒蛇是我国所产蛇类中最大的一种，体长一般为 300cm 以上，体重为 14kg 左右。体型大者可达 600～700cm，体重可达 50～60kg。

蟒蛇生活在热带和亚热带土山常绿阔叶雨林区和石山常绿阔叶藤本灌丛区。蟒喜热怕冷，常在溪间或树林中盘作一团，有时用身体后部攀绕在树枝上；有时横躺在地上静止不动；有时钻进洞穴中。昼夜均出洞活动，但一般在夜间猎食。

蟒蛇为广食性蛇类，其食谱中不仅有鱼类、蛙类、蛇类和鼠类，还有鸟类和哺乳动物，如山羊、穿山甲、果子狸等，家禽、家畜也是蟒蛇的美食，其中最嗜食鼠类与蛇类。一次可以吞食与自身体重相当或超过自身体重的大型动物。蟒蛇体大无毒，行动迟缓。一般情况下，是静止栖息在猎物附近，待猎物靠近时，突然袭击猎物，咬住并用身体将猎物缠绕绞杀致死，然后从猎物头部开始吞食之。

蟒蛇卵生。每年 4 月出蛰，6～7 月份开始产卵，每次产卵 8～30 枚，多者可达 40～100 枚。卵大，每枚重 70～100g。壳软且韧。具护卵性，产卵后，以身体将卵盘卷中间孵化，孵化期 60 天左右。

（二）赤链蛇

1. 分类与分布　赤链蛇（*Dinodon rufozonatum Cantor*，1842）又名火赤链、红斑蛇，是游蛇科（Colubridae）游蛇亚科（Colubrinae）链蛇属（*Dinodon*）蛇类。黑龙江、吉林、辽宁、河北、河南、山东、山西、陕西、内蒙古、湖北、湖南、四川、云南、贵州、安徽、江苏、江西、浙江、福建、台湾、广东、海南和广西等省、自治区均有分布。

2. 生物学特性　赤链蛇头部鳞片黑色，具明显的红色边缘，背部具黑色和红色相间的横带。体长可达 130～145cm，体重达 300～500g。

赤链蛇生活在田野、山林、村镇、路边、园地、住宅以及水源附近，亦能攀树，多在傍晚和夜间活动。赤链蛇受到惊扰时，常盘曲成团，当无路可退时，也能昂首作攻击状，喜欢咬人。赤链蛇冬眠时常有与蝮蛇、黑眉锦蛇、乌梢蛇及枕纹锦蛇等其他蛇杂居的现象。

赤链蛇食性较广，鱼类、蛙类、蟾蜍、蜥蜴、蛇类、幼鸟及鼠类均可食用。人工饲养状态下，常以小鼠作为饵料。

赤链蛇卵生，每年 7～8 月份产卵，每次产卵 10～11 枚，孵化期 30 天左右。初出壳仔蛇长 23～24cm，颜色、形状和行动与成蛇相同。

（三）王锦蛇

1. 分类与分布 王锦蛇（*Elaph cartnata Cantor*，1858）又名棱锦蛇、松花蛇、王字头、菜花蛇、麻蛇、棱鳞锦蛇、锦蛇、王蛇、油菜花、黄蟒蛇、臭黄颌等，是游蛇科（Colubridae）游蛇亚科（Colubrinae）锦蛇属（*Elaph*）蛇类。分布于河南、陕西、甘肃、四川、云南、贵州、湖北、安徽、江苏、浙江、江西、湖南、福建、台湾、广东和广西等省区。

2. 生物学特性 王锦蛇头部及体背鳞片的四周黑色，中央黄色，头部前端具呈“王”字形的黑色花纹；体前半部具 30 条左右较明显的黄色斜斑纹，至体后半部消失，仅在鳞片中央具油菜花瓣状的黄斑，腹面黄色。一般来说，王锦蛇的幼蛇色斑与成体差别很大。幼体头部无“王”字形斑纹，往往使人误以为是其他种蛇。王锦蛇体形较大，体长一般为 170～190cm，也有长达 200cm 以上者，体重 1～1.5kg。

王锦蛇生活在山地、平原及丘陵地区，活动于河边、水塘旁、玉米地或干河沟内，亦偶尔可在树上发现它们的踪迹。王锦蛇行动迅速，性较凶猛。

王锦蛇为广食性蛇。嗜食蛙类、鸟类与鸟蛋、蜥蜴、鼠类与蛇类。食物匮乏时，王锦蛇甚至吃食自己的幼蛇，因此，在养殖中尤其要加以注意。

王锦蛇卵生，每年 7 月左右产卵，每次产卵 8～14 枚。卵较大，靠自然温度孵化，孵化期为 30 天左右。据观察，王锦蛇产卵后盘伏在卵上，似有护卵行为。王锦蛇肛腺能发出一种奇臭，故有臭黄颌之称。

（四）百花锦蛇

1. 分类与分布 百花锦蛇（*Elaphe mollendorffi Boeffger*）又名白花蛇、百花蛇、菊花蛇或花蛇，是两广地区的大型无毒蛇。是游蛇科（Colubridae）游蛇亚科（Colubrinae）锦蛇属（*Elaphe*）蛇类。分布于我国的广西和广东。

2. 生物学特性 百花锦蛇体色美丽，头背赭红色，唇部灰色，体背部灰绿色，具三行略呈三角形的深色大斑块，两侧的斑块较小。因其部分鳞片边缘是黄白色或白色，使整体略呈白花状，故有白花蛇或花蛇之称。百花锦蛇体长一般为 160～190cm，也有的可达 210cm 以上。

百花锦蛇生活在海拔 50～300m 的石山脚下、岩石缝穴之中，有时水沟或小河边的乱石草丛中也有见，甚至也可以在居室内发现它们的踪迹。此种蛇昼夜均较活跃，但以晚间 8～10 时最为活跃。

百花锦蛇嗜食鼠类，也食昆虫、蜥蜴、鸟类和蛙类。

百花锦蛇为卵生，每年 7 月中下旬产卵，每次产卵 6～14 枚。

（五）三索锦蛇

1. 分类与分布 三索锦蛇（*Elaphe radata Schlegel*，1837）又称为三索线蛇、广蛇等，是游蛇科（Colubridae）游蛇亚科（Colubrinae）锦蛇属（*Elaphe*）蛇类。分布于云南、贵州、福建、广东和广西等地。

2. 生物学特性 三索锦蛇头背部棕黄色或灰棕色，眼后及眼下共有 3 条放射状黑线纹，枕部有一黑横纹，体前部两侧各有 3 条黑纵纹，靠背中央的一条最粗大。三索锦蛇体长 160cm 左右，体重可达 400g 左右。三索锦蛇生活在平原、丘陵、山地河谷地带，多见于土坡、田边和路边。三索锦蛇在受到惊扰而被激怒时，常侧偏颈部，身体前部呈 S 形，作攻击姿态。

三索锦蛇嗜食鼠类、鸟类、蜥蜴和蛙类等，有时也食蚯蚓。卵生，一般在 7 月份产卵，每次产卵 4～8 枚。

三索锦蛇肉味鲜美，是我国南方著名的食用蛇。其肉具有祛风除湿、舒筋活络的功效，主治风湿性关节痛、神经衰弱、消化不良等症。与眼镜蛇、金环蛇、银环蛇和百花锦蛇配伍，合称“五蛇”，是五蛇酒的原料之一。

（六）红点锦蛇

1. 分类与分布 红点锦蛇（*Elaphe rufodorsatv Cantor*）又名水蛇，是游蛇科（Colubridae）游蛇亚科（Colubrinae）锦蛇属（*Elaphe*）蛇类，是一种小型无毒蛇。分布于黑龙江、吉林、辽宁、河北、河南、山东、山西、湖北、安徽、江苏、浙江、江西、福建、台湾和广西等省区。

2. 生物学特性 红点锦蛇头部具有三条“∧”形花纹，一条在吻背，穿过眼沿头侧向后，另两条在额部沿枕部向后，分别延续为尾背面的四条黑褐色纵纹。纵纹前段大都为斑点，斑点中心呈红色，边缘为棕黑色。四条长纹中又间杂三条浅色长纹，正中一条为红棕色。体长 37～75cm，体重为 100～200g。

红点锦蛇生活在近水的草丛里，常在沼泽地、池塘、河流、湖泊和稻田附近活动。

红点锦蛇嗜食泥鳅和鳝鱼，也食蛙类。

红点锦蛇卵胎生，一般在 7～8 月份产仔，每次产仔蛇 7～8 条，也有高达 10 多条的。

（七）黑眉锦蛇

1. 分类与分布 黑眉锦蛇（*Elaphe taeniurus Cope*，1811）又名菜花蛇、枸皮蛇、黄颔蛇、秤星蛇等，是游蛇科（Cotubridae）游蛇亚科（Colubrina）锦蛇属（*Elaphe*）蛇类。分布于辽宁、河北、河南、山西、陕西、甘肃、西藏、四川、云南、贵州、湖北、安徽、江苏、浙江、江西、湖南、福建、台湾、广东、广西和海南等省区。

2. 生物学特性　黑眉锦蛇体背呈棕灰色或土灰色，具横行的黑色梯状纹，前段较明显，到体后逐渐不明显；体后具四条黑色长纹延至尾端；腹部为灰白色，尾部及体侧为黄色。眼后具一明显眉状黑纹延至颈部，故而得名。黑眉锦蛇体长128cm左右，体重1～1.5kg。

黑眉锦蛇生活在高山、平原、丘陵、草地、园田及村舍附近，也常在稻田、玉米地、河边及草丛中活动，也能在居室内、屋檐及屋顶见到。黑眉锦蛇是无毒蛇，但性较凶暴。当受到惊扰时，即能竖起头颈，使身体呈s状，做攻击之势。

黑眉锦蛇嗜食鼠类、鸟类和蛙类，也吃食昆虫。人工饲养条件下，一般喂以老鼠，每周投喂一次，每次投喂4～5只。

黑眉锦蛇卵生，每年5月份左右交配，6～7月份产卵，每次产卵6～12枚，孵化期为30天左右，但卵的孵化期受温度影响很大，最长者可达72天。

（八）虎斑游蛇

1. 分类与分布　虎斑游蛇（*Rhobdophis tigrma lateralis*）又名野鸡脖子、竹竿青、菜子蛇和野鸡项等，是游蛇科（Colubridae）游蛇亚科（Colubrinae）竿蛇属（*Rhobdophis*）蛇类。分布于黑龙江、吉林、辽宁、河北、山东、山西、陕西、内蒙古、甘肃、西藏、四川、贵州、湖北、安徽、江苏、浙江、江西、湖南、福建和广西等省区。

2. 生物学特性　虎斑游蛇体背部翠绿或草绿色；前段两侧黑色与橘红色相间排布；体后段为绿色，并具黑斑；腹面暗灰绿色。由于该种蛇色斑鲜艳，常被误认为是毒蛇。体长一般为50～76cm，体重200～400g。

虎斑游蛇生活在平原、山区、丘陵地带，常出没在路边、菜园、玉米地、水沟边和近水或潮湿多草的地方，也见有隐伏在树荫的灌木草丛或远离水源的草原上。主要在白天出来活动，为昼出性活动的蛇类。

虎斑游蛇嗜食蛙类、蟾蜍和蝌蚪，有时也吃鱼类、鸟类、鼠类或昆虫。在人工饲养条件下，以投喂泥鳅为主要饵料。

虎斑游蛇卵生，每年6～8月份产卵，每次产卵10枚以上。据观察，有的虎斑游蛇产卵可达47枚之多。孵化期为29～50天不等。刚孵出的仔蛇体长可达15～17cm。

（九）灰鼠蛇

1. 分类与分布　灰鼠蛇（*Ftyas korros Schlegel*，1837）又名黄梢蛇、索蛇、过树龙、上竹龙、黄肚龙等，是游蛇科（Colubridae）游蛇亚科

(Colubrinae) 鼠蛇属（*Ptyas*）蛇类。本属在全球仅有 2 种，分布于阿富汗至东南亚一带。在我国灰鼠蛇分布于云南、贵州、江西、湖南、福建、台湾、广东、广西和海南等省区。

2. 生物学特性 灰鼠蛇头长圆，眼大。头及体背棕灰色，每片鳞片的中央为黑褐色，各鳞前后缀连呈黑褐色的细纵纹。唇缘及腹部呈淡黄色，腹鳞两端与体色相同，体后部及尾部鳞缘为黑色，呈细网状花纹。灰鼠蛇体长 70～160cm，体重 300～500g。

灰鼠蛇生活在海拔 1 000m 以下的山区、丘陵和平原地带，常活动于河谷、农田、路边和河边的草坡、灌木林下；也栖息于树上，能在树梢上爬行，有时盘在树枝上，故而有“过树龙”之名。雨后常在近水处活动，昼夜均活动。灰鼠蛇为无毒蛇，行动敏捷，性温顺，一般不主动袭击人。据介绍，灰鼠蛇在被捉住时，具有断尾逃逸的习性。

灰鼠蛇嗜食蛙类、蜥蜴、鸟类及鼠类，也食鸟卵。人工饲养条件下，常以小鼠作为食饵，每周投喂一次，平均每条每次投喂 2～3 只小鼠。

灰鼠蛇为卵生，每年 5～6 月份产卵，每次产卵 8～10 枚。卵靠自然温度孵化，孵化期为 50 天左右。

（十）滑鼠蛇

1. 分类与分布 滑鼠蛇（*Ptvas mucosus Linnaeus*，1758）又名黄闺蛇、水律蛇、水南蛇、长标蛇等，是游蛇科（Colubridae）游蛇亚科（Colubrinae）鼠蛇属（*Ptyas*）、蛇类。分布于浙江、江西、福建、台湾、湖南、湖北、安徽、广东、广西、四川、云南、贵州、西藏等地。

2. 生物学特性 滑鼠蛇头背部黑褐色，唇鳞淡灰色，后缘黑色。腹鳞前段后缘及尾下鳞后缘为黑色。背部棕色，体后部有不规则的黑色横斑，至尾部形成黑色网状纹。滑鼠蛇是我国所产无毒蛇中较大者，体长可达 2m 以上，体重一般为 1～2kg。

滑鼠蛇生活在平原、山区和丘陵地带。白天常在近水的地方活动。滑鼠蛇行动比较敏捷，性凶猛，性喜咬人。能迅速回头，当捕捉它时，只有抓住靠近头部 30cm 之内时，才能使它不能回头咬人。

滑鼠蛇嗜食蟾蜍、蛙类、蜥蜴、鸟卵和鼠类等食蛇类。在人工饲养条件下，常以小鼠作为饵料喂一次，每次每条投喂小鼠 4～5 只。

滑鼠蛇卵生，每年 7～8 月份产卵，每次产卵 6～11 枚左右。卵靠自然温度卵化，孵化期为 60 天左右。

（十一）乌梢蛇

1. 分类与分布 乌梢蛇（*Zaocys dhumnades Cantor*，1842）又名乌蛇、乌风蛇。属于游蛇科（Colubridae）游蛇亚科（Colubrinae）乌梢蛇属

(*Zaocys*) 蛇类。分布于我国的河北、四川、贵州，湖北、安徽、江苏、浙江、台湾、广东和广西等省区。

2. 生物学特性 乌梢蛇体背青灰褐色，各鳞片的边缘黑褐色。背中央的两行鳞片黄色或黄褐色，外侧的两行鳞片黑色，纵贯至尾。身体背方后半部黑色，腹面白色。乌梢蛇体长 150～250cm，体重 0.5～1.5kg。

乌梢蛇生活在平原、山区和丘陵的田野间，常常在路边、农田附近或近水旁的草丛中活动。乌梢蛇是无毒蛇，性较温和，行动敏捷，但一般不主动袭击人。

乌梢蛇嗜食蛙类，也食鱼类和蜥蜴。

乌梢蛇卵生，每年 7～8 月份产卵，每次产卵 6～14 枚，自然温度孵化，孵化期为 30 天左右。幼蛇出壳后，性情凶猛，爱咬人。

第四节 蛇的生殖行为与繁殖

一、蛇的生殖类型

蛇是雌雄异体动物，一般生长发育到 3 年以后的个体达到性成熟。在外部形态上，两性差异不大。一般雄蛇头部较大，尾部较长，逐渐变细。雌蛇头部相对较小，尾部较粗，向后突然变细。用手紧捏蛇的肛门孔后端，雌蛇肛门孔显得平凹，而雄蛇的肛门孔中会露出两个“半阴茎”，即一对交接器。

蛇的种类不同，繁殖行为和生殖类型也不同。

(一) 雌蛇的生殖类型

大多数蛇类是产卵繁殖，称为卵生型，也有一部分是产仔繁殖，称卵胎生型。

(二) 雄蛇的生殖类型

H·圣·格朗斯 (H. Saint Gimns) 按雄性蛇类生殖活动的周期性变化情况，将其分为四个主要生殖类型。

1. 夏季型及交配后型 精子发生于温暖的季节，成熟的精子贮存于附睾及输精管内，或通过交配而贮存于雌蛇的输卵管内越冬，交配期一般在春天，亦有些种类在春、秋两季两次。

2. 混合型 精子发生周期始于晚春，但在翌年春天才完成。

3. 交配前型 精子发生周期一般在交配期结束前完成。

4. 连续型 整年都有生殖活动。

蛇的生殖周期比较复杂，随着地理分布和蛇种的不同而有一定的差异，即使同属一科及地理环境相似，亦有不同的生殖类型，如欧洲蝰亚科中的种类毒蛇（Vipera aspis）、欧蝰（V. seoane）、翘鼻蝰（V. latastei）均为混合型生殖型。唐大由等（1996）研究了雄性银环蛇生殖器官的季节性变化，认为银环蛇精子发生周期始于3月下旬出蛰后，6月份曲细精管明显增大，偶见成熟精子，随后精子相继成熟，7月份睾丸重量达高峰，10月份精子排到附睾及输精管，睾丸重迅速下降，与上述夏季型及交配后型相符合。蝮蛇、渔游蛇、水蛇和日本的虎斑游蛇也属于此生殖类型。而洛夫茨（Lofts）报道的香港眼镜蛇却与银环蛇不同，眼镜蛇的精子发生始于8月底9月初，9月底具有少数精母细胞，偶尔有精细胞，至11月中旬，大部分的曲细精管已有少数精细胞及精子。如此持续数月之久，至翌年3月份后，精子形成达到高峰，因而眼镜蛇的生殖类型属于混合型。

二、蛇类的发情与交配

（一）蛇的交配季节

蛇类在春季或秋季发情交配，为季节性发情动物。其发情交配期因蛇的种类而异，大多数蛇类在出蛰后不久交配，而在夏天产卵或产仔（表10-1）。

表10-1 几种蛇的交配、产卵时间（月份）

蛇　种	交配时间	产卵（仔）时间	蛇　种	交配时间	产卵（仔）时间
眼镜蛇	5～6	6～8	竹叶青		7～8
银环蛇	5～6	6～8	尖吻蝮	4～5 10～12	6～9
金环蛇	4～5	5	白眉蝮蛇	5月末 8～9	8月下旬至9月下旬
黑眉锦蛇	5～6	7	乌梢蛇	5～6	7～9

蛇类在春季交配，夏季产卵或产仔，这样幼蛇才能有较长时间摄取食物，便于生长，使体内积存充足的能量，以度过第一个寒冬。显然，这是蛇类在繁殖上对环境的一种适应。

（二）发情表现

到了交配季节，雌蛇常会从皮肤和尾基部腺体发出一种特有的气味，雄蛇便靠敏锐的嗅觉找到同类的雌蛇。有些蛇在交配前有求偶表现，如眼镜蛇在交配前把头抬离地面很高，进行一连串的舞蹈动作，这种舞蹈动作可持续1h以上。雄蟒蛇则用残留的后肢去搔抓雌蛇，挑逗雌蛇性兴奋。

（三）交配

交配时，雄蛇从泄殖孔伸出两侧的半阴茎，并用尾部缠绕雌蛇，如缠绳状，尾部抖动不停，雌蛇则伏地不动。蝮蛇交配时，雄蛇伏于雌蛇体背部，尾部缠绕雌蛇，每次交配，雄蛇只将一侧交接器（半阴茎）伸入雌蛇泄殖腔内，射精后雄蛇尾部下垂，使交接处分开，两蛇仍有一段时间静伏不动，以后雌雄再分开，雄蛇先爬走，雌蛇恢复活动较晚。

在繁殖季节，一条雄蛇可与几条雌蛇交配，而雌蛇只交配 1 次，且交配后，精子在雌蛇泄殖腔中能维持 3 年的受精能力，因此，人工饲养条件下，雄、雌比例以 1∶（8～10）为宜。

三、蛇类的产卵（仔）与孵化

（一）产卵（仔）

1. 产卵　蛇一般在 6 月下旬至 9 月下旬产卵，每年 1 窝。蛇卵为椭圆形，有的较长，有的较短，大多数蛇卵为白色或灰白色。卵壳厚，质地坚硬，富于弹性，不易破碎。刚产的卵，表面有黏液，常常几个卵粘在一处。蛇卵的大小差别万千，小的如花生米大小，如盲蛇卵；大的比鹅蛋还大，如鳞蛇卵。产卵时间的长短与蛇的体质强弱和有无环境干扰有关。正在产卵的蛇如受到惊扰均会延长产程或停止产卵，停产后蛇体内剩余的卵，两周后会慢慢被吸收。

2. 产仔　卵胎生的蛇，大多生活在高山、树上、水中或寒冷地区，它的受精卵在母体内生长发育，产仔前几天，雌蛇多不吃不喝，选择阴凉安静处，身体伸展呈假死状，腹部蠕动，尾部翘起，泄殖肛孔张大，流出少量稀薄黏液，有时带血性。当包在透明膜（退化的卵壳）中的仔蛇产出约一半时，膜内仔蛇清晰可见，到大部分产出时，膜即破裂，仔蛇突然弹伸而出，头部扬起，慢慢摇动，作向外挣扎状。同时，雌蛇腹部继续收缩，仔蛇很快产出。也有的在完全产出后胎膜才破裂。仔蛇钻出膜外便能自由活动，5 分钟后即可向远处爬行，脐带脱落。

3. 产卵（仔）数　蛇产卵（仔）数个体之间差异较大，不仅因种类不同而不同，也因年龄、体型大小和健康状态而有差别。一般同一种蛇体型大而健康的个体，产卵或产仔数要多于体小、老弱的个体（几种蛇的产卵（仔）数参见表 10－2）。

表 10－2　几种蛇的产卵（仔）数（个）

蛇　种	最多	最少	平均
金环蛇			8～12
银环蛇	20	3	6～7
眼镜蛇			10～18
眼镜王蛇	41		21～23

（续）

蛇　种	最多	最少	平均
蕲蛇	39	6	10～12
蝮蛇	17	2	2～6
乌梢蛇	17		8～12
竹叶青			3～15

（二）孵化

大多数蛇产卵后就弃卵而去，让卵在自然环境中自生自灭，也有一些蛇有护卵现象，如眼镜王蛇能利用落叶做成窝穴，产卵后再盖上落叶，雌蛇伏在上面不动，雄蛇则在附近活动。蟒蛇、银环蛇、蕲蛇产卵后，亦有护卵习性，终日盘伏在卵上不动。蟒蛇伏在卵堆上，可使卵的温度增高4～9℃，显然，这有利于卵的孵化。

1. 孵化期　蛇的种类不同，卵的孵化期相差很悬殊，短则几天，长的可达几个月之久。同一种蛇，孵化期的长短与温度、湿度密切相关。在适温范围内，温度越高，孵化期越短。一般孵化温度以20～25℃为宜，孵化湿度为50%～90%，孵化时间为40～50天。如果孵化温度低于20℃，相对湿度高于90%，孵化的时间就要延长，并有部分孵不出来；如果孵化温度高于27℃，相对湿度低于40%时，蛇卵因失水而变得干瘪而又坚硬。

2. 人工孵化　产下的蛇卵必须及时放入孵化器内孵化。孵化器采用木箱或水缸均可。将干净无破洞的大水缸洗刷干净，消毒、晾干，放在阴凉、干燥而通风的房间内，缸内装入半缸厚的沙土。沙土的湿度以用手握成团，松开手后沙土就散开为宜。沙土上摆放三层蛇卵（横放），缸内放1支干湿温度计，随时读取并调整孵化温、湿度，以确保高孵化率。缸上盖竹筛或铁丝网，以防鼠类吃蛋或小蛇孵出后逃逸，用适量新鲜干燥的稻草（麦秸或羊草）浸水1小时，湿透后拧干水放在卵面上，经3～5天再将草湿透拧干放上，以此法调节湿度，每隔10天将卵翻动1次。整个孵化期，室温控制在20～25℃，相对湿度以50%～90%为宜，经25～30天孵化，便可从卵壳外看到胚胎发育情况。若卵胚中的网状脉管逐渐变粗，逐步扩散，说明胚胎发育良好，能孵出小蛇。若胚胎没有脉管或脉管呈斑点状且不扩散，说明胚胎已经夭折，需及时剔除。

3. 仔蛇出壳　仔蛇出壳时，是利用卵齿划破卵壳，呈2～4条1cm长的破口，头部先伸出壳外，身躯慢慢爬出，经20～23h完成出壳。刚出壳的仔蛇外形与成蛇一样，活动轻盈敏捷，但往往不能主动摄食和饮水，必须人工辅助喂以饵料。

第五节　经济蛇类饲养管理

由于蛇的种类不同，其生活习性各有差异，其饲养管理技术也随之各不相同。再者，由于养殖目的不同，最终产品不同，饲养管理的环节也就有所不同。依据蛇的种类、性别、年龄和个体大小不同进行分级饲养管理非常必要。

一、蛇的捕捉

捕蛇之前，为了防止被蛇咬伤，捕蛇者宜准备一些常用治疗蛇伤的中成药、蛇毒抗血清、缚扎用的布带、小刀、碘酒等急救用品。捕蛇的方法很多，熟练的人，可以不用工具徒手捕捉，徒手捕蛇的有抓尾法和手抓脚踩法等。在生产实践中，从安全考虑，以用简单的器械捕蛇为好。常用的器械捕蛇具体方法有以下几种。

（一）木叉法

先用木叉或竹叉叉住蛇的颈部，然后俯下身去用自己的胸部抵住叉柄，再用一只手抓住蛇的颈部，另一只手握住蛇的后部，将蛇捉住。

（二）网兜法

是用于迅速爬行或水中游动的蛇类。网兜是用 1 根 2m 长的竹竿或木杆，在顶端绑一铁环，把长筒形的网袋或抹布袋扎在铁环上。捕蛇时，先用网兜将蛇网住，再用一种竹夹夹住，然后将网兜提起，网口对准蛇笼口，把蛇倒进蛇笼中，立即盖好笼盖。

（三）压泥法

捕捉在地面上活动的蛇，可以用 1 大块黏泥块用力向蛇摔去，把蛇黏压在地上，使其一时不能逃走，然后用手或工具捕抓。

（四）索套法

一般用于捕捉在乱石上、草丛种或地上翘起头颈的蛇。用长约 1m 的竹竿打通竹节，穿过 1 条具有一定硬度和弹性的绳索，做个活套，从蛇的背部迅速套竹蛇的颈部，随即收紧活套将蛇缚住，但不要用力过大，以免使蛇颈部受伤或窒息。

（五）蒙罩法

这种方法适用于捕捉凶猛、活动范围较大的毒蛇。在接近这些蛇时，它们会立即竖起身体前部，并“呼呼”作响，这时可以用草帽、斗笠、衣服、蓑衣等向蛇头甩去，蒙住蛇头，并立即用手压住，然后用脚踩住蛇身，再用手捕捉蛇的颈部，迅速将起放入袋中或笼内。

二、毒蛇咬伤的急救

（一）毒蛇与无毒蛇的区别

现存的蛇类中，约有近 600 种为毒蛇，我国有毒蛇 66 种。在我国的毒蛇中，有 10 种属于游蛇科的后沟牙类，并不对人造成危害。海蛇科的毒蛇约 16 种，终生生活于海域中，只有沿海的渔民偶尔被咬的病例；其他 20 种毒蛇，至少又有 13 种十分罕见或分布区极其狭窄。所以毒性较强、分布较广、数量较多和经常引起蛇伤的毒蛇，通常只占毒蛇种类的 1/5 左右。

毒蛇与无毒蛇最主要的区别，在于毒蛇有毒腺和毒牙，无毒蛇则无此特征。此外，还有下列特点可供识辨毒蛇和无毒蛇（表 10－3）。

表 10－3　毒蛇于无毒蛇的区别

特征	毒　蛇	无 毒 蛇
体形	较短粗	较细长
头形	较大，多呈三角形	较小，多呈椭圆形
毒牙	有	无
眼间鳞	两眼之间有大型和小型的鳞片	两眼之间有大型的鳞片
颊窝	蝮蛇类有	无
瞳孔	直立或椭圆	圆形
尾巴	短，自泄殖腔后聚细长	长，自泄殖腔后渐细长
肛	多为一片	多为两片
生殖方式	多卵胎生	多卵生
动态	栖息时经常盘团，爬行时蹒跚大意，一般较凶猛	栖息时不盘团，爬行时很敏捷，一般较凶猛

（二）蛇毒及蛇伤的紧急处理

1. 蛇毒　蛇毒是一种复杂的蛋白质，进入人和动物体内后，能随淋巴及血液扩散，引起中毒症状。前沟牙蛇类对人的危害较大，分别含有眼镜蛇神经毒、α－环蛇毒神经毒和海蛇神经毒等神经毒（neurotoxic），可使乙酰胆碱失去作用，造成机体的神经肌节头之间的冲动传导受阻，短时间导致中枢神经系统麻痹而死。管牙类的蛇毒中含有血循毒（hemotozic），可引起伤口剧痛、水肿、渐至皮下出现紫斑，最后导致心脏衰竭死亡。通常蛇毒的毒性强度与各种蛇毒的性质和毒蛇咬人时的排毒量有关。例如，眼镜王蛇排毒量多，毒性强；竹叶青排毒量少，毒性也小；银环蛇排毒量少，但毒性强，了解这些对有效地预防毒蛇咬伤和处理蛇伤，具有重要的意义。

2. 蛇伤的紧急处理 一般来说，毒蛇的行动大多比较缓慢，很少攻击咬人，只有当人们在工作中，无意踩到、接触蛇体或捕蛇不当时才会发生咬伤事故。因此，蛇咬伤的部位通常都在下肢的脚踝以下，其次是上肢或头、胸部。蛇类活动的最适气温是 18～30℃，所以在我国长江以南地区，7～9 月份是蛇伤发病率最高的季节，尤其在夏季闷热欲雨或雨后乍晴的天气，由于蛇洞内气压低而湿度大，毒蛇经常出洞活动，咬人致伤。

如果被毒蛇咬伤，在条件许可下应立即将蛇击毙，同时将蛇带往就医，这对根据毒蛇的种类来采取对症治疗是极为重要的。假如确系毒蛇所咬，就会在伤处留有 2 个大而深的牙痕，发红伤口灼热疼痛，在几分钟内显著肿胀，并迅速扩散肿胀范围，同时还会发生头晕、眼花、抽搐、昏睡等症状。

毒蛇咬伤的紧急局部处理原则是尽快排除毒液，延缓蛇毒的扩散，以减轻中毒症状。一般应立即在伤口上方 2～10cm 处用布带扎紧，阻断淋巴和静脉血的回流，并隔 15～20min 放松布带 1～2min，以免血液循环受阻，造成局部组织坏死，如注射抗蛇毒血清后，可解除结扎。结扎后，应用清水、盐水或 0.5%浓度的高锰酸钾溶液反复冲洗伤口。此外，还可使用扩创排毒（被尖吻蝮或蝰蛇咬伤不宜采用此法）、拔火罐或口吸法等排除蛇毒。紧急处理后，要及时就近求医治疗。

目前，我国在蛇毒分析和蛇伤防治方面的研究均已取得重大成就，除运用单价或多价抗蛇毒血清和 α-糜蛋白酶等特效药物治疗蛇伤外，还可采用多种中草药及研制成的各种蛇药。这些都极大地提高了毒蛇咬伤的治愈率。

三、幼蛇的饲养管理

蛇自卵中出壳或自母体产出至第一次冬眠出蛰前为幼蛇期。一般来说，1～3 日龄的幼蛇以吸收卵黄囊的卵黄为营养，不需投喂食饵，但需要供给清洁的饮水。幼蛇自 4 日龄起开始主动进食，4 日龄称为开食期。

（一）开食

4 日龄的幼蛇活动能力不强，主动进食能力较差，因此需要采取人工诱导开食。人工诱导开食的方法是：在幼蛇活动区投放幼蛇数量 2～3 倍的饵料动物幼体，造成幼蛇易于捕捉到食饵的环境，诱其主动捕食。这段时间要确保每条幼蛇都能捕食到饵料动物，这是开食时期最重要的。

开食时，投喂蛇类喜食的饵料动物幼体，要求是体小、有一定的活动能力。如，为银环蛇提供小泥鳅、小鳝鱼等，为尖吻蝮或日本蝮提供小蛙、幼鼠或 3 日龄内的雏鸡等。

开食时，必须随时注意观察是否所有的幼蛇均已主动进食。对于体弱不能主动进食的幼蛇要分隔开来。同时，可利用洗耳球等工具给幼蛇强制灌喂一些鸡蛋或牛奶等流体饲料。强制灌喂时，除了需要注意不被幼蛇咬伤外，还要注意所用灌喂工具都既要有良好的刚性，又不能伤及幼蛇。

（二）幼蛇管理

幼蛇的饲养管理方法与饲养目的直接相关，因而，各个环节也略有差异。一般来说，幼蛇管理主要包括饲养密度、温度、湿度、投饵周期与蜕皮期管理等。

1. 饲养密度 刚出生或刚出壳的幼蛇个体较小，活动能力差，因而其密度可略大一些。例如，作为药材而饲养的银环蛇，其17日龄前的幼蛇便是成品，因而在饲养密度上可以略高一些，每平方米100条左右；但若作为种蛇，则每平方米为40～60条。由于蛇的种类不同，幼蛇大小各不相同，饲养者要依据所养蛇的种类、幼蛇个体的状况，调整密度。调整密度的原则是：蛇体的总面积约占养殖场地面积的1/3左右，以使蛇有活动和捕食的场所。以银环蛇为例，可以采取在饲养初期每平方米100条的高密度，而在10～17日龄时捡出40～60条作为商品蛇，余下的继续饲养，这样可以省掉了转群环节。

2. 温度 同种蛇的温度适应范围基本上相差不多，但幼蛇对温度的适应范围略宽一些。大多数蛇的幼蛇，在其自然产出或孵化出壳时，周围的环境温度均能满足其生活的要求。然而，由于我国南北地域辽阔，同期温度差异较大，因此，在幼蛇产出或出壳时，若环境温度低于20℃，则应采取保暖和升温措施；而环境温度若高于35℃或连续数日高于32℃时，应采取遮阴或降温措施。一般来说，养殖蛇类的最适温度为23～28℃。

如采用暂养箱饲养幼蛇，可以采用在蛇箱内的顶部加挂一个60～100瓦白炽灯的方法来增温。但是，一定要注意灯泡外面要加罩，使蛇不能直接接触到灯泡。对于蛇房内采取池养、箱养等，可采用暖气等间接加温方式，但不宜用炉火直接烘烤取暖加温。暖气升温取暖也适于集约化养蛇。

3. 湿度 蛇类对于湿度的要求依种类、生长发育时期、环境温度状况等的不同而不同。一般来说，环境相对湿度保持在30%～50%对于蛇类来说较为适宜。当蛇进入蜕皮阶段，对环境相对湿度的需求要高一些，为50%～70%。湿度过低，气候干燥不利于蛇的蜕皮，而蛇类往往由于蜕不下皮而造成死亡。采取在蛇箱周围、或蛇房内、或蛇场内间接喷洒一些水的方法，便能满足蛇类蜕皮所需的湿度要求。在集约化养殖的状态下，采用喷雾的方式更为适宜。但无论何种状况，湿度都不宜过大，一般不能超过75%。

4. 投饵 幼蛇开食后，在3天内不需投饵，而在第4～7天时进行开食后的第一次投饵。

7～20日龄的幼蛇，饵料采用饵料动物的幼体，每隔3～5天投饵1次。

每次投入的幼鼠或雏鸡之类较大型动物的数量为幼蛇数量的1.5倍。21日龄以后，投饵周期与数量不变，但饵料个体可以逐渐加大。对于喜食鳝鱼、泥鳅之类的蛇来说，投饵数量一般为幼蛇数量的4～7倍。

自开食起，每次投饵量均以幼蛇在一天内吃完为准。也就是说，自本日晨8时开始投饵，至翌日晨8时检查食饵消耗量，并将未食和被幼蛇咬死的饵料动物全部清除。

对于半散养等形式饲养的幼蛇来说，也以采用集中在运动场或某个固定场所定时投饵为宜。尤其是投喂鼠类，更应注意投喂地点，并及时清除未食的活鼠和死鼠，以防止鼠类蔓延至周围环境中而造成鼠害。

5. 蜕皮 蛇自产出或出壳后7～10天即开始蜕皮。蛇类蜕皮与湿度关系密切。若环境过分干燥，蜕皮就较困难。此时可见有的蛇自行游入水中湿润皮肤，再行蜕皮。因此，蜕皮期环境相对湿度宜保持在50%～70%。对于以幼蛇为成品药材的银环蛇来说，往往在第一次蜕皮后，投饵1～2次，便可以加工成为成品。

四、育成蛇管理

育成蛇又称为中蛇，指度过第一次冬眠出蛰后至第二次冬眠未出蛰之间的蛇。这个阶段大约1年整。育成蛇的饲养管理可以相对较为粗放，重点在于使蛇体健壮，为蛇的肥育或繁殖打下坚实的基础。

（一）管理方式

育成蛇的管理方式一般采用较为粗放的半散养与散养之间的方式，也可以在蛇箱内饲养。首要的是为育成蛇提供较为宽松的活动场所，以使蛇在此阶段获得健壮的体魄。

（二）饲养密度

育成蛇饲养密度依饲养方式不同略有差异，一般情况下，每平方米10～15条；集约化养殖状况下，每平方米15～25条。

（三）转群

对于半散养养蛇房内蛇池饲养的蛇类来说，将池内的育成蛇留够密度，余下的捡入另一个空的池内，即完成了转群工作。

对于利用暂养箱或专业箱饲养的蛇类来说，若转入毒蛇房进行饲养管理，则是将蛇箱置于毒蛇房蛇窝的前面，使蛇箱的后面板与蛇窝的前口相接，分别打开蛇箱后面板和蛇窝前口，使蛇自行进入蛇窝。或者将蛇箱置于毒蛇房的室内，使蛇箱的前面板与蛇窝的后开口相对，分别打开蛇箱前面板和蛇窝后开口，使蛇自行进入蛇窝。

对于集约化养蛇来说，则是取来栖息箱，将栖息箱与养有幼蛇的专业箱组装成组合箱，分别抽出栖息箱的前面板和专业箱的后面板即可。需要注意的是，转群时，注意尽量不拆散原来的蛇群。

（四）投饵

育成蛇的投饵周期与幼蛇相比，可以适当延长些。一般每5～7天投喂一次。投饵量每次控制在30～70g之间，并且随着蛇体的逐渐长大，逐渐加大投饵量。如果蛇的运动场是设置在蛇场的天然环境中，则要注意鼠类饵料。投饵后两天内未食的活饵或被咬死的动物，要求全部捡出。使蛇在投饵后的第三天至下一次投饵之间充分地消化食物和运动。这样既易于控制投饵时间和投饵量，也可确保蛇类对食饵的捕食兴趣。

育成蛇的饵料必须注意质量，做好搭配。无论是广食性蛇，还是狭食性蛇，均不宜采用次次都以某一种动物作为饵料的方式，要适当改变饵料的种类。如果此次投饵为活鼠的话，则下一次宜投雏鸡、蛙类等，这样可以使蛇获得比较全面的营养。

（五）其他管理

育成蛇在温湿度及蜕皮期的管理与幼蛇管理相差无几，管理方法上基本相同。

五、成蛇管理

经过第二次冬眠出蛰后的蛇称为成蛇。成蛇期开始后，蛇类开始逐渐成熟，逐步进入繁衍后代的时期。由于蛇的种类、饲养目的的不同，此期管理又分为主动进食、强制进食和种蛇管理等。

（一）主动进食育肥

1. 密度 进入成蛇期的蛇，蛇体较大，体形与体重在迅速增长。因此，此期蛇的密度应适当小一些，每平方米7～10条。组合箱高密度养殖，每平方米10～15条，个别体形较大者，每平方米可以减少到2～5条。

2. 投饵 此期主要以育肥为目的，以便使蛇尽早形成产品，因此要加大投饵频率，一般每3天投饵一次，每次投饵量为蛇体重的1/5。投饵在一天内使蛇主动捕食，第二天清除未被捕食的活饵和被咬死的食饵。经过1.5～3个月的育肥，成蛇便可以作为食用和药用产品。

（二）填饲育肥

填饲是指利用专用填饲器将饲料填入蛇的食道内，人为强制育肥的方式。这种蛇类非主动进食方式，可以促使蛇体尽快达到成品所要求的规格。

1. 填饲饲养密度 采用填饲方法，蛇体活动量小，密度可以适当加大一些。一般在蛇房内蛇池中进行半散养，每平方米为10～15条。集约化组合箱饲养，密度可以加大到每平方米 20 条左右。

2. 填饲方法 蛇自第二次冬眠出蛰后的第一、二次投饵采用蛇类主动进食的方式。在第二次投饵后的第四天开始采用填饲的方式进行饲喂；或在成品蛇出场前或初加工前 2～4 周开始填饲。

成蛇转入填饲的时间往往很短，此时期蛇的食道较窄，一次容纳不了很多饲料，必须采用稀料逐渐将食道撑大。一般来说，撑大食道的时间往往需要 5～7 天左右。方法是，在开始填饲时，混合饲料中另外加 5%～10%的水，混合并搅拌成糊状。然后隔日填饲一次，每次填湿料 100g 左右。填饲 2～3 次后，混合饲料开始不额外加水，每次填饲饲料量湿重为 100～150g，每日一次。连续填饲 15～20 天即可上市或进行初加工。请注意，填饲时间不宜过长。

此外，填饲阶段必须注意要给蛇有充足的饮水供应，并保持箱池的清洁卫生。

填饲时，一般采取蛇池（或蛇箱）轮流使用的方式。也就是说，在进行填饲时，对第一批进行填饲的蛇群，其旁边必须备有一个空的蛇池（或蛇箱）。填饲后，依次将填饲过的蛇放入空蛇池（或蛇箱）内，直至蛇池（或蛇箱）内的蛇全部填饲完毕，再进行另一池或箱的填饲。这样轮流进行下去，最后便会出现一个空池或箱来，这个空池或箱便是次日填饲所用的周转池或箱。只有这样才能确保所有的蛇都被填饲过。

填饲只适宜于无毒蛇的育肥，不适于毒蛇与种蛇的饲喂。

3. 填饲配料 填饲用的饲料，一般可以用多种动物的下脚料和易于采到的动物。如鸡头，兔头，鸡鸭、鱼类的内脏，昆虫与蚯蚓等。其次，还可以适当配上 5%～10%的植物性饲料。将所有配料用绞肉机绞碎，并将植物性粉料均匀搅拌进配料之中。这样可以充分利用各种原本蛇类并不一定嗜食的动物，也可以根据蛇类营养的需求，充分利用蛇类不能主动进食的静止饲料。有一点必须注意：绞碎动物下脚料时，下脚料中的骨骼一定要充分绞碎，尤其不要具有尖锐的碎骨存在，以防止划破蛇的食道。目前，填饲育肥尚处于试验阶段，尚未见到成熟的经验。因此，若对此种育肥方法感兴趣，可以选择部分药用或食用无毒蛇进行填饲试验，逐步摸索出一套切实可行的蛇类快速育肥的方法。

六、蛇的越冬管理

在我国北方，蛇类进入冬眠期要略早一些，约在 10 月中下旬；而在南方，则在 11 月、甚至 12 月蛇才进入冬眠。

每年秋末冬初时节，当气温逐渐下降时，蛇类便转入逐渐不甚活跃的状态。当气温降至10℃左右时，蛇类便进入了冬眠。对于某些产于北方的蛇，耐寒能力较强，进入冬眠时的气温比此温度还要低。

无论何种养殖方式，蛇窝均应设置在高燥的地方。蛇冬眠的时候，蛇窝内的温度宜保持在5～10℃左右，上下偏差不宜超过1℃。温度过高，增加了蛇体的消耗，对蛇类冬眠不利；温度过低，往往会使蛇冻死。

冬眠期间，蛇窝内的湿度也是十分重要的，一般保持在50%以下。但是，也不宜过干。

对于散养、半散养方式养蛇的蛇场来说，利用天然山洞中洞口在阳面的“暖洞”，或在山坡阳面挖掘人工蛇洞供蛇越冬。这类蛇洞虽比较简单，但温湿度不易控制，也不易于观察蛇的越冬状况。因此，在蛇场高燥向阳的地方修筑蛇类栖息房供蛇越冬是一种安全可靠的措施。

对于利用蛇的栖息房、毒蛇房、养蛇房和集约蛇房内越冬的蛇类，蛇房内的温、湿度则需人为控制。一般来说，在蛇进入冬眠前1个月左右，就可逐渐降低室内的温度，直至蛇类进入冬眠期。此后，室温保持在一个恒定的低温状态。若因外界环境的影响，室温过低时，取暖升温不宜采用炉火直接烘烤，需采用暖气间接升温；若温度过高时，可采用开启蛇房内位置较高的通风窗，使室内空气与室外空气对流降温，但注意不能使冷风直接吹向蛇体。

在蛇的冬眠期内，除了监测温、湿度外，还要定期检查蛇洞或蛇窝内蛇类敌害的状况，注意消灭蛇洞或蛇窝内的老鼠、蝎子等。同时注意，要尽量不去干扰蛇的冬眠。

春天来临的时候，气温逐渐上升，当气温上升到10℃以上时，蛇类便逐渐苏醒过来，逐步开始活动，这便是蛇类的出蛰。北方的蛇出蛰晚些，约在4月上中旬，南方的蛇出蛰较早些，约在3月初至4月初。

栖息在人工控温的蛇房中越冬的蛇类，在初春一旦开始活动后，室温就不能再下降。若此时再降温，蛇类就可能再次进入冬眠，使蛇类消耗大量营养，对蛇的健康不利。如一旦发现蛇类开始活动，就要采取措施，逐步升温，使蛇出蛰。

为了获得更大的经济效益，人们往往打破蛇类冬眠，使蛇尽快地生长。但要注意，打破冬眠需采取逐步打破的办法。比如，今年采用晚10天降温，使蛇晚10天进入冬眠；来年采用早10天升温，使蛇早10天出蛰。这样逐年缩短蛇的冬眠时间，以达到打破蛇的冬眠，延长蛇的生长时间的目的。切不可一下子就打破蛇的冬眠，使蛇的正常生长规律陷于混乱，这样对蛇的正常生长不利。

第六节　蛇产品的综合加工利用

蛇有危害人类的一面，但更重要的是蛇对人类的贡献，它捕食老鼠，为人类提供药材资源及餐桌上的佳肴、皮革、乐器、化工的原料，也是气象、军事、科研的实验动物。特别是蛇毒的开发利用，在生物工程、医学领域有着广阔的应用前景。

一、蛇肉

蛇肉是蛇去尽内脏、皮和头，剩下的躯体部分，主要由肌肉、骨骼组成。蛇肉经日晒、炭烘干后为蛇干。有些蛇种为便于鉴别真伪可保留其头部，如直形的蝮蛇干、盘形的乌梢蛇干。蛇肉的利用可分为食用和药用。

（一）蛇肉的食用

蛇肉作为菜肴，在我国至少有两千多年的历史，近年来，蛇类保健食品、方便食品相继问世。市场上还可以见到蛇肉松、蛇肉片、袋装方便蛇羹，在浙江宁波市场上有用蛇肉做的易拉罐蛇肉饮料，所有这些都使食用变得更为方便。

（二）蛇肉的药用

以蛇为药在我国已有悠久的历史，记载最详细的要算明代李时珍的《本草纲目》。该书叙述了17种蛇的形态和药用功效，文中记述最多的是蛇肉的药用。

药用蛇肉的基本加工方法大体有这样几种：①直接用新鲜蛇肉制成药物，如蛇粉胶囊、蛇肉针剂、蛇药酒；②用蛇肉加工为半成品，如各种蛇干。医药部门往往将这些蛇干切成寸料烘焙，以中药形式对外销售。

（三）蛇酒

用蛇酒治病历史悠久。现代药理学证明蛇酒不但具有抗炎镇痛、镇静的作用，还可以增强人体的免疫力，对类风湿性关节炎有明显疗效，而且蛇酒具有很强的疏风通络之功效，是名副其实的“百药之长”。浸泡蛇酒却很讲究，制作蛇酒的酒剂应为高度白酒，可以是蒸馏酒或配制酒。

浸泡蛇酒最常用的是鲜蛇浸泡，对鲜蛇处理有以下三种方法。

1. 活蛇浸泡　将蛇清洗后一周左右不喂食，浸酒前从蛇的胃部开始用拇指勒住，自上而下捋至肛门，将肠内食物排尽冲洗干净后浸泡。

2. 熟蛇肉浸泡　先将新鲜蛇肉蒸熟、晾干，再用酒浸泡。可除蛇腥味，并产生一种特殊的香气，口味纯正，色泽较清。

3. 制成蛇干浸酒　蛇身晒干、清洗后浸酒。

在生产中，无论用哪种方法制备蛇酒，其容器、场地人员必须符合卫生要求。

蛇酒的制备过程中，可加一定量的甜味剂、着色剂，以方便患者服用，缓和药性，提高制剂质量。目前使用的甜味剂主要有红糖、白糖、冰糖、甜叶菊糖、蜂蜜。着色剂有竹黄、鸡血藤等。

蛇酒作为成品装灌之前，都必须作澄清过滤处理，去除悬浮和沉淀物。常见的方法是加入蛋清粉，用量约1%，搅拌均匀；另一种是通过介质过滤，生产量大的，可用板框式压滤机。蛇酒一般允许有少量沉淀物，以自然沉淀较为实用。

二、蛇胆

蛇胆具有行气祛痰、益肝明目、搜风祛湿、清热散寒之功效。蛇胆可以制成蛇胆干、蛇胆酒、蛇胆丸或加工成蛇胆川贝散等，广泛应用于临床。

（一）蛇胆的采取

将蛇从笼中取出后，以两脚分别踩住蛇头和尾。从蛇腹由上至下地轻轻滑动触摸。若摸到一个滚动的小硬物那便是蛇胆，用剪刀剪开一个2～3cm左右的小口，用两手指挤出蛇胆。取蛇胆时，应连同分离出的胆管一起剪下，剪至胆管的最长处，并用细线将胆管系好，以防胆汁外溢。

（二）蛇胆的加工方法

1. 酒泡鲜蛇胆 杀蛇后取出的蛇胆，装入50°以上的纯粮白酒，一般放1～2枚蛇胆。三蛇胆酒应放品种各异的3枚蛇胆，五蛇胆酒则放5枚不同种类的蛇胆，3个月后可饮服。

2. 蛇胆干 用细线扎住蛇胆的胆囊晾干即可。

3. 蛇胆粉 将鲜胆汁放入真空干燥器中进行干燥，即可得到绿黄色的结晶粉末，将粉末装瓶或装袋备用。

三、蛇毒的采集与加工

（一）采毒时间

收集蛇毒的季节在我国南方和北方大致相同，只是南方采毒时间较长。一般在北方为6～9月份，南方可延长到10月份，采毒高峰期为7～8月份，每间隔20～30d采毒一次。

（二）采毒方法

采集蛇毒一般用“咬皿法”，即用1只60mL的烧杯，或用瓷碟作为接毒器皿，使毒蛇咬住器皿边缘，毒牙位于器皿内缘部。这时，用手指在毒腺部位轻轻挤压，即可采出毒液。此项工作要由两人协同操作：一人将蛇从笼中取出，用右手握住蛇的颈部，使蛇张口咬住器皿内缘；另一人手持接毒器皿，并用另一手的手指挤毒。采完毒后，放蛇时应先放蛇身、后放蛇头。

蛇毒分神经毒、血循毒和混合毒等类型。不同蛇毒的成分、生理活性和药理作用以及主治疾病有所不同，所以，采集的不同种类毒蛇的蛇毒不能混合。

（三）蛇毒加工与保存

新鲜的蛇毒在常温条件下极易变质，在普通冰箱内也只能保存 10～15d。保存蛇毒常用方法为真空干燥法。其操作步骤为：先将采集的新鲜蛇毒用离心机离心去掉杂质；然后放入冰箱内冰冻；冻后的蛇毒再移入真空干燥器内，在干燥器的底部放入一些硅胶或氯化钙作为干燥剂，上面覆盖几层纱布，将成蛇毒的器皿放在纱布上，接着用真空泵抽气。在抽气过程中如发现大量气泡在蛇毒表面出现，需暂停片刻再抽，直到抽干时，再静置 1 昼夜。通过真空干燥的蛇毒变成大小不等的结晶块或颗粒，即为粗制蛇毒。刮下这些干制品按重量分装在专用的小瓶中，用蜡溶封，外包黑纸，注明毒蛇种类、重量、制备日期等，然后放置在冰箱或阴凉处保存。干制的蛇毒吸水性强，不耐热，在潮湿、高温和光照等影响下易降低毒性，贮藏时应加注意。

四、蛇皮

蛇皮是活蛇剖杀后剥离下来的皮，沿腹中线剖开的称剖肚蛇皮，沿背中线剖开的称剖背蛇皮。蛇皮主要用于制革，由生皮鞣制成革，制成包、袋、带、衣、鞋等，也可制作胡琴类的乐器；其次是食用和药用。蛇皮加工过程大体是鞣之前对蛇皮称重、大量水彻底洗净污物，然后浸水、浸灰、去肉、脱灰、浸酸、鞣制、加脂、固定、涂底等。

第七节　蛇场建设

蛇场建设要根据养殖规模和蛇的种类综合考虑，可因地制宜，因陋就简。场址要选在土质致密、地势高燥、背风向阳的山坡或平地，地面要有一定的坡度，以利于排水。蛇场要坐北朝南，远离交通要道和居民区，附近要有水源或有流水通过。蛇场建筑要坚固耐用，安全实用，既能防天敌，又能防蛇逃跑。要尽可能依据蛇的生活习性，模拟蛇的生活环境，使蛇类在园中活动、觅食、繁殖、栖息和冬眠等，如同在自然界中一样，为其生长发育和繁衍创造良好的环境条件。此外，还要根据人工养蛇的要求，修建人行道路、取毒室、蛇产品加工室、饲料动物室、办公室、饲养员休息室及观测园内小气候变化的有关设备。

一、蛇场建筑布局

无论何种蛇场，场内基本设施应包括蛇房（窝）、水池、饲料池、产卵室及活动场五个部分。蛇场一般不宜过大，可分隔成多间，每间以 4m×5m 或 5m×6m 为宜。蛇场四周建有 2.0～2.5m 高的围墙，墙基 0.8～1.5m，用水泥灌注，防止鼠类打洞，蛇从鼠洞外逃。内壁用水泥抹平滑，涂成灰暗色（不能涂成白色）。墙的内角要做成弧形，而不是 90°直角，以防蛇类依靠腹鳞借助 90°角夹住身体的两侧沿墙角上爬，翻墙而逃。围墙大门要设两重，内层门向内开，外层门向外开，以防栖息在门下的蛇趁养蛇人员开门进出蛇场之机逃遁。大门关紧时要严密无缝，并应上锁，以防蛇钻缝外逃伤人。也可不设门，饲养人员出入时临时设架梯子，出来后及时把梯子取出，或在墙内外修建阶梯，内阶梯离墙在 0.7～1m，进出时，在墙与内阶梯间搭一木板，用后及时将木板撤出，以防蛇沿木板爬出墙外。场内可适当栽植一些花草和小灌木，并堆放些石块、脊瓦，建成假山，以利于蛇夏季遮阴、降温和蜕皮，假山中也可建造一些蛇洞穴，保持潮湿阴暗和凉爽，便于蛇在洞中栖息。如果树木过高，树枝伸出墙外，要及时修剪，防止蛇沿树枝外逃。如果场内没有花草、树木，也可在两间隔墙间搭上草帘、竹帘遮阴。

蛇场内蛇窝应建在大门对面地势较高的地方。水池紧挨蛇窝，通过水沟与饲料池相通，水池高于饲料池，面积约 5m^2，深 40cm。水池与水沟间设闸门，晚上拉开闸门，水池中的水便可沿水沟注入饲料池中。饲料池占地 5m^2 左右，池中可种植水草，放养些黄鳝、泥鳅、蛙类和蛭类，上搭一凉棚，以利于夏季遮阴，凉棚下装一只小黑光灯，以诱聚昆虫供蛇捕食。饲料池水位需长年保持 10cm 左右，池底安装下水管道，管口设置金属网罩，以便将池中脏水从蛇场放出。

二、蛇窝（蛇房）

蛇窝应设在地势高燥平坦的地方，以防雨水灌入，可建成坟堆式或地洞式，四壁用砖或瓦、缸做成，外面堆以泥土。蛇窝内宽约 50cm，高 50cm，顶上加活动盖，以便观察和收蛇。底面应有部分深入地下，窝内铺上沙土、稻草，注意防水、通气、保温，每个窝至少有 2 个洞口与蛇园地面相通，每个蛇窝可容纳中等大小的蛇 10～20 条。例如，一个 30m^2 的蛇园，建 5 个蛇窝，可饲养尖吻蝮 30 条或蝮蛇 100 条。

蛇场也可建造蛇房，蛇房宜坐北朝南，建在地势较高处，其长度视饲养量而定，可建成地上式、半地下式或地下式，其形状可为圆拱形、方窖形和长沟形等。例如，建一个 5m×4m×1.2m 的蛇房，四周墙壁厚 20cm，用砖砌成，上盖 10cm 厚的水泥板，水泥板上覆盖 1m 厚的泥土，除蛇房门外，其他三面墙外也要堆积 0.5m 厚的泥土，使外表呈墓状，房内中央留一条通道，通道出入口一端设门，用以挡风遮雨和保温散湿。通道两侧用砖分隔成许多 20cm×20cm×15cm 的小格。小格间前后左右相通，通道两侧还各有一条相连通的水沟，水沟两头分别通向水池和饲料池。晚上，蛇可自由地顺着水沟到水池饮水、洗澡或到饲料池捕食。蛇房还要有孔道与蛇园相通，供蛇自由出入。房内也可用木板或石板叠架成有空隙的栖息架，蛇可在空隙中栖息。

也有的蛇场，在 20m×20m 的蛇园中央，建一高 3.5m、表面积 180m^2 的半球形土丘。在土丘东西两侧，有直径 2m、水深 5cm 的浅水池，并各有一个水龙头。水满后，通过明渠溢流到饲料池，再由饲料池流出园外。土丘下建一处越冬室，面积 28m^2，整个建筑由砖石钢筋混凝土浇筑而成，并作防水处理，防止雨水倒灌。

越冬室由走廊、观察室、冬眠间、蛇洞组成，每个部分由门或窗隔离开。室顶有 20cm 厚珍珠岩粉的保温层，再覆盖 1.6m 的土层。走廊与观察室呈直角，设有三道门，以防止冷空气侵入，起到调节和缓冲室内温度的作用。观察室内有照明灯和通风孔，室两侧排列多个 1m^3 的冬眠间，每间有 70cm×50cm 的金属网门隔离开，以便观察和取蛇。冬眠间墙上留有通风孔，外侧底部有 12cm×12cm 的蛇洞通往土丘外。洞口有铁丝网活动门，防止野鼠进入吃蛇。蛇洞长约 2.5m，弯曲呈 S 型，可防止冷空气直接进入。外洞口有活动挡板，可调节室内温度。

三、蛇箱、蛇缸

用蛇箱、蛇缸等小型饲养设施养蛇，占地面积小，室内外均可建造，简单易做，容易普及，但由于与野外自然环境相差太远，蛇类不易适应，所以只适于暂养，一般用于科学试验，特别是蛇病治疗研究。

（一）蛇箱

蛇箱大小因饲养规模而异，一般每立方米空间可养 4～5 条 1m 长的蛇。一个蛇箱只能养一种蛇。例如，饲养 20 条眼镜蛇的蛇箱可做成 2.5m×0.8m 的规格。蛇箱可用木料制成，也可用砖、水泥制成，不管用什么材料，箱的内壁一定要光滑，并安装照明灯。箱顶要安装一个适合观察蛇活动的观察孔和一扇便于把毒蛇放入与取出的活动拉门，蛇箱两边要各有三个活动气窗，气窗面积占箱壁的 1/10，观察孔、活动门和气窗的内面都安装上一层小孔铁丝网（箱顶也可只安装纱窗和拉门）。箱底中央固定一个短树桩或几大块石头，供蛇蜕皮时用。箱内铺一层5～6cm厚的沙土，沙土要经常更换，冬季要铺一层10cm厚的稻草，且箱外也要覆盖30cm厚的稻草。箱角放一盘水供蛇饮用和调节湿度。蛇箱养蛇简单易行，也便于观察蛇的习性，但活动范围小，不利于蛇的生长发育和繁殖，因此，蛇箱养蛇可与小型蛇园养蛇结合起来，利用蛇箱产卵和越冬，以及饲养幼蛇，平时把蛇养殖在蛇园内。

（二）蛇缸

蛇缸养蛇即把一只空的、无破损的大水缸，放在干燥、阴凉和通风的房间内，缸内铺10cm以上的干燥松土，松土上垒架半缸左右干净的砖或其他空隙大的杂物，以便蛇能够钻进去隐蔽和栖息。在砖块上面摆放一个大小适宜的瓦钵作为饲料槽和水槽，缸口要用缸盖或木板盖严，防止蛇爬出和天敌窜入，但要留一定空隙通风。

第十一章 蝎

第一节 概 述

蝎子是一味传统的名贵中药材。我国是蝎资源利用最早的国家，在我国著名的《诗经》、《开宝本草》和《本草纲目》中均有记载，尤其是李时珍的《本草纲目》中对蝎子的形态、生态和药用记述最为详细。蝎子的品种很多，我国作为药用蝎一般为钳蝎科动物东亚钳蝎。蝎子的药用部位为其干燥的全体，药材名为全蝎、全虫，有些地方称之为链蝎、会蝎、剑蝎、荆蝎、主薄虫蚃、蚃尾虫等。其主要有效成分为蝎毒，其性平味辛，有毒；有攻毒散结，通络止痛之功效。现代药理实验证明，全蝎具有抗惊厥、降压、抑制心跳及扩张血管等作用。目前，用蝎子在成方、验方中配伍的药方有百余种，用蝎毒素配成的中成药已达 60 余种，如大活络丹、牵正散等。东亚钳蝎不仅是一味中药，又是席上佳肴，目前各地已将蝎子加工烹调成上百种美味佳肴。因此，需求量很大，近年来，由于全蝎价格大幅度上涨，极大地刺激人们去野外捕捉蝎子，加上荒山大量开垦、环境污染，致使蝎子野生资源遭到严重破坏。为了保护资源，保持生态平衡，发展人工养蝎十分必要。

第二节 蝎的生物学特性

一、分类学地位及其分布

蝎属于节肢动物门（Phylum Arthropoda）、蛛形纲（Class Arachnoida）、蝎目（Order Scopionida），全世界蝎目动物有 16 科 155 属 1 279 余种，在世界各地均有分布。我国的蝎资源有限，截止到 2003 年有记录的有 5 科 9 属 19 种和亚种，如东亚钳蝎、斑蝎、藏蝎、辽克尔蝎、十腿蝎等。斑蝎主要分布于台湾省；藏蝎分布于西藏、四川西部；辽克尔蝎分布于中部各省和台湾省；十腿蝎分布于陕西、三省交界处；东亚钳蝎又称马氏钳蝎，在我国分布最广，河南、山东、陕西、山西、河北、安徽、西藏等地均有分布，福建、台湾等地也有分布，但以山东、河北、河南的产量最多。目前，我国养殖的主要为钳蝎科的东亚钳蝎（*Buthus marthensii karch*），又称马氏钳蝎。

二、蝎的形态特征

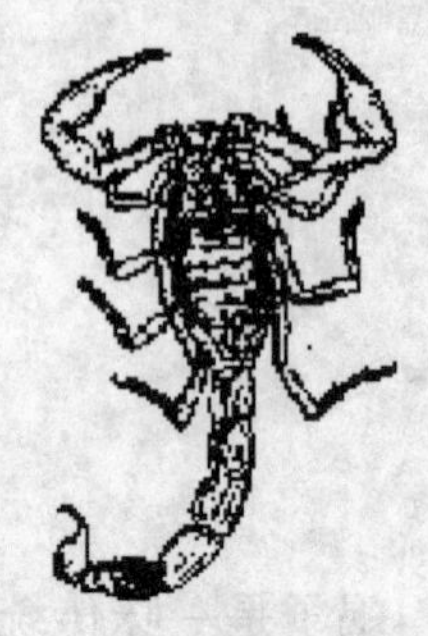

图 11-1　东亚钳蝎

东亚钳蝎的整个身体极似琵琶状，全身表面为高度几丁质化的硬皮（图 11-1）。雌雄异体，雄蝎体长 4.8cm，宽 0.7～1.5cm 左右，雌蝎约长 5.2cm，宽约 1～1.5cm。体重约 1.2g。背面为红褐色，腹面为淡黄色，全身表面有几丁质的外骨骼。蝎子的身体可分为头胸部（前体）、前腹部（中体）和后腹部（末部）。头胸部与前腹部合称为躯干；后腹部细长上翘如尾巴状，常称为尾部。

（一）头胸部

又称前体，较短。由 6 节组成，坚硬的背甲前窄后宽，呈梯形，颜色较深，密布颗粒状突起，并有数条纵沟。背甲的中央有 1 对复眼；前沿两侧各有 3 个单眼，皆为感光器官。前下方有口器，为咀嚼器官。两侧有 6 对附肢，包括 1 对螯肢（又称口钳）、1 对触肢（又称钳肢或脚须）和 4 对步足。螯肢靠近口器两侧，用于帮助采食，可将食物捣碎。触肢在螯肢之后，其掌节上有一不动指（又称上钳指）和可以活动的下钳指。钳指上有一排交错的细齿，用来夹紧食物，是蝎子捕食昆虫的主要武器。步足细长，分 7 节，为运动器官，第一对步足最短，约 2cm 长，后面依次变长，第四对最长，约 3cm。步足的基节相互密接，形成了头胸部的大部分腹壁。螯肢及触肢的基节和第 1、2 对步足的基节包围成口前腔，第 3、4 对步足的基节间有一略呈五角形的胸板。

（二）前腹部

前腹部又称中体，较宽，由 7 节组成。背板中部有 3 条纵脊。腹面附肢退化，仅见痕迹。第 1 对附肢左右愈合成两片半圆形的生殖板（生殖厣），盖着前腹部腹面的生殖孔。第 2 对附肢特化成栉板（又称栉状器），为神经感触器官，在栉板的下方有成排的香蕉形齿，交配时雄蝎以此寻找平整的石片等，以便排出精荚黏附其上；雌蝎以此来探寻雄蝎排出精荚的位置，并对准生殖厣进行受精。第 3～7 节腹板较大，在两侧有侧膜和背板相连。侧膜有伸缩性，以适应身体不同发育时期的需要。雌蝎的腹部在产前、产后可舒张或缩小。第 3～6 节腹面上各有 1 对气孔，叫书肺孔，内通书肺。

（三）后腹部

又称末体或尾部。后腹部细长如尾状，橙黄、卷曲，但不能向下弯曲。由 6 节组成，各节呈链状连在一起，能向上和向左右卷曲活动，但不能向下弯曲。前 4 节有 10 条隆背线。第 5 节最长，颜色特别深，只有 5 条隆背线，末端下面正中央有一肛门。第 6 节为毒钩（针），较前 5 节小，呈浅黄色，内有 1 对白色毒腺，末端有锐钩状毒针。毒针尖部两侧各有 1 个细小的小孔与毒腺相通，是蝎子用于防御和捕食的武器。

三、生活习性

蝎子的生活习性，主要表现在它对温度、湿度、地理环境、食物的需求及适应特性。养蝎必须创造适宜蝎子生存和生长发育的良好生态环境，因而应该对蝎子的生活习性有深入的了解和全面的认识。

（一）栖息环境

蝎子喜暗怕光，喜潮怕湿，多栖息在阴暗、潮湿、较为隐蔽的地方，如石下、岩隙、土穴、树皮下或缝隙之间。东亚钳蝎喜欢生活在中性、不干、不湿的土壤中。多群居，好静不好动，并且有识窝和认群的习性，一般大群蝎窝有数只或更多，小窝、新窝内有 2～3 只。同窝蝎之间很少发生相互残杀现象，但若不是同窝蝎子，相遇后往往会相互残杀。

蝎子对环境的适应能力很强，很耐饥，甚至缺食 1 年也不会饿死。蝎子有较强的耐渴力，可月余不饮水而不致死亡，但还是需要适当饮水。生活环境过于干燥，则蜕皮困难，后腹部末端出现黄白色干枯斑点并逐渐向前延伸，至后腹根部时开始死亡；环境过于潮湿也会造成蜕皮困难，蝎体光泽明亮，肢节隆大，后腹部下拖，活动迟缓，严重时伏卧不动终致死亡。遇阴雨天气，地上有积水，就会爬到高处躲避。夏季气温较高、湿度大时，蝎子往往栖息在比较干燥的窝穴内；如果窝穴过湿，则出现不回窝现象。在冬季，蝎子则选择比较潮湿的窝穴越冬。

蝎子眼睛虽多，但视力很差，怕强光照射；但仍然需要一定的光照，以便吸收太阳的热量，提高消化力，加快发育速度，以利于胚胎在孕蝎体内孵化。然而，蝎子嗅觉和触觉很灵敏，胆小易惊，尤其是怀孕、产仔期的蝎子最怕惊扰。蝎子除了怕风、怕水外，最害怕农药，极少量的 1605、敌敌畏、敌百虫等农药足以引起蝎子大量死亡。樟脑丸、尿素、碳酸氢铵等的刺激气味都可以引起蝎群骚动或惊慌逃窜。

蝎子还有自相残食的习性。引起自相残杀的原因有以下几方面：一是食物不足，蝎子处于饥饿状态；二是不同环境生活的蝎子碰到一起时互相残杀；三是强行搬迁之初或遇到外界惊动时往往会诱发恶斗；四是蝎群密度过大，大蝎小蝎混杂时，会大吃小、强吃弱；五是正在蜕皮的蝎往往是其他蝎的进攻对象；六是交配后，雌蝎反过来攻击雄蝎，甚至将雄蝎咬死。

（二）活动规律

蝎子昼伏夜出，白天躲在窝里，晚上出来觅食、饮水和交配，日落后晚8～11时出来活动，早上2～3时回窝栖息。

蝎子是变温动物，温度直接影响其活动和生长发育。生长活动的适宜温度为25～39℃，繁殖最适宜的温度是31～36℃。温度低于20℃时活动减少，生长缓慢，不能交配受孕，怀孕的雌蝎孕期延长；低于15℃，生长更为缓慢，幼蝎不能蜕皮；温度达40～42℃时，体内水分蒸发量加大，若得不到及时补充，则极易脱水死亡；超过42℃则迅速死亡。

自然条件下，在一年当中，随季节和气温变化蝎子的活动规律可分为复苏期、生长期、填充期和休眠期4个时期。

1. 复苏期 从惊蛰到清明（3月上旬到4月上旬），长约30～50天。每年清明前后，气温回升到9℃以上时，蝎子从冬眠状态苏醒，12℃以上开始活动。蝎子从休眠状态逐渐苏醒出蛰，这个时期温度变化大，蝎子消化能力差，身体处于逐渐恢复阶段。

2. 生长期 从清明到白露（4月中旬到9月上旬），长约150～160天，是蝎子消化能力增强、活动范围和活动量加大的最佳时期。在人工养殖条件下，给以适宜条件则可延长其生长期。

3. 填充期 从秋分至霜降（9月下旬到10月下旬），长约40～45天。蝎子为冬眠积贮营养，做好入蛰前的准备，在此期间，蝎子为了越冬，尽量寻食，补充营养，并把所获得的脂肪性营养储存起来，以便能顺利的度过休眠期。

4. 休眠期 从立冬到雨水（11月上旬到2月下旬），长约120～130天。当温度低于10℃，开始入蛰；7℃以下停止活动，进入冬眠状态。蝎子入土冬眠，大多潜入距地面30～80cm深的窝穴内，附肢缩拢后休眠，完全不吃不喝，生长发育完全停顿。蝎子冬眠的最适温度为2～7℃，－2～0℃时仅能存活5h左右，－5℃时很快冻死。

（三）食性

蝎子属于肉食性动物，以各种节肢动物为食，如各种昆虫、陆生软体动物等，尤其喜食柔软、多汁含蛋白质丰富的小动物。蝎子捕食时、一般张开螯状的钳，向猎物步步逼近，然后突然将猎物钳住，同时用锋利的螯刺，将猎物刺伤。蝎子没有牙，但能从口中分泌出一些消化液，将捕获的猎物慢慢在体外进行消化，当猎物成浆液后再吸入体内。据观察，蝎子喜食各种蜘蛛、蜈蚣、蝗虫的若虫、蟋蟀、地鳖虫、黄粉虫、米蛾和玉米螟的幼虫等；在人工养殖条件下，黄粉虫是较理想的蝎子饵料。新鲜的肉类，如猪肉、牛肉、鱼肉、蛙肉等蝎子也爱吃，但不吃熟食。

蝎子十分耐受饥饿。据报道，在不供水和食物的情况下东亚钳蝎的成蝎平均可活到320天，个别蝎子可长达600多天。初产的仔蝎一般不吃食物，主要靠卵黄中的营养供其生长发育。当温度达30℃以上时，仔蝎出生10～13天左右才捕食，此时的蝎子最喜食幼小黄粉虫、地鳖虫等昆虫。成蝎一般3～5天捕食一次，一次可吃掉3只较大的黄粉虫。不同状态下的蝎子，其捕食量也有差异。刚产过仔蝎的母蝎食欲较强食量较大；刚从母蝎分离后的仔蝎食量也大，一般一次可以吃掉与它同等体重的食物。蝎子的食量也随季节变化有所不同，冬蛰前蝎子食量大增，有时虽然气温较低，但它们仍然取食，这主要是因为它们体内要贮存大量的营养物质以利度过漫长的冬天。此外，蝎子不必天天捕食。据观察，如果蝎子长期吃肉，则会食欲不振，时间长了就会出现营养不良、干枯，难以蜕皮，停止生长，引起大批死亡等。

(四) 繁育特性

蝎子属于雌雄异体、卵胎生、无变态的节肢动物，经历幼蝎和成蝎两个发育阶段。自然条件下，从幼蝎出生至性成熟一般约需3年时间，人工养殖加温条件下则只需12～18个月，性成熟的蝎子体长约5cm左右。一般雌蝎每年产仔1胎，可连续繁殖5年，其寿命可达8年。成蝎1年中有2次发情，第1次在5～6月份；第2次在8～9月份。一窝内雌雄比例一般为3∶1。雄蝎只有2根交配轴干，交配1次断1根，其后亦可再生。雌蝎受精后，经过40～50天孕期就能产下仔蝎。

1. 雌雄鉴别　幼蝎的性别难以鉴别。成蝎可以根据以下特征加以区别。

(1) *尾部宽度比例不同*　雌蝎的躯干宽度超过尾部宽度2～2.5倍；而雄蝎不到2倍。

(2) *钳的粗细、长度不同*　雌蝎的钳细长，可动指的长度与掌节宽度之比为2.5∶1，雄蝎的钳粗短，可动指的长度与掌节宽度之比为2.1∶1；雌蝎的触肢可动指基部内缘无明显隆起，而雄蝎的此部位有明显的隆起。

(3) *胸板的下边宽度不同*　雌蝎胸板的下边比较宽；雄蝎较窄。

(4) *生殖厣的硬度不同*　雌蝎的生殖厣比较软；雄蝎的比较硬。

(5) *栉状器齿数不同*　一般雌蝎为19对；雄蝎为21对。

2. 交配　野生蝎子一般在5～9月份交配，人工养殖条件下的蝎群可随时进行交配。雌蝎到了交配的时候，体内会释放出一种能招引异性的性外刺激素，雄蝎受到性外刺激素刺激后，便开始发情，寻找雌蝎进行交配。凡来交配的雄蝎一般不只是1只，雄蝎之间会相互争斗，结果强蝎与发情的雌蝎交配。有的雄蝎找不到对象而不能进行交配，有的雄蝎迫不及待地随便将精球排出，达不到受精的目的。交配后，大约有1%的雄蝎自然死亡。雌蝎受精后，精子可在体内长期贮存，可连续产仔多年，但以后还需要继续交配。

一般1条雄蝎1次只能和1条雌蝎交配，特别强壮的最多也只能交配3只雌蝎。之后，雄蝎要待3～4个月后，才能再次同雌蝎交配。每年雌蝎可交配2次，雄蝎交配4次，最佳繁育期有3年左右。

3. 产仔 自然状态下，雌蝎一般在7月下旬产仔，临产期到来时，有明显的特征。蝎子的孕期因温度的变化而异。温度越低，孕期越长，低于25℃则发育停滞。夏季为40～50天，卵在雌蝎体内即可发育成仔蝎。产前几天，雌蝎不进食，不爱活动，可以透过饱满的前腹部，看到成熟的卵胎。产前孕蝎表现出十分不安，通常找一个安静的地方，用步足扒一个和自己大小差不多的窝，伏在窝内不动。临产时，雌蝎第3、4对足伸直撑地，第1、2对足内合抱，头胸部及前腹部向前倾斜，近于地面，栉板下垂，生殖厣张开，后腹部向上弯曲，依次将仔蝎产于足之合抱内，仔蝎一般不接触地面。每产4～5个为1批，并有规则地排成扇形，若受干扰，则可能排列不规则。刚生下的仔蝎外有胞衣，后腹部和附肢皆折叠在前腹部腹面，形成一个椭圆形，像一粒大米。十几分钟后，仔蝎突破胞衣，只要它伸出肢体，就往雌蝎背上攀爬。1只雌蝎1胎产仔15～35只，平均25只左右，也有个别的高达40只，一般个体越大的雌蝎产仔量越多。在受到干扰时，有的雌蝎会将仔蝎抛掉。被抛的仔蝎往往集中到1只雌蝎的背上及其周围，有时多至70～80只。最初几天，雌蝎在背负仔蝎期间，不吃不动，时刻警惕地护着仔蝎。

4. 蜕皮与发育 蜕皮是蝎子生长发育的标志，是个体发育过程中的一个必要步骤。蝎子的一生共蜕皮6次，体长在6次蜕皮后呈跳跃式增加。初产仔蝎为1龄蝎，以后每蜕皮1次增加1龄，龄期的长短主要受温度的影响，温度适宜，发育较快，龄期较短；温度较低，发育减慢，龄期加长。温度低于15℃，蝎子就不能蜕皮。龄期的长短还取决于食物，食物充足，能按时蜕皮；若食物不足，则龄期延长或不能蜕皮。蜕皮还要求湿度合适，环境安静。若空气过于干燥，或受外界惊扰，蝎子就不能按时蜕皮，生长发育也将停止。

仔蝎出生5～7天，在雌蝎背上进行第1次蜕皮，蜕皮时，附肢向内卷，停止活动，几分钟后，借着后腹的曲动，头部首先从背缝蜕出，随后附肢、前腹也陆续蜕出。因幼蝎后腹相互钩连，已蜕出前腹的幼蝎头向下吊在母蝎前腹的四周。过一段时间后，附肢慢慢伸开，借助于重力和步足的爬动，使后腹最后蜕出。幼蝎从开始蜕皮到完全蜕出需1小时左右。

2龄蝎体呈橘红色，故有“火蝎子”之称。1龄幼蝎不进食，靠腹内残存的卵黄为营养。到2龄时开始吃东西，而且食欲旺盛，性情较凶悍，灵活敏捷。此时若食物缺乏，仔蝎便会咬雌蝎背部，甚至把雌蝎咬死，所以民间误认为雌蝎背部裂开产仔蝎，实际并非如此。10～15天后，2龄蝎脱离母体而独立生活，2 龄蝎由于身体很小，越冬存活率较低。经 1 个月左右再蜕皮变成 3 龄蝎，体长达 2cm 左右便可越冬。蝎子在 6 次蜕皮中体长增长呈跳跃式。第 1、2 次蜕皮后增长约 5mm，第 3、4 次后增长约 7mm。蜕皮蝎皮肤粗糙，体节明显，腹部肥大。蝎子在蜕皮前，呈半休眠状态，伏地不动。蜕皮时首先在头部蜕口裂开一条缝，蜕出头部，再逐步向后蜕到尾巴，新蜕出的部分时常蠕动，以此为动力，约需要 3 小时蜕完。每次蜕皮都是一道生死大关，因为刚刚蜕皮的蝎子身体嫩弱，难以抵抗其他动物的侵袭，甚至还会被其他蝎子吃掉。蜕皮几天后，身体变成淡褐色，活动能力也恢复正常。

在野外生活的蝎子，从仔蝎到成蝎约需 1 000 天，跨越 4 年时间。但如果为其创造恒温（25～30℃）条件，可以部分地改变蝎子的生活习性，全年均可生长，各次蜕皮时间间隔明显缩短，从仔蝎到成蝎只需 250 天左右。交配过的雌蝎，3～4 个月即可繁殖 1 次，全年可繁殖 1～2 次。

第三节 养蝎场的建设与规划布局

养蝎场的正确选择和合理规划布局是科学养蝎的重要内容之一。

一、养蝎场的场址选择

养蝎场场址的选择，主要是考虑所选场址是否有利于蝎子的生长发育。因此，首先要根据蝎子的生活习性来选择；其次要考虑气候条件、经济条件；第三，要根据饲养规模及饲养目的而定。无论根据什么来选择，都必须重视蝎场周围环境的选择与建设。场周围环境及设备要适合养蝎生产，没有“三废”污染和病虫害危害，有利于蝎子的生长发育和繁殖，同时要便于蝎场人员管理和相关人员进出，设备要能满足养蝎生产的要求，并充分考虑到扩大生产规模的需求，养蝎场地建设还要具有路通、水通、电通等“三通”条件。

蝎子对温度、湿度、强光、怪味、声音及震动有负趋性，轻微震动或声响能够使蝎子被吓跑、中止交配和互相残杀。因此，蝎场的位置选择，首先应该考虑到有利于防疫和防污染。蝎子喜群居，对环境污染特别敏感，遇到农药、化肥、生石灰、柴油、烟雾等都会远远避开，故场址应远离疫区和污染区；其次，要保证蝎子适宜的栖息之地、活动场所和安静的环境；第三，要保证有适宜的温度、湿度和弱光线；第四，能防止蝎子外逃，防止蝎子的病虫害和天敌的危害；第五，要方便投食和打扫清洁。

为了便于建造温室，要求所选场地应地势平坦，排水便利，四周无高大建筑物和树木，光照充分，通风条件良好，且有清洁而充足的水源。

二、养蝎场的规划布局

（一）饲养场的选择

室外养蝎场的建设，首先要选好场所，以便于蝎窝的布置。在场地的选择上，一般应注意以下几点。

1. 要考虑场地的具体环境条件，特别注意避开化工厂、制药厂等有严重化学污染的地方。通常应选择梯田或相对平坦且树木较少的山地建场。

2. 所选场地要背风、向阳。注意要避开风口建场。

3. 场地应建在较高处，排水方便的地方。

4. 土质应为壤土或沙壤土，以满足蝎子对温湿度的要求，土壤以中性或微酸、微碱性为宜。

5. 选场时要特别注意避开蚂蚁、壁虎、老鼠等天敌。

6. 场地的大小，需根据具体情况而定，但最好应选择较大场地以备未来发展的需要。

（二）养蝎场的布局

养蝎场的合理规划，也是养蝎成功的关键。对于具体场地类型，要进行必要的划区（一般蝎场面积超过 $100m^2$ 时，即应进行划区）。划区的好处就是便于按小区营修排灌渠道，便于排水及日常管理，同时有利于在小区规范化布置蝎窝。一般场地大小应在 30～$50m^2$ 左右，大的场地可按 10m×5m，而小的场地则可以按照 5m×5m、6m×5m 或 10m×3m 等规格安排。对于不规则的部分可以重新设计，重新划分小区，以达到适用美观和充分利用场地。

蝎场一般应分为生产区和生活区两部分。生产区由繁殖室、育肥室、幼蝎室、育种室、供种室、饲料室和温室组成。若在无冬眠养蝎的同时采用常温养蝎，可在室外划分若干小区，小区由若干饲养池组成。

生活区由办公室、宿舍、食堂、仓库、厕所等组成。

正规饲养多为分群隔离饲养，即将蝎群按一定的小区进行饲养管理，以隔离蝎群，减少相互残杀，方便人为投食，提高成活率等。

第四节　饲养管理

一、蝎的养殖方式

蝎子的养殖可根据其生活习性、食性和繁殖习性，因地制宜地根据需要，采取不同的饲养方式来养殖。

(一) 房养

房子最好坐北朝南，建在地势高燥、向阳和无农药、化肥等有害物质污染的地方。一般以土坯筑砌为宜，如果用砖砌时不要用石灰泥浆，其高、宽、长不限，以便于管理而定。内墙不要粉刷，以防蝎子食用石灰，并留有缝隙，供蝎藏身。外墙封实，南面留门，在门框上钉一圈 30cm 宽的塑料布，以防蝎子跑掉。四周开窗，窗口要有纱窗，以防外界天敌侵扰，纱孔不宜太细，以免影响空气流通。在离房基脚 1～2m 处，挖一条宽 0.6m、深 0.8m 的环房水沟，终年保持有水，以防蝎子逃跑。房内地面上根据面积大小砌几道 50cm 高的单墙，墙与墙间留人行道，道上铺 10cm 厚的土，白天供人行走，晚上供蝎子活动。另在房墙四周脚基各留两个碗口大的出入口，可供蝎子进出，冬季要堵塞以利保温。房内安装 1～2 个弱光的灯泡，晚上开灯，打开纱窗，让外界的昆虫飞扑进来，为蝎子提供天然饲料。$1m^2$ 的养殖室能养 2 000 尾大蝎或 4 000 尾中蝎或 10 万尾仔蝎。

(二) 池养

在室内外均可用砖砌池，高 30cm，长短不限，以便于管理为原则。池壁内面贴一圈玻璃或塑料布防逃。池内砌 80～100cm 高的砖塔（可用土坯），每层砖都留缝供蝎子栖息。塔基部和池墙间留有一定距离，供蝎夜晚活动，池口用纱罩防逃。养殖池大小，可因地制宜，一般以养蝎数量而定，通常以 560 只成蝎需修建 $1m^3$ 的养殖地为宜。

在北方干燥地区，挖坑养蝎则比较适宜，可满足蝎子对空气湿度和温度的要求。一般坑深约 1m，面积大小视养蝎多少而定。坑内垒叠瓦片或碎石块，供蝎子栖息。

(三) 箱养

可用废旧木板制成，或废旧包装箱均可利用，也可用塑料箱，其大小不限。利用木箱时，在靠近木箱一侧修防逃玻璃条或薄膜，筑窝穴，箱口内壁围一圈，上覆纱罩或带孔的活动木盖。也可自制 100cm×60cm×80cm 的木箱，箱底铺 2～3cm 厚的沙或沙土。木箱两侧各码成长 72cm×12cm×60cm 的泥板垛 2 个（泥板厚 3cm，长、宽相当于墙砖）。垛体距箱壁 3～5cm，2 排垛中间留有蝎子的活动场所。

(四) 缸养

可用废弃无底的水缸埋于地下，内填 3～5cm 细土铺垫。如果缸有缝隙可用水泥填补好，以防蝎子外逃。在缸中沙土上反扣几层瓦片，瓦上事先钻两小孔，穿上铁丝，以便翻动检查。缸口用铁纱或尼龙网罩盖好，以防蝎子逃逸。

（五）加温养殖

加温养殖的关键因素是温度和潮湿度的掌握。加温养殖，对场地、加温加湿设备都有一定要求，其要点如下。

1. 养殖室内地面铺砖效果较为理想 如果是水泥地面，加温时，除安装自动调湿器外，还要在地面洒水、喷水雾，炉上放水盆蒸发水汽、挂湿布等。蝎子生活需要60%～75%的潮湿度环境，如干湿不均，会造成蝎子死亡。

2. 加温设备一般用土暖气 农村可用二号铁炉，同时另备一套设备，以备随时升温。除此之外，室内保温要有吊项、薄膜布封窗、隔套门保温等措施。总之，加温设备必须能使室内温度可以随时升温至35℃左右。

3. 分室养殖管理，对加温养蝎是很重要的 不同龄蝎或不同期蝎的繁殖成长，需要的温度有差异。产期蝎需要32～39℃的温度，一般恒温要保持在35℃以上。初生仔蝎要在32℃以上才能成长。而非产期蝎4个月以后，最适宜生长温度在25～32℃之间。

4. 搞好孕蝎产期技术管理 这一时期采用单蝎瓶产成活率比较高，但技术要求也较高。产瓶温湿度要求严格，要采取适当措施。同时必须掌握时间、码瓶层次、宽度位置。

5. 室内加温养殖，必须经常通风换气 向阳背风面需装排风换气设备，以使室内随时能够补充新鲜空气，并可随时封闭。

（六）养殖设备的设置，以充分利用空间为宜

一般来说，立体分层架养比较经济。分层可视房间高低设置，一般房间可分3层，两边排放木架、木盘，中间留有通道，以便操作。用方型木盘或铁盘，规格为80cm×80cm、90cm×90cm、100cm×100cm（高23～25cm）。这样的立体设置，每平方米房间可饲养1 000～3 000只种蝎，比较经济实惠。

除以上养殖方式外，常见的还有山养、瓶养、坑养、架养、盆养以及地窖式养殖等方式。

二、种蝎的引种与放养

（一）引种来源

种蝎来源一是就地捕捉野生蝎；二是到外地引种，主要是向人工养蝎单位或个人购买。引种时间一般安排春、秋两季，以使春秋天气的温湿度适宜蝎的运输，即使运输工具内的蝎子密度大一些，一般也不会死亡。但引种最好还是在春末夏初引进，此时引种便于当年产仔，提高经济效益。引进的种蝎应个大、健壮。

（二）放养时间

人工饲养投放种蝎一般在每年的 4 月下旬至 5 月上旬，或 7 月份为宜。雄蝎宜为青年蝎，体强而壮，而且要年年更新。在投放种蝎时为了避免来源不同的种蝎发生咬斗、厮杀现象而造成种蝎损伤，需在种蝎合群前 1 周内，各喷洒有同一气味的物质，以便于合群后相互认同。

（三）放养密度

人工养蝎的放养密度要根据蝎的龄期、养殖方式和蝎窝的设施而定。一般情况下，2～3 龄蝎 3 000 只/m^2；4～5 龄蝎 1 500 只/m^2；6 龄蝎 800 只/m^2；种蝎 600 只/m^2 左右。

三、不同蝎龄蝎子的饲养管理

（一）种蝎的饲养管理

1. 配种期的饲养管理 配种期的中心任务是抓好配种，保证所有雌蝎都能配种受孕。配种期要保持饲养场、蝎窝内的清洁卫生，及时清除杂物残料，同时把窝内的土填平、压实，利于完成交配任务。

饲养场要保持安静，不能有嘈杂之声，不能有强光照射，以免干扰雌雄蝎的交配。另外，由于雌雄蝎已为成蝎，食量增大，每天投料要增加，保证雌雄蝎吃饱而不会饥饿，这样才能专心进行交配。同时，为了提高受精率，要投喂高质量、营养丰富的多种动物性饲料，以满足形成生殖细胞所需要的各种营养物质。此外，每天还要提供足够的饮水，不然雌雄蝎会因缺水口渴而不愿交配。

交配期间，要加强检查观察，掌握配种的具体情况，以及雌雄蝎的健康状况，尤其要注意雄蝎的交配能力，及时更换交配能力差的雄蝎。为了保证雌雄蝎的身体健康，还要调节控制温度、湿度，以最适宜的温度、湿度使雌雄蝎处于最佳状态，提高受精率。

2. 妊娠期的饲养管理 引入的种蝎一般都是头年经过交配的雌蝎，已进入妊娠期或即将进入妊娠期，因此，对引入种蝎的饲养管理实际上为妊娠期饲养管理。

（1）饲养 引种以后到繁殖前一般有 40 天左右，这段时期正是孕蝎卵子发育及胚胎发育的时期，对营养需要很大，需大量饲料供应。

这一阶段，孕蝎的食物可用老熟的黄粉虫或黑粉虫幼虫，也可投喂切断的蚯蚓等。投食量应根据种蝎的数量及食物昆虫的个体大小来确定。一般来说，种蝎每 3～5d 可吃食 1 条黄粉虫，但具体的数量要靠不断投喂试验才能较好把握。总之，应该以刚好吃完不剩下或略剩一点为宜。

（2）管理 在妊娠期，孕蝎负担较重，其取食量尽管很大，但其活动却不多，一般长时间潜伏于分室中，即使吃食也很少起身挪动。到了妊娠后期，孕蝎往往于夜间爬出，频频外出寻觅繁殖场所，就像在野生状态一样。

根据这种活动规律，种蝎管理在前期比较简单，只需注意防止雨水灌窝，保证及时投食，并定期例行检查即可。在这一阶段，基本上不发生种蝎外逃现象。到了后期，管理比较复杂，主要围绕防止种蝎逃逸为中心进行。首先要经常检查蝎窝，及时补修漏洞，尤其注意填堵水泥盖板上面用三合土糊住的一些通孔，防止种蝎外出。另外，雨后应及时揩擦玻璃，以免雨水溅起的泥土、污物等沉积并附于玻璃上面，影响其光滑，为蝎子爬出玻璃外逃提供方便。这一阶段，种蝎对湿度要求相对较低，更适合在温暖、干燥的环境中生存。因此，不需向窝内喷水，保持自然湿度即可。

3. 产仔期的饲养管理 母蝎产仔到母仔分离这段时期称为产仔期，一般为10d左右。产仔期，母蝎不吃任何东西，完全依靠在妊娠期大量取食所贮存的营养而维持。刚出生的仔蝎尚不能取食，靠体内残存的卵黄为营养，维持其趴伏于母背这段时期的生存。因此，产仔期不需要进行人工投食。在管理方面，由于母蝎负仔，行动不便，常常十来天一动不动伏于分室之中，并警惕地护卫着背上的仔蝎。因此，产仔期，母蝎、仔蝎基本处于一种“准蛰伏”状态，不随意爬动，不必为防止逃跑而劳神费力。

这一时期蝎子对湿度要求较高。土壤湿度应保持在15%左右，低于5%则会出现母吃仔现象。这段时间如果连续高温，土壤迅速干燥，应及时增湿，以保证此时母蝎与仔蝎所处的7～10cm深处的土壤湿度不低于10%。

（二）仔蝎生长发育期的饲养管理

仔蝎从母背上下来以后，即开始独立生长发育，进入生长发育期。这一时期，对仔蝎的饲养与管理主要应注意饲料的投喂和仔蝎的分窝等。

1. 仔蝎的分窝

（1）*大小蝎分离的方法* 母蝎结束负仔以后，食欲大增，母蝎护仔性大减，如果此时饲料投喂供应不上，或湿度稍有不足，就会出现残仔现象。而且，这时原有蝎窝中蝎子的总数已经超过原来的十几倍，十分拥挤，影响生长发育。因此，从管理上讲，很有必要进行仔蝎分窝。大小蝎分离，比较科学的方法是利用前面所说的分离滑梯，如人工分离仔蝎用柔软鸡毛或海绵收集仔蝎，以防损伤。分离应在晚间进行。当仔蝎爬下母背以后（一般在7月中下旬），用铁棍捣开顶层水泥盖板上原先用三合土封住的小孔，仔蝎即会顺小孔爬出，到外面寻找食物。自然地，仔蝎很快就会碰到光滑的边界封闭线，然后沿此线爬至滑梯设置处，进入陷阱。而与此同时，由于盖板上孔洞很小，一般母蝎不能爬出。这样，即可将二者分离。

（2）*分离出仔蝎的投放* 对于分离出的仔蝎，应及时投放到已划好仔蝎生长发育区的蝎窝内，一般当夜分离当夜投放。

投放的密度一般应以每平方米不超过 4 000 只左右为宜，这样，有效成活率可达到 80%左右。

2. 仔蝎的饲喂 仔蝎在投放后只要一定时期投喂一次，每次投喂一定数量的食物即可。食物和取食者可以同处一室，并不影响仔蝎正常取食。自然饲养仔蝎每年在 6～7 月及 8～9 月为两个吃食高峰期，饲料投喂要适当增加频度和投喂量；在 4～6 月及 10～11 月，食量较小，可拉长投喂时间，减少投喂量；在 11 月至来年 4 月应该停止喂食。饲喂仔蝎，应保持几种食物相互交替，尤其是在投喂黄粉虫时，还要同时投喂黑粉虫或鼠妇，进行营养互补。

3. 提高成活率 仔蝎在生长发育过程中，常会因饲料、温湿度、蜕皮等原因死亡。所以，提高幼蝎成活率是饲养管理中的重要一环，直接关系到人工养蝎的经济效益。

仔蝎离开母背后第 5d 至下次蜕皮前的一段时间，食欲旺盛，每次可吃掉 8～10mg 的小虫子，相隔约 10d 吃 1 次，共 3 次。如不能保证足够的营养，则会影响其生长发育。吃饱、吃肥，有利于蜕皮和越冬。第 2、3 年也应喂好喂饱。成年雌蝎每次可吃 100mg 的小虫子，一般 20d 喂 1 次。产后母蝎急需营养，每次可吃 100mg 虫子，连续吃 2d，10d 后又喂 100mg，至 10 月冬眠前共约吃 600mg。投饲料要适量，以不残留或少残留为度，多了易污染环境。

在蝎窝上，秋冬季应加盖塑料薄膜或搭塑料棚，以保持蝎窝内温度适宜，加之投饲充足的食物，便可有效地延长蝎子的生长期，便于其更好地生长发育。

4. 蝎子 1～2 龄期间的饲养管理 按照各龄蝎子的生活能力、营养物质需要和生长特点，进行科学的饲养管理，是很重要的一环，适合于各种养殖方式。

（1）1 龄蝎的饲养管理 1 龄蝎的捕食能力差，口器小，活动范围小，这样就限制了 1 龄蝎对饲料营养的获取。因此，只能以虫体较小的昆虫饲喂，而体型较大的活体昆虫，1 龄蝎根本无法捕食。因此，要做好 1 龄蝎的饲养工作，就必须提前准备好适口性强且营养丰富的饲料。1 龄蝎较为适口的饲料有小黄粉虫、蚊蝇类、蝇蛆、剁成泥状的肉食；也可用蛋、乳、油拌上适量的肉粉等饲料喂养。还可以在饲养室内安装黑光灯诱捕昆虫作鲜活饲料，或在养箱内摆放一些烂水果，既可以诱集蚊、蝇类鲜活饲料，又可以供 1 龄蝎吸吮水分。

防止 1 龄蝎外逃也是饲养管理中很重要的一环。对它们使用的防逃玻璃条带一定要光滑、平整、严密。从养室、养箱的构造上，要根除可能引起出逃的条件。

在休眠越冬时，1龄蝎更要注意防寒保温，最好将入蛰后的养室温度控制在0～7℃，保证蛰伏场所不出现返潮现象。如果休眠期间的温湿度不合适，就不可能安全越冬。

（2）2龄蝎的饲养管理　2龄蝎活动敏捷，已具有攻击能力，食欲较旺盛，代谢也较强，性情较为凶悍好斗，可以将成年蝎咬死残食。因此，2龄蝎不仅要必须雌雄分群单养，而且还必须严格控制养室内蝎子的密度。

2龄阶段的蝎子是一生中生长发育最快的时期，群众称之为暴食期。供给饲料时，应该使用肉食类与组合饲料搭配供应，以避免脂肪营养大量蓄积，形成生理性病变。但在填脱期，还是应该以肉食类饲料为主，使其能有足够的营养蓄积，保持正常的生长与发育。

（三）蝎子蜕皮期的饲养管理

蝎子蜕皮是与个体发育联系最密切的一个生物学过程，也是一种生长行为。个体生长结束，蜕皮才停止。

蝎子体内经一系列生理生化作用，原表皮与真皮分离，同时产生新表皮，这个过程叫蝎子的蜕皮。蝎子在生长发育过程中，经过几次周期性的蜕皮，逐步长大，发育成熟。蝎子蜕皮的外部条件是日均温度25～35℃，蝎窝土壤含水量10%～15%。蝎子蜕皮前，身体皮肤粗糙，体节明显，腹部肥大。

蝎子在蜕皮前约1周不进食，活动减弱，在安全适宜场所呈半休眠状态。蜕皮时，老皮先从头胸部的钳角与背板的水平方向开裂，通过身体的不断抖动，从头胸部开始，渐至后腹部蜕出。蝎子的体长在6次蜕皮后呈跳跃式增加。1～2龄蝎蜕皮一次体长增长0.5cm，3～6龄增长0.7cm，至7龄为止。

幼蝎第1次蜕皮在母背上进行，蜕皮时间较为一致。离开母体后，由于生长环境的差异，不同个体的蜕皮时间相差很大，有的可达3个月（不包括冬眠时间）。

蝎子从幼蝎生长发育到成蝎需要蜕6次皮。蝎子蜕皮时要求条件严格，如果饲养管理水平跟不上，则蝎子不能正常蜕皮，生长发育缓慢，甚至停止生长。做好蝎子蜕皮期的饲养管理，使蝎子生长发育良好，蜕皮正常，是人工养蝎成功和提高产量的重要方法之一。

根据蝎子蜕皮期的生物学特性，每年的6～9月为蝎子的生长、蜕皮高峰期。在蝎子蜕皮期应搞好如下饲养管理。

1. 投喂品种多样化　在此期间，应投喂足量的多种类的鲜活汁多体软的昆虫饲料，以满足蝎子对不同营养的需求。可经常更换昆虫类饲料，做到交替投喂。如果营养不足，就会使蝎子发育迟缓，蜕皮时间推迟，或蜕皮时因体力不足蜕不下皮而引起死亡。

2. 要有适宜的温湿度 蝎子在蜕皮过程中怕高温、高湿，喜欢在温度适宜、湿度适中且变化不大的环境中蜕皮。温度应保持在25～37℃，土壤湿度在10%～15%，空气相对湿度在70%～80%之间，且要保证每天供水充足。因此，其活动场所要求偏湿些，栖息的穴窝干燥些。

3. 饲养密度要适中 人工养蝎的合理密度要根据蝎子的不同龄期、养蝎方式和蝎窝的设施而定。密度过大时往往发生相互残杀现象。由于蝎子蜕皮的时间不是很集中，密度越大，越有可能发生未蜕皮蝎子吃食正在蜕皮、缺乏自卫能力的蝎子的情况。因此，这时应保持饲养密度适中，加强科学管理，精细观察，保证供给足够的食物和清水，使其顺利地度过蜕皮期。

（四）商品成蝎的饲养管理

当幼蝎经过6次蜕皮，长到7龄，便成为成蝎。活动范围扩大了，食量也扩大了。此时的养蝎密度要降低，投食次数要渐渐增加。这时应进行分群。一是经过选种留作种群繁殖后代。雄蝎在交配期内要消耗较多的蛋白质和能量，雌蝎怀孕更需要营养和保护，对它们的饲养管理不能放松。二是挑选剩下的成蝎要加工成商品蝎，专作药用全蝎使用。

四、蝎子蜇伤与救护

蝎子的养殖，实际上是人与毒打交道，其安全保护十分重要。从引种开始，一直到最后的活捕及加工，饲养管理人员都有被毒蝎蜇刺的危险，对此应认真防范。

我国家养蝎是东亚钳蝎，不是那种伤人致死的剧毒蝎。养蝎者被蝎蜇伤是常事，久蜇则身体会产生抗毒性，从而随着蜇数增多反应减轻。养蝎者如万一被蝎尾刺伤，也只是灼痛一阵，一般约1h便自然消失，不红不肿，也看不出明显被刺的针眼。被蝎刺伤后，可按如下方法处理：①用冷的浓肥皂水或洗衣粉水浸洗伤处5min，疼痛感便会减轻，再继续泡半小时，则痛感会消失；②用浓度较大的高锰酸钾水或氨水浸洗伤处；③用活蜘蛛或活蜗牛捣碎涂敷伤处，见效快；④用中药附子磨碎后加醋调成汁涂效；⑤用万金油（清凉油）涂伤处；⑥用活蝎两条捣烂，拌菜油或花生油涂敷。

第五节 商品蝎的加工方法

一、蝎子捕捉加工的时间及对象

为确保药用全蝎的质量，捕捉与加工应尽量在蝎子品质最佳的时期进行。人工饲养蝎子，特别是恒温养殖，改变了蝎子固有的生活规律，收获与加工均不受季节限制。一般来说，常温养殖的要满3年才能收获，恒温养殖的1年左右即可收获。为确保产量，增加经济效益，要在蝎子长足身长6cm时收获。长足身长的东亚钳蝎大约350～400只重500g。捕捉的原则是：捕大留小，捕弱留强。雄蝎实施两次交配后已无用，可全部采收捕捉；母性差、产仔率低的淘汰雌蝎可在产仔后采收捕捉。此外，一些肢残、患病体弱的蝎子也可捕捉。平时如发现病蝎和尚未变质的死蝎应随时采收加工。

二、加工前蝎子的活捕方法

蝎子是有毒的，随时可能对侵犯它的对象发起进攻，用毒针蜇刺，轻者疼痛数小时，重者引起呼吸麻痹、心血管高度兴奋，并可能引起中毒死亡。因此，蝎子加工前的捕捉必须谨慎小心。

（一）捕蝎工具

捕蝎时不能徒手进行，必须有一些必要的捕蝎工具。

1. 笤帚和簸箕 要准备笤帚和簸箕，以便在收捕房养蝎时进行扫收。笤帚要求紧实、细密，且柔软适当，以能扫净且不伤害蝎、不能藏蝎为度。簸箕与笤帚配合使用。

2. 镊子 镊子要求是软质的，如竹子、木片等材料制作的，用金属镊时，其外面需套上胶管。镊子的规格没有严格规定，但要求不能太小、太细，一般以长15～20cm，前端张口3～5cm，钳面宽1cm左右为宜。

3. 一副手套 手套的作用是防止毒蝎蜇伤手臂，起保护作用。其质地最好为皮革，以减少毒刺穿透的可能。手套腕部要长，最好能套住衣袖。

4. 盛蝎的容器 一般可采用搪瓷盆、铁桶或大玻璃瓶等。注意容器不可太小，要带盖，盖上有通气孔，容易装入和运输。

除此之外，还应配备手电筒、酒精及被蜇伤后所需的一些药品等。

（二）活捕方法

不同的养殖方法，其活捕方法也不一样。不论何种养殖方法，在进行活蝎收捕时必须首先做好防护工作，穿上长筒袜，扎好鞋，戴上手套，扎紧袖口、裤腿，以防蝎子钻入或被蜇伤。

1. 房养蝎的收捕 收捕房养活蝎时，先塞严蝎房所有通气的孔隙及蝎房下部的小洞穴，然后打开房门，用白酒或酒精向室内遍洒，再关上房门，让室内充满酒气。片刻之后，用盛装容器接住洞穴，放开洞口，即见大小蝎蜂拥而出，进入容器内，待装满后迅速换上空容器接装，将已装满的容器盖上带小孔的盖子。对未爬出蝎房或未爬进容器的蝎子可用扫帚清扫，并用簸箕轻轻撮起，装入容器中。收捕房养蝎时，应把小蝎退回，并进行现场选种，用镊子将小蝎及留种用蝎夹出放回蝎房。

2. 池养、箱养、缸养、架养活捕方法　用笤帚或中号油漆毛刷将蝎子直接扫入簸箕内，倒入塑料盆集中存放，再将窝内瓦片逐块掀起，将漏扫的仍附着在瓦片上的蝎子全部扫出。此时可顺便将蝎窝内的杂物垃圾等进行清扫。清扫完毕后，再将瓦片逐块按原样放好，以备养殖时再用。在盆中集中存放的蝎子同样需要进行挑选，将中蝎、仔蝎挑出留作蝎种，剩余较大的蝎子加工成产品。

应注意的是，在蝎窝用夹子或手捕捉蝎子时，不能粗手粗脚，麻痹大意。当蝎子正在爬行时，可先吹一口气，使其处于临敌状态，停止爬行，然后迅速用竹夹适度夹住，装入容器内。在操作时，由于疏忽，万一有蝎子爬到背上，也不要惊惶失措，只要你不刺激它或不碰痛它，蝎子也不会蜇刺你。出现这种情况时，可用竹夹夹住蝎尾，轻轻放入蝎窝或容器内即可。

三、全蝎的加工、生产与储藏

（一）“盐全蝎”的加工方法

加工前先把蝎子放入冷水盆中，洗掉蝎子身上的泥土、排出体内的粪便。每千克蝎用食盐 100～200g，加水 4～6kg，浸泡 4～6h，使其吐出腹中泥土污物后捞出蝎子。把盐水放入锅内煮沸，除去浮沫后，将捞出的蝎子倒入，用木板或竹席压住，使盐水满过蝎子加火煮 10～15min，煮好后的蝎子全身僵硬挺直，并且背部出现一条凹沟。捞出后摊在草席上放在通风处阴干。严禁日晒，以防晒后起盐霜，影响质量。入药时，要将盐蝎漂去盐的成分，一般用清水或热水漂到没有咸味为止。

（二）药用“淡全蝎”的加工方法

淡全蝎也叫清水蝎，加工前也要把蝎子放入清水中洗，然后捞出放入沸水中煮 10～15min。但应掌握每 1.5kg 活蝎加 50～100g 盐。煮时要慢慢翻动，煮好后捞出阴干即可，干的程度为 1kg 活蝎可加工成 300～350g 干蝎。

（三）全蝎的品质分级

咸全蝎与淡全蝎各有其优缺点。咸全蝎在湿热的夏季易返潮，吸潮会变得湿漉漉的，返卤起盐，易断裂破碎，但不易遭虫蛀，不易发霉；淡全蝎不会返卤起盐，形态较完整，但易受虫蛀或发霉，干时碰压易碎。

加工后的全蝎，其品质不尽一致，一般在装箱储存前，要进行必要的筛选和分类。全蝎品质的优劣主要从虫体干湿程度和虫体的完整度、均匀度及颜色等方面判定。优质全蝎，其虫体阴干得当，干而不脆，个体大小均匀，虫体完整，没有碎裂及残缺，颜色纯正，呈暗棕红色，有时还有光泽，这类全蝎不仅外部品质好，而且内部无盐粒、泥沙等杂质。对于用死蝎加工而成的全蝎及其他品质欠佳的成品来说，则往往表现为个体大小不均匀，干湿不适度，易碎裂、残缺或表面有盐粒及杂质，最明显的是颜色不正，甚至呈青黑色。这样的全蝎不仅品质较差，且易变质，不耐贮存。

（四）药用全蝎的贮存

商品蝎要求色泽黄亮，身干，肢体完整，无异杂，不返卤。制好的全蝎晾干后，分等包装。包体 10cm×10cm，外壳完整为标准，用防潮纸包裹，每包 0.5kg，而后装入小箱或纸箱，箱内衬防潮油纸，置通风干燥处贮存，防止受潮、虫蛀和鼠咬，并要及时地交药材收购部门。制成的药用成品蝎，切记不可放在阳光下曝晒。否则，虫体变脆，遇碰压易碎，会影响成品质量。装运忌用塑料袋包装。

四、蝎粉的加工

首先将蝎子放入塑料盆或塑料桶内，加入冷水进行冲洗，洗掉其身体上泥土和其他杂物，这样反复冲洗几次，待洗净后捞出，在－30～－60℃下速冻，冻干后再粉碎成粉，然后将蝎粉置阴凉通风处晾干，其含水量要求不超过 0.2%。或者将冲洗干净的蝎子放在烘干箱内，在 60℃温度下烘干，然后再粉碎成粉。蝎粉可与其他药物混合后制成不同的胶囊制剂。

第十二章　其他特种经济动物的养殖

第一节　海 狸 鼠

海狸鼠是啮齿类的草食性毛皮动物，原产于南美洲国家，我国首次是在1956年引进饲养的，属于外来的动物种。由于其毛皮类似水獭皮，于是我国人又给它取个名字叫“狸獭”。海狸鼠的饲养已遍布全世界，我国自1956年开始引进后，经多年的驯化已能正常繁殖、生长发育。事实证明，海狸鼠是经济价值较高的草食性毛皮动物，其经济价值主要是它的皮张，即海狸鼠皮（国内商品名叫狸獭皮）。海狸鼠皮的特点是皮板既结实又柔软耐磨，针皮挺直，沥水性和光泽性好；其缺点是针毛粗长，美观性不如水貂，但其针毛是制作画笔、胡刷、眉笔等的高档原料，拔去针毛的绒皮可与水獭皮相媲美，价格比水獭皮低得多，所以仍是人们喜欢穿用的毛皮之一，国际市场上也是畅销货。

海狸鼠肉也越来越引起人们的关注。最近，我国有些地方已出现了专门从事开发海狸鼠肉类制品的企业。

一、海狸鼠的形态特征

海狸鼠是大型的啮齿动物，成年鼠体重5～7kg，个别的可达14kg；体长（鼻尖至尾根）45～60cm，公的比母的稍大些，约大10%～20%。

海狸鼠外表像大老鼠，但身体笨拙肥胖，头较大，眼相对小，耳短，圆形，上唇有很明显的胡须，有两对大门牙明显地露在唇外，鼻孔具有肉质的活瓣。整个尾巴呈长圆锥形，长30～35cm，尾上包着细小的鳞片，四肢短而粗，后腿略长于前腿，爪尖很锋利，脚掌光亮无毛。后脚5趾，3、4、5趾间有蹼，前肢也有5指，小巧伶俐，用来抓取食物、梳毛，但前指间没有蹼。

标准颜色的海狸鼠背部毛是黄褐色，绒毛为棕色，腹部毛色较背浅而绒毛却比背部密而厚，呈浅褐色。标准色的海狸鼠数量最多，繁殖能力很高（平均每窝5.6只，最高达17只），母性强，成活率高，抗病力、适应性都很强。此外，还有黑色、银蓝色、银白色、金黄色、柠檬色、烟色、雪白色、稻草色等多种颜色的品种。

二、海狸鼠的习性

海狸鼠一般生活在气候温暖、水草丰盛的河流、湖泊和沼泽地带，它可以随着季节、水位、食物和繁殖等因素的影响改变它的生活地点。

海狸鼠性情温顺，喜群居。通常在野外居住于洞穴或自造的窝巢内。它的洞不像田鼠那样有很多支洞，一般没有支洞，深 1～2m。

海狸鼠活动时间多在黄昏和夜间。

海狸鼠善游泳，在水中行动自如，潜水能力很强，每次潜水可达 5～6min，在游泳和潜水时可采食，在陆地上比在水中笨，奔跑时只能跳跃式前进。

海狸鼠的嗅觉和视觉很差，但听觉非常灵敏，稍有声响，便立刻潜入水中隐蔽起来。

海狸鼠以植物性食物为主，喜欢吃水生植物或岸边生长的植物幼芽、树枝、树叶和嫩根，有时也采食河蚌、螺蛳等软体动物。吃的时候经常用两前肢捧着食物，咀嚼很细致，所以吃食的时间也很长，有时也喜欢把食物拖到水里去吃。在水中边游泳边仰起脖子喝水；在陆地上喝水时，像鸡一样，喝水后仰起脖子，身体向后退一两步。

海狸鼠的消化系统很发达，消化道的长度是体长的 10～12 倍，食物在消化道中停留的时间，成年鼠为 60～70h，幼鼠 24～30h。

海狸鼠正常的体温为 37～38℃，心跳 70～80 次/min，当它在水中潜游时，心跳能反射性地下降，心率低于正常心率的 1/4，甚至达到 1/10～1/20，因此，即使在水中激烈地活动，物质代谢也不会明显增加。

海狸鼠靠体表面散热来调节体温，所以能抗 35～40℃的高温，但耐寒能力却较差，在气温达－10℃以下，活动明显减少，体温下降 2～5℃；遇到炎热的高温天气时，体温可增加 3～5℃。

三、海狸鼠的繁殖技术

（一）海狸鼠的繁殖特点

海狸鼠具有双角子宫，繁殖力比较高，是多胎繁殖动物，有以下一些繁殖特点。

1. 性成熟早 海狸鼠在 4～5 月龄、体重 0.8～2.2kg 时，多数出现初情期的表现，并能排卵。但因海狸鼠的发情易受季节、温度、营养和遗传等因素的影响，因而在生产中常出现初情期不一致的现象。

2. 全年能繁殖 母鼠一年多次发情，公鼠终年均可与发情母鼠交配。

未妊娠的母鼠每隔 24～30d 发情 1 次（个别的隔 14～16d 或 35～40d 发情）。发情持续期一般为 36～72h。

3. 刺激性排卵　即发育成熟的卵子，需交配的刺激才能排卵，但也有自行排卵的。

4. 妊娠后不再发情　妊娠期平均 132d（120～140d）。产仔多在夜间进行。分娩后 1～3d 内发情，可血配，但这种血配的妊娠率仅 10%左右。

5. 初生仔鼠个大，体重，生活能自理　初生仔鼠体重为 75～250g，新生仔鼠即睁眼，牙齿俱全，身上有被毛和触毛，出生后 2min 即发出尖叫声，20min 后开始吃奶，4h 后就能出窝活动，也能下水游泳，并能尝食母鼠的食物。由于海狸鼠原产于亚热带和温带，故母鼠没有为仔鼠做窝的习惯，也没有护理仔鼠的习性。

6. 繁殖适龄期短　在人工养殖条件下，超过 3～4 岁的海狸鼠繁殖力明显下降。

（二）海狸鼠的适宜交配年龄

海狸鼠的适配年龄，一般母鼠为 7～8 月龄、公鼠为 8～9 月龄。这时海狸鼠的体重应达到 3.5～4kg。人工养殖条件下初次配种的月龄不可提前，否则会使整个生产群的生产力下降。

（三）海狸鼠的发情表现和交配行为

母鼠发情时，外阴部潮红、肿胀、湿润，并有黏液；精神兴奋不安、食欲不振，常在运动场内徘徊运动，趋向公鼠，甚至主动找公鼠。初次发情的育成母鼠，除了这些兴奋表现以外，外阴部的阴道封闭膜形成裂口是其主要特征。

海狸鼠的交配行为与家兔相似，公鼠爬在母鼠后背上，若母鼠不躲闪，公鼠尾根部下压，后躯抖动，作连续的阴茎插入动作；阴茎置入阴道后，公鼠尾根内陷，随即猛地向前一冲即为射精；射精后公鼠迅速从母鼠背上滑下，结束交配，交配时间约 1min。若观察不到射精动作，则是交配不成功的表现。在一个发情期内，母鼠可受配 2～4 次。

（四）配种的适宜时间

1～3 岁母鼠和分娩后第二、三次发情期交配的受胎率最高。在一年四季中，11 月至第二年 2 月受胎率最高，3～5 月则较低。在同一个发情持续期间，前半期受配比后半期受配受胎率高。

放对配种的时间应根据季节变化灵活掌握，春冬季以 9～11 时和 14～16 时放对较好，而夏秋季以 8～10 时和 16～19 时放对为宜。

放对时，一般将母鼠从公鼠的圈舍一角轻轻放入，并先让公鼠看到母鼠进舍，否则会使公鼠受惊吓而咬架。

（五）常用的交配方法

1. 一公一母交配 将发情母鼠放入公鼠圈内交配，交配后将母鼠放回原圈，第二天再次交配，反复2～3次，如5～6d内母鼠仍不受配，可隔24d重放入公鼠圈内6～8d，受配后48～50d时进行妊娠检查，如未能受配，可在第三次发情期（即分娩后第48～62d）与公鼠合笼。

一公一母交配方法可提高母鼠受胎率，后裔血缘关系清楚，也便于推算预产期。但此法费工，小型饲养场和种鼠场适合采用。

2. 一公多母交配 一般用1只公鼠与4～6只母鼠组成一个“家族”，长期饲养在一个圈里，自由交配，每月对母鼠进行2次触诊，确认受孕的母鼠应立即取出单独饲养。待仔鼠断奶后，再将母鼠送回原来的“家族”圈里去。注意在组成“家族”时，以选择同胎或同舍育成的异胎母鼠为好，否则母鼠之间容易咬架。

采用此法比一公一母交配法可省去1/4～1/3的圈舍面积，管理起来也较为省力省时。优点很多，无论小型还是大型饲养场，均可采用。

3. 多公多母交配 10～20只公鼠与100～200只母鼠养在大的栏舍内，自由交配。这种方法虽省力，但后裔系谱不清，且经常咬架，造成流产和毛皮品质低劣，一般不宜采用。

（六）海狸鼠的妊娠诊断

海狸鼠的妊娠期长，平均为132d（120～140d）。成年母鼠一年可产2胎，个别的两年能产5胎。

妊娠判断可采用摸胎法。母鼠受胎50d左右时，其胎儿长度可达2cm。用左手将母鼠尾巴轻轻提起，将母鼠的前肢置于不高的物体上，右手作“八”字形，自最后肋骨至骨盆，沿着腹腔两侧轻轻进行触摸，如能摸到像蚕豆大小有弹性感的光滑胎儿，可以认定为妊娠。触摸时，不可用力过猛以防流产。以空腹检查效果最好。触摸时应将胎儿与粪粒辨别开，粪便硬而没有弹性。有经验的人，在配后40d，甚至30d即能摸到胎儿。

（七）母鼠的分娩情况

母鼠分娩情况和兔子差不多，临近产前母鼠衔草做窝，精神不安，阴部周围脱毛，多数在夜间或清晨分娩，难产的很少。每隔5～10min产1只，产后母鼠很快咬断仔鼠的脐带，吃掉胎盘。一般2～3h分娩完毕，个别的母鼠延长到6～8h。产后母鼠舔干仔鼠身上的黏液，并发出呼唤仔鼠的叫声。乳头3～5对，分布在胸、腹部的两侧，而不是在腋下，因此仔鼠在地面上和水面上都能吸吮乳汁。

（八）产仔保活的关键

1. 保证仔鼠及时吃上初乳，产仔8只以上时，就要把仔鼠拿出一部分送至产仔日期相同或接近的、母性强而产仔少的母鼠代养，以保证吃上初乳。如找不到代养母鼠时，要对分娩的母鼠加强营养，促使母鼠分泌较多的乳汁，个别“孤儿”，可用滴管、牛乳代喂。

2. 想方设法加强母鼠的管理，加强营养，使母鼠保持旺盛的乳汁分泌能力。

（九）影响海狸鼠繁殖力的主要因素

1. 色型　标准色的海狸鼠一般比彩色海狸鼠的平均产仔数高，一般要多20%以上。

2. 年龄　第3～5胎次的窝平均产仔数最高，而后逐渐下降。

3. 体重　母鼠的体重一般与繁殖力成正比，即体重越大，繁殖力越强，但过分肥的母鼠空怀率却增高。

4. 饲养管理　饲养管理的好坏直接影响繁殖力。

四、海狸鼠的饲养管理

（一）饲喂次数

海狸鼠一天喂2次混合颗粒料为好。因为海狸鼠吃食细致、很慢，每次吃食时间很长，同时对饲料浪费较多，所以次数不宜过多。可以上午喂颗粒料或混合饲料，下午喂青绿饲料和粗饲料。

（二）日常管理工作

1. 随时观察记录鼠群的动态，尤其是采食的状况，观察粪便有无异常、活动状况、精神状态以及行为上有什么不正常的表现，以便及时发现问题及时解决。

2. 随时随地搞好饲养场地的环境卫生，及时清除剩余饲料和粪便污物。定时更换池水，预防疾病。

3. 及时检查和维修圈舍、圈栏等设施，杜绝跑鼠或天敌侵扰。

4. 做好安全工作。

（三）仔鼠的饲养管理要点

1. 从出生到56d为哺乳期，在这段时间里，公鼠平均每天增重19.2g，母鼠平均每天增重17.8g。

2. 10～15d的仔鼠，其生长要靠母鼠的奶汁，这一段时间很重要，如果初期母鼠乳汁很少，仔鼠生长会停止，甚至到5～7d发生死亡。但是在10～15d以后，母乳减少时，仔鼠在不吃母乳而吃母鼠饲料的情况下常可以活下来。

3. 正常情况下2～3d的仔鼠，即可让其开始尝吃少量配合饲料和多汁饲料，3～4d排出深绿色胎粪，5～6d排出直径2～6mm的灰褐色的正常粪便，随年龄的增长，粪便逐渐变成椭圆形。这时母鼠吃的饲料量要根据仔鼠的数量和仔鼠的年龄适当增加。

4. 经常会遇到产后母鼠死亡、患病、缺奶或产仔数过多，或因母性不强等造成全窝仔鼠死亡的现象，这时需要与其产仔期相近、奶量充足、产仔少的母鼠代养，或者进行人工哺乳，以提高成活率。

人工哺乳的方法是用35℃的鲜牛奶从早上6点到晚上9点，每隔3h，用滴管滴喂一次，5～10d的仔鼠，每次喂5mL，一天共喂30mL，奶中加些苹果、胡萝卜或小麦粥、面包渣等；10～15d的仔鼠每天每只喂20g面包渣；15d以后的仔鼠即可喂配合料或配合料做成的窝头。

5. 初生的仔鼠机体机能不全，不能适应恶劣环境，因此应注意防止寒冷、潮湿、拥挤、不良卫生等恶劣条件。还要注意老年母鼠和过肥母鼠，会因母性差、行动笨拙而易压死仔鼠。

6. 仔鼠吃奶到40～60d后（夏季炎热时早些），就会分窝断奶，公仔鼠断奶时的体重应达到1kg以上，母仔鼠应有0.9kg以上，才算合格。断奶时注意发育均衡的可以同时断奶；发育不均的，应先断健壮的个体，弱小的可以延长4～6d再断奶。断奶前应少给母鼠吃多汁饲料，使奶汁分泌减少，预防断乳后母鼠患淤滞性乳房炎。

（四）幼鼠的饲养管理要点

幼鼠是指从断奶到7～8月龄阶段的鼠。7～8月龄时，即进入了成年期。幼鼠长的也很快，尤其在4～5月龄时体重增长更快。断奶后的幼鼠要按性别、出生日期及体型编组饲养，每组以5～6只为好，最多不要超过20只。给幼鼠喜欢吃的和易消化的饲料，注意卫生，预防胃肠疾病发生。

4个月以后的公鼠已临近性成熟，往往互相争斗，这时就应分离开，防咬伤。

（五）成年鼠不同时期的饲养管理要点

成年鼠的饲养管理最为重要，能否取得较好的经济效益，将直接依赖于饲养成年鼠的效果。

1. 要按个体或小群体所处的不同生产时期，采取不同的饲养管理措施。

2. 在非繁殖期（包括繁殖间歇期）应特别注意恢复种鼠的体况，为尽早进入下一个繁殖期做准备，但切不可将种鼠养得过肥，否则会降低繁殖力。

3. 在繁殖期，应把饲养管理的重点放在妊娠期，因为妊娠期母鼠需要的营养最高，除满足自己需要外，还要供给胎儿发育营养，还需为产后胎儿哺乳贮备营养。所以这个时期的管理可直接影响产后的泌乳量和仔鼠的健康状况。

4. 春秋季，气候温和，按日常饲养管理和不同时期饲养管理要点去做就可以了。但冬夏季的气候不适于海狸鼠的生活习性，必须采取一些相应的措施。

（1）*夏季管理*　夏日天气炎热，而海狸鼠毛被丰厚，尤其在夏日中午日光直射，往往能导致中暑（热射病或日射病），因此必须搭凉棚或栽植阔叶树，使运动场有一定的阴凉区域；另应常用水浇刷笼舍和舍内地面，既保持环境卫生，又能散热降温；还要常换小池中的浴水，保持水的清洁。夏日的日粮中要增喂新鲜青绿饲料，相应减少精料。千万注意不要喂腐烂变质的饲料，防止发生胃肠道疾病。若为群养，还要降低鼠群的密度。

（2）*冬季管理*　海狸鼠不耐寒冷，尤其在寒冷的北方，冬季可暂时将种鼠移到室内旱养，旱养的圈舍内多添些柔软的干草，室内最低温度不应低于－5℃，糊严门缝和窗缝。为使仔鼠避开寒冷的冬季，秋季不宜配种。如果安排冬季产仔，必须有防寒保暖措施。冬季日粮应由青干草、精料及补充饲料组成，不喂冻结的饲料。实行群养，增大鼠群密度，以加大抗寒能力。

五、海狸鼠的圈舍建造

海狸鼠的圈舍样式较多，但结构上都必须有三个部分，即窝室、运动场、水池。还应本着因地制宜、就地取材和勤俭办场的原则，要求整齐坚固、经济适用。选择地点和一般饲养场一样，海狸鼠切忌在阴暗、潮湿、通风不良和嘈杂的地方选址。

圈舍是固定在某一地点，不能移动，如要经常移动，就要根据需要改为铁笼式。

窝室、运动场、水池的地面和四周墙壁一般都用水泥，房顶用石棉瓦或铁丝网。窝室要求干燥、保暖、不透风，其规格为长 100cm，宽 60～80cm，前墙高 80～90cm，后墙高 60～70cm，这种规格的窝室，可以养 1 只哺乳母鼠及其仔鼠，或 1 只公鼠和 3～5 只成年母鼠，或 10～11 月龄鼠 6～8 只。寒冷的冬季可将窝室中间隔开成 2 间小室变成 1 个饲料室和 1 个窝室，并堵上通向运动场的小门，将饲料直接投入小饲料室内。运动场一般长 100～125cm，宽 80～140cm，墙高不低于 80cm，要求水泥地墙面光滑，防逃。窝室与运动场之间留 20cm×27cm 的小通道。运动场向水池的方向要有一定的坡度，以便清扫。水池的长与运动场的宽度相等，宽 60～80cm。可以每窝单独一个水池，也可几个窝的水池连通使用。除圈舍外，养殖场还需建造饲料加工室和毛皮加工室，以及供水、排水设施。

六、海狸鼠毛皮和副产品的初步加工

（一）海狸鼠的取皮时间

海狸鼠的绒毛以 11 月至翌年 3 月最密，夏季绒毛比冬季少 52%～70%，毛长度、直径和强度也要比冬天有所降低。海狸鼠的最好取皮时间在 9～18 月龄，这段时间其绒毛既长又密，针毛的强度和光泽最好，毛皮的商品价值最高。9～10 月龄以上的成年鼠，其皮张面积大，一等皮可占 60%～70%；6～7 月龄的育成鼠，面积中等，二等皮居多；3 月龄以前的幼鼠，基本上没有商品价值。

（二）海狸鼠的取皮方法

1. 处死　用电击或棒击延脑的方法将海狸鼠处死。

2. 挑裆　将两后肢固定，用利刃于膝关节处将皮肤环状切开，再从尾根处将皮肤环状切开。然后从一侧膝关节处沿大腿内侧，经过肛门前沿向另一侧膝关节处将皮挑开。最后把肛门周围连接的皮肤挑开，剪断肘关节以下的前肢。

3. 剥离后裆　将拇指和食指插进后肢的皮肤和肌肉之间，用手撕开两后肢和后裆的毛皮。母鼠将阴道剪断或撕断，公鼠将包皮口从皮内侧剪断。

4. 筒状剥离　将躯干的皮张翻剥至颈部为止。

5. 剥割头部　抓着皮筒，一边向下用力撕，一边用刀剥割头部的皮板和肌肉连接的地方。剥到耳根时，将耳根切断，再向下剥至眼时，细心将眼睑割断，接着再将口唇和鼻割下，将口、耳、唇、鼻都要完整地留在皮上，眼孔不可割得太大。用上述方法剥下的皮才有商品价值，乱剥的皮张很难出售。

（三）海狸鼠的初步加工

剥下的皮张要进行初步加工处理才能保存起来，待机出售。初步加工主要是刮油、上楦和干燥三步。

1. 刮油　要在皮干以前刮，如属干皮就要充分浸水后方可刮油，刮时用竹刀或钝铲用力均匀，并且在楦板上刮最为妥当。不易刮掉的部位，可用剪刀剪去脂肪和肉。

刮油后，用锯末或粉碎的玉米芯搓洗皮板上的浮油，再将皮板翻过来搓洗毛被，使毛绒清洁有光泽。洗皮时严禁用麸皮或有树脂的锯末。

2. 上楦　刮油后应及时上楦和晾晒，使原料皮按规格要求成对称形状，防止因收缩和折皱而造成干燥不均、发霉、压折、掉毛和裂痕等现象。上楦时，要上正头部，拉两耳使头部尽量伸长，但不能随意拉长或撑开任何有效部位，以免造成板薄毛稀。上楦后，鼻和两前肢用钉子固定在楦板上，然后进行干燥。

3. 干燥　干燥是使皮内水分由65%～70%减少到12%～16%，以达到长时间保存的目的。夏季干燥时，最好是在阴凉处通风干燥，冬季以在供暖的干燥室中进行为好。干燥后的皮张可捆起来，撒入一定量的防虫剂，置于阴凉干燥处保存。海狸鼠的肉可直接出售，也可深加工成熟肉、腊肉、香肠、罐头，有特殊的香味。油脂可作食用，也可作工业及化妆品的原料。

第二节　雉　鸡

雉鸡俗称野鸡、山鸡。野鸡学名环颈雉（*Phasianus colchicus Linne*），动物分类学上属于脊椎动物亚门，鸟纲、鸡形目、雉科、雉属、环颈雉种。野生雉鸡共有30余个亚种，我国各地山野分布最广的是环颈雉。我国野鸡的资源非常丰富，共有19个亚种，分布在东北、华北、华中、西南、华南等地。

一、雉鸡的经济价值

雉鸡（野鸡）具有食用、药用、观赏兼备的经济禽鸟。雉肉可食用，比家鸡鲜美。营养丰富，蛋白质、氨基酸含量比家鸡高，脂肪和胆固醇含量比家鸡低（一般家鸡肉的脂肪含量为7.0%～8.0%，而雉鸡肉的脂肪含量只有0.95%～1.0%），雉肉是一种高蛋白低脂肪的野味食品，是宴席上的美味佳肴。据分析，雉鸡肉含粗蛋白质23.43%～24.71%，比肉鸡高11.84%；而胆固醇含量却比肉鸡低29.12%。因此，被誉为保健肉和美容肉。身上的彩色羽毛，尤其是尾羽华丽高雅，可作装饰羽毛；带羽的皮张可作衣、帽等的装饰品，有很高的出口价值。近些年来，我国已开始人工驯养雉鸡，经过驯养的雉鸡不仅能满足市场需求，而且能出口创汇。

雉鸡又有很大的药用价值，其肉或全体入药。药材名贵（《别录》）。其脑、尾羽、肝亦入药。雉鸡肉入药，首载于《名医别录》，云“主补中，益气力”。《医学入门》也有“治痰气上喘”之说。《本草纲目》第四十八卷禽之二也有记载。雉味甘、酸；性温。现代中医认为雉鸡肉能“补中益气，益肝和血，治脾虚泄泻。胸腹胀满、下痢、小便频”等症。雉鸡脑，主治（可涂）冻疮（《纲目》）；雉尾，烧灰合麻油，敷丹毒（《纲目》）；鸡内金，其成分中含蛋白质，并具有胃激素等。具有消食化积，涩尿、涩精的功能。主治消化不良、反胃呕吐、遗尿、遗精等。雉肝，可治小儿无辜症（《圣济总录》）；雉胆，含胆酸、异石胆酸、鹅胆酸等，有清肺止咳的功能，主治百日咳。

二、雉鸡的生物学特性

（一）形态特征

雉鸡雌、雄异色，雄雉尾长，羽色华丽。具有紫绿色的颈部，并有一条鲜明的白色“颈环”，故又称环颈雉，尾羽长而具有横斑。其体重为 1.3～1.6kg，少数可达 1.8kg。雌雉的羽色为灰色、栗紫色和黑色相杂，尾羽较短。体重仅 0.8～1.3kg。因此，雉鸡的雌、雄容易区别。

雉鸡的产地不同，其羽毛及体重有所差异，如美国七彩山鸡是由中国环颈雉培育而成的，其外形、毛色与美国环颈雉相似；而德国山鸡羽毛为深绿色，比中国环颈雉毛色要深。

（二）生活习性

雉鸡适应性很强，分布范围非常广泛。除南北极气温太低的地方没有分布外，在世界各地它们都能繁衍生存，是猎户的主要猎物。野雉喜栖于杂草丛生的丘陵地带和阔叶混交林边缘的灌木丛中，杂食性，但植物性食物可占全年食量的 97%，繁殖期内则捕食昆虫数量增多。雉鸡对气候的变化有很强的适应能力，能在－18～－17℃安全越冬；在 28～30℃的温度下，也能很好地生活；在高温 40℃的炎热环境中正常生活。每年 5～7 月份，产 17～18 个卵之后，即就巢孵化。野生状态下，雉鸡繁殖成活率较低。

雉鸡在野生时胆小怕惊，当有异常动静时喜左看右望，不时跳跃；受惊时则乱飞乱跳，并发出“咯咯”的鸣叫。在人工饲养下，雄雉胆大，不太怕人，甚至会啄人的脚。雉群好斗性强，尤其是发情交配期间，以雄雉为中心控制和保护雌雉。如遇到其他雄雉侵入它的领域范围，或人去抓捕雌雉时，雄雉则会勇敢地跳起来强烈啄斗。但是，他们能与珍珠鸡一起和睦相处，雄雉还可与雌珍珠鸡爬跨交配。雉群密度越高，好斗性越强，可引起应激反应，影响生长，甚至会使死亡率升高。

环颈雉是我国传统的出口物资，每只雉鸡可换回 10.5 美元的外汇。由于雉鸡肉是高蛋白、低脂肪的富含营养的食品，深受国内外欢迎。现在已能大量出口。我国人工驯养历史很短，数量也不多，而野生资源又破坏很严重，数量急剧下降，很多产地已基本绝迹。为了保护和利用野生雉鸡资源、发展多种经营、增加出口换汇货源，研究雉鸡驯养与繁殖技术，大力发展雉鸡饲养业，对国民经济具有非常重要的意义。

（三）雉鸡的繁育特性

野生雉鸡 11 个月龄可达性成熟。每年 4～8 月份产卵，年产两窝，每窝 6～14 枚蛋，蛋重 25～30g，呈浅的橄榄黄色。人工育成的雉鸡年产蛋量可达 100～120 枚，4～5 月龄即可达性成熟。

在野生状态下，雉鸡在繁殖期间常一公配多母，组成“婚配群”在一起生活。也有极少数为一公配一母。在人工饲养条件下，根据公母雉的数量，搭配成1：（3～6）为好。雉鸡繁殖期间的公母比是否合理，是影响种蛋受精率高低的重要因素之一。

三、雉鸡的驯化

（一）狩猎雉鸡的驯化

最初，对环颈雉的驯养是对直接从野外捕获来的成年雉的驯养。由于雉鸡长期生活在有植被隐蔽的丘陵或茂盛的草原，环境比较安静，一旦圈养就会扑撞笼网，精神极度紧张，从而导致内分泌系统紊乱，不能正常采食，也不能正常繁殖，使成年雉驯养未能达到预期目的。国外也有类似的研究报道，都因受精率低和死亡率高而失败。这与雉鸡易惊恐、好啄斗、领域性强等生物学特性有关，往往通过二三年的驯养仍不能交配和产卵。

为了能使雉鸡变野生为家养，经过长期探索，研究出两种办法。一种办法是搜索野外的雉鸡受精卵进行人工孵化和育雏；另一种办法是采用特殊的人工驯化条件争取狩猎雉交配和产卵，然后再进行人工孵化和育雏。两种方法都说明幼雉比成雉易于接受人工驯化，重点应放在对雉鸡雏的驯养上。

对由自然界捕捉来的成年雉鸡，要首先安置在安静、幽暗的饲养室内，尽量减少外来干扰。饲养员要通过投食给水等活动，逐步接近雉鸡，降低其惊恐程度。直到雉鸡见到饲养人员不再惊恐、逃逸和惊叫，能接受投给的食物和饮水，再逐渐增加室内光照或阳光，使之习惯于人工环境。食物一定要新鲜，适口性强，如熟鱼、麦粒、青菜等混合饲料，每日喂饲2～3次。供水要充足。这样，到一定时期，雉鸡即可安静地生活在人工环境下，交配和产卵。虽然产卵率和孵化率较低，但是可由少到多地开始对雉鸡的驯养。

（二）雉鸡幼雉的驯化

利用野外搜集的或室内产的雉鸡卵，经过孵化所产出的幼雏，要从出壳后就不失时机地开始驯化。

1. 在喂食、给水之前。给以灯光、音响等信号，逐步建立用信号控制雏鸡活动良好条件反射，增强其集群活动的习性。

2. 混入部分家鸡幼雏，利用雏鸡模仿性强的特点，使雉鸡幼雏跟随家雏一起进行啄食、饮水等活动，提高其驯化程度。

3. 通过给水、投食和灯光、音响等信号控制，使雉鸡从出壳开始即习惯人工环境，与饲养人员建立起感情，并对周围环境中经常出现的噪声、颜色及其他因素有所熟悉和适应。

4. 接受人工配合的饲料。食物是动物最重要的生活条件。法比斯

（1888 年）说："在动物个体周围的所有环境中，还没有一个因素像动物的食物因素那样，在同一时期内对动物个体可达到如此强烈、深刻、多种多样的影响。"食物质量的好坏直接影响到对雉鸡所建立起的各种条件反射的巩固与消退，影响到驯养程度的提高与降低。另外，通过控制饲料的营养成分和比例而增强雉鸡的产卵性能也很重要。

四、雉鸡的人工养殖

（一）场址选择

场址宜选择在地势高燥，朝向东南，光照长，利于排水、环境安静、无传染病和化学物质污染的场所。如果少量养殖，也可在农村家院的角落像养殖家禽一样饲养，但是必须做失飞手术。

（二）建立优良的种雉鸡群

动物学家最近研究认为，雉鸡共有 30 个亚种，原苏联境内分布有 12 个环颈雉亚种。而分布在我国境内有 19 个亚种，除 3 个亚种局限在新疆外，其余 16 个亚种（统称灰腰雉组）分布于我国各地，堪称为我国特产。

目前，世界上和我国人工饲养的雉鸡大都是由我国这些亚种驯化或杂交而成。

1. 东北雉鸡 由中国农业科学院特产研究所等单位在 20 世纪 80 年代初，用我国环颈雉东北亚种经多年驯化选育而成。

东北雉鸡雌雄异色，外貌特征差异较大。雄雉头部眼眶上有明显的白眉，头和颈的羽毛为淡蓝色至绿色，颈部上有明显的白色颈环，胸部呈红褐色或鲜艳的紫红色，腹侧稍宽为淡黄色并带有黑色的斑纹，体细长，尾长，尾羽呈橄榄黄色；雌雉体格较小，头顶上有黑色和棕色的线条，颈羽淡黑色，胸部和背部的羽毛都呈杂色，腹部呈浅黄褐色或淡棕色，尾羽为黑色和浅黄色呈虫迹状的条纹。东北雉鸡生产性能较低，年产蛋 20～40 枚，平均蛋重 25～30g。蛋壳颜色较杂，有橄榄色、暗褐色、蓝色等。种蛋的受精率为 85.24％，受精蛋的孵化率约 89％左右。雄雉鸡的平均体重可达 1 500g，雌雉鸡的平均体重可达 1 250g。东北雉鸡喜活动，易惊飞，适应性较强。

2. 美国七彩山鸡 又称美国雉鸡，是美国驻上海领事于 1881 年将中国华东地区的 20 多只野生雉鸡引入美国的俄勒冈，经 100 多年的驯养和精心培育，形成了许多品种。美国七彩鸡是由我国华东环颈雉与蒙古环颈雉杂交育成的（赵万里，1993 年）。其羽色基本与我国环颈雉相似，但雄雉颈环不完全，颈圈白色部分要细一点，胸部红褐色较鲜艳；头部眼眶上无白眉。雌雉腹部灰白色，美国七彩山鸡经过多年饲养选育，驯化程度高，不善活动和飞翔。其生产率较高，年产蛋量在 60～120 枚，种蛋的受精率 81.7％，受精蛋的孵化率约 84.16%左右。但肉质较粗，味道不及东北雉鸡。雄雉体重 1 800～2 000g，雌雉体重 1 300～1 600g。

宁夏雉鸡野生种分布 2 个亚种，华东亚种分布于六盘山东坡以及固原、泾源、盐池一带，甘肃亚种见于六盘山西坡以及山的北端。宁夏的雉鸡资源有待开发，在保护资源的基础上可以合理利用。

（三）雏雉鸡的饲养管理

1. 育雏前的准备工作　育雏前必须对育雏室进行彻底清扫、严格消毒，所有用具也必须严格消毒后才可放入育雏室。清扫消毒后必须封闭 2 周以上，在此期间严禁人、物进出。同时预先准备好育雏饲料、药物、疫苗及其他一切用具，进雏 24h 以前进行试温，确保育雏器内温度达 35℃。

2. 育雏方式　目前，大中型场一般均用笼架式多层育雏器育雏。每层要求长 3.6m，宽 1.2m。小型场和个体户一般采用地面育雏或自制育雏箱。木制或纸制育雏箱均可，要求高 50cm，宽 50cm，长 100cm，上有两个气孔，用 2 个 60W 灯泡供热，也能取得良好的育雏效果。

3. 雏雉的运输　初生雏雉毛干后，经过雌、雄鉴别和选择，最好能在 24h 内（最多不能超过 36h）安全到达饲养地，以便及时饮水和开食。在运输时，应根据天气情况加以必要的防风、防寒或防雨措施。在早春运输时，注意保温，夏季应选择早晨或傍晚的凉爽时刻运输。途中应勤检查雏雉鸡的动态，以便采取适当措施，避免热死、闷死、挤死或受冻。如果发现雏雉张口喘气，要立即适当打开覆盖物或开点缝以给它们换气；若雏雉发出“唧—唧—唧”叫声，相互打堆，说明它们冷了，要尽快盖些东西，注意保温。运输的时间要尽量缩短，以便尽快运到目的地育雏室。如长途运输，雏雉往往严重脱水，注意在水中加 5%葡萄糖或用 ORS 补液（一种含有葡萄糖、K、Na 等离子补充液）饲喂。

雏雉到达育雏室后应立即按大小、强弱分开放入准备好的育雏器中，先饮水 2h，水中可加适量高锰酸钾，以便清洗肠胃，促进胎粪排出。饮水 2h 后立即开食，注意开食料要少量多添，防止雏雉暴饮暴食，减少饲料浪费。

4. 雏雉育雏阶段对生活条件的要求

（1）温度　温度是育雏成败的关键因素之一，温度是否适当，直接影响雏雉的活动、采食、饮水和营养的消化吸收，关系到雏雉的健康和发育。

育雏的温度，应随育雏的季节等略有差异。温度随着雏雉日龄的增加逐渐降低。育雏初期宜高，后期宜低；育雏初始温度应以 35℃为宜。有人观察了不同温度变化对 1～20 日龄雉鸡的影响，试验表明，在 32℃的恒温条件下，雏雉鸡在 1～5 日龄感到温度过低，而 10 日龄以后又感到温度过高，死亡的雏雉剖检发现多数是肺炎（特别是弱雏多在 3～5 日龄死亡）。当采用变温时，雏雉在1～3日龄由35℃降到34℃，4～5日龄由34℃降到33℃，6～8日龄由33℃降到32℃，9～10日龄由32℃降到31℃，然后送到红外线灯式育雏伞下平养，室温25～28℃，育雏伞下最高温度区域31～32℃。采用变温育雏，雏鸡因肺炎死亡基本得到控制（由恒温育雏时10%左右降到2%左右）。雏鸡20日龄以后，室温在26～28℃时，白天可关闭红外灯停止给温，但夜里要继续开灯。雏雉在25日龄以后，白天黑夜都可以停止给温。到30～35日龄时，送到普通育雏舍饲养，一直饲养至60～65日龄。

雏雉鸡要求的适宜温度为：出壳1周之内35℃，2周龄32～33℃，3周龄29～30℃，4周龄26～27℃。

（2）湿度　育雏要有合适的温、湿度相配合，雏雉才会感觉舒适，发育正常。雏雉从相对湿度为70%的育雏器中孵出后，如立即转入干燥的育雏室中，雏雉体内水分会随呼吸而大量散失，从而影响腹中蛋黄的吸收。因此，在10日前，湿度不够时，可在室内地面洒些水，或在炉上放水盆蒸发水汽；10日龄后，湿度的大小，直接影响雏雉的健康和生长发育，因此要注意调整室内湿度，要求相对湿度保持在60%～65%。

（3）密度　适当的密度是保证雏雉健康、生长发育良好的重要条件。密度过大，会使室内空气污浊，雏雉吃食拥挤，饥饱不均，生长发育不整齐，轻者互相啄斗、以强欺弱，重者常发生恶癖和传染病。因此，育雏室内雏雉的密度应随雏雉的周龄（或日龄）的增长而逐渐减少。通常适宜的育雏密度为：1周龄时每平方米80只，2周龄每平方米60只，3周龄每平方米40只，4周龄每平方米20只。

（4）通风　通风的目的是排除室内的污浊空气，换进新鲜空气，并调整室内的温、湿度。因此，在不影响温度的情况下，要做好通风换气工作，及时排除室内污浊的气体，换进新鲜空气。室内空气的新鲜程度，以人进育雏室内不感到有闷气和刺激鼻、眼的气味为宜。

（5）光照　光照可提高机体的新陈代谢，增进食欲，帮助消化，提高雏雉生活力，促进雏雉生长发育。紫外线能使皮肤中脱氢胆固醇转变为维生素D_3，促进雉体内钙、磷代谢，加速体内酶的活动，促进物质代谢。

雏雉出壳1周内，24h连续光照，目的是让雏雉熟悉料槽、水槽位置和室内环境，训练雏雉的采食与饮水等。第2周给予18h光照，第3周采用自然光照时间即可，第4周，晚上微光。

（6）饲喂和饮水　野生雉鸡吃的饲料以昆虫、草籽、树籽为主。驯养后必须注意其高蛋白需要量。如有人给育雏雉饲喂料的配方为：熟鸡蛋66%、玉米面10%、豆饼15.5%、麦麸5%、骨粉1%、食盐0.5%、酵母2%，另加微量元素和多种维生素。

雉鸡雏生长很快，几乎每10天增重1倍。30～60日龄增重已每天超过10g，是20～30日龄增重的2倍，此期饲料量要充足，同时要适应雉鸡吃零食的特点，采取多次喂食的制度。1～20日龄，每日喂食6次，每隔2h 1次，夜里不喂食；20～30日龄，日喂5次；30～60日龄，日喂4次，采用这样的喂饲制度，实践证明效果比较好。

育雏期要保证饮水器中经常有清洁的饮水。雉鸡雏由出雏器取出送入育雏箱后，先给1次青霉素水（每毫升含有青霉素800IU）进行肠道消毒。1～10日龄的雏鸡，供给的饮水温度必须与室温一致，同时要防止雏鸡进饮水器或羽毛被水沾湿；20日龄以后，可供给常温的水。野鸡在野外食蚂蚁卵，卵中含水量很大，再加食用青绿叶类，结合水很多。

（7）断喙　雉鸡雏在14～20日龄，即开始叨架，互相啄食羽毛（多为小公雏雉），有人进行了剪喙试验，第一次在14～20日龄，可剪喙0.3cm左右，第二次在45～60日龄时进行。观察表明，群养雉鸡雏，剪喙对预防叨肛、叨羽有显著效果，而且能减少饲料浪费。

（四）青年雉鸡的饲养管理

1. 青年雉鸡（育成期）的生理特点　雏雉从2月龄至4月龄可称为青年雉鸡。2～4月龄的青年雉鸡是绝对生长的最快时期，特别是60～90日龄是绝对生长最高峰。到17～18周龄时，其体重可接近成年雉鸡。所以，为了保证青年雉鸡的正常生长发育，此期可饲喂优质的家鸡配合饲料，鱼粉可增加5%。育雏期过后至10月龄的青年雉鸡，生长发育最快，生产效益最高，且肉质鲜嫩；超过10月龄则肉质变老，口味变差。因此作为肉用雉鸡，应在青年期宰杀为最佳。

2. 育成期的饲料　育成期的饲料营养水平根据用途不同有所差异。肉用雉鸡的饲料，可用高能量饲料饲喂，一般代谢能可达13.81MJ/kg，粗蛋白质达20%，敞开喂料，16周龄就能上市，公雉体重可达1 500g，母雉可达1 250g。种雉的饲料代谢能11.30MJ/kg，粗蛋白质含量18%就可足够供其生长。营养水平过高，往往引起种雉过肥，不利于今后产蛋。饲喂应定量，并要饲喂适当比例的谷粒，有条件的还可添加10%～15%的青菜。种雉应在2周抽样称重一次，以观察其生长发育情况。

合格青年种雉的标准是：体重适中，无多余脂肪；体格强壮有力健康，符合本品种特征。

3. 青年雉鸡的管理　雉鸡的一生要有许多次的管理工作，这些工作包括对雉鸡的称重、断喙和转移到不同的禽舍中去饲养。

雉鸡非常好斗和啄羽，在刚满2周龄的雉鸡群里便会有啄癖发生。这种恶癖要比在一般家禽群里流行得更广。一旦啄癖发生，便很难停止。轻者羽毛不齐，影响外观，重者可引起许多雉鸡被啄至死。啄癖的原因是多方面的，密度过高，过分拥挤，通风不良，光线过强，缺少动物性蛋白质或某些微量元素和维生素等都可造成啄癖的发生。

断喙的时间应在15～20d或50～60d进行，最好与疏散密度或转群结合起来进行。在进入产蛋以前，最好再对喙进行1次修整。据试验表明，断喙时以切去1/3～1/2的喙为宜，并迅速烧灼，烧灼时间以3s为最佳。断喙前应在饲料中加适量维生素K，可防止出血过多，也可加些镇静药，以减少应激。

（五）种雉的饲养管理

1. 种雉的饲料　种雉在繁殖期的饲料，营养成分应全面，代谢能11.51～11.72MJ/kg，粗蛋白质达18%以上，必需氨基酸要全面，并注意微量元素和多种维生素的添加。

繁殖期饲料配方，玉米40%，小麦20%，高粱6%，豆饼15%，鱼粉10%，矿物质添加剂8%，维生素5g，盐0.5%。粗蛋白质达19.8%，代谢能11.39MJ/kg，饲养效果良好。

繁殖期每天喂料2次，日喂量75g。每天保证供给清洁充足的饮水。每天捡蛋4～5次，减少破蛋率。每天清扫雉鸡舍内粪便。

2. 种雉的管理

（1）*及时转群与组群*　雉鸡养到6～8周龄时，如留作种用，此时就应对雉群进行第一次选择，将体形外貌等有严重缺陷的雉鸡淘汰后，即转入青年雉鸡群饲养。成年雉每平方米1～2只，每群以60～80只为宜，且有足够的运动场地。种雉舍与运动场面积以1∶1.5为宜，四周和顶部都用网罩住。

（2）*公母比例*　种雉鸡公母比例应以1∶5～6为宜，在集约化生产条件下，舍饲的种雉鸡至少要在繁殖季节开始前四周交配，这一点必须予以注意。如果不这样做，就不可能使雉鸡群安定下来。公雉鸡时常因好斗而受伤，致使一小部分优胜的公雉鸡得不到配种的机会，造成受精率降低。

雉鸡一般在8～9月龄性成熟。公雉鸡比母雉鸡性成熟早1个月，公雉鸡性成熟表现为肉垂及面部变红，头部两撮毛竖起，追随母雉。公雉性成熟还表现为斜着走路，翅膀有时下垂，做出种种怪态。

（3）*种雉的选配*　帮助种雉群及早确立“王子”雉地位，雉鸡进入繁殖期即要放对配种。待公母雉合群后，公雉间出现强烈的争偶（雌）、斗架现象，在性活动期公雉发生斗架，胜利者即为“王子”雉。此过程也称拔王过程，一旦“王子”雉确定后，这群雉鸡就安定下来。“王子”雉多是发育好、体形大的青年雉鸡。所以，在拔王期间，最好人为地帮助确立“王子”雉的优势地位，使之早拔王，早稳群，减少伤亡，有利交配。

(4) 光照控制 利用人工光照，应提供16h的恒定光照长度。光照增加应在繁殖前四周进行，每周增加20～30min，一直到16h。光照强度为10lux，过强会引起啄癖，过弱达不到光照效果。

(5) 搭棚遮阴，防暑降温 6月中旬至7月末的炎热季节，如果是阳光直接照射，则会影响种雉的性活动，减少交配次数，使蛋的受精率下降。因此，要采取搭棚遮阴措施，最好在运动场栽几棵树或搭几个栖木架。

(6) 有计划地对公母雉实行轮换制 一般到繁殖后期，会有部分公雉只是争斗而不交配或无繁殖力，则必须进行雉鸡轮换。

(7) 勤收蛋，减少破损 雉鸡因驯化较迟，公母雉都有啄蛋的坏习惯，破蛋率常达40%左右。因此，每日至少要集蛋4次。

五、雉鸡的繁育

(一) 雉鸡的繁殖特点

试验观察驯养的青年雉鸡，雉鸡在7～10月龄可达到性成熟并开始繁殖，公雉鸡比母雉鸡性成熟要早1个月左右。在自然光照条件下，公雉在3月下旬肉垂和眼先逐渐发育，色泽由暗红色变为鲜红色，并且追赶母雉求偶的表现，此时母雉拒绝公雉接近，没有交尾的愿望。4月初，母雉逐渐变得温顺。4月中旬约有一半左右的成年母雉接受交尾。一般在4月26日开始产蛋。5月中旬至6月下旬交尾次数增加，母雉产蛋达高峰，产蛋量占80%～85%。6月下旬以后，交尾次数明显减少。7月份产蛋量锐减。8月份产蛋结束（受日照长度的影响）。一般情况下，东北雉7月20日休产，美国七彩山鸡在9月份休产。

公母雉比例，无论用什么方法舍饲，种雉的公母比例应为1：(5～6)，以1公5母小群配种有利于每只公雉充分发挥其生殖能力。

公雉鸡在繁殖季节有争雌现象。在性活动期公雉相互发生斗架，获胜者称为“王子”雉。“王子”雉多是体型大发育好的青年雉鸡。“王子”雉控制群中的其他公雉，不允许其他公雉与母雉交尾。为减少斗架，提高受精率，必须对“王子”雉进行保护，树立其优势地位。

(二) 雉鸡的孵化

1. 种蛋的选择 必须选择大小适中、蛋形正常、蛋壳颜色协调一致、色泽鲜艳的种蛋。蛋重过大过小，畸形、砂壳、裂纹蛋等都应剔除，选用贮存时间不超过9天的雉鸡蛋进行孵化。

2. 种蛋的消毒 种蛋的消毒一般采用甲醛熏蒸消毒法，即每立方米空间用高锰酸钾15g、福尔马林30mL的剂量，在27～30℃的温度下熏蒸20min可以杀灭病原微生物，特别对病毒和支原体消毒效果显著。消毒一般在消毒柜内进行，也可放在孵化机内（种蛋入孵前的消毒），或用塑料布封闭蛋架，在塑料布内消毒（药盘置于蛋架下）。

种蛋消毒的具体方法，是按消毒柜或孵化机的容积大小，算出应取的药量，先将高锰酸钾盛于搪瓷或陶制器皿内（不可用铁制或玻璃器皿，而且器皿容积要比药液容积大10倍），放于消毒柜或孵化机底部，然后倒入福尔马林和少量水，随即将门窗关闭，消毒20min后打开门窗，开动排气风扇，排出有毒气体后，即可将种蛋送入蛋库保存，或关上孵化机门，转入正式孵化。

3. 孵化的温度和湿度 雉鸡孵化的温、湿度分别为：0～7d，37.85℃，70%；7～16d，37.6℃，70%；16～21d，37.5℃，70%；21～24d，37.4℃，75%。以这样的温湿度，21.5d出现探头，22.5～23.5d雉鸡出壳达最高峰，24d出壳基本结束，孵化期为24d。

4. 通风 胚胎在发育过程中不断吸收氧气并排出二氧化碳。为了保证胚胎的正常气体代谢，必须供给新鲜的空气。通气不良时，机内二氧化碳增多，可使胚胎发育迟缓，胚胎不正，或导致畸形，或引起中毒死亡。孵化后期臭蛋、死胎及出壳时污秽空气增多，更需要加强通风换气。一般死胎大都发生在出雏前夕，通气不良可能是个重要原因。

5. 照蛋 在孵化期第7d和第18d各照蛋一次，除去无精蛋和死胎蛋，掌握胚胎发育情况。

6. 移盘与出雏 雉鸡孵化期为24d，一般第21d胚蛋由蛋盘移入出雏盘，后移入出雏机内继续孵化。当发现有几个鸡胚开始啄壳（俗称探头），而蛋壳碎片还未掉下时，这时是将胚蛋移入出雏机的理想时刻。

出壳高峰在22.5～23.5d，这时应随时观察，严防温度过高或过低及意外事故的发生。随雏雉出壳应及时捡掉蛋壳，并每2h将已干毛的雏雉移到育雏箱内。雏雉在出雏机内不能停留。

第三节 鹧鸪

鹧鸪俗称“嘎嘎鸡”或“红腿小竹鸡”，广泛分布于世界各地。其肉质细嫩鲜美，营养丰富，脂肪含量少，蛋白质含量比鸡肉高2倍，而且富含人体所必需的8种氨基酸，维生素和矿物质含量也相当丰富，堪称高蛋白低脂肪的优质野味肉品。在香港市场，出售一只鹧鸪，相当于出售两只“三黄鸡”的售价。同时，因其体形俊美，羽毛鲜艳，喙、脚橘红，鸣声悦耳，十分富有观赏性。鹧鸪以其生长快、饲养周期短、生产性能好、饲料转化率高、繁殖力和适应性强而被广泛饲养，已成为一项新兴的特禽养殖业。

目前，在我国作为商品种饲养的鹧鸪大多是美国鹧鸪，是从印度野生石鸡经过长期驯化培育成的优良品种，以肉蛋兼用型品种 Chukar 鹧鸪最为著名。其实美国鹧鸪不是鹧鸪，而称石鸡，属于鸟纲、鸡形目、雉科、石鸡属，我国台湾的一些养殖场主从美国引入时，将 Chukar 误音译为鹧鸪，所以就把鹧鸪作为商品名传开了。本书介绍的鹧鸪主要指美国鹧鸪。

一、生物学特性

成年鹧鸪体形圆胖丰满，大小如肉鸽，体长 35～38cm。刚出壳时毛色似雏鹌鹑，随着日龄不断增大，绒毛脱落，换上黄褐色羽毛，上有黑色长圆斑点。7 周龄后再次换羽，逐渐长成灰色羽毛，被覆全身，这时喙、脚爪和眼圈均呈黑褐色。大约在 12 周龄左右，喙、脚和眼圈由黑褐色向橘红色转变，再次换羽，在原灰色羽毛基础上掺杂褐红色覆盖全身。至 28 周龄开产前，还要进行 1 次换羽，羽毛的颜色与换羽前差异不大，但显得更加鲜艳美丽；有一条黑色带纹横穿前额和双眼，下至颈部，形成护胸的衣领，位居颈羽和上胸部之间，在外貌颜色上较难区分公母，但雄性体型较大，颈部较粗，脚上有距。鹧鸪飞翔快，但不耐久飞。有趋光性，易产生应激，从而影响生长和产蛋，甚至造成死亡。喜群居，喜干燥温暖的生活环境，忌寒冷和酷热，也怕潮湿。食性广，不论是籽实、杂草、野果、谷物，还是昆虫和饲料均能采食。

二、繁殖技术

（一）种鸪选择

通常采用表型选择。

1. 外貌基本符合本品种特征。

2. 站立姿态正常、平稳，肩自然地向尾部倾斜 45°，背平宽、胸阔、背胸平行。

3. 体重适中，13 周龄雄鸪体重 600g 以上，雌鸪 500g 以上，体长约 35cm。

4. 眼睛圆大、有神，喙短稍弯曲，头深宽而长短适中，颈稍长并与头匀称；脚健壮，胫部硬直，脚趾齐全正常，羽毛丰满有光泽。

（二）配种

一般为自然交配，依饲养方式确定不同的公母比例。

1. 平面大群散养。公母比例 1∶（3～5）为宜，配种群 50～100 只，混合饲养，自由交配。

2. 小群笼养。公母比例 1∶（3～4），根据笼舍大小，每笼饲养 1 公配

3～4 母、2 公配 6～8 母或 3 公配 9～12 母，混合舍养，自由交配。

3. 1 公对 1 母笼养。公鹧鸪饲养于 1 只笼内，将 1 只母鹧鸪放入，让其自由交配，交配后抓出母鹧鸪，每 5 天轮回配种 1 次。公鸪每天配种 1 次，1 只公鸪可配 5 只母鸪。

（三）人工孵化

家养鹧鸪已失去就巢性，须采用人工孵化繁殖。

1. 种蛋选择、贮存与消毒 要选择生产性能好、无传染病的种鸪所产的蛋。蛋重 20～25g，椭圆形，蛋壳黄白色，上面布满大小不一的褐色斑点。种蛋贮存时间不能超过 2 周，保存种蛋的环境温度为 12. 8～15. 5℃，相对湿度 70%左右。消毒可用 0. 1%的新洁尔灭溶液喷洒蛋壳表面，经 3～5min 即可；或每立方米空间用福尔马林 28mL，高锰酸钾 14g，密闭熏蒸 30min。

2. 控制温度 孵化期 1～7、8～20、21～24 日龄冬季分别为 37. 8、37. 5、37. 2℃；夏季分别为 37. 5、37. 2、37℃。

3. 调节湿度 1～7、8～20、21～24 日龄的相对湿度分别为 55%～60%、50%～55%、60%～70%。

4. 通风换气 孵化前两天，胚胎需氧少，利用蛋内的氧便足够。3d 以后要打开孵化机的进出气孔，3～12d，每天打开 2 次，每次 3h。12d 以后要经常打开，孵化后期全部通气孔终日都要打开。

5. 照蛋和翻蛋 鹧鸪孵化期为 23～24d，头照在入孵后的第 7～8d 进行，二照在 20～21d 进行，应及时捡出无精蛋和死胚蛋，以免污染孵化机。20d 前每 2h 翻蛋 1 次，21d 后停止翻蛋。

6. 凉蛋 在分批入孵时一般不需凉蛋，整批入孵时在孵化的中期、后期，如果温度过高，可适当凉蛋，每次凉 10～15min 至蛋温达 32～33℃为止。夏天可凉 30min。

7. 落盘及出雏 20 或 21d 照蛋后落盘，23～24d 出壳，迟的要到 25d 才出壳。将绒毛已干的雏鸪捡至预热好的盛雏箱内，箱底加软纸或垫草，保温透气，以每箱装 50～100 只为宜。出雏机只在取雏时才打开，平时不要开灯，以免刚出壳的雏鸪见到光线骚乱爬动而损伤。

三、饲养管理

（一）雏鹧鸪的饲养管理

系指 0～6 周龄阶段。

1. 温度 1 周龄内育雏器温度保持在 35～36℃，以后每周下降 1～2℃，直至 12 周保持在 24～25℃。

2. 湿度 第 1 周为 65%～70%，第 2 周 60%～65%，第 3 周以后为 55%～60%。要注意育雏前期湿度不能过低，后期避免过高。

3. 光照 出壳 20h 后至 1 周龄内，实行全日光照，光照强度 $4W/m^2$；1 周龄后采用 16h 光照，$2W/m^2$；1 月龄后为自然光照。严防光照强度过大，否则易招致啄癖。

4. 通风 育雏箱的通气孔应经常打开，保持育雏室内空气新鲜。

5. 饮水 雏鹧鸪出壳后 24h 开始饮水，头 3d 最好饮温开水，水中加入 0.02%的土霉素水。一经饮水后，水槽就应始终保持有水，水质必须保持清洁。

6. 开食与饲喂 雏鹧鸪第一次喂料称“开食”。开食应在饮水后 0.5～1h 进行，必须坚持先饮水后开食。开食时可将饲料撒在牛皮纸上或暗色塑料布上，3 日内任其自由采食。4～10 日龄，每昼夜喂 6～8 次。10 日龄至 4 周龄每天喂 5～6 次；4 周龄后每天喂 3～4 次。用小鸡料或自己配料时，最好每千克饲料里另加 4 个熟鸡蛋或 4%淡鱼粉。

7. 密度 一般情况下，0～10 日龄 70～80 只/m^2，11 日龄至 4 周龄 50 只/m^2，5～12周龄 25～30 只/m^2，并根据客观条件作适当调整。

8. 断喙 一周左右用断喙机或小剪刀剪去上喙的 1/4（指喙尖至鼻孔间）。在断喙前后 3 天可在饮水中添加少量维生素 K 和多维素，以防出血和减少应激。断喙后食槽中饲料应稍添满些，便于其采食。

9. 防疫 鸪舍及水槽、食槽等用前要彻底清洗消毒，并用高锰酸钾、福尔马林熏蒸。每天应打扫育雏舍、饲槽。水槽每天要清洗 1 次，隔天用 0.1%的高锰酸钾溶液消毒。每天上、下午清扫粪便，防止鼠及其他小动物进入鸪舍。

（二）育成鹧鸪的饲养管理

育成鸪也称青年鸪或后备鸪，系指 7～27 周龄阶段。

1. 转群与分群 雏鹧鸪于 6～9 周龄应转入育成鸪舍饲养。12 周龄后，应公母分群饲养，也可与转群同时进行。

2. 光照 每昼夜光照时间为 14～16h，光照强度为 0.5～$1W/m^2$。白天利用自然光照，夜间人工补充暗光照。

3. 饲喂 育成期的鹧鸪生长速度快，采食量大，每天每只喂料 30～35g，每日喂 3 次。不断供给清洁饮水，并定时喂给青绿饲料。凡种用后备鸪必须实行限制饲喂，过肥会影响产蛋量。

4. 密度 7～10 周龄的密度为 30 只/m^2，10 周龄后 15 只/m^2。

5. 修喙 在育成期应定期修喙，不能任上喙飞长，否则即易发生啄癖。

（三）种用鹧鸪的饲养管理

28周龄青年鸪转入种用饲养阶段，此阶段要让鹧鸪有较高的产蛋率、受精率、合格率和孵化率。

1. 产蛋前期 温度应在7.5～24℃，最适温度为16～17℃，可以有一定的波动，但不低于5℃或高于30℃，也不能忽高忽低。光照每天保持15～16h，强度为3W/m²。饲养密度8～15只/m²。发现不健康的瘦、残、病鸪，要马上剔出。饲料要求含钙高，禁用发霉饲料。

2. 产蛋期 产蛋前2周公母鸪按1∶（3～4）比例共同转入产蛋舍，在多余的公鸪中留10%作替换备用。饲料中添加钙粒，自由采食，还可添加青绿饲料。适宜的温度为7.5～24℃，最适宜温度为16～18℃。每天光照时间15～16h。相对湿度应保持50%～55%。保证饮水清洁，饮水中可适当加维生素和土霉素，以减少应激。

3. 休产期 按育成期营养水平配制饲料，日喂2次，日饲量为30～35g。公母分群饲养。每天光照8h，保证充分休息。在生产中，产蛋70d后，强制性休息70d，以此轮回进行，能提高产蛋量。

（四）肉用鹧鸪的饲养管理

肉用鹧鸪系指非种用鹧鸪。若第一次初选（13周龄）不能作种用的鹧鸪，当体重达到500g左右时应立即出售；若体重不足的鹧鸪，宜用育成鸪料或雏鸪料，尽快催肥，笼养至16周龄出售。复选时（28周龄）淘汰的鹧鸪，不宜再延长饲养，应按商品肉鸪出售。出壳后就确定为肉用鹧鸪的雏鹧鸪的饲养管理方法与种用雏鸪的基本一致，只是按照肉用仔鸪的营养水平来配制饲料，尤其是8周龄后，必须逐渐采用高能量的饲料育肥。实行饲养一贯制，笼养但不转笼，全进全出，适时出笼上市。

第四节 貉

貉是一种珍贵的经济动物，与水貂、狐狸一起被称为当前三大黄金毛皮动物。貉毛皮色泽美观，毛绒丰厚，板质坚韧耐用，历来是国内外市场畅销的高档裘皮之一，具有较高的经济价值。貉肉细嫩、营养丰富、风味独特，可烹调成各种名菜佳肴，是高级的滋补营养品。据《本草纲目》记载：貉肉甘温、无毒，食之可治五脏虚痨。貉胆有效成分与熊胆近似，进一步研究可替熊胆入药。貉睾丸可治疗中风。貉脂肪可制成油，代替獾子油治疗烫伤。貉背部和尾部的大针毛，富有弹性，是制作高级画笔、毛笔、毛刷、胡刷等制品的最佳原料。

我国从1956年开始野生驯化到人工饲养，20世纪60年代初获得人工繁殖成功。在 20 世纪 70 年代，我国由于东北地区的乌苏里貉绒丰厚，质量较好，备受市场青睐，再加上国际市场貉皮走俏，至 1988 年，仅东北地区人工饲养种貉就已达到 30 万只，年产貉皮近百万张，而成为世界貉皮产量最多的国家。随着我国经济的发展和貉养殖技术水平的成熟，特别是重大疾病防控能力的提高，使得貉的养殖呈现良性发展和快速增长的态势。目前，我国貉的饲养量达到了 1 800 万只左右，主要分布在河北、山东、吉林、黑龙江、天津、内蒙古、山西等地，其中河北、山东、辽宁养殖数量可占全国饲养数量的 80%左右。

一、生物学特性

(一) 分类与分布

貉（*Nyctereutes procyonoides* Gray），属食肉目，犬科，貉属。主要分布于我国东北、华北、华东、中南及西南地区。国外分布于西伯利亚、日本、朝鲜及越南北部。据 1987 年版《中国动物志》记载我国貉分为三个亚种，即指名亚种、东北亚种、西南亚种。指名亚种（*Nyctereutes procyonoides procyonoides* Gray），分布于包括江苏、浙江、安徽、江西、湖南、湖北、福建、广东和广西的华东及中南地区。东北亚种（*Nyctereutes procyonoides Ussuriensis* Matschie），分布于黑龙江、吉林和辽宁省。华北一带的所产貉亦较近似。在国外分布于俄罗斯、朝鲜。西南亚种（*Nyctereutes procyonoides orestes* Thomas），该亚种于 1923 年确定后，少有记载。分布于云南、贵州、四川等地的貉，根据体型大小和毛色均可归于该亚种。但这三个亚种很难包括我国各地所产的貉，区分更多亚种的可能性很大。

又据衣川义雄（1941 年）报道，产于我国的貉可分为如下七个亚种：乌苏里貉（*Nyctereutes ussurienusis* Matschie）、朝鲜貉（*Nyctereutes koreensis* Mori）、阿穆尔貉（*Nyctereutes amurensis* Matschie）、江西貉（*Nyctereutes stegmanni* Matschie）、闽越貉（*Nyctereutes prycronides* Gyay）、湖北貉（*Nyctereutes sinensis* Brass）、云南貉（*Nyctereutes orestis* Thomas）。

商业上，习惯把貉分为南貉和北貉。一般以长江为界，长江以北各省、区所产貉统称北貉，北貉体型大，毛长绒厚，色较深；长江流域以南各省、区所产貉统称为南貉，南貉体型小，针毛短，底绒稀疏，但色泽比较美观。

(二) 形态

貉体型如犬、狐，但较肥胖、短粗。头部吻短，四肢短而细，尾短。前足五趾，第一趾短而不能着地；后足四趾，缺第一趾；前后足均具有发达的趾垫。爪粗短，不能伸缩。

通常貉被毛呈灰黄色或青黄色，头部面颊横生淡色长毛。由眼周至下颌生有黑褐色被毛，构成明显的“八”字形。胸部灰棕色，被毛基部呈蛋黄或略带橘黄色，针毛尖端为黑色，底绒灰褐色。两耳周围及背中央掺杂较多黑色的针毛，由头顶直到尾基或尾尖，形成界限不清的黑色纵纹。体侧毛色较浅，呈灰黄或棕黄色，腹部呈黄白或灰白色，针毛细短无黑色毛梢。四肢毛的颜色较深，呈黑色或咖啡色，也有黑褐色的。尾毛背面为灰棕色，中央针毛有明显的黑色毛梢，形成纵纹，尾腹面毛色较浅。貉周身及尾部毛长而蓬松，尤以冬毛为著。据报道，貉皮针毛密度 250 根/cm^2，长 5～6cm；绒毛 6 516 根/cm^2，长 35～45mm。

此外，自 1979 年有关人员首次报道貉的白色突变个体后，现经有关单位培育，已初步培育成表型白色的新色型貉——吉林白貉。吉林白貉的体重、体长及被毛细度、长度与普通貉相似，其毛色基因型为显性杂合子（Ww），存在基因纯合（WW）胚胎早期死亡现象。

（三）生活习性

野生貉对各种环境有较强的适应性，多生活在河谷、草原、湖泊和河流附近的丛林中。喜欢停留在旧的采伐地、小河边及林缘。多利用隐蔽程度较好的天然石缝、树洞、墓穴及狐狸、獾等兽类遗弃的洞穴作为巢穴。

野生貉的食性很杂，主要捕食啮齿类（野兔、松鼠、林鼠）、两栖爬行类（蛙、蛇、蜥蜴）、昆虫（甲虫、粪中金龟子、蜜蜂、蛾、鳞翅目幼虫）、鸟类及鱼、蚌、虾、蟹等。也食用浆果、作物籽实和植物的根、茎、叶及人类遗弃的剩饭和畜禽类粪便等。家养条件下，可采食成本低、营养全价的配合饲料。

野生貉的性情温顺，听觉不灵敏，行动较缓，喜欢群居，通常成对穴居，尤其是双亲可以较长时期与其仔貉同穴而居。貉一般在傍晚和夜间出来活动采食，并有在洞穴附近的固定地点排粪的习性。分布在北方，尤其是东北地区的貉，在冬季（立冬、小雪至翌年 2 月上旬）为了抵御严寒和食物缺乏，常隐居于洞穴中，进行非持续性冬眠。

貉每年换毛一次，3 月下旬至 5 月底大量脱掉绒毛。大部分针毛则在 7 月初开始脱落。8 月针毛脱完，并迅速生长冬毛。大约 11 月中旬毛皮成熟。

貉的寿命为 8～16 年，家养貉可利用 5～7 年，繁殖的最适年龄是 3～5岁。

二、繁殖

（一）性成熟

家养貉 8～10 月龄性成熟，在 10～11 月龄时有 90%以上的个体可投入繁殖。但由于遗传差异、饲养管理不当等因素的原因有5%～8%不能进行繁殖。

（二）发情季节

貉属于季节性单次发情动物，其发情季节在春季，一般在1月下旬至4月上旬，发情旺期为2月中旬至3月上旬。在发情季节里，公貉能在较长时间内处于发情状态，性欲旺盛；母貉每个繁殖季节只有一个发情周期，发情期10～12d，发情旺期（排卵和配种期）2～4d。

（三）发情

1. 公貉的发情　成年貉的生殖器官呈季节性变化，成年公貉的睾丸在静止期（5～10月份）处于萎缩状态，仅豌豆粒大小，质地坚硬，阴囊上布满被毛，紧贴于腹侧，外观不明显。9下旬，睾丸开始缓慢发育，到11月下旬直径达到16～18mm。冬至以后睾丸发育加快，1月下旬至2月上旬直径可达到25～30mm，触摸时有松软感，富有弹性，阴囊出现下垂，附睾中能找到成熟的精子。到2月中旬开始有性欲要求，表现出明显的性行为。进入发情交配期的公貉，性情活泼，趋向异性，有时侧身往笼舍边角处淋尿，发出“咯、咯”的求偶声。放对时，有交配、爬跨能力。公貉在配种期较长时间处于发情状态，一般可持续20～32d。随着发情时间的延长，性欲逐渐减弱，配种能力逐渐降低。4月中旬后，睾丸开始萎缩，5月份又恢复到豌豆粒大小。幼公貉的性器官随着体型的增长而不断发育，直至性成熟，以后年周期的变化和成年貉相同。

2. 母貉的发情　母貉的生殖系统从9月下旬（秋分前后）开始发育，结束非繁殖期的静止状态，到1月下旬或2月上旬在卵巢内能产生成熟的卵泡和卵子，进入发情期（期发情表现参见表12－1）。此时母貉表现为性情温顺，喜接近公貉。当公貉试图交配时，做出配合的姿势，迎合公貉交配。发情期一般持续12d左右。受配母貉进入妊娠期；非妊娠貉又恢复到休情期。

表12－1　母貉发情表现

项　目	静止期（休情期）	动　情　期		
		发情前期	发情期	发情后期
外阴部	常态		肿胀变软且具有弹性	
肿胀	无	微肿→硬肿	粉红或略带赤紫色	松软
颜色	粉灰	赤红	圆形或椭圆形，皱褶	紫黑色
形状	条状	椭圆无皱褶	呈“Y”、“T”或“+”形	椭圆形

（续）

项　目	静止期（休情期）	动　情　期		
		发情前期	发情期	发情后期
阴毛	密盖阴门	微分→全分开	全分开	污秽不洁
阴蒂	隐于阴唇内	隐于阴唇内	裸露	缩回
阴道分泌物	无	少	多	无
颜色			白色→黄白→黄色	
稠度			浆液较稀→凝乳状较稠	
试清性行为表现	无嬉戏，拒配，有咬斗	嬉戏，趋向异性，不接受骑乘和交配，排尿频繁，有时跷一后肢向笼网淋尿	温顺伫立不动，尾歪向一侧，哽叫求偶，尿少频繁，有时跷一后肢向笼网边淋尿	拒绝公貉嬉戏，呈犬坐姿势，咬斗或互不理睬
持续时间	10～11个月	7～25d	1～4d	3～5d

（四）配种

1. 发情鉴定　公貉于2月初至4月15日前后处于发情期。其发情鉴定可根据其行为变化及睾丸发育程度进行，发情公貉睾丸膨大，并下降到阴囊中，触摸时松软而有弹性。活泼好动，在笼中频繁走动，不时排尿，发出“咕、咕”的求偶声。

母貉发情较公貉略迟些，其发情鉴定可根据母貉的行为变化、外生殖器官变化以及放对试情进行鉴定（表12-1）。

2. 貉的交配行为和公貉配种能力　貉交配一般是公貉主动。放对后嗅闻母貉外阴部，发情母貉则将尾巴歪向一侧，静候公貉交配。这时公貉举前肢爬跨于母貉背上，后躯频频抽动，将阴茎置入母貉阴道后，公貉后躯和母貉臀部贴紧，抽动加快，两前肢紧抱母貉腰部，臀部内陷，尾根轻轻扇动，静置0.5～1.0min，即为射精。然后母貉开始翻转身体与公貉腹面相对，“弥留”5～6min。此时公母貉常逗吻，嬉戏，并发出特有的“哼、哼”叫声。

公貉的配种能力（交配次数和射精量）有较明显的差异，一般公貉可交配3～4只母貉，交配5～12次。性欲旺盛的公貉在整个配种其间可交配5～7只母貉，最高可达14只，有效交配次数可达17～25次。

3. 配种方法　确认已发情的母貉，可将其放进公貉的笼内，让公、母貉自由的达成交配。一般每日可放对两次（上、下午各一次）。天气温暖时，利用早晨和下午放对，天气凉爽时，应多放对。放对后如果在 30～40min 内仍未达成交配，应立即更换公貉，直到达成交配为止。由于母貉在发情期内多次排卵，因此初配后应连日或隔日复配 2～3 次，产仔数产仔率都会随着配种次数增加而有所增加。一般达成初配的母貉，可复配 1～2 次，最多不超过 3 次。

（五）妊娠、产仔

貉妊娠期平均为 60d，产仔期从 4 月中旬到 6 月中旬，多集中于 4 月下旬至 5 月上旬。母貉受孕后食欲增加，随着妊娠期的增长母貉行动变得迟缓，老实温和。妊娠 4～5 周时，腹部明显增大，触摸时感到腹肌很紧崩，乳头增大。到 6～7 周时，腹部下垂，行动迟缓。临产前，母貉拔掉乳房周围的毛绒，蜷缩于小室内，多数减食或拒食。母貉产仔多在夜间或清晨，产仔时间持续 4～8h。胎产仔数 6～12 只。

（六）哺乳与仔貉发育

母貉有乳头 3～4 对，对称地分布于腹部两侧，产前母貉拔掉乳房周围的毛绒，使乳头裸露，以便于仔貉吮入。仔貉毛绒干燥后，便可爬行寻找乳头吮乳。初生仔貉体重 120～127g，长 8～12cm，全身只长有特别稀疏的黑色胎毛。9～13 日龄睁眼。15 日龄时体重已接近 300g，体长 20cm 左右。14～20日龄，仔貉已长出牙齿，并逐渐锋利。20～25 日龄开始采食少量人工饲料。25～30 日龄可走出小室活动。约 30 日龄退换胎毛。45～60 日龄即可断乳分窝。

三、饲养标准

对貉的营养需要，国外尚未进行深入研究，报道较少。现将国内的有关学者推荐的饲养标准简介如下（表 12-2、表 12-3）。

表 12-2　貉不同时期饲料营养成分推荐量（%）

饲养时期	代谢能（MJ/kg）	粗蛋白质（≥）	粗纤维（≤）	脂肪（≥）	赖氨酸（≥）	蛋氨酸（≥）	钙	总磷（≥）	食盐
成年维持期	13.3	24	8	7	1.3	0.6	0.8～1.2	0.6	0.3～0.8
配种期	13.8	26	6	7	1.6	0.8	0.9～1.5	0.6	0.3～0.8
妊娠期	13.8	28	6	7	1.6	0.9	0.9～1.5	0.7	0.3～0.8
哺乳期	14.1	30	6	7	1.6	0.9	1.0～1.6	0.8	0.3～0.8
育成期	13.7	26	6	8	1.6	0.9	1.0～1.6	0.7	0.3～0.8
冬毛生长期	13.9	24	8	9	1.6	0.9	0.9～1.5	0.6	0.3～0.8

表 12-3　乌苏里貉干粉配合饲料饲养标准（%，kJ/kg）

营养成分	育成期	冬毛生长期	繁殖期	哺乳期
总能	17.57	17.15	17.57	18.41
粗蛋白质	32	28	30	35
脂肪	8	8	7	8
粗纤维	<5	<5	<5	<5
无氮浸出物	36	43	38	32
钙	1.2	1.0	1.0	1.4
磷	0.8	0.6	0.6	1.0
食盐	0.5	0.5	0.5	0.5
赖氨酸	1.66	1.12	1.56	1.82
蛋氨酸	0.54	0.84	0.96	1.12
干粉料比例	90～100	95～100	90～95	85～90
鲜辅料比例	10～0	5～0	10～5	15～10

四、饲养管理

（一）准备配种期的饲养管理

10 月至翌年 1 月底，为貉的准备配种期。本期又可分为准备配种前期（10～11 月）和准备配种后期（12 月至翌年 1 月底）

1. 饲养　准备配种前期，此期既是貉的毛绒生长期、性器官发育时期，同时又可为越冬贮备营养物质。在饲喂上要满足其食量要求。动物性饲料占日粮总量的 20%～25%，谷物性饲料占 68%～70%，蔬菜占 7%～10%。另外，每只貉日供兽用维生素 E 粉 10mg，矿物质添加剂 1.0g，食盐 1.5g。

准备配种后期的饲养重点是保障性器官的迅速发育，并使其有一适度身体状况，以能正常发情交配。这一时期包括貉非持续性冬眠期，其活动少，食欲降低。12 月下旬，可根据实际情况由日喂两次改为日喂一次。1 月中旬前，日喂一次即可。饲料量由原来的 500g 渐减至 350g 左右，动物性饲料的比例由 25%渐增至 35%，谷物干粥 58%，蔬菜 7%。维生素 E 粉供给量增至 20mg，并要在饲料中补加葱或蒜 2g。从 1 月下旬起日喂两次，早饲 40%，晚饲 60%。

2. 管理　注意防寒保暖，保证貉得到充足日照，以保障性器官的发育。在准备配种后期，管理的重点是调整体况。一般貉的理想繁殖体况为公貉 6～7kg，母貉 5.5～6kg，临近配种时种貉的体重指数为 100～115g/cm 之间。有些貉在小室内排便，要经常清理，以防貉毛绒缠结及受潮发病。在温暖的中午可将貉赶出小室运动，增加其与人的接触机会，以加强驯化。

（二）配种期的饲养管理

从配种开始到配种结束（2～4月份）的这段时间是貉的配种期。

1. 饲养　貉的配种期日粮应新鲜、适口性要强、易于消化并尽可能多样化。此期日粮中动物性饲料占30%～35%，谷物制品占55%～60%，蔬菜占5%，日粮中可消化蛋白质在45～55g以上，并适量补喂维生素E及麦芽、酵母等维生素饲料等。配种期日喂两次，早晨饲喂日粮的40%，晚上饲喂日粮的60%。公貉中午增补一些营养丰富的饲料，如牛乳、肉、鱼、蛋类等。

2. 管理　饲养者应制定科学合理的配种计划，准确进行发情鉴定，掌握好配种时机，适时配种放对。貉胆小易惊，在配种期，首先要保证貉场安静，谢绝参观。严禁对貉群采用强硬手段或粗暴态度。正确区分发情貉与病貉，以利于及时治疗病貉，使病貉早日恢复健康并参加配种。放对后要注意观察公母貉的行为，防止咬伤。经常检查和维修笼舍，防止貉逃跑。

（三）妊娠期的饲养管理

3～5月份为母貉的妊娠期。此期是决定生产成败的关键时期，饲养管理的中心任务是做好保胎工作，保证胎儿的正常生长发育。

1. 饲养　此期在日粮的配备上必须要供给易消化、多样化、适口性强、品质新鲜、营养全价的饲料，同时要保持饲料相对的稳定。日粮中动物性饲料占40%，谷物类饲料占50%，蔬菜占5%，可消化蛋白质60～70g以上。母貉的饲喂量可随妊娠天数的增加而递增，并根据个体情况（体况、食欲等）不同而灵活掌握。妊娠后的前10～15d，日粮量可保持配种期的水平。此后，日粮量逐渐提高。妊娠前期每只600g，中期700～800g，后期800～900g。每只母貉每日每只补充酵母15g、麦芽1.5g、食盐2.5g、骨粉或鲜碎骨15g、维生素A 1 000IU、维生素B 5mg，维生素C 5～10mg、维生素E 3～5mg。妊娠前期日喂2次，早上喂饲料量的40%，晚上喂饲料量的60%；后期早、晚各喂饲料的一半或早、午、晚各喂饲料量的1/3。

2. 管理　严防异常声音刺激，谢绝参观，以给妊娠母貉创造一个安静舒适的环境，促进胎儿的正常发育。从妊娠中期开始饲养人员要多进貉场，使母貉习惯与人接触。保持小室里有清洁、干燥和充足的垫草。饲养人员要经常观察貉的食欲、粪便和活动情况，若发现异常，要查明原因，采取相应的措施。预产期前5～10d做好产仔箱的清理、消毒及垫草保温工作。

（四）哺乳期的饲养管理

1. 饲养 日粮配合与饲喂方法基本与妊娠期相同。动物性饲料占40%，谷物制品占50%，蔬菜占10%。为促进泌乳，日粮中要适当补充乳类饲料或豆汁。饲料量随仔貉日龄的增加而递增，仔貉补给的饲料可与母貉日粮一起投给，也可单独计算补给。此期饲料要确保新鲜、充足，调制要细，不控制饲喂量，日喂2～3次。

2. 管理 产仔期要安排昼夜值班，重点观察预产期临近或已到的母貉，遇到难产母貉和需要代养的仔貉，要及时采取措施。要供给母貉充足干净的饮水，以防发生食仔现象。保证貉舍产后20d以内环境安静，谢绝参观。仔貉20日龄以后要训练其自主采食，以免影响仔貉的生长发育。当仔貉出小室吃食时，要注意增加食槽。

（五）恢复期的饲养管理

公貉配种结束（4月份）至性器官再度发育，母貉从仔貉断乳分窝之后直到9月份这段时间为恢复期。

1. 饲养 公貉在配种结束后20d内，母貉在断乳后20d内，分别给予配种期和产仔泌乳期的标准日粮，以后再喂给正常恢复期日粮。恢复期日粮中动物性饲料不低于20%；谷物饲料要尽可能多样化，占日粮的55%～65%；蔬菜15%；骨粉每日每只5g；食盐2.5g。自8～9月份起，逐渐增加日粮量，以利于越冬。

2. 管理 此期正值炎热的季节，要注意笼舍的遮阴和通风，保证充足的饮水，预防中暑。随时清扫剩食残水和粪便。注意饮水卫生。

（六）育成貉的饲养管理

育成期是指仔貉从断乳分窝到体成熟的一段时间，一般是6下旬到10月底或11月初。

1. 饲养 幼貉的体重绝对增长在60日龄前较缓慢，60～120日龄间生长最快，120～180日龄之间生长速度降低，180日龄后生长基本停止，至210日龄已达性成熟。因此，断乳后前2个月（60～120日龄）是决定其体型大小的关键时期。日粮中肉、鱼等动物性饲料占30%，谷物性饲料占60%，蔬菜占10%，骨粉每日每只10g。在育成期前期幼貉日粮中可消化蛋白质应保持在50～55g，以后随生长发育速度的减慢，逐渐降低，但每日每只不能低于30～40g。幼貉育成前期日喂3～4次，后期日喂2～3次，早晨喂饲料量的30%，午间喂饲料量的20%，晚上喂饲料量的50%。饲喂量以不剩食为准。

2. 管理 一般在仔貉55～60日龄时，及时断乳分窝。在分窝的同时，进行初选，把种貉与皮貉分别进行饲养管理断乳后。幼貉断乳15d以上时要进行预防免疫。断乳后的仔貉进入育成期正是七、八月份，要搞好笼舍、小室、饮食具的卫生，并采取防暑措施。9～10 月份后，幼貉体形已接近成貉大小，可进行复选。从幼貉中精选种貉，以补充淘汰的种貉和扩大种貉数量。10 月份以后，气温开始下降，在小室内要垫垫草，起保温梳毛作用，以防貉毛绒缠结。

（七）冬毛生长期的饲养管理

1. 饲养　皮用幼貉和淘汰的成貉，在毛皮成熟期都要进行屠宰取皮。配制冬毛生长期貉的饲料时要注意以下几点。

（1）在日粮中要供给充足的可消化蛋白质，并多搭配富含硫氨基酸的蛋白质。

（2）日粮中矿物质含量不能过高。

（3）日粮中还要含有一定数量脂肪的饲料，这样有利于节省蛋白质饲料。

（4）皮用貉喂饲的碳水化合物饲料要高于种貉。

（5）注意添加维生素 B_2。

2. 管理　皮用貉在管理上主要任务是提高毛皮质量。皮用貉 10 月份就应在小室内铺垫草，以利疏毛。加强笼舍卫生，分食时注意不要使饲料沾污毛绒，以防发生缠结，尤其是圈养的皮貉更应注意。

第五节　麝

麝又名香獐、麝鹿，属偶蹄目（Aritiodactyla）麝科（Moschidae）麝属（*Moschus*），是东亚特产种，在世界上仅分布于中国、尼泊尔、不丹、巴基斯坦、孟加拉、缅甸、老挝、越南、俄罗斯的西伯利亚及蒙古。雄麝因分泌外激素——麝香而成为较高经济价值的物种。

麝香是名贵稀有的中药材，我国人民应用麝香防治疾病已有 2 000 多年的悠久历史。从明代药物学家李时珍所著《本草纲目》到现代药学著作，均视麝香为药材之珍品。麝香是一种极名贵的香料，是世界公认的“四大动物香料”（麝香、灵猫香、河狸香、龙涎香）之冠。此外，麝肉细嫩味美，因富含蛋白质和低脂肪而位居山珍之首。麝皮坚韧结实，鞣制后可以制作各种皮革制品。但是，随着野生麝资源的急剧减少和我国传统中医药对麝香产品巨大的市场需求，人工养麝已成为提供天然麝香的唯一途径。因此，根据我国的国情和国际动物福利的有关内容，急需改变以前落后的饲养方式，提高麝产品生产效率，积极探索和应用先进的生物技术，将胚胎移植、克隆和转基因研究结果应用到麝的繁育上。可以预见未来养麝业将更科学化、规范化和集约化。

一、麝生物学特性

(一) 麝的分类及外部形态

在我国分布有林麝(*Moschus. berezovskii*)、马麝(*M. sifanicus*)、原麝(*M. moschiferus*)、黑麝(*M. fuscus*)和喜马拉雅麝(*M. leucogaster*)。

1. 林麝 其中林麝体型大小似小山羊,身体长70～80cm,肩高45～50cm,体重6～9kg。外观无尾。成年公麝有一对上犬齿露出口外,并随年龄增长而增长。腹下生殖器开口处有一香腺囊,分泌和贮存麝香。母麝的犬齿不露出口外,无香腺。林麝毛色深。耳基部和耳内的毛呈白色或黄白色,有的耳基部有黄斑纹。从眼的下部开始有两条白色或黄白色的毛带,贯通整个颈部通向胸,颈上毛带的始端各有一个白色或黄白色的圆斑。成年麝背部无斑点。

2. 马麝 马麝比林麝大。体重13～17kg左右。毛色比林麝浅,呈浅灰或灰褐色,体后部毛色较深,成年麝个体有斑点,颈部背面有黑色块斑,断续排列成一线。头部毛细密而短,黑褐色。眼眶周围有黄色圈。耳的上部呈浅棕色。公麝上犬齿发达,比林麝更宽、长,故有"板牙獐"之称。

3. 原麝 终生具有肉桂黄色或橘黄色斑点,这与马麝、林麝差别较明显。原麝身长85cm左右,肩高55～60cm,体重8～12kg。全身显暗褐色,成年个体呈现肉桂黄色斑点,多排列成数行。

4. 黑麝 体型小于马麝,体重不足10kg。全身黑褐色,有些个体肩背部杂有棕黄色。头部与四肢、眼圈、上下唇、耳背均呈暗褐色,耳内缘灰白色,喉部和颈部无颈纹或异色斑。不同毛色与地区有关,而与年龄无关。

5. 喜马拉雅麝 体型较大,体重大约15kg,大小与马麝相仿。与马麝相比,头形较短而宽,喜马拉雅麝颅全长比马麝显著的短。上体毛色棕褐色,臀部黄白色,下唇及耳内侧白色,眼圈棕黄色,无颈纹。

(二) 麝的主要品种及生活习性

我国主要养殖林麝、马麝和原麝。

1. 原麝 栖息于针叶林地中,没有固定的栖息地,以地衣、石蕊、寄生槲及灌木枝叶为主要食物。性孤僻,多单独活动。仅在发情季节才有数头相聚的现象,多在清晨和傍晚活动。

2. 林麝 以森林为主要栖息地,栖息地类型为山地多岩石的针叶林、针阔混交林、阔叶林及灌丛地带,但栎类次生林及林线以上的高山草甸也有林麝活动。林麝喜欢在以针叶林为主、相对湿度较高的林内活动。主要食物是植物的叶、茎、花、果实、菌类和苔藓等。

3. 马麝 一般栖息于3 300～4 500m林线上缘的稀疏灌丛间，最高可上升到5 000m左右活动。其食性较广，各种树的嫩枝、嫩叶、草茎、苔藓、蘑菇及农作物的枝叶果实等均为其可取食物。并且，食物随季节变化而不同。

二、麝的育种与繁殖

（一）麝的选种选配

种雄麝必须具备种类的典型性。体健壮雄姿，精力充沛，抗病力强。性温顺，驯化程度较好。麝香产量高、质量好。生殖器官发育完好，睾丸左右匀称、大，精液质佳。单睾、隐睾和性欲不强的不能作种用。双亲生产力高、遗传力强。从半岁到3.5岁的雄麝中挑选种麝。育种用的雌麝还要母性强，繁殖早，每次产两仔以上，泌乳量高，乳汁质量好，仔代生长发育好，选2.5岁以上的雌麝作种用。从幼雌麝中选的种，培育到2.5岁时再筛选一次，把好的留作种用。在繁育上，为了培育优良的个体，多采用同质选配，即用优良种雄麝配优良雌麝。对于较差的或有某种缺陷的雌麝，可以用好的雄麝配，以防雌麝的缺点在后代身上出现，这种异质选配多用于生产麝群。每个麝场都应建立一定数量的育种核心群，以提高整个麝群的质量。

（二）麝的繁殖特点

麝一般1岁半左右性成熟，因个体发育快慢稍有不同。雌麝是季节性多周期发情，在一个发情季节可有3～5个发情周期，性周期19～25d，平均21d。雌麝发情配种在10月下旬至次年3月初。每次发情持续36～60h。妊娠期178～189d，平均181d，每年5～6月产仔，配种迟的9月初产仔，每次产仔1～3仔，双仔约占80%左右，3仔极少。雄麝发情比雌麝开始早，结束迟，一般在9月至次年4月。

（三）繁育方法

1. 单雄群雌配种法 将雌麝按生产性能、体质、年龄、驯化程度等分成若干配种群，每群3～5头雌麝，选放种雄麝1～2头配种，每隔2～3d轮换一次。或一个配种群放一头种雄麝配种。这种方法不仅能做到选种选配，利于育种工作的进行，而且充分利用了优良种雄麝，同时便于管理，此法采用较多。

2. 双重配种法 每个配种群3～6头雌麝，配给两头种雄麝，晚上将其中一头种雄麝关入单圈喂养，与雌麝群隔离。第二天早晨7～8时与另一头种雄麝轮换。下午13～19时又各轮换一次，如此多次循环，直到雌麝发情终止。这一配种法不仅能使雌麝及时受孕，而且增强了受精卵的异质性，提高了后代的生命力。

此外，还有群雄群雌配种法和单雄单雌配种法。

三、麝营养需要及饲料配方

圈养麝的饲养有着严格标准，不同种类、年龄、性别的麝的营养需要有所差异。我国有比较成熟的饲养麝的经验，例如吴家炎等（2006）所著的《中国麝类》中，已经较为全面地介绍了各种麝的营养需要和饲养标准，限于篇幅，此处不再赘述。

四、麝的饲养管理

（一）麝舍形式及用具

圈舍建筑要适合麝的生活特性，并以经济与适用为原则。为照顾麝喜独居和夜间活动的习性，面积宜宽大。饲养初期的野麝平均每头占房面积 2～3m²，露天活动场面积 5～8m²。在有一定的驯化基础时，平均每头占房 1～2m²，活动场面积 4～6m²。随着家养驯化程度的进一步提高，圈舍利用率和容量可相应增加。圈舍围墙离地面高度，野麝圈墙高约 4m，而家养驯化后的麝圈墙高约 3.5m。墙壁上或附近不能有麝起跳的梯凳。场地应保持干燥。在活动场上离围墙一定的距离需植树和设置 60～100cm 高的木架之类的附属物，以供麝遮阴和活动用。

（二）麝的饲养管理

针对不同养育阶段（泌香期公麝、哺乳期母麝、育成麝和仔幼麝）麝的管理应该区别对待，这里主要介绍育成麝和仔麝的饲养管理。下文介绍成年麝的管理。

1. 育成麝的管理

断乳后一段时间内，体重减轻，所以要精心饲养。有病、体弱的要单独饲养，使其很快康复，安全越冬。运动场支撑活动架，供麝在活动时攀登运动。要让其多晒太阳，增强仔麝健康。保持圈内干燥，并在圈里避风处放些干软的树叶和草，供麝躺卧，以利保暖。

2. 仔麝的管理

对初生仔麝看护的关键在于观察仔麝是否已经吃上了初乳。仔麝出生后不要打扰，让母麝很快把仔麝舔干。产房要干燥温暖。在产房光线暗的墙角放些干软的褥草，供仔麝躺卧。

（三）种麝的饲养管理

1. 种公麝要有良好体况　9 月中旬左右，将种公麝放入母麝群中，以便使种公麝熟悉环境，提高性欲，但要防止与母麝殴斗；若不追母麝或在配种期性欲不强，就要立即调出。麝场要有宽敞的运动场，保证种公麝适当的运动。在配种期为了准确掌握配种情况，必须由专人昼夜值班看管，经常轰赶麝群，使发情母麝及时得到交配的机会。配种期间要很好控制麝的饮水，防止公麝殴斗后急促喘息马上饮水。配种后至少要过 20～30min，才允许公麝饮水。

2. 种母麝的管理

（1）母麝要保持中等肥度的体况即可，防止不发情和空怀。

（2）注意观察母麝发情情况，做到及时配种。

（3）加强配种期的管理，防止乱配或配次过多，也要防止漏配。

（4）配种后公、母麝应及时分群。

（5）发现有重复发情的母麝应进行复配。

（6）刚交配完的母麝亦不能大量饮冷水。

五、麝香的采收与加工

（一）麝香的采收

取香前应准备齐全取香用具及所需药品，包括挖勺盛香盘、保定床、医疗器械和消炎药品（包括油剂青霉素、消炎油膏、酒精、红药水等）。抓捕与保定时抓住麝的后肢向上提起，使其前肢着地。抓麝者迅速跨骑在麝背上，用两腿将麝夹住以达固定。待公麝稍平静后进行。

麝的活体取香：略剪去覆盖着囊口的毛，用酒精在香囊上消毒。使挖勺的前端背面轻压囊口，挖勺即可伸入囊内，随后徐徐转动挖勺并向外抽动，麝香便顺口落入盛香盘里。取香后把囊口用酒精消毒。如香囊口有充血或破损时，可涂上油剂青霉素或消炎油膏，防止外伤感染。

（二）麝香的加工

刚取出的麝香里大多混有皮毛之类的杂质，应予拣出。称出产香湿重，用吸湿纸、干燥器或恒温箱干燥。干燥后的重量即为香的干重。做好取香干、湿重记录后，装入瓶中密封保存，防止受潮发霉。

第六节 黄 鳝

黄鳝（*Fluta alba*）俗称鳝鱼，属鱼纲，合鳃目，合鳃科。广布于亚洲东、南部，我国除西部高原外，各地均产，尤以沿海的江苏、浙江等省为最多。是我国最普通的淡水食用鱼类之一。

鳝鱼肉质细嫩，肉厚刺少，可食部分达 65%以上，且肉味鲜美，营养丰富，每 100g 肉中含蛋白质 18.8g，脂肪 0.9g，钙 38mg，磷 150mg，铁 1.6mg，还含有硫胺素、核黄素、尼克酸、抗坏血酸等多种维生素及人体所需的多种氨基酸，尤其是组氨酸含量高，使鳝鱼肉嫩味鲜。鳝鱼还有很高的药用价值，其肉、骨、皮、血均可入药，民间常把鳝鱼作为病后体虚的滋补品。

一、生物学特性

鳝鱼体细长，前段管状，向后渐侧扁，尾部尖细。头稍膨大，前端呈圆锥形，吻端尖，上颌稍突，长于下颌，鳃孔移至头的腹面，左右两鳃孔在一起成一横裂状，鳃不发达，眼小。无胸鳍和腹鳍，背鳍与臀鳍退化成不显眼的皮褶，与尾鳍相连。尾鳍尖细，鳞片消失。全身有发达的黏液腺。体背面多为黄褐色，或呈青灰色，腹部灰白色。

黄鳝是底栖生活的鱼类。适应性强，在各种淡水水域中都能生存，善用头打洞，掘穴潜伏，洞穴结构复杂，有多个出口，近水面的一个洞口专用于呼吸。常栖息于泥洞和石缝中，在腐殖质多的水底淤泥和水质偏酸性的环境中也能生活。最适生长温度为 23～25℃，水温降至 10℃以下时停止摄食，蛰入深土层中冬眠。水温超过 30℃时，即有不适反应，甚至死亡。

黄鳝为肉食性鱼类，以食蚯蚓、小鱼、虾、蝌蚪、幼螺、蝇蛆及陆生、水生昆虫、枝角类、挠虫类等浮游动物为主，兼食有机物碎屑和丝状藻类。由于视力较弱，觅食主要靠触觉，白天很少活动，夜间出穴寻食，捕食后即缩回洞内。捕食方式为口噬或吞食，食物不经咀嚼即咽下。食物大时，常咬住食物后旋转自身来咬断食物。耐饥饿的能力较强。性贪食，摄食量大，较长时间不进食，也不致死亡，饥饿时也残食比自身小的同种个体。喜吃活食，不吃死的变质的食物，因此不能投喂腐烂变质的饵料，以免引起疾病和死亡。

黄鳝有性逆转的生殖特性。在生长发育过程中，初次产卵的鱼都是雌性，产卵以后，逐渐向雄性转化，一般体长在 25～36cm 之间均为雌性。体长在 36～38cm 时，雌雄个体数几乎相等，体长在 53cm 以上者，则多为雄性，所以在池内饲养的鳝鱼，即可年复一年地自行繁衍。因此，黄鳝的交配繁殖是以较大的雄性个体对较小的雌性个体。雌性的产卵季节为 5～8 月份，盛期为 6～7 月份。产卵总量随个体大小而异，每尾雌鳝年产卵 200～400 枚，最多可达 1 000 枚。体重为 25g 左右的雌鳝产卵多，卵粒大而饱满发亮，呈金黄色。产卵时雌雄亲鳝先在水中吐出泡沫，然后把卵产在泡沫内，泡沫携卵浮于水面（鳝卵比重稍大于水）。受精卵借水面高溶氧量和高水温孵化，适宜的孵化水温为 21～28℃。孵化期水温 30℃左右时需 5～7d，长者达 9～11d。雌雄亲鳝均有护卵、护仔行为。出膜的仔鳝对环境的耐受能力较强。

黄鳝离水时以口咽腔辅助呼吸。鳝鱼的口腔和咽喉内壁表皮密布着微血管网，通过口咽腔表皮能直接吸取空气中的氧气，当水中含氧十分贫乏时，常在浅水处竖直身体的前半部，用口到水面呼吸，并把空气贮存于口腔及喉部。出水时只要保持皮肤潮湿，也能正常生存。

二、人工养殖

（一）选建鱼池

鳝鱼池要建筑在避风向阳、水源方便的地方。鳝池的四周一般可用砖石砌成，高度为1m左右，内壁用水泥砂或三合土勾缝或水泥抹面，池壁顶端用横砖砌成"T"字形。鳝池要开一进水口、一排水涵洞和一个溢水口，进水口接一水槽，让水从水槽中跌落入池。这样注水时，一方面可曝气增氧，另一方面可防止黄鳝沿水口逃逸。在进水口的对方池底，开一个排水涵洞，并在池面开一溢水口。水大时，多余的水可从溢水口流走，以防止大雨时水漫池埂逃走。各水口都要安装好拦鱼设施，出水涵洞的管口要用棕片或铁丝网拦好，溢水口要安装好拦鱼栅。池底用三合土捶打结实，垫适量的秸秆或猪、牛粪，以增加有机质，再投以石块、断砖，创造穴栖环境，再放入30cm左右厚的肥土，水位经常保持15～20cm，水面以上的池壁至少留30～35cm高，以免鳝鱼在雨水冲刷下逃逸。有条件可用1/2水面种植水浮莲、茭白、水葫芦、水芋等水生植物，既可净化水质，又可为黄鳝遮阴，降低水温，有利于黄鳝的栖息和生长。

（二）引种

黄鳝苗可通过捕捉或购买野生幼鳝，采集野生受精卵，或养殖亲鳝产卵孵化来培育，鳝苗要求健壮、无病、无伤。

1. 亲鳝养殖及产卵　在养殖池中划出一块作繁殖池或另建一繁殖池。在池的进水口处隔建仔鳝保护池，两池间以孔洞相通，用细眼铁丝网隔开，使孵化出的仔鳝能逆水进入仔鳝保护池。繁殖池四周及中间堆土作埂，埂宽20～25cm，高出水面12～18cm，并在埂上栽草，以便亲鳝打洞产卵。繁殖池内按每平方米3～4条的比例投放亲鳝。雌鳝以重150～250g、长30cm，雄鳝为200～500g为好。亲鳝既可以自己培育，也可从市场购进。雌雄亲鳝均要求色黄体壮，并精心管理，投放高质量动物性饲料，以促进亲鳝的性腺发育。在黄鳝产卵期间应保持环境安静，池内有微流水，水流方向从仔鳝保护池流向繁殖池。池内可丢一些丝瓜筋、柳树根等物，为仔鳝提供隐蔽和休息的场所。产卵期过后应及时将亲鳝全部捕走，以保护仔鳝不被吃掉。受精卵也可采用人工授精的方法来获取。成熟的雌雄亲鳝的配比为（3～5）：1。将雌鳝抓起，挤出卵粒，盛于瓷盆内。杀死雄鳝挤出精巢，经检查精子活动正常后将精巢剪碎放入卵粒内，充分搅拌，放置5min，用清水冲洗，即可放入孵化器内孵化。

2. 孵化 采用静水孵化法，水深10cm，水温保持在25～30℃，水质新鲜，富氧，常换水。换水时尽量缩小温差，同时清除无精卵。5～7d即可孵出幼鳝，此时在盆里放些丝瓜筋，让刚出孵的仔鳝栖息。

3. 仔鳝的养护 刚出膜的仔鳝不需喂食，可靠自身的卵黄供给营养，7d后用煮熟的蛋黄搅碎调成水液浇在盆中饲喂。仔鳝养护期间，保持水质清新，密度不宜过大，随着仔鳝的长大，应逐步分散饲养。仔鳝投喂食料宜少量多次；待仔鳝长至5～7cm时可投喂切碎的蚯蚓、小杂鱼、蚌肉等。

（三）成鳝养殖

1. 放养密度 鳝种放养时间以早春为宜，一般每平方米放养100～150尾，即2.5～4kg。水源条件好，饵料充足，可适当增加。池中可混养一些泥鳅，每平方米放养0.5～1kg。由于泥鳅的上下游窜，可以防止鳝鱼相互纠缠，同时还可以吃掉黄鳝吃剩的食物残渣，故也是鳝鱼池很好的清洁工。

2. 饵料 黄鳝虽是肉食性鱼类，但食性比较广泛，在人工养殖条件下可投喂蚯蚓、蚌肉、螺蛳肉、小杂鱼、鲜蚕蛹、畜禽内脏等。还可选择适当的地方，装上诱蛾灯，诱飞蛾入池，或用猪血招引苍蝇产卵生蛆作饵料。但以喂蚯蚓最佳，每7～8g蚯蚓能增肉1g。鳝鱼对饵料有严格的选择性，一经长期投喂一种饵料后，很难改变其食性，故在饲养初期必须在短期内做好驯饵工作。在放养的最初2～3d或稍长的时间内不投饵料，此后即喂蚯蚓并混合其他饲料，直到习惯索饵后，完全改用混合颗粒饵料（用动物性和植物性饲料各半，并适当加些面粉等黏合剂，拌匀后用绞肉机绞成条状，晒干后投喂）。鳝鱼因昼伏夜出觅食，因此初放养时给饵时间于每日下午6时左右或傍晚天黑以后，以后逐日提早喂食时间。经过一个阶段驯饵，即可在每日上午9时或下午2时给饵，亦可采用隔日投饵法，以增加其摄食量。给饵后要经常换注新水，饵料全池遍洒，以免黄鳝群集争食。每天投饵量约为鳝鱼体重的5%左右，随着黄鳝的生长，投饵要不断增加，5～9月是鳝鱼摄食最盛、生长最快的时间，应保持饵料充足，以提高产量。当水温降至15℃以下时，可少投饵或不投饵。

3. 管理 管理的好坏，直接影响到鳝鱼的成活和产量。投饵要定时定量，第二天必须将残饵及时捞出。鱼池水深经常保持在20cm左右，高温季节要适当加深。水质要求肥、活、爽，含氧量充足，但亦不能过肥，且水源要防止农药的污染。如发现黄鳝出穴，竖起身体前半部，将头伸出水面，标志着水质已经败坏和缺氧。要及时注入新水，平常每隔2～3d换水1次，不能使用含碱性重的泉水。水温不能过低，过低要经过一定的流程，待温度升高后才能注入。雷雨季节，要控制好水位，注意溢水口是否畅通，拦鱼设施是否牢固，防止鳝鱼外逃。夏天应搭凉棚或利用瓜、豆棚架遮阴，以改善池内环境，利于鳝鱼的生长。冬天鳝鱼入池冬眠，应先将池水放干，保持池土的湿润，上面覆盖稻草或草包，以防冰冻致死。

三、采集与加工

（一）采集

除冬季外，可用特制的易进不易出的捕鳝笼诱捕。晚上 7～8 时在鳝池内放笼，凌晨 3～4 时收笼以收集鳝鱼。成批起捕时可用捕鱼种用的夏花网捕捞。入冬后，黄鳝潜伏于浅表层池泥中，可先挖去鳝池一角淤泥，然后用手依次翻扒淤泥，捕捉黄鳝，不宜用铁器翻挖，以免挖伤鳝体。最后，将池泥全部清出作肥料用，来年再填新土。

（二）加工

鳝鱼多鲜用。取活鳝鱼、洗净，去或不去肚杂、煮食，捣肉为丸或焙干为散，内服。外用时可剖片敷贴。鳝鱼血鲜用，取活鳝鱼断头或针刺头取血，涂敷或滴入耳鼻。鳝鱼皮、头、骨烧灰，酒服，或香油调外涂。

主要参考文献

[1] 白庆余，白秀娟．特种经济鸟类养殖技术．广州：广东经济出版社，1999

[2] 陈树林，董武予．庭院经济动物高效养殖新技术大全．北京：中国农业出版社，2002

[3] 杭州市农业局组编．经济动物饲养新技术．杭州：浙江科学技术出版社，2002

[4] 吴家炎，王伟．中国麝类．北京：中国林业出版社，2006

[5] 程世国，邹慧真．麝的饲料和饲养，成都：四川科技出版社，1991

[6] 余四九．特种经济动物生产学［M］．北京：中国农业出版社，2003

[7] 黄权，王艳国．经济蛙类养殖技术．北京：中国农业出版社，2005

[8] 刘楚吾．蛙无公害养殖综合技术．北京：中国农业出版社，2003

[9] 李鹄鸣，王菊凤．经济蛙类生态学及养殖工程．北京：中国林业出版社，1995

[10] 杨桂芹．经济动物养殖技术．北京：中国林业出版社，2000.8

[11] 吴家炎，王伟．中国麝类．北京：中国林业出版社，2006

[12] 程世国，邹慧真．麝的饲料和饲养，成都：四川科技出版社，1991

[13] 王永生．麝香生产技术，北京：中国农业出版社，2004

[14] 高文玉主编．经济动物学．北京：中国科学技术出版社，2008

[15] 陈树林，董武予．庭院经济动物高效养殖新技术大全．北京：中国农业出版社，2002

[16] 杭州市农业局组编．经济动物饲养新技术．杭州：浙江科学技术出版社，2002

[17] 白庆余，白秀娟．特种经济鸟类养殖技术．广州：广东经济出版社，1999

[18] 陈树林，董武予．庭院经济动物高效养殖新技术大全．北京：中国农业出版社，2002

[19] 杭州市农业局组编．经济动物饲养新技术．杭州：浙江科学技术出版社，2002

[20] 杨正．现代养兔，北京：中国农业出版社，1999

[21] 陶岳荣，金鹤荣，陈立新，等．獭兔高效饲养技术，北京：金盾出版社，1998

[22] 高玉鹏，任战军．毛皮、药用动物养殖大全．北京：中国农业出版社，2004

[23] 孙占鹏．特种动物生产学．北京：中国林业出版社，2000

[24] 白秀娟，张伟等．养狐手册．北京：中国农业大学出版社，1999

[25] 杨振才，李双安．中华鳖标准化生产技术［M］．北京：中国农业大学出版社，2003

[26] 张振兴．家禽饲养与疾病防治．北京：中国农业出版社，2001

[27] 朴厚坤，王树志，丁群山编著．实用养狐技术，第二版．北京：中国农业出版社，2006

[28] 韩问主编．蛇的养殖．吉林：吉林摄影出版社，2005
[29] 顾学玲，康景贵编著．蛇类无公害养殖综合新技术．北京：中国农业出版社，2002
[30] 顾学玲．蛇的养殖技术．北京：中国农业出版社，2003
[31] 顾学玲．养蛇手册．北京：中国农业大学出版社，2002
[32] 施骏等．怎样办好一个养蛇场．北京；中国农业出版社，2000
[33] 王建平等．蛇高效饲养指甫．郑州：中原农民出版社，2002
[34] 温美玉．蛇的饲养与利用．福州：福建科学技术出版社，2001
[35] 高思华，裔恩华．中国药膳谱．北京：科学技术文献出版社，1999
[36] 陈梦林等．特种经济动物常见病防抬，上海：上海科学普及出版社，2002
[37] 杨水尧．蚣类的饲养与加工．南昌：江西科学技求出版社，1999
[38] 莫畏等．环境·生活与健康．北京：中国计量出版社，2001
[39] 叶俊华，范泉水主编．中外名犬饲养训练与训练．北京：金盾出版社，2002
[40] 李群．养犬辞典．南京：南京大学出版社，1991
[41] 王力光，董君艳编著．犬的繁殖与产科．长春：吉林科学技术出版杜，2000
[42] 叶俊华．繁育技术大全．沈阳：辽宁科学技术出版社，2002
[43] 潘喉耀谦等编著．新编科学养犬问答．北京：中国农业出版社，2001
[44] 张立波主编．实用养犬大全 2 版．北京：中国农业出版社，2004
[45] 大卫·阿尔德顿等．名犬（新版）．北京：中国友谊出版公司．2005
[46] 钱国英．中华鳖的营养研究 [D]．中国海洋大学，2002
[47] 赵万里．特种经济禽类生产．北京：农业出版社，1993
[48] 徐洪福，董道平．东亚钳蝎养殖与利用．北京：中国农业出版社，2000
[49] 潘红平．药用动物养殖．北京：中国农业大学出版社，2001
[50] 李忠宽．特种经济动物养殖大全．中国农业出版社．2001
[51] 熊家军，孙永虎，李巧丽．美国七彩山鸡饲养新技术．2005
[52] 中国科学院．西藏动物志　鸟类．中国农业出版社．1979
[53] 郭秉堂．雉鸡的人工驯养．中国家禽．2005：07
[54] 王银钱．雉鸡的饲养技术措施．中国禽业导刊．2006：21
[55] 马玉胜．提高种雉鸡繁殖力的技术措施．农村经济与科技．2004：02
[56] 李东．雉鸡品种介绍．当代畜禽养殖业．2004：10
[57] 杨嘉实．雉鸡日粮配方．饲料博览．2002：12
[58] 张辉．提高雉鸡种蛋孵化率的综合措施．黑龙江畜牧兽医．2002：08
[59] 孔庆松等．银黑狐、北极狐精液的研究．黑龙江畜牧兽医，1992 (8)：35～36
[60] 孔庆松等．狐狸人工授精的研究　新鲜精液子宫内输精试验．野生动物，1992 (4)：32～34
[61] 杨振才，牛翠娟，孙儒泳．温度对中华鳖卵孵化和胚胎发育的影响 [J]．动物学报，2002 (6)：716～724
[62] 雷思佳，叶世洲．日粮水平对中华鳖稚鳖生长的影响 [J]．动物学研究，2004 (1)：43～47

[63] 周嗣泉．鳖的营养与饲料［M］．北京：科学技术文献出版社，1999
[64] 黄丽英，何中央，丁诗华，张海琪．中华鳖种质资源的研究现状及保护、利用对策［J］．宁波大学学报（理工版），2005（2）：183～186
[65] 郝玉江，蔚连玲，杨振才，高永利．中华鳖对养殖环境的生态需求及调控措施［J］．河北师范大学学报（自然科学版），2002（3）：305～308
[66] 贾艳菊，杨振才．膨化饲料动植物蛋白比对中华鳖稚鳖生长特性的影响［J］．水生生物学报，2007（4）：570～575
[67] 李林春．中华鳖人工授精技术研究［J］．淡水渔业，2005（1）：39～40
[68] 张洁．特种经济动物养殖现状．上海畜牧兽医通讯，2007（5）：70～71
[69] 雷乔波．梅花鹿的养殖现状和发展前景．经济动物学报，2007，11（1）：61～63
[70] 梦梦，尹峰．全国梅花鹿养殖状况调查．野生动物，2008，29（01）：47～49
[71] 刘伟石，郭玉荣．浅析特种经济动物养殖．野生动物杂志，2005（3）：21～22
[72] 刘伟石．几种特种经济动物养殖前景的分析预测．特产研究，2006（1）：48～52
[73] Liu GS，Zhou GB，Zhang HH，Ma CB，Shi WQ，Zhu SE，Yang ZQ，Kang J，Jia LL，Zeng SM，Tian JH，Wang F. Surgical embryo transfer resulted in birth of live offspring in farmed blue fox．Animal Reproduction science，2008，105（3-4）：424～429